Deepen Your Mind

Deepen Your Mind

前言

為什麼要寫這本書？

2016 年 10 月，筆者出版了 R 語言預測一書，書中歸納了筆者在預測領域的一些思考和經驗，並透過書籍的媒介作用，和讀者們進行了一次深度的對話交流。書中基於 R 語言對常用的資料分析、預測類別演算法進行了實現，並結合案例說明了預測模型的實現過程。該書自出版以來，不斷收到讀者的好評，筆者也時常收到讀者發來的郵件，或是對書籍內容有興趣，希望可以長期交流，或是提出書籍中存在的一些瑕疵，希望在下一個版本中進行改善，或是諮詢一些實際業務問題，如此等等。整體來看，R 語言預測一書還是很受讀者喜愛的。由於人工智慧在近些年的發展，Python 語言越來越流行，更多的朋友想從 Python 入手學習新興技術。為了能將 R 語言預測的精華介紹給更多的讀者，筆者開始考慮將其改寫為 Python 版本。與 R 語言預測相比，本書加入了使用深度學習演算法來做預測的內容，同時刪除了一些不必要的段落，在程式方面也做了很多最佳化，相信能夠給讀者帶來更好的閱讀、學習體驗。

閱讀對象

- 對資料採擷、機器學習、預測演算法及商業預測應用有興趣的大專院校師生；
- 從事資料採擷工作，有一定經驗的專業人士；
- 各行各業的資料分析師、資料採擷工程師；
- 對資料採擷、預測專題有興趣的讀者。

勘誤和支援

由於筆者的水準有限，撰寫的時間也很倉促，書中難免會出現一些錯誤或不準確的地方，懇請讀者批評、指正。讀者可以把意見或建議直接發至筆者的電子郵件 cador.ai@aliyun.com。書中的資料和程式，可透過訪問網站（www.cador.cn）來取得。筆者會定期發佈勘誤表，並統一回覆。同時，如果你有什麼問題，也可以發郵件來提問，筆者將儘量為讀者提供最滿意的解答，期待你們的回饋。

如何閱讀這本書

本書包含 3 篇，共有 10 章。

第 1 章介紹預測的基本概念，以及大數據時代預測的特點，並結合案例説明，最後基於 Python 説明一個預測案例。本章適合初學者入門。

第 2 章介紹預測的方法論。預測流程是基礎，它説明了預測實施的各個階段；預測的指導原則是預測工作者一定要會的。另外，還介紹了預測工作的團隊要求。本章內容適合長期品味，活學活用。

第 3 章介紹分析方法，本章內容是資料分析、資料採擷常見的分析方法，出現在這裡，主要是為預測技術的資料處理做準備。如果預測工作者沒有掌握有效的分析想法和方法，就直接去提煉指標和特徵，那麼預測工作是很難進行下去的。本章提供了規律發現的常用方法和技巧。

第 4 章介紹特徵工程，不僅介紹了常見的特徵轉換方法，還介紹了特徵組合的方法，特別值得一提的是，本章包含了特徵學習的方法，它是基於遺傳程式設計實現的。從事資料採擷的朋友都很清楚，好的特徵在建模時是非常重要的，然而，有時我們直接拿基礎資料去建模，效果不見得好，如果進行規律採擷，那麼也比較費時費力，比較好的做法就是特徵自動產生。有興趣的讀者，可以細緻品味這一章。

從第 1 章到第 4 章為本書的第 1 篇，主要介紹預測的入門知識，如果讀者對預測有一定的功力，則可以跳過本部分，直接進入第 2 篇，了解預測演算法的基本原理和實現。

第 5 章介紹模型參數的最佳化。我們在建立資料採擷和預測模型時，參數的確定通常不是一步合格的，常常需要做一些最佳化或改進，以提升最後的效果。本章介紹的遺傳演算法、粒子群最佳化、模擬退火等問題求解演算法，有助找到模型的最佳或接近最佳的參數。

第 6 章介紹線性回歸技術，主要包含多元線性回歸、Ridge 回歸、Lasso 回歸、分位數回歸、穩健回歸的內容。在實際工作或實作中，讀者應該有選擇地使用對應的回歸方法，以確保應對回歸問題的有效性。

第 7 章介紹複雜回歸技術，主要包含梯度提升回歸樹（GBRT）、神經網路、支援向量機、高斯過程回歸的內容。這是回歸技術的進階部分，有關統計學以及機器學習的內容，想挑戰難度的讀者，一定要好好讀一讀這部分。

第 8 章介紹時間序列分析技術，主要包含 Box-Jenkins 方法、門檻自回歸模型、GARCH 模型族、向量自回歸模型、卡爾曼濾波、循環神經網路、長短時記憶網路等內容。本章不僅介紹了常見的 Box-Jenkins 方法，還介紹了門檻自回歸等高階時序分析技術。

從第 5 章到第 8 章為本書的第 2 篇，主要介紹預測演算法，本部分的演算法選擇有一定的難度，包含了常見的以及部分高階的預測回歸演算法，讀者可細細品味。

第 9 章介紹短期日負荷曲線預測技術，首先介紹電力企業負荷預測的企業知識，接著從預測的基本要求出發，經過預測的建模準備，進入預測建模的環節。本章使用了 DNN 和 LSTM 兩種演算法來建立預測模型，並對預測效果進行了評估。

第 10 章介紹股票價格預測技術，基於 VAR 和 LSTM 兩種演算法對預測模型進行了實現，檢驗了預測的準確性。

最後兩章為本書的第 3 篇，主要介紹預測案例。由於商業關係，有些案例分析的細節內容不便在書中全面多作說明，有興趣的讀者，可以發郵件聯繫筆者。

本書原始程式碼下載

本書作者為中國大陸人士，為維持程式執行正確，提供簡體中文版原始程式碼供讀者下載，請至本公司官網 https://deepmind.com.tw/尋找本書程式下載。

致謝

感謝電子工業出版社的編輯石倩，沒有你的敦促，筆者可能不會這麼快地寫完這本書，同時也感謝電子工業出版社！

感謝造物主給我一顆孜孜不倦的心，讓我在學習的道路上不至於因工作忙碌而有所懈怠，也不至於因有所成就而不知進取。

青山不改，綠水長流。謹以此書，獻給我最親愛的家人和朋友，以及熱愛 Python 和從事資料相關領域的朋友們。

遊皓麟

目錄

01 | 認識預測

02 | 預測方法論

03 | 探索規律

04 | 特徵工程

05 | 參數最佳化

06 | 線性回歸及其最佳化

07 | 複雜回歸分析

08 | 時間序列分析

09 | 短期日負荷曲線預測

01 認識預測

預測是一種研究未來的學問，從古至今，不斷有人在研究它、應用它、研究的方法和理論也在不斷地發展和增強。從古代的龜殼占卜到如今的大數據和人工智慧，預測的形式、方法、理論、技術、意義和作用都發生了極大的變化。在當代資料科學的加持下，預測不再是神秘的，而是有據可依、有跡可循的。在某種程度上，預測也是美的。那麼，什麼是美呢？不同的人會有不同的答案，柏拉圖認為美是理念，俄國的車爾尼雪夫斯基認為美是生活，中國道家則認為天地有大美而不言，還有些人認為美是漂亮，如此等等。我們這裡講的美，主要是指預測的方法、預測的邏輯之美。預測不是枯燥的建模，不是乾癟的公式推導，它包含著現象的延伸，就像種子破殼而出，發芽生長一樣，具有力量，散發著生命綻放的美。

1.1 什麼是預測

在生活中經常會用到預測，例如明天是否會下雨、某旅遊景點是否會爆滿、交通是否順暢等。預測的方法也因人而異，有人會根據經驗來推斷；有人會更相信感覺，說不出原因，就靠直覺列出估計結果；還有的人會占卜，類似拋硬幣的方式，透過隨機結果來做出估計；也有人會存取親朋好友，根據他們各自的預測結果，綜合分析，得出最後預測結果。這些預測方法，可謂是仁者見仁、智者見智。縱觀人類歷史的發展，出現過一些典型的用於預測的方法，例如占卜術，古人也曾製造出厲害的預測儀器，一直到近代，才出現較為科學的預測方法。

1.1.1 占卜術

在世界歷史的長河中，占卜術的出現並不是偶然。面對變幻莫測的大自然，古人心裡沒底，猶豫、焦慮，甚至恐懼。為了從本身以外獲得更多的資訊，進一步減少不確定性，他們從身邊的現象中探索，例如透過遇到什麼樣的動物、聽見什麼樣的聲音，以及遇到動物的數量、聲音的次數，乃至事物的顏色等，來推斷將要發生事情的吉凶禍福，他們認為在事情發生之前，可以透過這些方式得知事物發生的徵兆。所以，占卜的「占」表示觀察，觀察身邊的事物，而「卜」表示推測，根據現象對未知事物進行推測。從古至今出現過的占卜術非常多，比較久遠的要數龜殼占卜了，至少在龍山文化時期已經出現骨蔔方式，而在殷商時期，已經廣泛使用炭火燒烤龜甲，透過裂紋來預測國事、戰事、天氣、災難等（見圖 1-1-1）。

圖 1-1-1 成都金沙遺址出土的蔔甲

可以看到，占卜的預測方法是缺少科學依據的，預測結果也非常依賴於做出預測的人，不同的人由於經驗累積和了解方式的差異，也可能得出完全不同的結果。當然，如果我們對古人的做法不那麼消極，則完全可以發揮想像。舉例來說，透過觀察身邊事物的狀態，在願力特別強的情況下，會不會透過四維時空將未來可能發生的事情在當下的 3D 世界進行投影呢？因此，這樣一聯想，古人的做法也可能不是完全瞎扯。雖然我們沒有辦法去考究古人做法的科學性，但這卻為現在的科學預測提供了一些參考，舉例來說，我們要使用跨界的更多維度的資料來做預測，就要善於使用連結的想法，尋找更多的分析維度。好在現在我們的很多資訊可以數位化，即使是針對巨量資料，也具有成熟的處理辦法。

1.1.2 神秘的地動儀

東漢時期，全國地震比較頻繁，給百姓帶來了很大的災難，當時有個叫張衡的人，經過多年研究，發明了候風地動儀。由於歷史久遠，現在能找到的資料僅一百多字，連候風地動儀的樣子，也是專家基於這些文字和自己的研究構想出來的（見圖 1-1-2）。《後漢書· 張衡傳》關於地動儀的記載如下：

```
1 陽嘉元年，復造候風地動儀。以精銅鑄成，員徑八尺，合蓋隆起，形似酒尊，飾以篆文山龜
  鳥獸之形。
2 中有都柱，傍行八道，施關發機。外有八龍，首銜銅丸，下有蟾蜍，張口承之。
3 其牙機巧制，皆隱在尊中，覆蓋周密無際。如有地動，尊則振龍，機發吐丸，而蟾蜍銜之。
4 振聲激揚，伺者因此覺知。雖一龍發機，而七首不動，尋其方面，乃知震之所在。
```

圖 1-1-2 地動儀構想圖

這段文字的大概意思是，地動儀一共有 8 個方位，和易經八卦的方位數量相同，每個方位上都做了一個龍頭，其正下方有一隻蟾蜍。當發生地震時，對應方向的龍口就會鬆口，其所含的龍珠就會掉在其下蟾蜍的口中。地動儀就是根據此原理來推測地震發生的方向的。

然而，地動儀並不能預測地震何時何地會發生，充其量是震後對地震方位的判斷。但即使是這個功能，用現在的科學仍然難以甚至無法去解釋它。地震在遠處發生了，為何身邊的地動儀會有影響，甚至會自動吐出龍珠，根本毫不相關啊。說到這裡，我們來看一下「銅山西崩，洛鐘東應」的典故。據說在西漢時期，皇宮未央宮前殿的鐘無故自鳴，三天三夜不停止。漢武帝召問王朔，王朔說可能有兵爭。武帝不信就問東方朔。東方朔說銅是山的兒子，山是銅之母，鐘響就是山崩的感應。三天后，南郡太守上書說山崩了二十多里。

1 此義易明，銅山西崩，洛鐘東應，不以遠而陰也。 清·紀昀《閱微草堂筆記》卷十三

有趣的是，張衡（西元 78—西元 139 年，東漢）和東方朔（西元前 154 年—西元前 93 年，西漢）所處的朝代非常接近。根據這個設想，製造地動儀的材料，應該要從全國各地去收集，才能實現推測地震方位的功能。舉例來說，地動儀東邊方位的龍珠應該使用山東礦山的銅來製造，西邊方位的龍珠應該使用蜀地的礦石來製造。這其實就是量子糾纏的效應。

那什麼是量子糾纏呢？我們不打算從物理和數學的角度大篇幅說明量子糾纏的概念，有興趣的讀者可以透過網站或書籍來學習，這裡只進行一些簡介。量子糾纏是一種超距作用，並不需要任何媒體，將發生量子糾纏的兩樣東西放到任意遠，它們仍然會相互影響。這裡說的任意遠，可以遠到上億光年甚至更多，在這種距離條件下，透過光速也很難即時地在兩樣東西間發生作用，然而量子糾纏會使其中一樣東西在因被操控而發生改變時，另一樣東西即時地發生對應改變（見圖 1-1-3）。

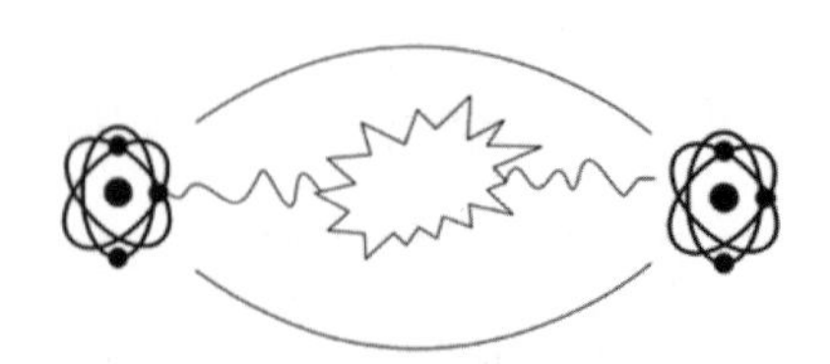

圖 1-1-3 量子糾纏示意圖

2017 年 6 月 16 日，量子科學實驗衛星墨子號首先成功實現，兩個量子糾纏光子被分發到相距超過 1200 公里的距離後，仍可繼續保持其量子糾纏的狀

態。2018 年 4 月 25 日，芬蘭阿爾托大學應用物理系教授 Mika Sillanp 主管的研究團隊完成了一項看似不可能完成的實驗。Sillanp 教授將兩個矽晶片上的金屬鋁片製成的震動鼓膜，透過某種科學方法實現了微觀量子世界中才能出現的量子糾纏。兩個鼓膜的直徑達 15 微米，這幾乎接近於人類頭髮的直徑，兩個鼓膜在人眼的觀測下都是清晰可見的。Sillanp 教授巨觀物質的量子糾纏實驗引起了全世界物理學家的關注。在這項新研究中，物理學家成功地把兩種幾乎肉眼可見的不同運動物體轉變為糾纏的量子態，它們可以透過超距作用互相感受。如此看來，巨觀物質發生量子糾纏也不是不可能的。

基於量子糾纏的解釋，地動儀能夠測出地震發生的方位，也就不足為奇了。但是，由於現在能找到的記錄很少，因此古人是如何製造出來的，已無從考證，甚至有人對此表示質疑，也無可厚非。地動儀就像一個幽靈一樣，讓人捉摸不透，到目前為止還是一個神秘的存在。

1.1.3 科學預測

科學預測講究用科學的方法來做預測，要有理可循，有據可依。通常需要根據預測對象的內外部的各種資訊、情報以及資料，使用科學的方法和技術，包含判斷、推理和模型，對預測對象的趨勢發展和變化規律進行預測，進一步了解該物件的未來資訊，進而評估其發展變化對未來的影響，必要時提出有針對性的方案，提前部署。

那什麼是預測呢？「預」就是預先、事先，「測」就是度量、推測。預測通常被了解為對某些事物進行事先推測的過程。由於預測具有提前預知事物發展動向的能力，因此科學的預測是很多決策、計畫的前提和保證。預測有關很多企業和領域，並衍生出很多預測專題，除了常見的經濟預測、股票市場預測、氣象預測，還有人口預測、上網流量預測、產品銷量預測、市場需求預測、流行病預測、價格預測等。

預測的定義有很多種，一般認為，預測是從事物發展的歷史和現狀著手，使用事物的基礎資訊和統計資料，在嚴格的理論基礎上，對事物的歷史發展過程進行深刻的定性分析和嚴密的定量計算，以了解和認識事物的發展變化規律，進一步對事物未來的發展做出科學推測的過程。本書列出預測的定義為：

1 所謂預測，是指基於對事物歷史發展規律的了解和目前狀態的把握，進一步使用科學的理論、方法和技術
2 對事物未來發展的走勢或狀態做出估計、判斷的過程

1. 預測的特點

(1) 短期可預測

預測是透過事物的過去及現在推測未來，未來的時間可長可短。如果時間太長，由於存在很多不確定因素的干擾，長期預測結果的可信度相對較低，短期預測的結果常常更加可信。

(2) 預測隨機事物

隨機事物具有不確定性，這才決定了預測的價值。實現預測，要從隨機的變化規律中，找出相對固定的模式，或局部，或整體。

(3) 預測需要資料

實現預測，要透過各種方法收集與預測對象相關的資料，包含歷史的、目前的及未來的資訊（例如日期、季節、天氣預報、業務資料等）。將這些資訊進行融合、清洗和加工。

(4) 結果僅供參考

由於預測的是隨機事物，其開發包含很多不確定性，因此預測結果本來就是不確定的，預測值與真實結果多少會存在誤差。

2. 預測的分類

預測可以按不同的維度進行分類，下面說明常見的預測分類方法。

(1) 按範圍分類

預測按範圍大小，可分為巨觀預測和微觀預測兩種。巨觀預測是指為整體的未來發展進行的各種預測，主要考慮預測對象相關指標之間的關係及變化規律。如國民經濟預測、教育發展預測、生態破壞預測等。微觀預測是指對實

際單位或業務的發展前景進行的各種預測，也是研究預測對象相關指標之間的關係及變化規律，如對某產品的產量、銷量、利潤、費用、價格等的預測。

(2) 按時間長短分類

預測按時間長短不同，可分為短期預測、中期預測和長期預測。因預測對象性質的不同，對短期、中期、長期的劃分也不同。對於國民經濟預測、技術預測，5 年以下為短期預測，5~15 年為中期預測，15 年以上為長期預測。對於工業經營預測，3 年以下為短期預測，3~8 年為中期預測，8 年以上為長期預測。對於市場預測，半年以下為短期預測，0.5~1 年為中期預測，1 年以上為長期預測。整體來講，對短期預測結果的精度要求比較高，而對長期預測結果的精度要求比較低。

(3) 按有無假設條件分類

按預測對象有無假設條件，可分為條件預測和無條件預測。條件預測一般以一定的決策方案或其他假設條件為前提；無條件預測則不附帶任何條件。

(4) 按預測結果的要求分類

預測按照其對結果的要求不同，可分為定性預測、定量預測和定時預測。定性預測是指預測者根據一定的理論方法和經驗，在調查研究的基礎上，進一步對其發展趨勢做出判斷，用於預測事物的發展趨勢或可能性，如透過研究最新政策和分析某基金的歷史資料，判斷該基金未來半年將呈增長趨勢發展，即屬於定性預測的範圍。通常可使用的資料很少。定性預測一般應用於新產品、新科技的預測，它有關直覺和經驗層面。定量預測是指在收集了預測對象的基礎資料和統計資料的基礎上，透過運用統計學方法或建立數學模型來求出預測值的過程，如根據某款遊戲過去兩年的統計資料，建立時間序列模型，對未來三個月的收入進行預測，即屬於定量預測的範圍。定時預測是預測對象未來出現的時間，例如預測地震的發生等。

(5) 按趨勢是否確定分類

如果事物的發展趨勢是確定的，那麼預測就是確定性預測，一般為短期預測；如果事物的發展趨勢是不確定的，那麼預測就是隨機性預測，一般為長期預測。

（6）按預測依據分類

如果使用事物前後時期的資料進行預測，那麼這種預測叫作動態預測；如果使用相關關係進行間接預測，那麼這種預測叫作靜態預測。

1.1.4 預測的原則

科學的預測是在一定原則的指導下，按一定步驟有組織地進行。預測一般應遵循以下原則。

（1）目的性原則

目的性原則就是在進行預測時，要關注預測功能的受用者及其對預測結果的要求，只有在充分了解受用者的需求及要求的情況下，正確地開展預測，才能避免產生盲目性。例如開展短期負荷預測，就要提前與使用者進行溝通，了解目前現狀及其要達到的目標（如每天上午 8 點之前發佈預測結果，要求精度不低於 90%），確保預測工作有明確的目的性。

（2）連貫性原則

連貫性表示連續的情況或狀態，連貫性原則主要包含兩點：一是指時間上的連貫性，也就是說預測對象較長一段時間內所表現出來的規律特徵相對穩定;二是指結構上的連貫性,即預測系統的結構在較長一段時間內相對穩定，預測模型有關的物件及相互關係相對穩定，模型中各變數的相互關係在歷史資料中表現得相對穩定。連貫性原則在進行預測時非常重要，它確保了預測對象的規律在預測時間內仍然適用，這很關鍵。如果在樣本期內，預測對象的變化規律發生極大變化，那麼必然會破壞這種連貫性，對有效預測造成困難。

（3）連結性原則

連結性原則強調在預測時從相關事物出發去分析影響因素，主要包含中心化連結和類比性連結。以預測對象為中心，去尋找與預測對象相互影響的事物，可能有關政治、社會、技術、經濟等多個方面，這就是中心化連結。例如對旅遊景點的人流量進行預測，以景點的人流量為中心，從此出發，可以找到很多影響景點人流量的事物，例如天氣情況、節假日情況、交通情況等，基於此考慮，可從諸多的影響因素中找出合適的因素用於預測建模。如果考慮與預測對象相似的事物，從其發展規律中找出有助預測對象進行預測的因素或資訊，就是類比性連結。例如對某產品的使用者流失情況進行預測，從使用者生命週期分析中可知，凡是使用該產品的使用者大致都經過匯入期、成長期、成熟期、衰退期。這一過程對所有使用者而言都是相似的。分析以前成熟期的使用者流失的因素，有助預測未來使用者的流失情況。不管是中心化連結還是類比性連結，都需要預測人員具有豐富的知識和經驗，進行多向性思考和分析。

（4）近大遠小原則

近大遠小指的是離預測時間越近資訊就越重要，離預測時間越遠資訊就越不重要。這也很好了解，我們知道預測對象的規律越接近預測時間，可信度越高，以前的舊規律不見得適合拿過來用於預測。所以在進行預測時，不能太關注模型的擬合程度，模型的擬合度高，也不一定適合用於預測；反之，我們更應該關注，模型是否在近期的歷史資料上表現良好，這種方法可以用來選擇合適的預測模型。同樣，在建模求解參數時，也應該加強近期樣本的權重，對離預測時間較遠的樣本，可以適當減少建模的權重，這樣獲得的模型更能表現預測模型在近期資料變化規律上表現的優勢。模型的評價亦是如此，預測模型在接近預測日的樣本表現得好，預測模型才算有效，如果有預測模型在歷史資料上表現良好，在近期的樣本上表現不好，那麼這樣的模型只能說在歷史資料中擬合得很好，不能說是用於預測的較好模型。總之，近大遠小的原則，有助我們在預測時選擇樣本、選取模型、求解參數和評價預測效果。

（5）機率性原則

機率是對隨機事件發生的可能性的度量。由於絕大多數預測是針對隨機事物的，所以預測得準與不準，也會以機率的形式表現出來。需要注意的是，機率只是一種可能性，一般用 0~1 的實數表示。機率為 0 是不可能發生的事情，機率為 1 是確定性事件，一定會發生。機率為 0~1 的，值越大可能性越大，值越小可能性越小。即使機率為 0.9，事件也可能不會發生，因為只是機率，不是確定性事件，所以是正常的；但如果持續 100 次有 50 次都沒有發生，那就是機率計算有問題。如果機率為 0.001 的事件發生了，則叫作小機率事件，是很難遇見的，應該特別引起重視。所以，認清預測的結果帶有機率性是很關鍵的。若預測結果是類別（結果只有幾個選項，如是與否、命中與不命中等），那機率表示預測到正確選項的可能性程度；若預測結果是連續的實值，那機率可以表示預測到實值所在區間的可能性程度。

（6）回饋原則

回饋指傳回到起始位置並產生影響。回饋的作用在於發現問題，對問題進行修正、對系統進行最佳化等。在預測的過程中，如果預測偏差很大，超出了之前設定的範圍，那麼需要回饋回來做一些調整，簡單一點就是調整一些參數，複雜一點可能要更新整個模型。預測回饋的最大作用在於它實現了整個預測過程的不斷最佳化與動態化，確保了預測工作的可持續進行。

（7）及時性原則

預測是與時間緊密連結的一項工作。預測的結果應該快速地被用於決策，不然時機一過，就失去了預測的價值。這一點在地震預測中就能明顯地看出來，能夠迅速、及時地提供預測結果是預測工作的基本要求。

（8）經濟性原則

開展預測工作，需要一定的硬體、人力、時間、財力等資源，所以預測本來是講求投資回報率的。經濟性原則就是要在確保預測結果精度的前提下，合理地安排、佈置，選擇合適的建模方法和工具，以最低的費用和最短的時間，獲得預期的預測結果。一定不要過度追求精確性而無故地耗費成本。

以上 8 個基本原則刻畫了預測工作的全過程。首先要明確預測的目的，接著採用連結性原則來建立好的分析方法和預測想法，在保持一定連貫性的前提下應用遠大近小的原則，建立起預測模型。然後，對預測結果做出機率性預測，對預測偏差較大的動態地回饋回來，並結合模型的實際情況做出調整和修正，使模型更優。當然，提供預測結果必須及時，預測工作的開展也必須控制在一定成本之內。這樣，整個預測便建立在堅實的理論基礎之上了。

1.2 前端技術

隨著科技水準的加強，以前要一周時間才能完成的事情，現在卻可以透過強大的資訊化系統在一個小時內實現。系統會記錄大量的資料，對這些資料的採擷分析則可以進一步加強系統處理的效率和品質。這一塊其實是大數據研究的內容。資料維度的增加可以使預測結果更準確；資料的即時處理也會為預測技術應用於更多領域創造條件。但是，資料太大會導致預測建模效能跟不上，基於 GPU 的加速技術會是更好的選擇。基於 GPU 的神經網路加速技術已經相當成熟，GPU 叢集可以直接基於大數據進行建模。人工智慧技術就有關這部分內容，等到大數據處理、演算法、算力的問題都解決了，預測技術會應用於更多的業務場景，並進一步擴充其發揮價值的空間。

1.2.1 大數據與預測

在大數據理念逐步深入到應用的今天，其概念已不再陌生。然而，在大數據的影響下，預測的技術也在慢慢地發生改變。那麼，什麼是大數據呢？下面分別解釋其字面含義。

- 何為「大」？其大無外，水平連結各個領域；其小無內，縱深分割每處細節。
- 何為「數」？可以表示數量、數目，是劃分或計算出來的量，也可以表示學術。
- 何為「據」？通常表示可以用作證明的事物，依據、證據即是這個意思。

簡而言之，大數據即是指在充斥著巨量維度與量級的資料中，透過理論方法、計算技術等方法，進一步深化認識、了解研究物件的過程。在此基礎上，可以提升服務品質、改善環境生態、加強生活品質等。而此過程又包含在大數據的過程裡，因為對事物的了解認識本來就是一個循環往復的過程，如圖 1-2-1 所示。

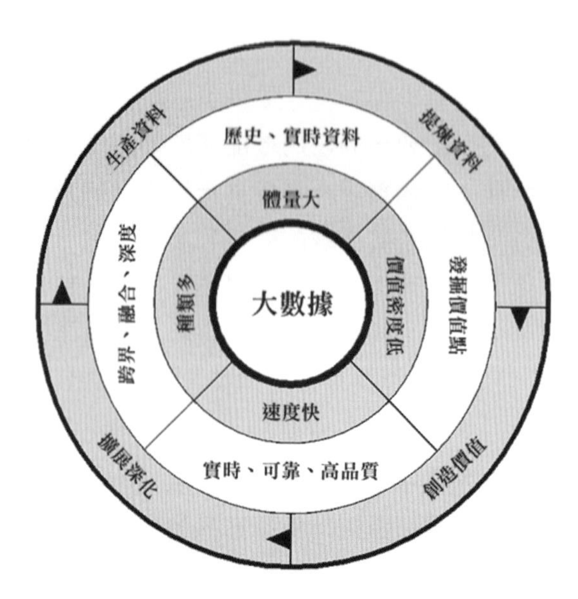

圖 1-2-1 大數據認識示意圖

可以看到，種類多、體量大、價值密度低、速度快是大數據的顯著特徵，或說，只有具備這些特點的過程，才算是大數據。這 4 個主要特徵，又叫大數據的 4V 特徵，分別對應 4 個英文單字：Volume（體量大）、Variety（種類多）、Value（價值密度低）、Velocity（速度快）。大數據 4V 特徵的主要內容如圖 1-2-2 所示。

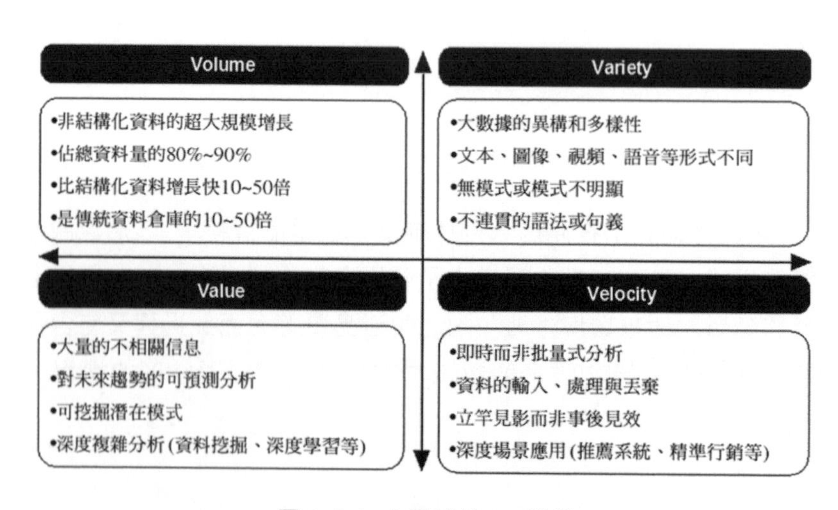

圖 1-2-2 大數據的 4V 特徵

由圖 1-2-2 可知，大數據的體量已經不是簡單的量級增加，其中非結構化資料增勢快速。資料充滿異質性和多樣性，文字、影像、視訊、機器資料大行其道。從如此繁雜的資料中找出有利用價值的業務點來，難度較大。而在一些典型的推薦場景中，特別強調即時，使用者剛到一個地方甚至在將要到達時，推薦資訊就要完成發送，達到立竿見影的效果。

在資料量與日俱增的今天，對資料的快速儲存、即時計算提出了更高的要求。隨著「網際網路+」的觀念深入人心，很多傳統企業正在為轉型尋找出路，更多維度的資料將被打通，同時，語音、視訊、圖片等非結構化資料也包含著太多需要進一步提煉的資訊。因此，目前許多公司都開始在大數據領域初探，已經進入，並將持續深入大數據的嘗試、落實、創造價值的處理程序中。而速度將成為許多大數據應用的瓶頸，資料的處理速度必須快，很多資料甚至都來不及儲存就要參與分析，這是一個挑戰，而基於大數據來實現更加複雜多樣的預測應用，則是一個機遇。

1.2.2 大數據預測的特點

大數據具有體量大、種類多、速度快的特點，為有效預測提供了堅實基礎。預測的準確性快速地依賴於特徵的數量，而特徵數量的多少又直接取決於可以獲得的資料種類。大數據種類多的特點，為預測的準確性奠定了可靠基礎。為了更進一步地預測，資料種類只有多還不夠。大數據的體量確保了預測時具有充足的資料分析源，進一步確保了預測模型的穩定性。只有在足夠資料量的情況下，才能確保預測的結論是有效可靠的。另外，很多預測問題都要求在未來時間到來之前就要列出一個合理可行的計畫，這要求預測實現要快速，過期的預測毫無價值。大數據速度快的特點，足以滿足預測實現的時間要求。

總地來講，大數據預測的優勢依賴於大數據的體量大、種類多、速度快的特點。它們的關係如圖 1-2-3 所示。

圖 1-2-3 大數據優勢間的關係

可見，種類多可以盡可能地加強預測的精度；體量大為預測模型的穩定性奠定了基礎；速度快真正地決定了預測的價值。因此，概括一下，大數據預測的優勢表現在**更準確**、**更穩定**、**更有價值**。

預測需要資料，同時預測的結果服務於決策、計畫。因此，大數據預測的特徵也由資料的特徵和決策、計畫的特徵來綜合決定。由於大數據體量大的特點確保了在預測時具有足夠的資料來源，這與傳統統計在資料有限的情況下採用抽樣的方法有所不同，大數據預測可以不用抽樣而直接使用全體樣品進行分析。此外，精準預測難以實現，在巨量的資料下更需要投入很大成本，包含基本的硬體投入和執行時間。因此，快速地從資料中分析有價值的資訊並加以有效利用比單純地關注精準度更有意義，甚至允許損失一些精準度來換取效率的提升。

傳統的計畫、決策特別強調因果關係，當業務出現問題時常常需要回溯到問題源頭去考慮更為合適的解決方案。但是，在大數據時代，業務環節繁雜，需要分析的工作量極大，甚至會不斷出現之前沒有研究過的新問題，此時，解決問題的速度顯得特別重要，快速地獲得相對可行的方案比花很多時間制定完美的方案更為可取。因此，因果關係的重要性降低，很多問題只有在充足的條件下才能研究其因果關係，取而代之的是相關關係。雖然相關關係並沒有那麼強的因果關係基礎，但是可以在短時間內獲得解決方案。雖然有時方案並不一定可行，但是制定方案的成本低，並可成為後續制定有效方案的基礎。但若是有效，就達到了事半功倍的效果，後續再投入資源研究，也有可能取得更大突破。

1. 全樣而非抽樣

抽樣又叫取樣，是指從研究的全部樣品中取出一部分樣品單位，要求其對全部樣品具有充分的代表性。選擇抽樣而不用全部樣品的目的是減少分析和研究成本、提高效率。而全樣是指用全部樣品進行分析和研究。相對於抽樣而言，全樣使用了所有的樣品因此結論更為可信。抽樣的結論還需進一步推斷以得出可以代表全部樣品的結論，由於不知道全部樣品的分析結果，這種方法的可信度相對不高。從資料來源的層面看，抽樣只是對樣品進行取出，尚沒有獲得所有樣品的詳細資料。一般的做法是根據取出樣本的基礎資訊再進一步獲得其詳細資訊的。這樣就降低了資料取得的成本。而全樣是在已經取得所有樣品的詳細資訊之後進行分析、研究的方法。由於大數據的體量大、種類多，可以確保全樣的可行性。而傳統的分析方法由於沒法擁有全量的詳細資訊，只能透過抽樣的方法在確保取得有限樣品的詳細資訊的情況下，推斷全部樣品下的結論。可以看到，在全樣的條件下已經不需要 P 值了，但是傳統統計學的很多演算法在大數據條件下仍然適用。圖 1-2-4 為全樣與抽樣的示意圖，可以明顯地看出全樣的資料基數較大，抽樣的資料基數較少，因此對於最後結論，全樣的分析結果更有說服力。

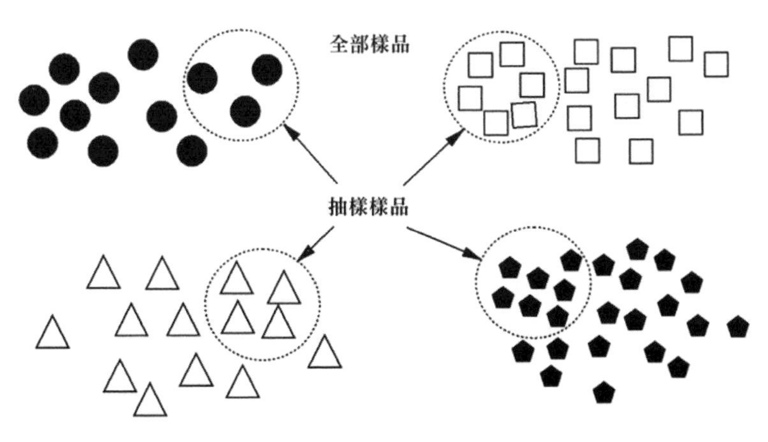

圖 1-2-4 全樣與抽樣的關係

2. 效率而非精確

所謂精確可以視為非常準確，比準確更能表現符合實際情況的程度。對大數據預測而言，由於具有體量大、種類多、價值密度低的特徵，要實現精確的預測需要的時間成本和硬體成本非常高，通常在有限的資源條件下達到相對準確就可以接受了。此外，並不是投入的資源越多，預測結果也會更精確。實際上要達到預測準確是很難實現的，對於非線性的複雜系統要達到精確更是不可能。舉例來說，放飛一個氣球，要對氣球的飛行軌跡進行預測。在氣球的飛行過程當中，牛頓第二定律支配著氣球，但是，一些推動力、空氣的作用會造成運動軌跡的不可預測性。這正是混沌的一種經典表現，氣球在起飛時的微小變化，也可能造成飛行方向的極大改變。如果用方程式來解決氣球不穩定的運動，則會發現它的軌跡是非線性的，對應方程式幾乎不可解，所以是不可預測的。然而，情況也沒有那麼糟糕。雖然對氣球長期的軌跡不可預測，但是對於某一個時刻向前的短期時間內氣球的移動軌跡還是可以比較準確地進行推測的。由於時間較短，氣球受其他或將受其他外力的累積影響較小。只要根據某時刻氣球的狀態參量，就可以進行有效推測，但也會存在誤差。正是因為獲得很高的預測精度難以實現，所以大數據預測更強調效率，強調在有限的資源條件下獲得相對準確的預測結果，以快速地轉化為價值。圖 1-2-5 為氣球放飛示意圖。

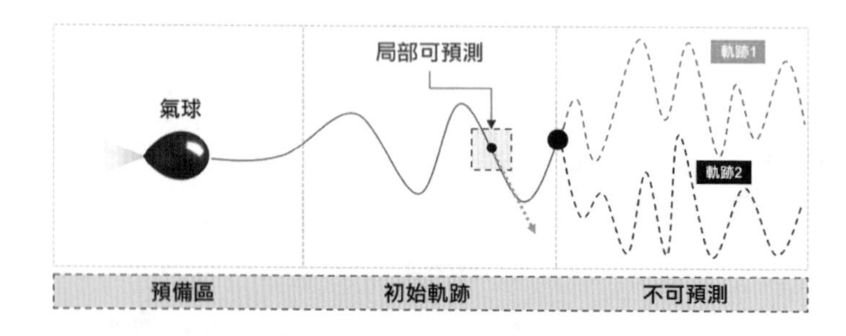

圖 1-2-5 氣球放飛與預測

3. 相關而非因果

因果指的是原因和結果，有什麼樣的原因必然會導致什麼樣的結果，同樣，什麼樣的結果也必然是由什麼原因造成的。俗話說「種瓜得瓜，種豆得豆」

「老鼠的兒子會打洞」就是這樣的道理。從時間層面來講，原因在結果前面，在先知道原因的情況下就可以了解之後會發生什麼事情，這就是預測。其實預測的絕大部分工作就是採擷所有可能的因果模式。當因果模式確定後，預測就會變得很簡單。因果模式越多越可靠對預測效果越好。然而，為了達到足夠的精度而花大量時間和硬體成本，多數情況下會入不敷出。特別是在大數據的條件下，體量大、種類多、價值密度低，一味地追求高的精度，一味地採擷因果模式，不見得是明智之舉。而相關關係可以彌補這種不足，所謂相關是指變數之間相隨變動的關係。可以看到相關關係的兩者之間沒有時間先後順序，甚至可以是毫不相關的事物，例如冰淇淋與犯罪。可見，相關關係是比因果關係更廣，要求更為寬鬆的關係。對於大數據預測，相關關係提供了比因果關係更加切實可行的選擇。有以下兩點主要原因。

（1）相關關係分析比因果關係分析成本低、效率高。

（2）對於具有因果關係的事物必然存在相關關係，但存在相關關係的事物未必存在因果關係。

因此，從有相關關係且有明顯效果的案例入手，既能事半功倍，又能深入研究因果關係，進一步加強成果。何樂而不為呢？圖 1-2-6 為因果關係與相關關係的概念圖解，可以看到，如果 a 能直接得出 b 就是因果關係，如果不能確定是 a 得出 b 還是 b 得出 a（有可能是其中一種，也有可能哪一種都不是），則在發生相隨變化時就是相關關係。

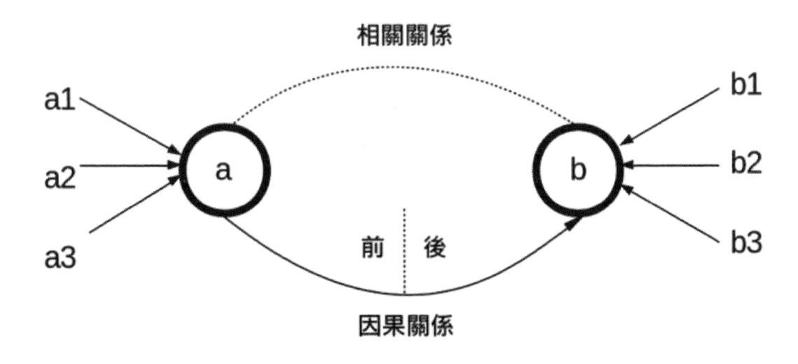

圖 1-2-6 相關關係與因果關係示意圖

1.2.3 人工智慧與預測

在深度學習的帶動下，人工智慧概念再次被炒起來了，那究竟什麼是人工智慧呢？我們可以把人工智慧的定義分為「人工」和「智慧」兩部分來了解。「人工」通常表示人造的，「智慧」可以表示意識、自我、思維等方面。那麼，人工智慧可以簡單地了解為人造的具有意識思維的實體。人工智慧是門綜合學科，企圖透過對人類形成智慧過程的了解，製造出智慧，該領域的研究內容包含語音辨識、語言了解、影像辨識、語義分析、機器人技術等。人工智慧在電腦領域獲得了愈加廣泛的重視，也有大量的研究成果和突破，在機器人、經濟分析、政治決策、控制系統、模擬系統等領域獲得廣泛應用。

然而，人工智慧從提出到發展的過程並不是一帆風順的（見圖 1-2-7），它大致可以分為以下 5 個重要階段。

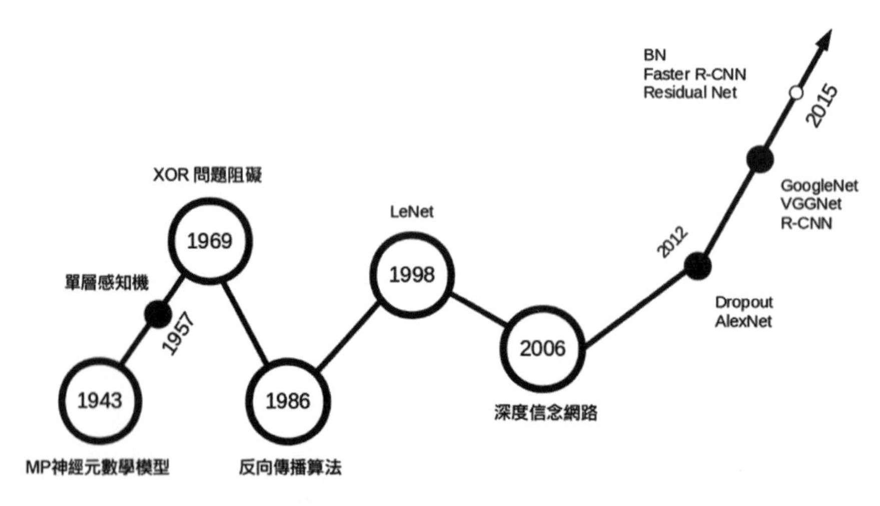

圖 1-2-7 人工智慧發展歷史，明顯看到出現過兩次低谷

第一階段：第一代神經網路

此階段大致在 1958—1965 年，MP 類神經元數學模型是 1943 年被提出來的，也是最早的神經網路思想的來源。該模型將神經元進行抽象簡化，最後提煉為 3 個過程，即加權、求和、啟動，當時希望透過這種方式來模擬人類的神經元反應的過程，如圖 1-2-8 所示。

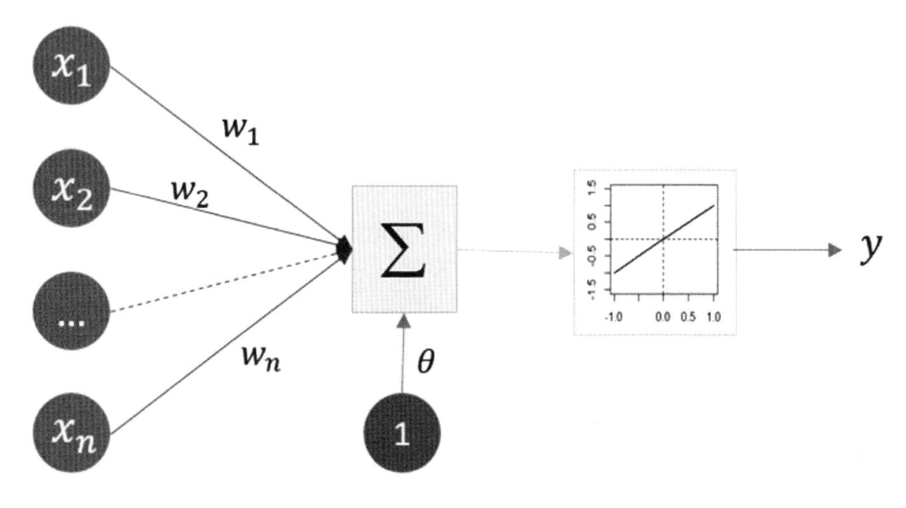

圖 1-2-8 類神經元模型

大概過了 15 年，感知機演算法被提出，Rosenblatt 使用該演算法實現了二元分類，並且是基於 MP 模型實現的。由於感知機能夠使用梯度下降法從指定的訓練資料中學習權重，1962 年，該方法的收斂性獲得證明，由此引發第一次神經網路的浪潮。

第二階段：第二代神經網路

在此階段，Hinton 於 1986 年提出了可以最佳化多層感知機（MLP）的反向傳播（BP，Back Propagation）演算法，並為解決非線性分類和學習的問題，嘗試採用 Sigmoid 函數進行非線性對映，成就非凡，於是引發了神經網路的第二次熱潮。1989 年，MLP 的萬能逼近定理被 RobertHecht-Nielsen 證明，亦即可以用含有一個隱藏層的BP神經網路來逼近任何閉區間內的連續函數，該定理的發現極大地激勵了神經網路的研究人員。但是，LeCun 在同年發明的卷積神經網路 LeNet 並沒有引起足夠的重視，即使其當時在數字辨識方面取得了很好的效果。1989 年以後，由於沒有特別突出的方法被提出，且神經網路一直缺少嚴格的數學理論支援，熱潮逐漸退去。

第三階段：統計建模時代

此階段有很多的建模方法被發明出來，影響也比較大，主要包含如下成果。

- 1995 年，線性支援向量機，具有完整的資料推導過程，並在當時的線性分類問題中取得最好結果。
- 1997 年，AdaBoost 演算法，基於系列弱分類器，達到和強分類器相近的建模效果。
- 2000 年，核化 SVM 演算法，透過核心函數將資料對映到高維空間，解決了資料在低維空間中線性不可分的問題，且效果非常不錯，進一步阻礙了神經網路的發展。
- 2001 年，隨機森林演算法，具有比 AdaBoost 更強的防止過擬合的能力，實際效果也相當不錯。另外，圖模型的研究人員試圖統一單純貝氏、SVM、隱馬可夫模型等演算法，嘗試提供一個統一的描述架構。

第四階段：快速發展期

此階段大致在 2006—2011 年，2006 年又被稱為「深度學習元年」。當時，Hinton 提出了深層網路訓練中梯度消失問題的解決方案，即使用無監督預測訓練方法對權重進行初始化，然後使用有監督訓練方法對模型進行微調。2011 年，ReLU 啟動函數被提出，它能夠有效地防止梯度消失，同年，微軟第一次將深度學習應用在語音辨識上，取得重大突破。

第五階段：爆發期

此階段是從 2012 年至今，Hinton 團隊透過建置 AlexNet 在 ImageNet 影像辨識比賽中奪冠，且碾壓 SVM 等方法，從此 CNN 演算法獲得了許多研究者的關注。人工智慧也再次火熱。

人工智慧由於具有更強的硬體基礎和特徵表示能力，在影像、視訊、聲音、語言等研究領域和應用方面都取得了不錯的成績。然而，在一些真實場景的應用中，預測功能顯得格外重要，在人工智慧的加持下，很多以前認為不可能的事情，現在正在被研發，甚至不久的將來就會出現在我們的生活中。人工智慧基於複雜場景的預測，可以將未來幾秒內的場景預測出來，到時，人類就擁有了預見未來的能力。一個可預見的應用，就是將人工智慧預測模組裝備到自動駕駛的系統中，這樣就可以有效防止各種事故的發生，避免人員傷亡和財產損失，如此等等。人工智慧與預測的結合，即將改變我們的生活。

1.2.4 人工智慧預測的特點

人工智慧通常被分為 3 大類，即弱人工智慧、強人工智慧以及超級人工智慧。弱人工智慧，指的是利用智慧化技術，幫助我們改進生產生活，其並沒有真正有關智慧的層次，只是相比傳統方法更加高效、更加可靠。而強人工智慧，指的是智慧方面非常接近於人的存在，但這需要人類對本身大腦的相關研究取得突破性進展之後，才有可能實現。所謂超級人工智慧，則指的是強人工智慧的晉級版本，是腦科學和類腦智慧發展到非常頂尖的水準後，人工智慧所表現出來的超強智慧形式。但是從目前的技術而言，實現弱人工智慧是更為理智的方式，進階到強人工智慧的困難極大，且存在很多限制。

與傳統的預測技術相比，在新一代人工智慧（這裡指上文的弱人工智慧）技術的加持下，預測技術又向前邁了一個台階。大數據時代，我們很看重資料中存在的相關關係，沒錯，這確實所帶來很多便利，可以快速從資料中發現潛在可能的規律或模式，也許就能應用於生產實現更多價值。然而，在人工智慧的前提下，這種相關關係顯得比較脆弱。目前，業界的相當多的應用都是基於相關關係去擬合曲線，無論使用多麼強大的深度學習模型，都還是在做擬合。這種方法會有很大限制，很多基於曲線擬合得出的結論是不可靠的，甚至是荒謬的。因此，進階到因果關係後，這種格局將被全面打破，預測技術本身也會進一步變得更可信、更可靠、更容易解釋。當然，還有很多學者、研究員一直致力於因果關係在人工智慧中的應用。

此外，基於人工智慧的技術，在開發預測模型時，我們不需要費心費力地去建置龐大的特徵集（必備的資料處理除外），人工智慧的相關技術可以幫助我們快速學習特徵，這是以前預測技術裡面所沒有的。基於此，預測技術有望變得更智慧和高效。除了將預測技術應用於股票預測等常見的數值預測，在人工智慧的加持下，預測技術還可以應用於複雜場景，例如對 3D 場景的即時預測，這將是一個重要的研究方向，可以應用於交通等多個領域，潛在價值不可估量。

因果性、特徵學習、複雜場景分別是人工智慧預測的 3 個主要特點，如圖 1-2-9 所示。我們可以從特徵學習中去抽象出因果關係，當困果關係被驗證之後，我們可以用於重構特徵，而因果關係本身可用於預測場景的了解與說明，特徵學習直接用於預測場景的建模。在人工智慧的加持下，預測技術也可以支援複雜場景的預測，並且擁有極大的發揮價值的空間。

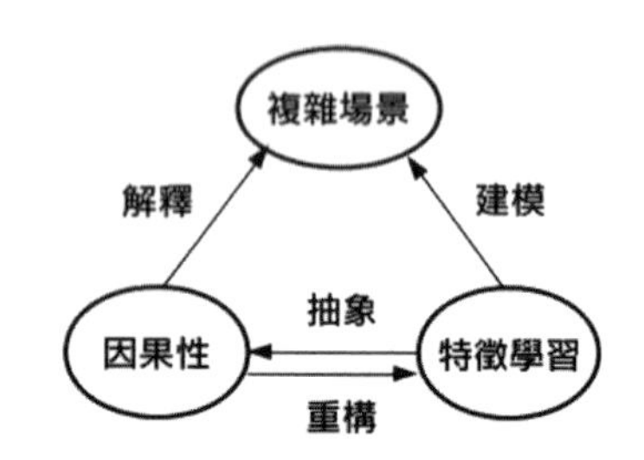

圖 1-2-9 人工智慧預測的 3 個主要特點

1.2.5 典型預測案例

自從大數據興起之後，很多領域都出現了大數據的應用案例，特別是大數據預測。在近幾年的世界盃預測中，大數據預測表現出了強大的威力，《紙牌屋》也是使用大數據的方法分析觀眾的口味來訂製的一部電視劇，同時，Google 透過使用者在流行病普遍發生前的搜尋關鍵字對流行病進行有效預測。還有在氣象方面的預測、犯罪預測等，大數據預測已經在各個人們關注的領域進行嘗試。與此同時，人工智慧領域也頻繁出現經典的預測應用和場景，例如將人工智慧預測技術應用於醫療的疾病預測、死亡預測等。下面介紹幾個典型案例。

1. 電影票房預測

2013 年，Google 在一份名為 *Quantifying Movie Magic with Google Search* 的白皮書中公佈了其電影票房預測模型，該模型主要利用搜尋、廣告點擊資料以及影院排片來預測票房，Google 宣佈其模型預測票房與真實票房的吻合程度達到了 94%。這表示大數據在電影企業中的應用已經開始，並將一直深入研究下去。

那麼，Google 的票房預測模型的精度為何如此之高？在此有何玄機呢？首先，我們很容易想到 Google 擁有大量的搜尋資料，分析電影相關的搜尋量與票房收入的連結性，可以讓我們進一步了解 Google 票房預測模型的可行性。圖 1-2-10 顯示了 2012 年電影票房收入（虛線）和電影的搜尋量（實線）的曲線（註：本節所有圖片均參考自 Google 的白皮書：*Quantifying Movie Magic with Google Search*）。可以看到，兩條曲線的起伏變化具有很強的相似性。

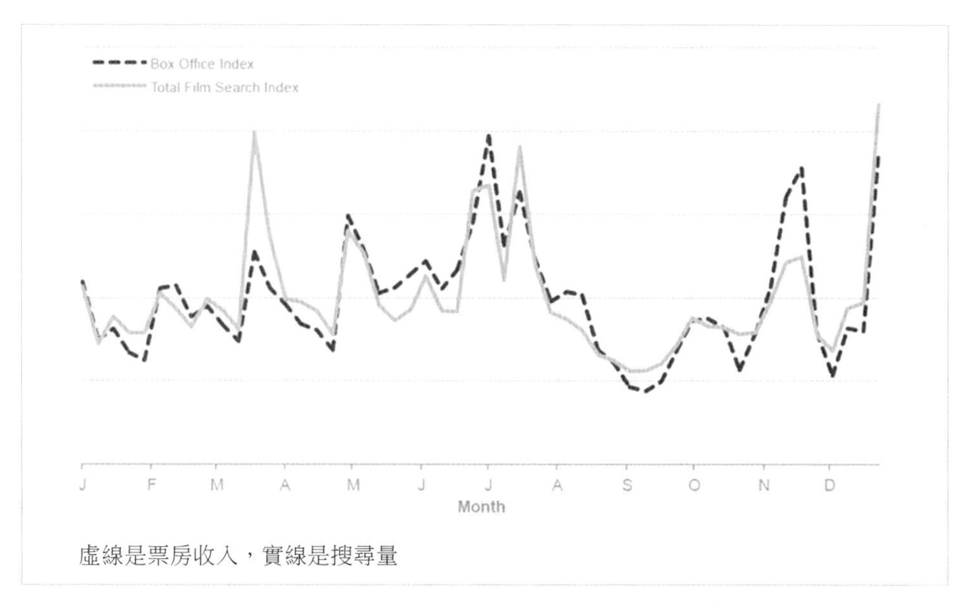

圖 1-2-10 2012 年票房收入與搜尋量的曲線

於是，可以進一步嘗試用搜尋量直接預測票房。透過對 2012 年上映的 99 部電影的研究，Google 建置了一個簡單線性模型，擬合優度只有 70%，如圖 1-2-11 所示。

對於有效預測而言，70%的擬合優度是不夠的。為了進一步加強準確率，Google 考慮了電影放映前一周的電影的搜尋量以及電影廣告的點擊量、上映影院數量、同系列電影前幾部的票房表現這幾大類指標。對預測的電影，收集對應的這 4 大類指標之後，Google 建置了一個線性回歸模型來建立這些指標和票房收入的關係，預測的結果與實際的結果差異很小，如圖 1-2-12 所示。

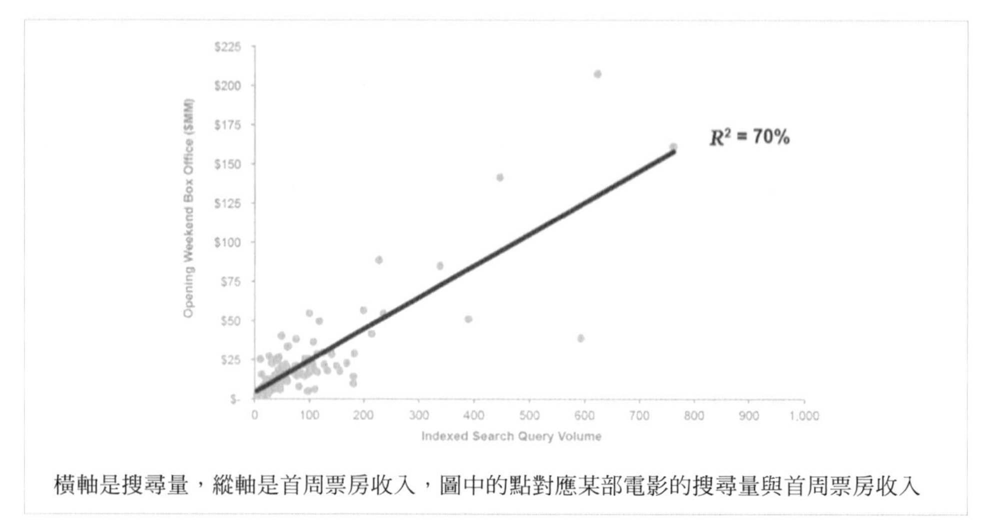

橫軸是搜尋量，縱軸是首周票房收入，圖中的點對應某部電影的搜尋量與首周票房收入

圖 1-2-11 搜尋量與首周票房收入之間的關係

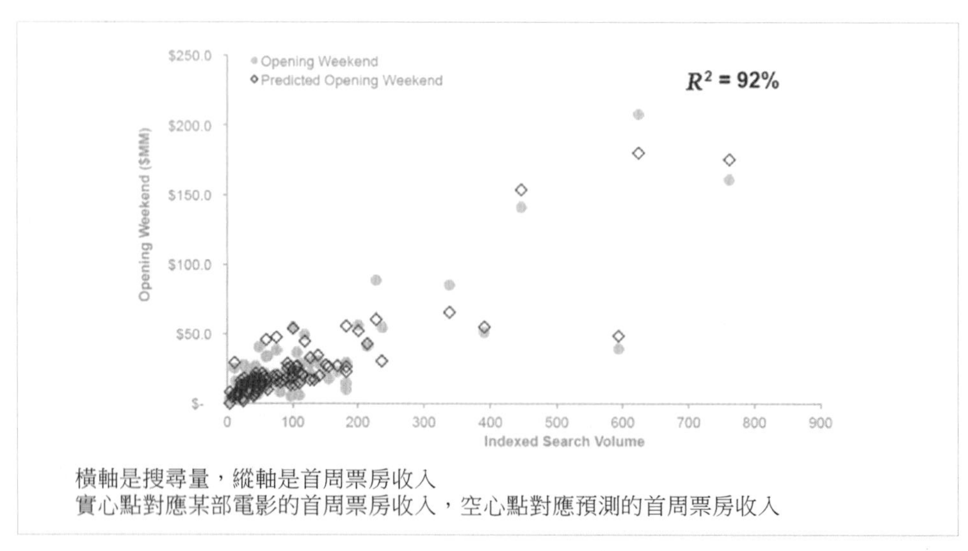

橫軸是搜尋量，縱軸是首周票房收入
實心點對應某部電影的首周票房收入，空心點對應預測的首周票房收入

圖 1-2-12 提前一周預測票房的效果

儘管提前一周預測的擬合優度可以達到 92%，但對於電影行銷而言，由於時間太短，很難調整行銷策略，改善行銷效果，因此價值並不大。於是，Google 又進一步研究，使模型可以提前一個月預測首周票房。

Google 採用了一項新的指標——電影預告片的搜尋量。Google 發現，預告片的搜尋量比起電影的直接搜尋量而言，可以更進一步地預測首周票房表現。

這一點不難了解，因為在電影放映前一個月的時候，人們常常更多地搜尋預告片。為了更進一步地加強預測效果，Google 重新建置了指標系統，考慮了電影預告片的搜尋量、同系列電影前幾部的票房表現、檔期的季節性特徵 3 大類指標。對預測的電影，收集對應的這 3 大類指標之後，Google 建置了一個線性回歸模型來建立這些指標和票房收入的關係，預測的結果與實際的結果非常接近，如圖 1-2-13 所示。

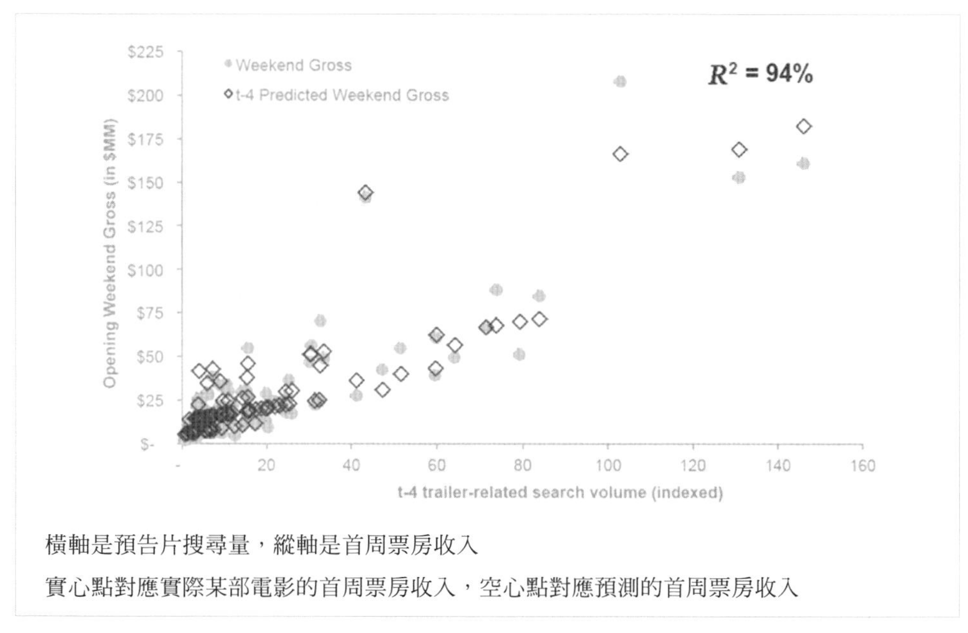

橫軸是預告片搜尋量，縱軸是首周票房收入

實心點對應實際某部電影的首周票房收入，空心點對應預測的首周票房收入

圖 1-2-13 提前一個月預測票房的效果

Google 的票房預測模型的公佈，讓業內人士再次見證了大數據的成功應用。近年來，大數據在電影企業的應用越來越引起關注，例如此前 Google 利用搜尋資料預測了奧斯卡獲獎者，Netflix 透過大數據分析深度採擷了使用者的喜好，捧紅了《紙牌屋》等。其實對於票房預測，Google 的模型基於的只是巨觀搜尋量的統計，對使用者需求的採擷相對表面。除了單純從搜尋量、廣告點擊量以及影院排片來預測票房，還可以使用社交媒體的資訊，例如微博、Twitter 的資料來分析使用者的情感，特別是明星粉絲團的狀態。另外，基於垂直媒體的宣傳資料也可以用來預測票房。

從此案例可以看出，大數據在電影企業已經開始發力，Google 票房預測基於簡單的搜尋量、廣告點擊等資料就可以實現高準確率的預測。後續也可以從使用者的真實需要進一步採擷使用者的口味、社交、情感及個性需求，到時大數據在電影企業的影響就會更廣，不僅可以預測票房，還有可能會改變整個企業。

2. 流行病預測

2008 年，Google 推出「Google 流感趨勢」預測，根據使用者輸入的與流感相關的搜尋關鍵字追蹤分析，建立地區流感圖表和流感地圖。為驗證「Google 流感趨勢」預警系統的正確性，Google 多次把測試結果與美國疾病控制和預防中心（CDC）的報告進行比對，證實兩者結論存在很大相關性。他們把 5000 萬筆美國人最頻繁檢索的詞條和美國疾控中心在 2003 年至 2008 年間季節性流感傳播時期的資料進行了比較，最後透過數學模型的架設，組成了預測系統，在 2009 年發佈了冬季流行感冒預測結果，與官方資料的相關性高達 97%。

但是，2013 年 2 月，《自然》雜誌發文指出，「Google 流感趨勢」預測的流感樣病例超過了美國疾病控制和預防中心根據全美各實驗室監測報告得出的預測結果的兩倍。主要原因是「Google 流感趨勢」預測在它的模型中使用了相對流行的關鍵字，所以搜尋引擎演算法對 Google 流感趨勢預測的結果會產生不利影響。在預測時，基於這種假設：特定關鍵字的相對搜尋量和特定事件之間存在相關性，問題是使用者的搜尋行為並不僅受外部事件影響，它還受服務提供者影響。

「Google 流感趨勢」預測（GFT）在 2012—2013 年的流感流行季節裡過高地估計了流感疫情；在 2011—2012 年，則有超過一半的時間過高地估計了流感疫情，如圖 1-2-14 所示。從 2011 年 8 月 21 日到 2013 年 9 月 1 日，「Google 流感趨勢」預測在為期 108 周的時間裡有 100 周的預測結果都偏高，如圖 1-2-15 所示。

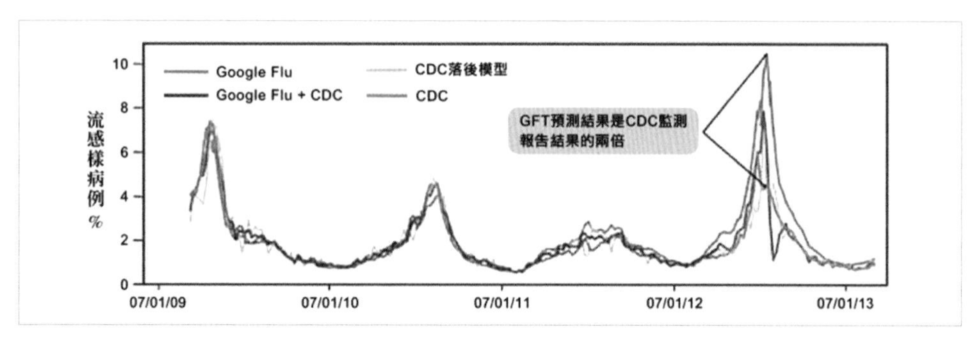

圖 1-2-14 對流感樣病例的預測結果

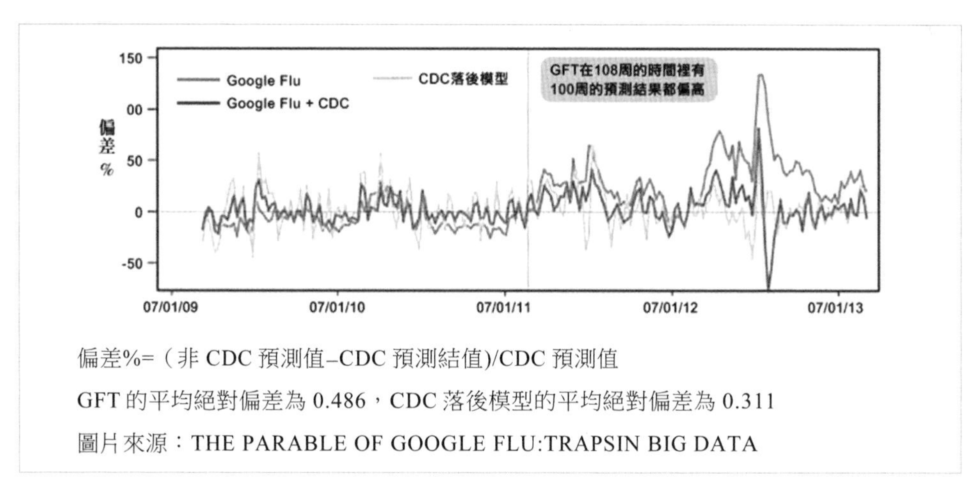

偏差%=（非 CDC 預測值–CDC 預測結值)/CDC 預測值

GFT 的平均絕對偏差為 0.486，CDC 落後模型的平均絕對偏差為 0.311

圖片來源：THE PARABLE OF GOOGLE FLU:TRAPSIN BIG DATA

圖 1-2-15 GFT 與 CDC 相結合的平均絕對偏差為 0.232

隨著模型更新的減少及其他干擾搜尋資料因素的存在，使得其預測準確率連續三年呈下滑局勢。在中國，政府相關部門也在 2010 年開始嘗試與百度等網際網路科技公司合作，嘗試透過大數據的採擷、分析，實現流行疾病預警管理。中國疾病預防控制中心副主任、中科院院士高福也認同大數據在公共衛生預防控制上的作用。他公開表示，透過大數據可以在流感到來之前為人們提供一些解釋性資訊，為流感的預防提供緩衝時間。

如今，中國已經不僅預測流感，還開始預測包含肝炎、肺結核、性病等 4 種主要疾病。提供這項大數據預測服務的是百度，資料來源除了使用者提交的查詢資料，還用到了 Google 沒有用到的微博資料，以及百度知道中與疾病相關的提問。借助行動網際網路的數量使用者入口，行動資料也將為預測提供下一步更加意義深遠的支援，如各地疾病人群遷徙的資料特徵、各地天氣變化等。據說，未來的預測將從現在的 4 種擴充到 30 多種主要疾病。

在實際的資料分析與採擷方面，百度疾病預測將地區差異作為重要變數，針對每個城市分別建模，光是基於資料的輸出模型就達到 300 餘個。加之後台資料的精心準備，讓百度的疾病預測在最後的產品端可以提供全國 331 個地級市、2870 個區縣的疾病局勢預測。

目前，百度已經建置了一套疾病預測平台，使用者可以根據需要了解全國各地疾病的分佈及走勢。

從此案例可以看出，大數據落地中國公共衛生管理只是一個美好的開始，我們可以做得還有更多，這個資料庫的模型可以更加豐富，例如在資料收集端，透過智慧行動健康裝置實現個人健康資料的即時監測，資料即可輸送至公共衛生管理大數據庫，也可以建立個人健康管理電子檔案。在資料利用端，透過個人電子健康檔案，可以實現家族疾病及慢性疾病的即時監控，並對此實現長期對症治療。

3. 犯罪預測

如今越來越多的案例表明犯罪預防領域的預測型分析能夠顯著降低犯罪率，例如洛杉磯警察局已經利用大數據分析軟體成功地把轄區裡的盜竊犯罪降低了 33%，暴力犯罪降低了 21%，財產類別犯罪降低了 12%。

有趣的是，關於犯罪預測的起因卻是源於對地震的預測。洛杉磯警察局採用了一套用於預測地震後餘震的數學模型，把犯罪資料登錄進去。對於地震的預測非常困難，不過，對於餘震的預測則要容易得多。在地震發生後，附近地區發生餘震的機率很大。這個由聖塔克拉拉大學的助理教授 George Mohler 開發的數學模型用來對餘震發生的模式進行辨識，進一步能夠預測新的餘震。而犯罪資料也符合類似的模式，因此，能夠輸入模型進行分析。洛杉磯警察局把過去 80 年內的 130 萬個犯罪記錄輸入了模型。如此大量的資料幫助員警們更進一步地了解犯罪案件的特點和性質。從資料顯示，當某地發生犯罪案件後，不久之後附近發生犯罪案件的機率也很大。這一點很像地震後餘震發生的模式。當員警們把一部分過去的資料登錄模型後，模型對犯罪的預測與歷史資料吻合得很好。

洛杉磯警局利用 Mohler 教授的模型進行了一些試點來預測犯罪多發的地點，並且透過和加州大學以及 PredPol 公司合作，改善了軟體和演算法。如今，他們可以透過軟體來預測高犯罪率的地區。這已經成為員警們的日常工作之一。不過，讓員警們能夠相信並且使用這個軟體可不是一件容易的事。

起初，員警們對這個軟體並不感冒。在測試期間，根據演算法預測，某區域在一個 12 小時間段內可能有犯罪發生，在這個時間段，員警們被要求加強對該區域進行巡邏的密度，去發現犯罪或犯罪線索。一開始，員警們並不願意讓演算法指揮著去巡邏。然而，當他們在該區域確實發現了犯罪行為時，他們對軟體和演算法認可了。如今，這個模型每天還在有新的犯罪資料登錄，進一步使得模型的預測越來越準確。

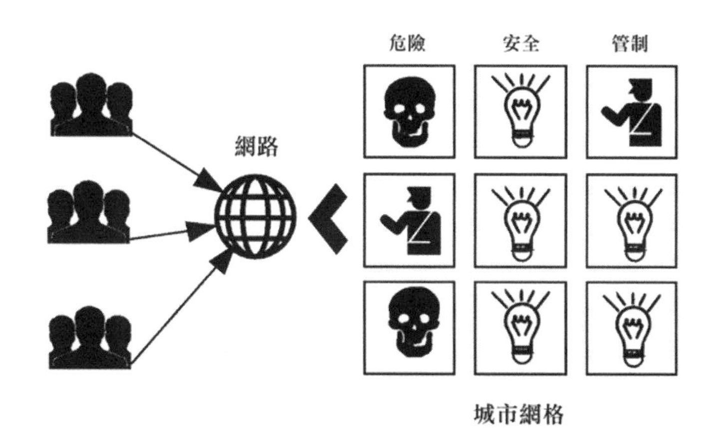

圖 1-2-16 基於視覺化技術查詢犯罪情況

除使用預測的方法來確定高犯罪率地區外，使用視覺化方法將歷史犯罪率高的地區標記在地圖上，效果更加直觀。據美國中文網綜合報導，2013 年 12 月 8 日，紐約市警方（NYPD）發佈了最新的紐約市犯罪地圖，民眾可上網瀏覽該地圖。如圖 1-2-16 所示，民眾在網上可直接看到城市犯罪資訊，結合地圖，顯示當地本月、本年度和前一年的犯罪記錄。民眾可透過地址、郵遞區號或警方轄區來查詢該地圖。據《紐約郵報》報導，警察局長 Ray Kelly

在一份宣告中說：「相比以往，紐約目前十分安全，今年（2014 年）的謀殺率處於歷史最低水準。政府依靠資料來打擊犯罪行為，這張地圖可以幫助紐約人和研究者了解紐約各個地區的犯罪情況。」

從此案例可以看出，警務大數據已經開始落地，並逐步深入。隨著大數據時代的來臨，資料分析勢必成為預防和打擊犯罪的新武器。

4. 動作預測

動作預測指的是基於人們以往或最近的行為，對其即將發生的肢體動作做出預測的過程。在電競遊戲領域，玩家透過豐富的對戰經驗，能夠對敵方的下一步動作進行預估，並基於此提前進行反應，以便有取勝的可能。在籃球、足球、格鬥、拳擊等活動中也是一樣，對手一動就知道下一步動作，經過準確的預判，便可以提前做出格檔動作，以贏得比賽。

當然，準確預判的能力沒有那麼容易獲得。通常只有累積了大量實戰經驗加上強大的反應能力才有可能實現。目前，已經在研究基於人工智慧（AI，Artifical Intelligence）技術來學習動作預判的能力。此前有研究者對此進行了嘗試，他們透過 Kinect 裝置擷取人的動作資料，然後使用機器學習方法來訓練模型，基於預測資料模擬人的下一步動作。可這樣的方式並沒有什麼作用，因為人類在行動時很不方便，擷取裝置的成本也相對較高。

當然，對於 AI 動作預測，科學家也在嘗試用別的方法來實現。

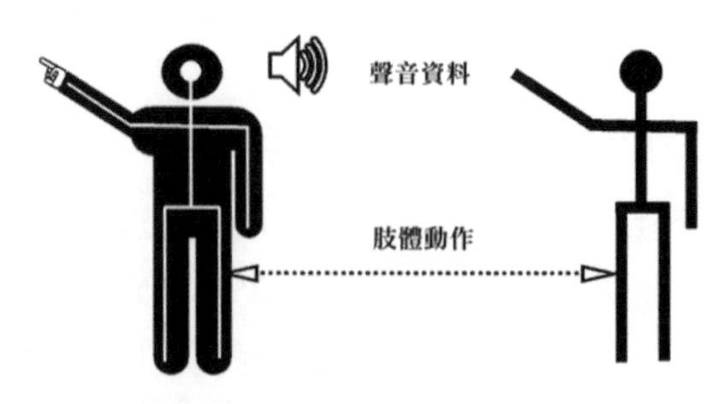

圖 1-2-17 透過說話聲音來實現

人類的很多行為，實際上和語言相關，例如老師在上課或演講時，總會使用肢體動作來表達，如圖 1-2-17 所示。UC Berkeley 和 MIT 都對這個問題進行了嘗試，研究人員收集了 144 個小時的演講視訊，包含了 10 個人的資料。首先，基於這些視訊，研究人員透過視訊分析演算法辨識出影像中演講者的動作；然後，使用技術方法將演講者的語言資料與動作資料對應起來；最後，訓練出來的 AI 程式可以透過聲音預測人類的下一步動作。

除了透過聲音預測人類動作，東京工業大學曾在 IEEE 上發表了一篇論文，實現了在簡單背景下對人類的動作捕捉和精準預測。該方法利用的是殘差網路，將人體的姿勢影像轉換成二維資料，而這種資料封包含了類似地理位置資料的特徵，透過使用 LSTM 演算法學習時序位置，進而實現位置的預測，實際上可以進一步解析成人類的動作預測結果。這種方式對於預測對象所處的背景有要求，但是效果很好，能夠預測人類在 0.5s 以後的動作。

AI 除了能夠實現簡單的單步預測，還可以對人類複雜的行為進行預測。德國波恩大學就做過類似嘗試，研究人員將 RNN 和 CNN 結合在一起，這樣深度學習網路就變得更加複雜，基於對不同動作以及其標籤資料，既可以預測動作的細節，又可以預測不同標籤出現的序列。使用這種方法，AI 透過不到兩小時的學習，就能夠在人類製作沙拉時，預測剩餘的 80%的動作。

從以上案例可以看出，AI 預測已經呈現出落地的趨勢，很多專題還在不斷地研究最佳化當中，AI 預測所帶來的價值不容小覷，隨著 AI 技術的進一步發展，AI 預測技術也必將能帶來更多的驚喜。

1.3 Python 預測初步

本節擬透過一個簡單的實例説明用 Python 進行預測的主要步驟，旨在讓各位讀者了解用 Python 進行預測的基本過程。本例使用 wineind 資料集，它表示從 1980 年 1 月到 1994 年 8 月，葡萄酒生產商銷售的容量不到 1 升的澳洲葡萄酒的總量。資料示意如圖 1-3-1 所示。

	Jan	Feb	Mar	Apr	May	Jun	Jul	Aug	Sep	Oct	Nov	Dec
1980	15136	16733	20016	17708	18019	19227	22893	23739	21133	22591	26786	29740
1981	15028	17977	20008	21354	19498	22125	25817	28779	20960	22254	27392	29945
1982	16933	17892	20533	23569	22417	22084	26580	27454	24081	23451	28991	31386
1983	16896	20045	23471	21747	25621	23859	25500	30998	24475	23145	29701	34365
1984	17556	22077	25702	22214	26886	23191	27831	35406	23195	25110	30009	36242
1985	18450	21845	26488	22394	28057	25451	24872	33424	24052	28449	33533	37351
1986	19969	21701	26249	24493	24603	26485	30723	34569	26689	26157	32064	38870
1987	21337	19419	23166	28286	24570	24001	33151	24878	26804	28967	33311	40226
1988	20504	23060	23562	27562	23940	24584	34303	25517	23494	29095	32903	34379
1989	16991	21109	23740	25552	21752	20294	29009	25500	24166	26960	31222	38641
1990	14672	17543	25453	32683	22449	22316	27595	25451	25421	25288	32568	35110
1991	16052	22146	21198	19543	22084	23816	29961	26773	26635	26972	30207	38687
1992	16974	21697	24179	23757	25013	24019	30345	24488	25156	25650	30923	37240
1993	17466	19463	24352	26805	25236	24735	29356	31234	22724	28496	32857	37198
1994	13652	22784	23565	26323	23779	27549	29660	23356				

圖 1-3-1 資料示意

從資料中可知，這是典型的時間序列資料，一行表示一年，12 列表示一年的 12 個月。將時間序列資料繪製為如圖 1-3-2 所示的圖表。

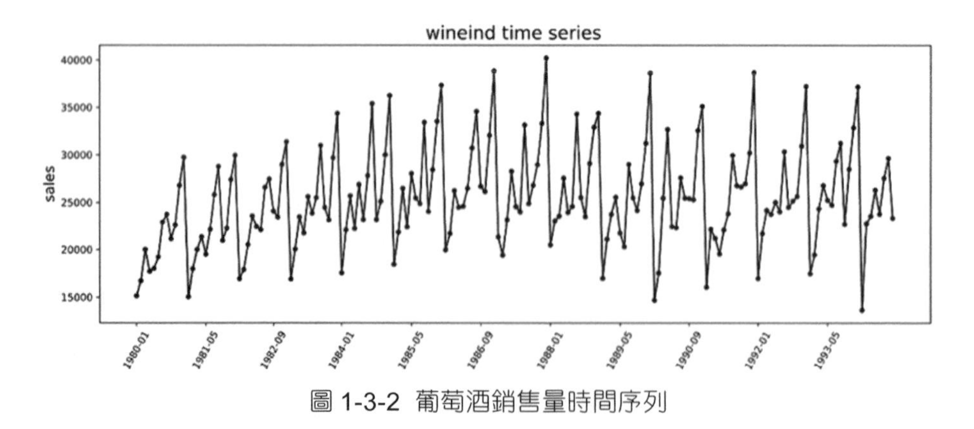

圖 1-3-2 葡萄酒銷售量時間序列

從圖 1-3-2 中可以明顯看出，該時間序列資料呈明顯的週期性變化。

1.3.1 資料前置處理

基於 wineind 資料集，使用 statsmodels.graphics.tsaplots 模組下面的 plot_acf 函數檢視 wineind 資料的自相關性，程式如下：

```
1 from statsmodels.graphics.tsaplots import plot_acf, plot_pacf
2 import pandas as pd
3 wineind = pd.read_csv("wineind.csv")
4 plot_acf(wineind.銷量, lags=100, title="wineind autocorrelation").show()
```

圖 1-3-3 中的分隔號表示對應近 *n* 期延遲資料的相關係數，陰影部分表示相關性不明顯的部分，我們從圖中找出近幾期較明顯的點位即可。從左到右，最後選擇了近 1、4、6、8、12 期資料（如圖 1-3-3 中空心點所示，第 1 筆分隔號為第 0 期）來建立指標，作為預測基礎資料。

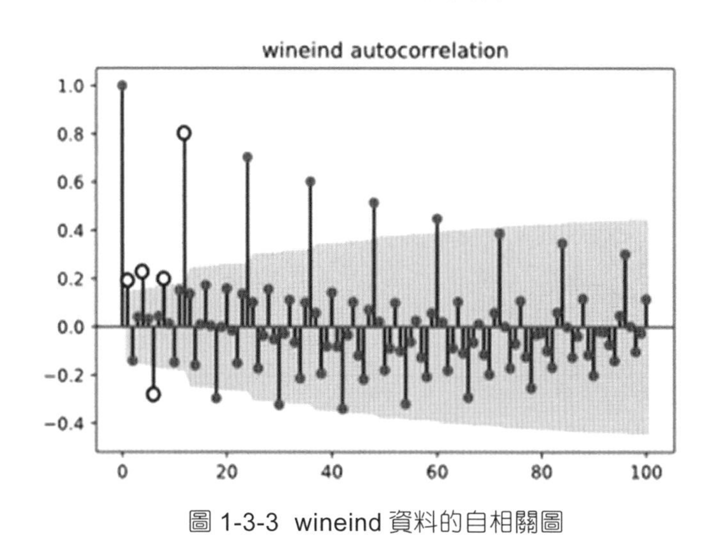

圖 1-3-3 wineind 資料的自相關圖

透過觀察確定 wineind 的資料週期為一年，我們可以將 1980 年到 1993 年每年按月的曲線圖畫在一張圖中（見圖 1-3-4），對應程式如下：

```
 1 import matplotlib.pyplot as plt
 2 plt.figure(figsize=(10,5))
 3 for i in range(int(wineind.shape[0]/12)):
 4     plt.plot([x+1 for x in range(12)],wineind.銷量[12*i:12*(i+1)],'o--',
              label=wineind.月份[12*i].split('-')[0])
 5 plt.legend(ncol=7)
 6 #增加輔助線
 7 plt.plot([x+1 for x in range(12)],[1500*x+17000 for x in range(12)],'b--',
        linewidth=3)
 8 plt.xlabel("month",fontsize=12)
 9 plt.ylabel("sales",fontsize=12)
10 plt.title("wine sales by years",fontsize=14)
11 plt.show()
```

由圖 1-3-4 可知，月份與銷量的線性關係明顯，應該考慮加入建模基礎資料用於預測。至此，需要將 wineind 的原始資料處理成如表 1-3-1 所示格式，輸出建模基礎資料集。

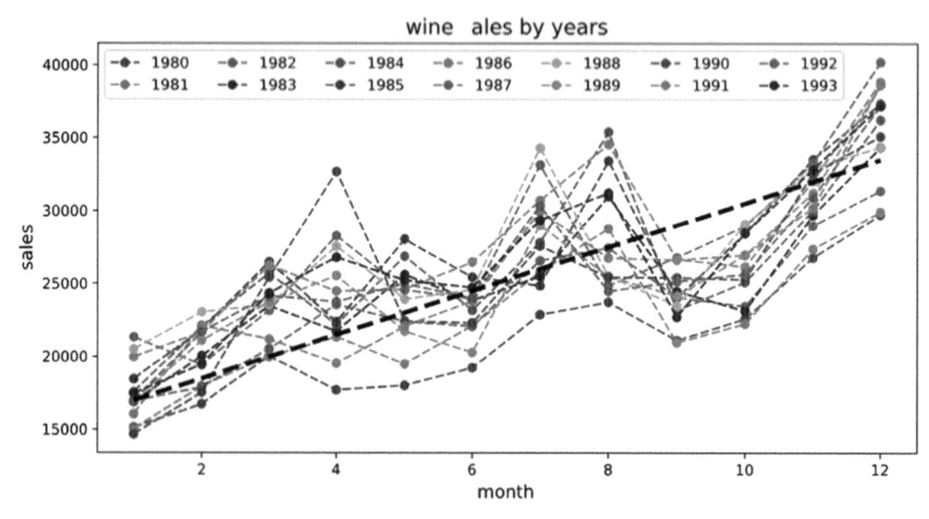

圖 1-3-4 wineind 資料與月份的關係圖

表 1-3-1 基礎資料集屬性設定表

欄位名稱	欄位說明	描述
id	唯一標識	自動產生
month	預測月月份	無
value	預測月銷量	無
r1_value	近 1 月銷量	無
r4_value	近 4 月銷量	無
r6_value	近 6 月銷量	無
r8_value	近 8 月銷量	無
r12_value	近 12 月銷量	去年同期

資料轉換的程式如下：

```
1 wineind['month']=[int(x.split("-")[1]) for x in wineind.月份]
2 wineind['value']=wineind.銷量
3 temp = [None]*12 + wineind.value.tolist()
4 for loc in [1,4,6,8,12]:
5     wineind['r'+str(loc)+'_value']=temp[(12-loc):][0:wineind.shape[0]]
```

```
 6 pdata=wineind.dropna().drop(columns=['月份','銷量'])
 7
 8 #畫出散點矩陣圖
 9 import seaborn as sns
10 sns.pairplot(pdata,diag_kind='kde')
```

散點矩陣圖如圖 1-3-5 所示。

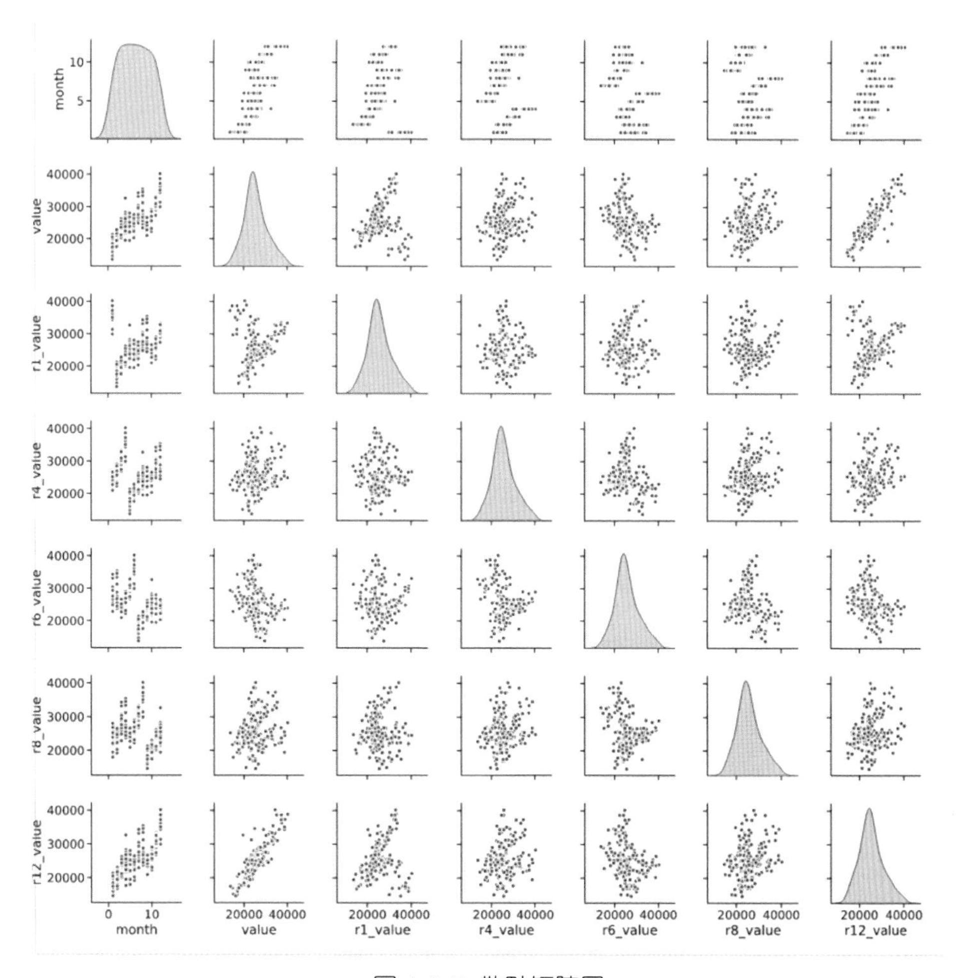

圖 1-3-5 散點矩陣圖

注意看 value-r12_value 的子圖，擁有較明顯的線性關係，但是圖中存在明顯的槓桿點。放大該子圖，如圖 1-3-6 所示。

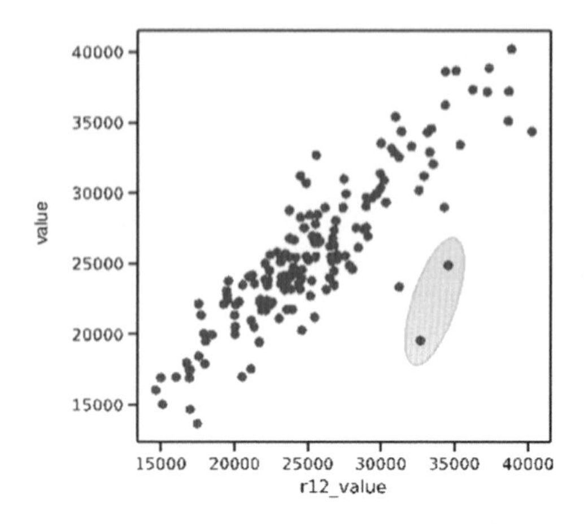

圖 1-3-6 value-r12_value 散點圖

圖 1-3-7 中的畫圈部分圈出了兩個點，在建模之前需要去掉這兩個點，因為這些槓桿點會影響線性模型的建模效果。建立 value-r12_value 的線性模型，透過 cooks 標準來計算每行記錄對模型的影響程度，程式如下：

```
1 import statsmodels.api as sm
2 fig, ax = plt.subplots(figsize=(12,8))
3
4 # 使用普通最小平方法擬合一條線
5 lm = sm.OLS(pdata.value, sm.add_constant(pdata.r12_value)).fit()
6 sm.graphics.influence_plot(lm, alpha  = 0.05, ax = ax, criterion="cooks")
7 plt.show()
```

效果如圖 1-3-7 所示。

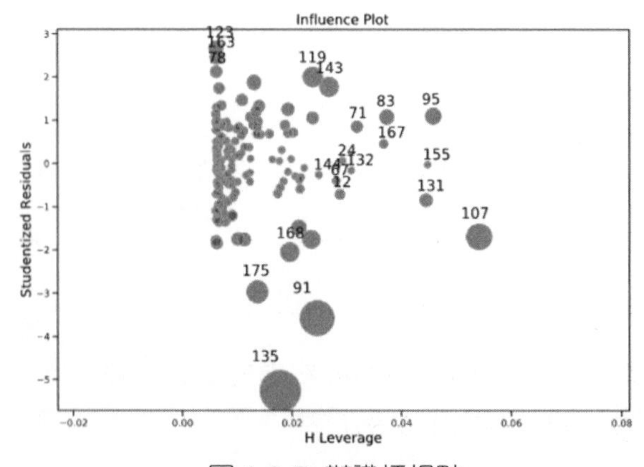

圖 1-3-7 辨識槓桿點

圖 1-3-5 中的點表示記錄，水平座標表示槓桿影響，垂直座標表示學生化殘差。從圖中可知 91 號和 135 號樣本存在明顯的例外，現將這兩個點在 ralue-r12_value 對應的散點圖中標記出來，程式如下：

```
1 t0 = wineind.loc[[91,135],]
2 plt.figure(figsize=(8,5))
3 plt.plot(wineind.r12_value,wineind.value,'o',c='black')
4 plt.scatter(t0.r12_value,t0.value,marker='o',c='white',edgecolors='k',s=200)
5 plt.xlabel("r12_value")
6 plt.ylabel("value")
7 plt.show()
```

效果如圖 1-3-8 所示。

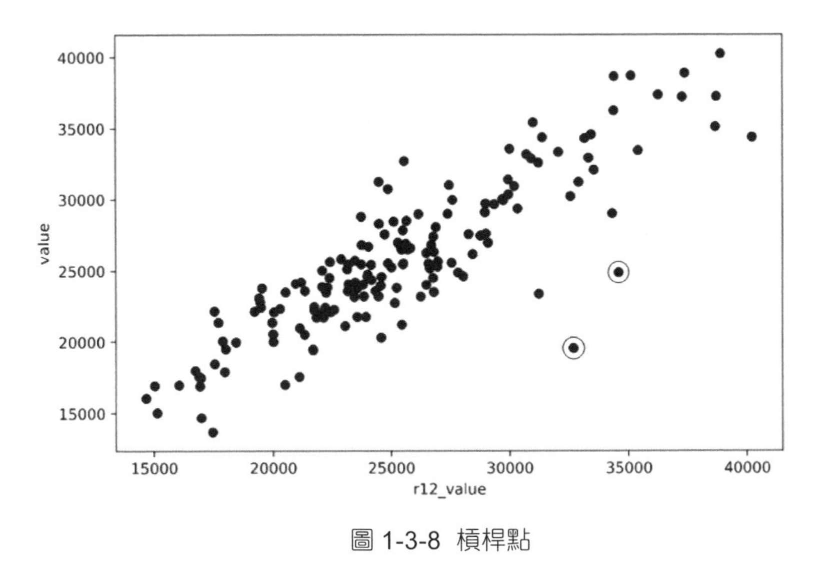

圖 1-3-8 槓桿點

由圖 1-3-8 可知，91 號和 135 號的點正是我們透過散點矩陣圖發現的槓桿點。現將這兩個樣本從 pdata 中去掉，程式如下：

```
1 pdata = pdata.drop(index=[91,135])
```

1.3.2 建立模型

根據上一步獲得的基礎資料 pdata，分析其前 150 行資料作為訓練集，剩餘的部分作為測試集。資料分區及建模的程式如下：

```
1 pdata = pdata.reset_index()
2 pdata = pdata.drop(columns='index')
3 train_set = pdata.loc[0:149,]
4 test_set = pdata.loc[149:,]
5
6 x = np.column_stack((train_set.month,train_set.r1_value,train_set.r4_value,
7                      train_set.r6_value,train_set.r8_value,train_set.r12_value))
8 X = sm.add_constant(x)
9 model = sm.OLS(train_set.value, X).fit()
10 model.summary()
```

最小平方法（OLS）回歸分析的結果如表 1-3-2 所示。

表 1-3-2 OLS 回歸分析結果

Dep.Variable:	value		R-squared:		0.853	
Model:	OLS		Adj.R-squared:		0.847	
Method:	LeastSquares		F-statistic:		138.0	
Date:	Sat,10Aug2019		Prob(F-statistic):		6.39e-57	
Time:	02:48:46		Log-Likelihood:		-1354.1	
No.Observations:	150		AIC:		2722.	
DfResiduals:	143		BIC:		2743.	
DfModel:	6					
CovarianceType:	nonrobust					
	coef	stderr	t	P>|t|	[0.025	0.975]
const	2630.7190	1907.483	1.379	0.170	-1139.788	6401.226
x1	410.6209	93.913	4.372	0.000	224.984	596.257
x2	-0.0067	0.033	-0.201	0.841	-0.072	0.059
x3	0.0730	0.035	2.076	0.040	0.004	0.142
x4	-0.0197	0.037	-0.539	0.591	-0.092	0.053
x5	0.1035	0.039	2.654	0.009	0.026	0.181
x6	0.6617	0.060	11.103	0.000	0.544	0.780
Omnibus:	1.331		Durbin-Watson:		1.868	
Prob(Omnibus):	0.514		Jarque-Bera(JB):		1.010	
Skew:	0.190		Prob(JB):		0.604	
Kurtosis:	3.132		Cond.No.		6.48e+05	

可以看到，調整後的 *R* 平方值達到 0.847，作為模型來講，基本可以使用。但是看一下截距項（const）的 *P* 值為 0.17，不顯著。所以，目前的模型還需要進一步調整，使得截距項（const）的 *P* 值低於 0.05 或 0.01 為止。另外，變數 x2(r1_value)和 x4(r6_value)的 *P* 值都較大，明顯不顯著，可將這兩個變數移除。重新建置模型，程式如下：

```
1 x = np.column_stack((train_set.month,train_set.r4_value,train_set.r8_value,
  train_set.r12_value))
2 X = sm.add_constant(x)
3 model = sm.OLS(train_set.value, X).fit()
4 model.summary()
```

OLS 回歸分析的結果如表 1-3-3 所示。

表 1-3-3 OLS 回歸分析結果

Dep.Variable:	value		R-squared:		0.852	
Model:	OLS		Adj.R-squared:		**0.848**	
Method:	LeastSquares		F-statistic:		209.3	
Date:	Sat,10Aug2019		Prob(F-statistic):		3.65e-59	
Time:	04:26:42		Log-Likelihood:		-1354.3	
No.Observations:	150		AIC:		2719.	
DfResiduals:	145		BIC:		2734.	
DfModel:	4					
CovarianceType:	nonrobust					
	coef	stderr	t	P>|t|	[0.025	0.975]
const	1741.1626	1201.878	1.449	**0.150**	-634.302	4116.627
x1	425.1202	86.591	4.910	0.000	253.978	596.263
x2	0.0770	0.034	2.261	**0.025**	0.010	0.144
x3	0.1085	0.038	2.893	0.004	0.034	0.183
x4	0.6573	0.059	11.222	0.000	0.542	0.773
Omnibus:	1.428		Durbin-Watson:		1.893	
Prob(Omnibus):	0.490		Jarque-Bera(JB):		1.106	
Skew:	0.200		Prob(JB):		0.575	
Kurtosis:	3.128		Cond.No.		3.19e+05	

可以看到，截距項的 P 值仍然較大，但相比 0.17 已經有所下降，另外，x2 對應的 P 值是這些變數中最大的，可以嘗試使用非線性的想法來進一步擬合模型，在模型中加入 x2(r4_value)對應的二次項、三次項，重新建模，程式如下：

```
1 x = np.column_stack((train_set.month,train_set.r4_value,
2                       train_set.r4_value**2,
3                       train_set.r4_value**3,
4                       train_set.r8_value,
5                       train_set.r12_value))
6 X = sm.add_constant(x)
7 model = sm.OLS(train_set.value, X).fit()
8 model.summary()
```

OLS 回歸分析的結果如表 1-3-4 所示。

表 1-3-4 OLS 回歸分析結果

Dep.Variable:	value		R-squared:		0.859	
Model:	OLS		Adj.R-squared:		**0.854**	
Method:	LeastSquares		F-statistic:		175.0	
Date:	Sat,10Aug2019		Prob(F-statistic):		2.42e-59	
Time:	04:30:29		Log-Likelihood:		-1351.0	
No.Observations:	150		AIC:		2714.	
DfResiduals:	144		BIC:		2732.	
DfModel:	5					
CovarianceType:	nonrobust					
	coef	stderr	t	P>|t|	[0.025	0.975]
const	-0.1528	0.030	-5.146	0.000	-0.212	-0.094
x1	438.3667	85.160	5.148	0.000	270.042	606.691
x2	0.5917	0.176	3.371	0.001	0.245	0.939
x3	-3.141e-05	1.07e-05	-2.938	0.004	-5.25e-05	-1.03e-05
x4	5.215e-10	1.8e-10	2.893	0.004	1.65e-10	8.78e-10
x5	0.1065	0.037	2.893	0.004	0.034	0.179
x6	0.6609	0.057	11.503	0.000	0.547	0.774
Omnibus:	0.868		Durbin-Watson:		1.867	

Prob(Omnibus):	0.648	Jarque-Bera(JB):	0.852
Skew:	0.179	Prob(JB):	0.653
Kurtosis:	2.913	Cond.No.	1.65e+15

從以上結果可知，調整後的 R 平方值達到 0.854，同時，對應各變數及截距項的 P 值均低於 0.01，統計顯著，可將該模型用於預測。Model 就是我們建立的用於時間序列預測的線性回歸模型。

1.3.3 預測及誤差分析

用 Model 作為預測模型，對預測資料集 test_set 進行預測，程式如下：

```
1 x = np.column_stack((test_set.month,
2                     test_set.r4_value,
3                     test_set.r4_value**2,
4                     test_set.r4_value**3,
5                     test_set.r8_value,
6                     test_set.r12_value))
7 X = sm.add_constant(x)
8 y_pred = model.predict(X)
9 diff =  np.abs(test_set.value - y_pred)/test_set.value
10 diff
```

預測結果如下：

```
1 149     0.135699
2 150     0.132886
3 151     0.062267
4 152     0.045839
5 153     0.019826
6 154     0.319714
7 155     0.130967
8 156     0.042673
9 157     0.070981
10 158    0.044678
11 159    0.079525
12 160    0.012257
13 161    0.345971
14 Name: value, dtype: float64
```

統計預測結果，程式如下：

```
1 # 統計預測結果
2 diff.describe()
```

統計結果如下：

```
1 count      13.000000
2 mean       0.111022
3 std        0.106694
4 min        0.012257
5 25%        0.044678
6 50%        0.070981
7 75%        0.132886
8 max        0.345971
9 Name: value, dtype: float64
```

從統計結果中可以看到，預測資料集共 13 筆記錄進行預測，最小百分誤差率為 1.2%，最大百分誤差率為 34.6%，平均百分誤差率為 11.1%。預測結果還是很不錯的，除了最後一筆記錄，預測值為 31436.49，取整為 31436 與真實結果 23356 差別較大，根據筆者的經驗，該月可能遇到了什麼特殊情況（如氣象災害導致葡萄收成不好等），導致高估了葡萄酒的銷量。當預測不準時，不見得都是模型的問題，也有可能是資料的問題，這時需要從資料中發現問題，並進一步解決問題，預測的目的就是為了改變。有興趣的讀者還可以使用縱橫兩年的資料關係建置指標系統，有望對模型進一步最佳化。

02 預測方法論

預測有關資料處理、建模等內容，本身具有一定的複雜性。然而，在大數據的推動下，資料基數大、維度多，同時對速度的要求也很高，實現預測的複雜度進一步升級。因此，為了快速、有效地開展預測工作，有必要提出一套方法論作為指導，確保預測工作有條不紊地進行。本章從預測流程講起，依次介紹開展預測工作的指導原則，以及團隊組成。

2.1 預測流程

預測是個複雜的過程，需要不同角色的人參與，因此，制定用於指導預測工作開展的流程非常重要。本書提出的預測基本流程參照了 CRISP-DM 標準過程及資料分析的常見步驟，按照筆者從事預測工作多年的經驗整合而成，詳見圖 2-1-1。從確定預測主題開始，依次進行收集資料、選擇方法、分析規律、建立模型、評估效果，發佈模型。需要注意的是選擇方法和分析規律之間是可逆箭頭，如果沒找到潛在的規律，則還是要回到選擇方法環節重新嘗試；如果找到了潛在的規律，則說明我們選擇了正確的方法並可進入建模環節。在評估效果時，如果沒有達到預期，則需要反思主題的合理性，有必要調整主題再進入循環。若評估效果已經達到預期則直接發佈模型，注意發佈模型與確定主題之間有一條有向虛線，表示實現主題的內容，結束循環。整個過程都圍繞著資料展開。

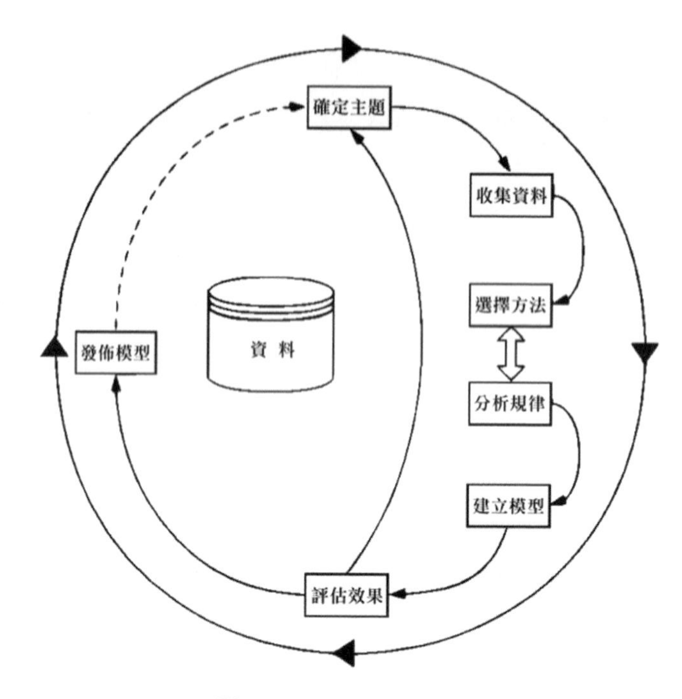

圖 2-1-1 預測基本流程

2.1.1 確定主題

預測主題規定了預測的方向和主要內容，確定主題是開展預測工作的首要環節，預測主題務必清晰明確。首先要明確預測的**主體**和**指標**，例如進行短期負荷預測，主體是變壓器不是饋線，也不是區局，指標是日時點負荷，不是日平均負荷或最高/最低負荷；其次預測的**週期**是多長，需要達到什麼樣的**精度**，也要很清楚，例如在預測變壓器的日時點負荷時，週期是按日的，每天出預測結果，同時期望精度在 95%以上。此外，還要明確使用預測結果的真**實使用者**，以便進一步了解他們對預測的需求，並可了解他們之前進行預測使用的方法及出現的問題。同時，開展預測工作需要一定的**成本**，一定要知道公司或部門對預測工作的成本投入，以便更合理地分配資源。對預測所使用的**資料**範圍也要非常清楚，例如進行負荷預測時主要使用天氣資料和歷史負荷資料等，要確定一個明確的範圍，資料在整個預測過程中是非常重要的。確定主題有關的要素如圖 2-1-2 所示。

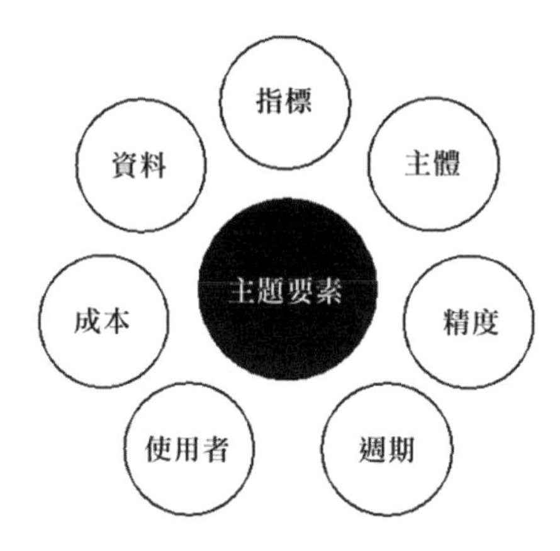

圖 2-1-2 確定主題有關的要素

指標、主體、精度、週期、使用者、成本、資料是確定主題需要考慮的七要素，弄清楚這七要素代表的含義，並在實際的預測專案中找出依據和佐證，有助讓預測主題的內容清晰明確，確保預測工作有一個好的開端。

（1）指標

指標表達的是數量特徵，預測的結果也通常是透過指標的設定值來表現的。例如員工流失率、門店客流量等這些都是指標。預測的問題無疑是回答下一個週期的員工流失率會達到多少，門店客流量能達到多少等這些基本問題。從研究的指標出發，尋找歷史相關資料，有助釐清問題本身。

（2）主體

主體是預測研究的物件，例如對明年各省的 GDP 進行預測，那麼各省份就是主體。主體是預測問題的一部分，它規定了預測的範圍。可以從主體出發，收集資料，設計預測方案。舉例來說，通常可以使用與研究主體近似的物件進行輔助預測。

（3）精度

精度就是預測能夠達到的準確水準，根據業務經驗確定可以達到的精度範圍是很重要的，因為不是任何一個預測問題都可以達到很高的精度。預測能精確到什麼水準，還與資料情況有關，還與收集資料投入的成本有關，這些都是很實際的問題。當然，如果預測模型的精度達不到要求，那麼這次預測就會被認為是失敗的。在預測工作開始之前，對預測模型能達到的精度區間進行評估，進一步明確預測目標，通常是很有必要的。

（4）週期

預測系統通常需要經常性地執行，每天都會有大量的建模和預測工作，預測的時間跨度根據業務需求也會有所差別。例如負荷預測系統，對於短期預測，需要每天預測次日的負荷情況，以及預測下一周的負荷情況；對於中期預測，通常是按月預測、按年預測，如此等等。在預測工作開始之前，需要明確預測結果的時間跨度（週期）。通常來講，時間跨度越長，不確定性越強，精度也就越難保證。所以預測週期的範圍大小會影響到預測模型的設計。

（5）使用者

預測模型、預測功能、預測系統，這些最後是誰來用，在預測開始之前就要弄清楚。對相關使用者進行研究，清楚使用者的真實需求，如果是對預測模組進行更新，則進一步了解使用者對已有預測結果的意見，包含能夠達到的精度範圍、預測結果的意義等。從使用者入手，可以了解更多關於預測專案的知識，並且從中捕捉關鍵需求、協調相關資源，確保預測工作高效有序地進行。

（6）成本

預測專案不僅需要投入一定的硬體資源、專案資金、人力資源、辦公環境，還需要時間。所以針對預測專案而言，要嚴格地監督整個過程，做好把關，因為預測工作很容易出現一個問題，就是在建模時發現預測方案根本不可行，就私自改動預測方案，等效果變好後，換一批資料，效果馬上又不行了，如此反覆折騰，不僅耗時耗力，還讓整個過程模糊不清，給專案的監督管理造成極大困難。對預測專案的重大環節需要集中討論，在有限的成本投入下，確保預測目標的達成。需要注意的是，不要把主要精力放在精度上，因為用於驗證的資料一旦發生變化，精度馬上就沒有意義了，我們需要的是預測實現的方法及流程。

（7）資料

資料在預測過程中扮演著舉足輕重的角色，所以在開展預測工作之前，需要弄清楚資料的各方面，以制定切實可行的預測方案。通常來講，缺失太嚴重或錯誤太多的資料是不建議使用的，預測需要真實可信的資料，並且可以源源不斷地提供，這樣才能讓預測不斷地進行下去。即使是只做一次的預測，對資料的要求也是比較高的。

2.1.2 收集資料

當確定預測主題後，就要根據劃定的資料範圍收集資料了。資料被作為記錄存在於表格、圖片或視訊、音訊中，還有一些資料存在於資料庫或資料倉儲中。資料本身帶有時間屬性、空間屬性等。另外，收集來的資料不能直接使用，需要經過整合加工才能進一步用於分析。接下來將從內容劃分、收集原則、資料整合 3 個方面介紹收集資料階段的重點。

1. 內容劃分

資料是一種數量的代表，它出現在使用者使用產品的各個階段，出現在裝置執行的分分秒秒，出現在行銷活動的前後始終。正是由於資料記錄著事情的發展、事物的變化、時空的變遷，我們才可能從資料中採擷潛在的規律，讓資料變現。資料按產品生命過程中參與的物件和活動可以分為客戶類別資料、產品類別資料、行銷類別資料、物流類別資料、財務類別資料、服務類別資料，如圖 2-1-3 所示。

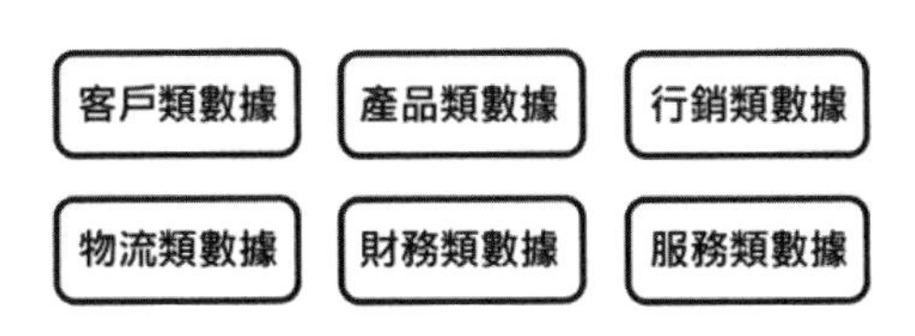

圖 2-1-3 資料按生產活動分類

當然，這是比較大的類別，資料按事件發生的參與物件和活動又可以分為時間資料、人物資訊、地點資訊及事件的起因、經過和結果，這些都是資料，如圖 2-1-4 所示。

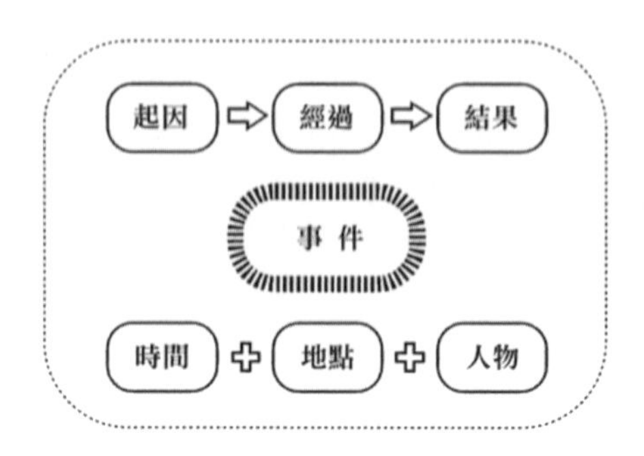

圖 2-1-4 資料按事件因素分類

2. 收集原則

資料的收集不是一個籮筐框到底，資料的品質怎麼樣、資料是否可用等很多問題都需要考慮，若直接將資料收集過來，在模型發佈時發現滿足不了預測，將是極大的損失。因此，收集資料要講究如下 5 項原則。

（1）全面覆蓋。收集的資料儘量全面，這會為尋找特徵提供便利，越是全面的資料越容易從中找到具有良好表現的特徵。如果資料不太全面，例如只有這個指標的歷史資料，那麼後面分析時能做的事情將很有限。所以應儘量收集全面的資料。

（2）品質較好。品質太差，只會為分析引進噪音，不建議收集品質太差的資料。至於資料的品質，一定要達到分析的基本要求才可以使用。例如資料集的遺漏值只有 10%，透過簡單統計發現資料中可能含有大量的資訊，這樣的資料就可以用來分析。反之，當資料中的遺漏值達到 50%，並且透過統計發現，資料中也沒什麼資訊量時，這樣的資料是不建議用來分析的。

（3）週期一致。收集資料要按週期收集，每一個週期內的資料相對完整。如果週期有太多間斷性缺失，這樣的資料也是有問題的，因此不建議用於分析。再者，基於同週期收集的資料能夠反應該週期內相關事物的作用與關係，有助採擷潛在規律。

（4）粒度對稱。粒度可以視為事物的層次，例如地圖，省級視圖，市級視圖，縣級視圖，這種從省到縣的變化就是粒度變小的過程。那麼對於收集資料來說，也要注意粒度。資料粒度不對稱將導致資料難以使用。例如時點的溫度資料與月平均負荷資料，由於粒度不對稱，導致資料沒法整合到一起，便失去了收集資料的意義。

（5）持續生產。所謂持續生產是指用於建模的資料在預測時仍然可以持續提供，這樣就可以將預測工作進行下去。如果用於建模的資料和預測用的資料口徑不一致，就會終止預測過程。舉例來說，在短期負荷預測時，天氣預報的資訊用於預測的輸入資訊，那麼在建模時理應用對應口徑的天氣資料，這樣資料是持續生產的，當然可以確保預測工作的順利開展。如果所用的口徑不一致，例如天氣預報只有全市的預報值，而歷史天氣資訊使用的是網格的實際值，由於資料不是持續生產的，就會造成預測終止。

3. 資料整合

剛收集來的資料是混亂的，什麼週期的都有，什麼粒度的都有，什麼時間的都有，因此在進行分析之前要對資料進行整合，讓資料變得更有條理，邏輯更清楚。通常按時間、週期、粒度、物件這幾個維度對資料進行整合。

2.1.3 選擇方法

資料是進行預測的基礎，在完成資料收集之後，需要採用合適的方法分析資料中表現的規律，進一步分析特徵建模。對於不同的資料選擇的方法也會有所不同，對於維度單一、資料量少的資料不會採用像深度學習這樣的方法，所謂「殺雞焉用牛刀」就是這個道理。按預測有關物件的數量以及預測相關指標的數量把預測的資料情況分成簡單型、豐富型、多樣型、複雜型這 4 大類，定義分別如下。

- **簡單型**：單物件單指標，例如對一部手機每天使用的網路流量進行預測。
- **豐富型**：單物件多指標，例如指定一部手機，除了每天網路流量的指標，還有每天的星期類型（維度）以及每天上網次數等指標。
- **多樣型**：多物件單指標，例如對多部手機每天使用的網路流量進行預測。
- **複雜型**：多物件多指標，例如多部手機，同時具有網路流量、星期類型、上網次數等指標的情況。

筆者根據自己的經驗整理了常用的分析方法，可選擇性地用來分析如上各種情況，如表 2-1-1 所示。

表 2-1-1 不同類型預測場景選擇方法參考

	簡單型	豐富型	多樣型	複雜型
自相關分析	分析延遲 n 期的影響	無	無	無
偏相關分析	在去除 1 到 n-1 期效應 分析延期 n 期的影響	無	無	無
相關分析	無	分析特徵間的相關性 進行特徵選擇	分析物件間的相關性 指導預測	無
互相關分析	無	分析物件多個特徵間的時序延遲相關性	分析物件間延遲相關性建立預測模型	無
典型相關分析	無	分析多個指標對預測值的綜合相關性	尋找與目標物件綜合相關性較強的一組物件	基於多指標，尋找與目標物件綜合相關較強的一組物件
分群分析	按區間分段定義樣本，尋找潛在模式	在多指標的情況下，細分不同使用場景	以單一物件為樣本進行分群	基於多指標，以單物件為樣本來分群
連結分析	將預測值狀態化 對狀態進行預測	將預測值及連續指標狀態化，對目標狀態進行預測	基於多物件，將預測值狀態化，對狀態進行預測	基於多物件，將預測值及連續指標狀態化，對目標狀態進行預測

2.1.4 分析規律

針對預測，最關鍵的是發現可用的規律，只有發現了規律，才可以在規律的基礎上進行預測；若沒有發現規律，預測工作將無法開展。那麼，什麼是規律呢？規律就是穩定的關係，規律就是必然，規律就是本質。筆者根據自己的經驗，將預測工作中常見的規律分為如下幾種。

（1）趨勢性

趨勢指事物發展的動向，它是時序資料常見的規律之一。例如經濟增長，雖然每天增減不一，但是從 1 年的時間視窗來看，整體是呈增長趨勢的，在掌握了這個規律之後，就可以估計未來一個月的大致水準，如圖 2-1-5 所示。

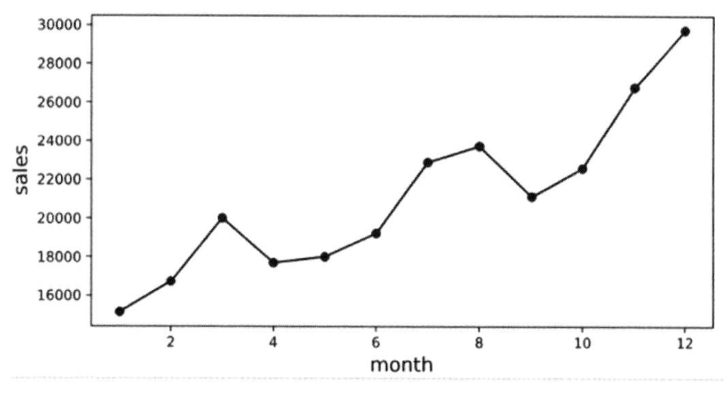

圖 2-1-5 趨勢圖

（2）週期性

事物在發展變化的過程中，某些特徵會重複出現，其連續兩次出現時所經過的時間長度，稱為週期。週期性也是時序資料常見的規律之一。由於受星期工作安排或季節氣候變化的影響，導致某些資料按周或年呈現週期性變化。由於各個週期具有相似性，因此可以用來預測未來一個週期的資料。根據「1.3 Python 預測初步」中的實例，葡萄酒每年的銷量資料按年呈明顯的週期性變化，如圖 2-1-6 所示。

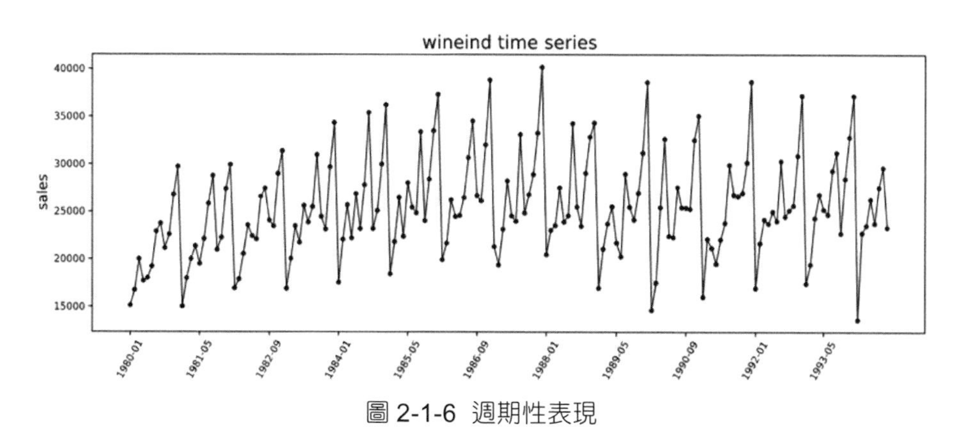

圖 2-1-6 週期性表現

（3）波動性

波動就是不穩定，起伏變化較大，在金融領域中極為常見，也是時序資料的常見規律之一。由於股票市場受很多因素影響，股票指數難以預測。透過資料分析的方法，分析波動資訊，可以看到很多波動都是隨機出現的，如果波動資訊表現出一定的規律性，則可以基於波動資訊再次建模，有助準確率的提升。波動資訊經常使用原資料減去趨勢資料和週期資料而獲得，有時使用小波分析的方法獲得不同頻率的波動資訊，常見的波動訊號如圖 2-1-7 所示。

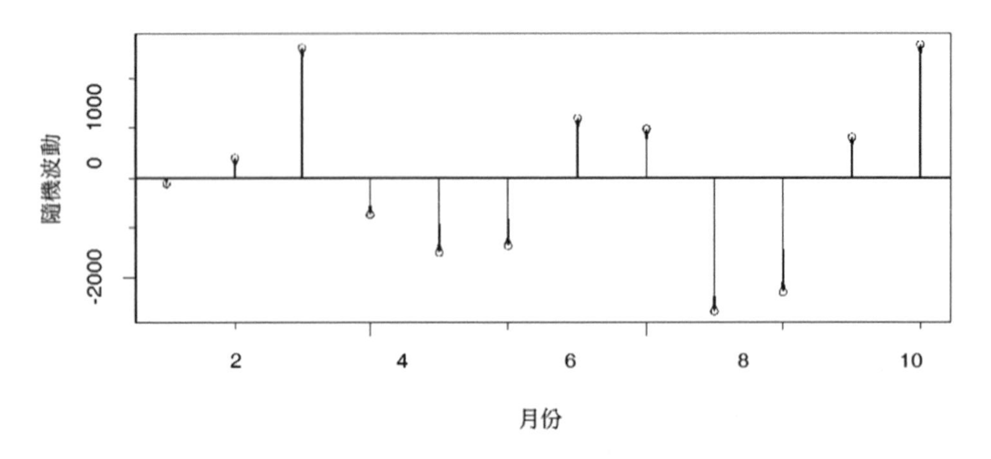

圖 2-1-7 資料的隨機波動

（4）相關性

變數與變數的關係通常有兩種：一種是函數關係，表示確定的非隨機變數之間的關係，可以用運算式實際地定義；另一種是相關關係，表示非隨機變數與隨機變數的關係，也就是説當指定一個變數時，另一個變數是隨機的，它不能由實際的運算式來定義。例如位移與速度就是確定的函數關係，而身高和體重就無法用一個確定的函數關係來表達，但是根據經驗，身高比較高的人，其體重也比較重，説明兩者是相關關係。

相關關係通常用相關係數來定量表示，設定值在–1 和 1 之間，大於 0 為正相關，越趨近於 1，正相關性越強；小於 0 為負相關，越趨近於–1，負相關性越強。在實際分析時，相關關係通常被了解為相隨變動的方向和程度，即指定一個變數，在其增加時，另外一個變數增加或減少的可能性程度。對於兩個變數的相關性分析，通常使用散點圖來表示，如圖 2-1-8 所示。

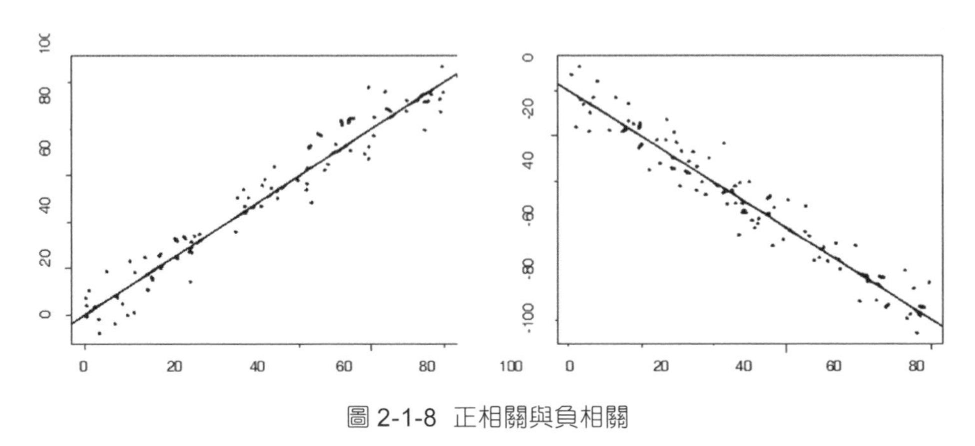

圖 2-1-8 正相關與負相關

（5）相似性

在數學上相似性是指形狀一樣、大小不同的兩個物體之間的關係，比較相似三角形就是這樣的概念。而在資料分析領域，相似通常被了解為物件與物件之間具有一樣或接近的特徵，透過相似度來量化表示，它是一個位於 0 和 1 之間的值，0 表示一點不相似，1 表示特徵一樣。相似性的計算通常使用歐氏距離、馬氏距離、餘弦距離等方法。例如要預測明天的負荷，可以建立特徵<最高氣溫,平均氣溫,最低氣溫,濕度,星期類別,⋯>，從歷史資料中找出與明天該特徵相似的樣本，簡單地計算加權平均值就可以得出明天負荷水準的估計值。所以相似性是預測分析中的常見規律之一。這裡有個假設，即特徵 $F_1 =< A_1, A_2, \cdots, A_n, B >$ 與 $F_2 =< M_1, M_2, \cdots, M_n, K >$ 進行比較，當子特徵 $< A_1, A_2, \cdots, A_n, >$與$< M_1, M_2, \cdots, M_n >$相似時，可以認為特徵 F_1 與 F_2 是相似的，因此可以進一步推導出 B 與 K 也應該是相似的，可根據此原理對預測值進行估計。常見的相似性特徵的示意圖如圖 2-1-9 所示。

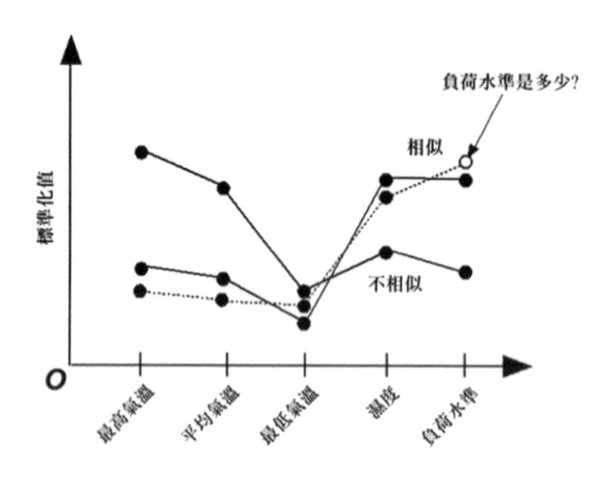

圖 2-1-9 相似性特徵示意圖

(6) 項連結性

相信各位讀者都聽說過「啤酒與尿布」的故事，這說明透過使用連結規則演算法，可以從交易資料庫中採擷出知識，用於行銷決策。同樣，對於預測，仍然可以使用連結規則演算法，從時間序列資料中採擷出知識，服務於預測。對於狀態預測，直接可使用狀態類型建立連結規則。如果是對數值的預測，則可以先進行離散化處理，再建立連結規則。對於時間序列的項連結，通常可以分為 3 種情況（見圖 2-1-10）。

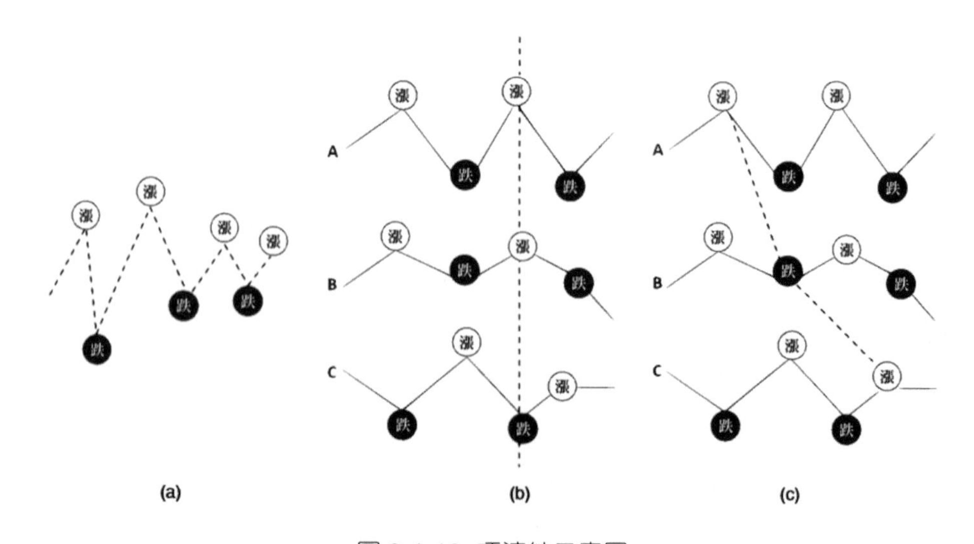

圖 2-1-10 項連結示意圖

① 同一物件不同時刻的狀態（或類別）連結。例如規則：基金 A 昨天漲，基金 A 今天跌→基金 A 明天漲（10%，80%），如圖 2-1-10(a)所示。

② 不同物件同一時刻的狀態（或類別）連結。例如規則：基金 A 漲，基金 B 漲→基金 C 跌（20%,90%），如圖 2-1-10(b)所示。

③ 不同物件不同時刻的狀態（或類別）連結。例如規則：基金 A 昨天漲，基金 B 今天跌→基金 C 明天漲（25%,85%），如圖 2-1-10(c)所示。

注意：百分數（support 和 confidence）分別表示支援度和可靠度，例如（25%,85%），表示該條連結規則的支援度是 25%，對應的可靠度為 85%。

（7）段連結性

與項連結性不同，段連結性不是狀態值或類別值，也不是連續值離散化後的值，它是一個重複出現的連續片段，也可叫作模式。由於連續片段可長可短，每個時間序列物件的取法也不一樣，所以它不存在時刻的概念，只有先後次序。對於時間序列預測而言，段連結性是一種重要的規律，它揭示了時間序列資料中的潛在模式，基於段連結，可以發現更多難以發現的規律。通常將時間序列的段連結分為兩種情況（見圖 2-1-11）。

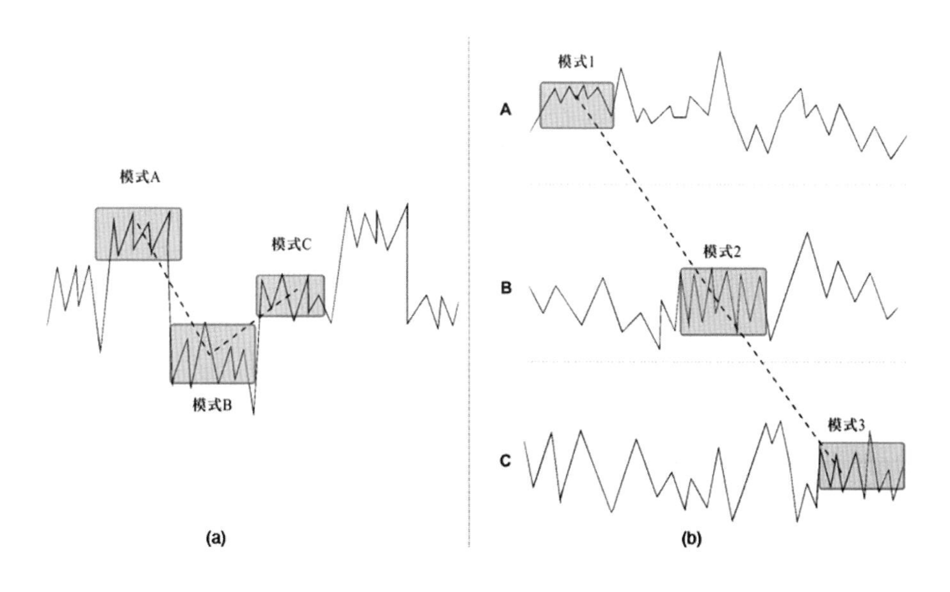

圖 2-1-11 段連結示意圖

① 同一物件不同段的連結。例如將出現在時間序列中重複出現過多次的 3 個段，分別叫作模式 A、模式 B 和模式 C，那麼規則「基金 M 的模式 A 出現，同時，基金 M 的模式 B 出現→基金 M 的模式 C 出現（45%,75%）」就是這種情況，見圖 2-1-11(a)。

② 不同物件不同段的連結。例如規則「基金 A 的上周走勢是模式 1，基金 B 的本周走勢是模式 2→基金 C 的下周走勢是模式 3（20%,90%）」，如圖 2-1-11(b)所示。

2.1.5 建立模型

所謂模型就是指一個公式或一套規則，抑或是一個黑箱的工具，它是針對實際問題的，換成是其他問題，模型也會變化，雖然可能都是用線性回歸演算法。建立模型是進行預測的重中之重，預測工作的目標就是獲得一個可用的模型，使用該模型可以在業務環節或應用中發揮作用。建立模型是一個複雜的過程，在第 1.3 節中，我們已經可以使用基礎資料，結合業務經驗和實驗探索獲得可以用於預測的模式或規則，然而如何將這種模式轉化成模型呢？圖 2-1-12 説明了建立模型的過程。

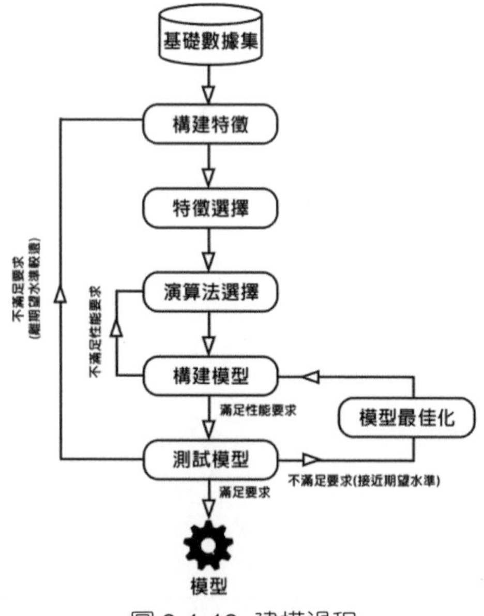

圖 2-1-12 建模過程

如圖 2-1-12 所示，從基礎資料集出發，首先建置特徵，通常特徵集中會出現一些相關性較強的特徵或一些相對較弱的特徵，因此需要對特徵進行選擇。當確定了最後的特徵時，我們就可以選擇建模演算法了，較為簡單的問題透過線性回歸就可以處理，如果問題的複雜度較高，則可以考慮使用支援向量機、神經網路甚至深度學習的演算法。使用訓練集並基於指定的演算法進行訓練可以獲得模型，如果訓練模型的計算成本太高，不能滿足要求就需要另外選擇演算法。當然，即使能滿足計算成本的要求，也不能直接使用模型。獲得的模型經過初步測試之後，才能進一步使用。如果經過測試，發現模型並不能滿足要求，當模型精度與預期較為接近時，則可以考慮對模型進行最佳化，以進一步達到要求。如果模型精度離預期較遠，則很有可能是特徵的問題，需要回到建置特徵階段，以獲得更有表現力的特徵，再一步一步地產生模型。建立模型的各環節，環環相扣，相輔相成，它們的實際內容如下。

（1）建置特徵

建置特徵就是將已發現的模式或規律作為基礎，將基礎資料進行重構，以獲得滿足使用各種預測演算法的使用要求。不過，有時為了提煉更有表現力的特徵，除引用新的特徵外，還經常基於已有的資料集使用特徵建置技術對特徵進行組合衍生。可以說特徵是預測的關鍵，如果沒有好的特徵，就很難保障預測的準確率。從業務意義上建置特徵通常基於相關的業務經驗分析預測對象的因果關係，從中獲得啟發，並使用資料進行驗證，這樣才能確保特徵具有有效性。而使用特徵建置技術主要是基於已有的特徵集，透過技術方法再次進行重組，理論上可以無限制地進行下去，直到獲得表現力強的特徵。

（2）特徵選擇

特徵選擇是指從特徵集中根據特徵的重要性或組合效果選擇出一個特徵子集的過程。如果用於預測的特徵很多，例如成千上萬個，那麼顯然，如果演算法要同時使用這些特徵，則不僅計算成本會很高，特徵本身的穩定性，以及特徵間的相互影響也會使得預測的成本增加。為了加強計算效率和確保預測演算法的可了解性、穩定性，透過建立特徵重要性評估系統，選擇能夠達到相同效果或接近相同效果的特徵子集。這對巨量維度的預測，通常是很有必要的。

（3）演算法選擇

在預測了用於建模的特徵集以後，我們需要選擇對應的預測演算法，在訓練集上獲得初步的模型。可以用於預測的演算法有很多種，常見的有線性回歸、決策樹、時間序列、神經網路、隨機森林、支援向量機等，另外像一些狀態空間模型也常用於預測，例如卡爾曼濾波、高斯回歸過程、小波分析等，可以用於預測的方法不勝枚舉。通常根據演算法的可了解性、演算法的效能及演算法對資料的要求這三點來選擇合適的演算法。例如線性回歸、邏輯回歸、決策樹等這種演算法，了解起來很具體直觀，拿出來講一定很容易懂，所以前期一般選擇這樣的演算法來說明可實現性，以及實現的大致過程。又例如神經網路、支援向量機等演算法，一般當成黑箱來看，它裡面的邏輯不能夠直觀地來了解，但是這種演算法如果駕馭得好，在精度上有很大空間可以發揮，同時計算成本也會很高，所以一般在演算法改進的後期會選擇這種演算法。另外，一些預測演算法要求線上輸入，增量建模，例如卡爾曼濾波，這種演算法特別適合用於線上預測的場景。演算法的選擇其實是一個反覆嘗試的過程，需要各位讀者從實戰中汲取經驗，歸納規律。

（4）建置模型

通常將獲得的特徵集按照一定比例，分割為訓練集和測試集。在訓練集上使用選擇的演算法，訓練模型。在測試集上使用獲得的模型來檢驗模型。一般按 2:1 的比例來獲得訓練集和測試集。但在有的情況下，會使用交換驗證的方法，從所有 N 份特徵樣本中，取出 N-1 份來訓練模型，用剩下的一份來檢驗模型。透過 N 個誤差的分析，可以有效評估模型的誤差水準，同時可以獲得相對較好的模型。另外，建置模型也需要運算成本，如果消耗太高，那麼在有的場景下是不能接受的，需要另外更換運算成本較低的演算法。例如針對 1 萬個物件同時建模，如果每個物件的運算時間為 T，則 1 萬個物件串列建模的時間就是 10000T，假如 T 表示 10s，則 10000T 相當於 27.8 個小時。

雖然現在有一些平行化方法，但是機器的整體效能是確定的，再怎麼平行也很難有本質上的提升。所以，通常在選擇演算法時，還會考慮到工程上的最佳化問題。

（5）測試模型

測試模型的目的在於及時發現模型的問題，這裡通常使用的測試集是與訓練集具有類似結構的特殊資料集。如果模型在測試集上的精度都達不到要求，那麼就可以及早地發現問題，並進一步處理。但是，即使是在測試集上有很好的精度，也不代表沒有問題。因為，有時模型會出現過擬合現象，使得模型的泛化能力降低。舉一個極端的實例，就是模型記住了訓練集中的每個點，由於訓練集和測試集都是從特徵集中隨機選擇的樣本，所以測試集與訓練集具有一定的相似性，這就會導致在測試集上的精度很高。但是反觀一下模型呢？由於只是記住了所有點，對於新樣本，沒有任何的泛化能力，精度一下子被拉下來。常見的處理方法是選擇另外的資料集來測試，或使用交換驗證的方法。

（6）模型最佳化

模型最佳化指的是在已有模型的基礎上進行最佳化，主要包含選用更優的參數（即參數最佳化）、調整建模特征兩種方法。一般來講，對特徵的調整，通常是對已有特徵進行轉換或概念分層等一些簡單的操作，如果要引用新的特徵或進行特徵組合，則需要在建置特徵階段來完成。常見的特徵轉換方法是進行標準化，讓各個特徵的權重相對均衡。另外，進行對數轉換會改變特徵的分佈，使用一些對分佈有要求的演算法會比較好。而所謂的概念分層就是把連續變數離散化，或將離散變數進一步合併組合，雖然這個過程會損失資訊，但是也保留了更加特異性的資訊。此外，對參數的最佳化，通常使用專門的最佳化演算法來實現，例如遺傳演算法，在參數空間內搜尋到最佳或最接近的解，使得演算法進一步最佳化。例如通常將神經網路與遺傳演算法結合，或將支援向量機與遺傳演算法結合，這都是為了獲得最佳的參數。需要注意的是，模型最佳化只是後期的改進方法，模型是否有效，主要還是依賴於特徵。

2.1.6 評估效果

只有經過實作驗證的模型，才能投入使用。因此，要使用真實的資料評估模型的效果。所謂模型效果的好與壞，可以透過預測值與真實值的接近程度來表現。根據預測的問題，將評估的方法分為兩大類：一種是針對機率性預測的評估方法，這個與分類問題的評估方法一致；另一種是針對數值預測的評估方法。它們的區別如表 2-1-2 所示。

表 2-1-2 機率性預測與數值預測的區別

預測問題舉例	真實值	機率性預測	數值預測
1. 預測明日降雨量	16.5mm	明日降雨量大於 15mm 的機率為 80%	明日降雨量估計值為 17.6mm
2. 預測 8 月份銷售額	23 萬元	銷售額超過 20 萬元的機率為 95%	8 月份銷售額估計值為 22.7 萬元

由表 2-1-2 可知，機率性預測實質上是預測某分類出現的機率，本質上是分類問題。對於分類問題，通常考慮預測的類別與真實類別的一致性，越一致，預測效果越好，反之，預測效果越差。而對於數值預測，主要是分析真實值與預測值之間的誤差，如果誤差較小，甚至趨近於 0，則預測效果較好，反之，誤差越大，效果越差。

通常來講，只進行一次評估是不夠的，只要預測系統在執行，就要不斷地進行評估。若透過評估發現模型的精度不能達到要求，則需要對模型進行更新，甚至重新設計預測方案。在歷史的多次預測中，如果模型的評估效果為好的次數越多，模型的可信度也就越高。倘若模型的評估結果時好時壞，也就是不穩定，這也是有問題的，需要拿出來專門研究討論。

模型評估的環節非常重要，它就像一道關口，只有透過評估的模型，才能給予被用於真實環境的機會；只有不斷透過評估的模型，才能被認為是穩定可靠的。模型是否能透過評估，通常是由在預測開始時確定的精度範圍決定的。另外，需要謹慎評估資料的選取，不同的資料集獲得的評估結果很可能有較大差別，需要非常注意用於評估的資料集的科學性。

2.1.7 發佈模型

對當初提出的預測問題，經過了這麼複雜的建模分析過程之後，始終要運用起來，才會發揮預測分析的真正價值。然而，回想一下，我們從確定主題開始，到收集資料、選擇方法、分析規律、建立模型、評估效果，經歷了這些過程，我們最後想要的就是一個好看的準確率或評估精度嗎？當然不是的，預測效果固然重要，但是預測實現的過程比效果更重要。預測效果依賴於資料，一旦資料發生變化，有關的模型參數、方法甚至採擷演算法都可能會調整，但是只要掌握了預測實現的過程，這一切都還是可以把握的。所以無論最後的效果是好還是不好，都需要將預測實現的過程拿出來看，這樣才有助找出問題，改進方法，最後向好的方法發展。發佈模型可以按大致的先後順序分為歸納過程、分析結果、知識傳遞、監督維護這 4 個過程，關係如圖 2-1-13 所示。

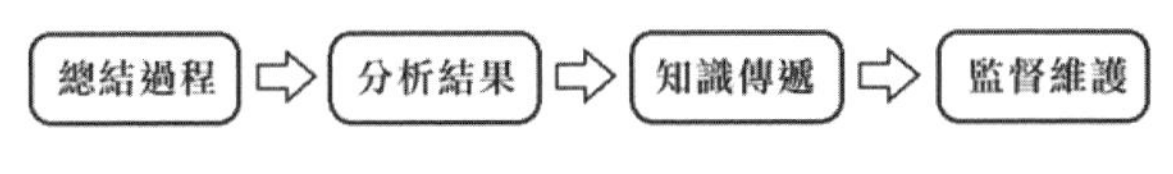

圖 2-1-13 發佈模型過程

其中，歸納過程就是把獲得目前預測效果的做法整理出來，這樣有利於發現、改進問題，更有利於向客戶說明大致的想法；分析結果就是根據已有的模型效果，思考如何應用到相關的業務領域，以及可能出現的問題等；知識傳遞就是將現在的預測模型的實現過程和效果有效地進行組織和呈現，以便讓客戶能夠了解和使用；監督維護就是要將最後的模型應用起來，什麼時候更新模型、什麼時候可以使用模型，還有出現了狀況如何處理等這些都是要考慮的問題。

2.2 指導原則

在開展預測的各個環節，我們可能會遇到各種各樣的問題，那麼如何應對這些問題將影響到預測工作開展的效率，甚至是預測精度。本節將介紹開展預測的指導原則，這些原則以保守為主，在降低預測風險的情況下，確保預測精度，同時介紹一些技巧，有助指導工作，並提升預測的準確率。

2.2.1 界定問題

開展預測的首要環節是確定主題，並對要預測的實際問題進行界定。例如該類別問題常見的解決方法有哪些？同時存在哪些問題和風險？等等。同時歸納與該問題相關的經過實證的預測方法，並有針對性地做出選擇。

1. 抓住重點

選擇與問題相關的、可靠的重要資訊或變數，排除不重要的和可疑的變數，因為使用這些變數會降低預測的準確性。雖然這是複雜統計技術或大數據分析應用所反對的，但是為了提供可靠的模型，不妨保守一些。為了確保找到重要的資訊或變數，應該諮詢業務專家，或由具有不同想法的業務專案小組成團隊進行討論，並弄清楚資料來源、因果關係、相關變數、變數特點以及對預測影響的大小等。同時，讓專家或專家們證明他們的判斷，可以透過上網或尋找相關文獻獲得佐證，並可進行薈萃分析進一步獲得更具說服力的結論。另外，對於非實驗資料應該少使用，雖然在實驗資料缺乏時可能很有用。

（1）使用經過驗證的預測方法

進行預測時應該儘量選擇那些與目前預測問題很接近並且經過驗證的預測方法，這樣做雖然很保守，但是從效率和可用性角度來講，卻也是不錯的選擇。千萬不要以為一些論文中發表的預測方法都是經過驗證的，便索性直接拿過來用。筆者也參考過許多論文，但是大部分論文只是為了說明使用方法的可行性，很多時候都是讓資料來滿足模型，即使是有所差池，也可以透過調整資料來得到不錯的效果。同時，很多統計預測程式或方法都是在缺乏足夠驗證研究的情況下提出來的，只是基於專家們的意見而已。

（2）對預測問題進行分解

大部分的情況下，將預測問題分解，有利於預測者找到更合適的預測方法。舉例來說，透過使用因果模型來預測市場規模，透過使用類似地域的資料來推斷市場佔有率，以及透過使用近期因果因素的變動來輔助預測趨勢。透過分解來進行預測常常是可行的，但是當資料缺乏時，對一些問題就不能進行分解預測了。常用的有兩種分解方法：加法分解和乘法分解。加法分解指的是首先對分解的各分部單獨預測，然後求和，作為整體的預測結果。這一過程通常叫作細分、樹分析、自底向上的預測等。被分解的各個部分也可以表示公司的不同產品、不同地域或不同群眾的銷量。乘法分解指的是首先對劃分的不同要素分別預測，然後相乘，獲得整體的預測值。舉例來說，使用乘法分解來預測一家公司的銷量，可以透過將市場佔有率的預測值乘以總市場銷量的預測值來得到整體的預測值。

2. 避免偏見

所謂偏見是指由於認識不正確或資訊不充分而形成的片面甚至錯誤的觀點、看法以及影響。預測者有時會因為無意識的偏見，例如樂觀，而背離經驗知識。經濟等其他方面的激勵，順從權威以及令人困惑的預測計畫，這些都能讓預測者忽略先驗知識甚至選擇那些沒有被驗證的預測方法。顯然，偏見就表示高風險，那麼如何有效地避免偏見呢？

(1) 隱瞞預測目標

在一些大的公司或機關單位，做出一些重大決策時，可能會考慮預測的結論。如果預測者知道預測的目標就是為了確認預算分配方案，那麼各部門都可能會打主意，直接影響預測的科學性，這就引用了偏見。在確保預測者不知道預測目標的情況下隱瞞預測目標，可有效消除蓄意的偏見。為了達到這個目的，可以將預測工作分配給獨立的預測者，而他們對預測目標並不知情。

(2) 提出多個假設和方法

在進行預測時，可以嘗試提出多個合理的假設和方法透過實證的方式進行驗證，這不失為一種理想的避免偏見的方法。這樣做可以有效克服無意識的偏見，例如選擇偏見，即透過鼓勵預測者對多個合理的選擇進行測試，並選出最好的。

(3) 簽署道德標準

為有效減少蓄意的偏見，可以嘗試讓預測者在預測工作前後分別簽署道德標準。正常情況下,這份標準會宣告預測者了解並將遵守基於實證的預測流程,並且會包含任何實際的或潛在的利益衝突的宣告。實驗研究表明,當人們在思考自己的道德標準時,他們的行為也會更加具有道德操守。

3. 完全公開

預測有關的累積經驗、預測資料和方法,甚至預測過程的稽核環節都需要公開。稽核在政府和商業中一直是好的實作,並且在法律賠償案例中可以提供有價值的證據。在預測工作的開展過程中,一個預測過程被稽核或研究的可能性會使得預測者更加遵守基於實證的程式。為便於配合,預測者應該充分公開用於預測的資料和方法,並且描述它們是如何確定的。

2.2.2 判斷預測法

判斷預測法是指預測者依據自己的主觀經驗、直覺、知識和綜合判斷能力,對某預測對象未來的發展趨勢或狀態做出判斷的預測方法。它通常用於重要的決定,例如是否開戰、是否推出新產品、是否收購一家公司、是否買房、是否選擇一位 CEO、是否結婚或是否刺激經濟,等等。使用判斷預測法時,應該注意以下 6 點。

1. 避免獨立判斷

獨立判斷顯然並不保守,因為它有記憶缺陷,其思維模式不充分,甚至心理過程也是不可靠的。因此,當情況變得複雜時,由專家經過自己獨立判斷做出的預測並不比那些非專家的人做出的預測更準確。獨立判斷趨向於發現過去的模式,並且習慣性地按照這些模式持續性地做預測,儘管缺乏這些模式存在性和有效性的理由。

2. 使用選擇性的用語並預先測試問題

例如在預測選票時,針對各個問題都會統計各方獲得支援的數量,問題應該如何措辭顯然很關鍵。首先問題裡不要有生僻詞,確保大家都能夠了解。其次,問題的回答要儘量簡單,例如只透過是和否就可以簡單作答。每個問題在提出前，都要經過多種角色的測試，確定沒有問題後才正式使用。問題的組織方式其實會對答案產生很大的影響。

3. 分析預測結果的反對意見

對一個問題的預測結果，總會有人持反對意見。這時，不妨讓持反對意見的人寫出反對的原因。這樣有助發現預測過程中沒有考慮到的問題，以便進一步最佳化預測結果。

4. 使用判斷自助法

人們在運用自己的知識方面通常是不一致的，例如他們可能遭受資訊超載、無聊、疲勞、注意力分散或健忘。判斷自助法可以透過應用預測者的隱式規則來防止這些問題。此外，自助法回歸模式是保守的，因為當不確定性很高時，它給變數更少的權重。為了使用判斷自助法，我們可以開發一個定量模型來推斷一個專家或專案小組做預測的過程。首先邀請一位專家為人造的案例做預測，在這些案例中，因果因素的值彼此獨立變化。接著，我們可以根據專家對變數的預測結果估計出一個回歸模型。這裡的關鍵條件是，最後的模型應該排除那些影響預測的變數，而這種方式與已知的來自先驗的尤其是驗證資料的因果關係相反。

5. 使用結構化類推

一個有興趣的情形或目標情形，很可能會像那些出現過的類似情形。基於結構化類推的研究還處在初始階段，但是它在複雜不確定性的情況下對精度的實質性改善是振奮人心的。結構化類推對於複雜的專案能夠提供容易了解的預測。

6. 組合獨立預測

為了在增加資訊量的同時減少偏見的影響，有時需要對匿名獨立判斷者的預測結果進行組合。儘量避免使用傳統的團隊會議來組合專家們的預測。因為在面對面的會議中，偏見的風險是很高的。通常人們為了避免衝突或非議而勉強地分享他們自己的觀點。管理者們通常不會將由小會議產生的獨立判斷得出的預測結果用於重要決定。實驗證明，找到結構化的組合方法並根據專家的判斷產生預測是很容易的，並且會比傳統團隊會議的結果更準確。Delphi 技術就是一種組合專家預測結果的經過驗證的結構化判斷預測方法。

2.2.3 外插預測法

外插預測法是根據過去和現在的發展趨勢推斷未來的一種方法的總稱。因為外插預測法基於過去的行為資料，所以它是保守的。通常可以使用時間序列資料或橫截面資料進行外插預測。對於橫截面資料進行外插的情況，例如當國家出新的政策時，可以用一些省份的行為反應來預測其他省份的反應。當外插的結果與真實的結果不一致時，外插就不再保守了。此時，可以考慮加入判斷，將其合併到外插的結果中。那麼有哪些方法可以合併一些知識到外插的結果中呢？

1. 使用最長時間序列

為建置一個時間序列預測模型，需要選擇一個特定的起點或橫截面資料的特定子集，這種建置方法的選擇將對預測的結果產生很大影響。透過使用最長可取得的時間序列或所有可獲得的橫截面資料，可以減小產生預測偏差的風險。

2. 分解因果關係

通常可能會影響時間序列的因果關係，包含增長、衰減、支援、反對、回歸和未知。增長就是指在不考慮歷史趨勢的情況下，因果關係會導致時間序列的增加。當預測的時間序列是由對立的因果因素（例如增長和衰減）產生時，可以將時間序列分解成為受這些因素影響的各個部分，然後分別對每部分進行外插。

3. 調整趨勢

通常可以使用有關趨勢的累積知識謹慎地進行外插預測。多數情況下，較為保守的做法是減小趨勢，這也就是常說的衰減。衰減通常會使預測更接近目前情況的估計。如果衰減的結果偏離了具有持久因果關係的長期趨勢，那麼衰減也就不再保守了。應該如何辨識在哪些情況下調整趨勢是保守的呢？

（1）時間序列多變或不穩定

可變性和穩定性可以透過統計標準來評估。到目前為止大多數的研究都使用統計標準。資料顯示，對多變的歷史資料的趨勢進行衰減會在某種程度上降低誤差。

（2）歷史趨勢與因果關係衝突

如果作用在一個時間序列上的因果關係與時間序列觀察到的趨勢相衝突，那麼這裡存在的因果關係將嚴重地減弱這種趨勢向無變化預測的方向發展。為了辨識這種因果關係，我們可以邀請一個專案小組（3 人以上）來做評估，並採納大多數人的判斷。專家們通常需要一分鐘左右的時間來評估指定時間序列（或一組相關的序列）的因果關係，如果因果關係足夠強勁，則可能會扭轉長期趨勢。

（3）預測時間跨度比歷史時間序列更長

預測的時間跨度越長，不確定性也就越強。如果在這種情況下做預測不可避免，那麼可以考慮將趨勢衰減至 0 作為預測時間跨度的增加，或從相似的時間序列中取趨勢的平均值作為預測值。

（4）短期趨勢和長期趨勢方向不一致

如果短期趨勢和長期趨勢的方向不一致，那麼短期的趨勢應該在預測時間跨度延長時朝著長期趨勢的方向進行衰減。如果因果關係沒有發生重大變化，那麼長期趨勢將比短期趨勢代表更多的時間序列行為的知識。

4. 調整季節因素

當預測情形不確定時，調整季節因素可能會降低準確率。另外，資料太少，對每年季節因素的估計差別太大，並且對引起季節性的原因一無所知，這些都會導致不確定性。比較保守的應對方法是減弱季節因素的影響到 1.0，這是迄今為止最成功的一種方法。同時，可以考慮那些與目標時間序列類似的時間序列對應季節因素的估計值來改進對季節因素進行衰減的方法。季節因素的調整方法主要有 3 種，實際如下。

（1）跨年估計變化明顯

如果季節因素的大小每年都有大幅度變化，那麼這正表明了季節因素的不確定性。這些改變可能是由於重大節假日的日期改變引起的，也可能是自然災害、不規則的市場行為，例如廣告或降價等原因引起的。應對這種情況，通常減弱季節因素的估計值或使用每季節因素的平均值。

（2）只有少數幾年的資料是可用的

除非有充足年份的歷史資料，可以從這些資料出發進行有效估計，一般會大力地減弱季節因素或避免使用它們。有資料顯示，當使用不到 3 年的資料進行估計時，季節因素會降低準確率。

（3）因果知識薄弱

如果沒有充足的證據説明時間序列的季節性，那麼季節因素的存在可能會增加預測誤差。也就是説，由於因果知識薄弱，季節性累積知識的作用減少了。如果沒有為季節性建立起因果關係基礎，就不要使用季節性因素。

5. 選擇合適的外插方法和資料進行組合預測

相似的時間序列能夠為外插模型提供有用的資訊。該資訊和水準相關，或與橫截面資料的基準率相關，或和趨勢相關。舉例來説，某人想要預測現代 Genesis 汽車的銷量，除了依靠 Genesis 的銷量趨勢資料，還可以使用所有豪華汽車的資料預測趨勢，通常將兩種預測結合起來進行組合預測。

2.2.4 因果預測法

回歸分析是目前最通用的用於開發和估計因果模型的方法之一。該方法是保守的，因為它回歸到時間序列的均值來回應資料的變動性，所以，使用回歸分析預測是有限制的。但是，回歸分析並不是充分保守的，因為在模型中的變數與估計期間被斥的重要變數有關的情況下，它沒有反映由遺漏變數、預測因果變數、改變因果關係以及推斷因果關係引起的因果效應的不確定性。此外，在大數據情況下，使用統計顯著性檢驗和複雜的統計方法來輔助選擇預測變數仍然是個問題。那是因為複雜的統計技術和大量的觀測趨向於啟動預測者和他們的客戶遠離使用累積經驗和基於實證的預測過程。

1. 使用先驗知識來確定變數、關係和對目標變數的效果

通常先驗知識來自理論、專家判斷和實驗驗證資料。預期效果應該來自累積先驗知識，而不僅從手上的資料估計而來。

2. 調整效果評估

可以使用不同的策略來評估效果，這樣更加保守。一種做法是減少每個變數的係數（權重）大小，另一種做法是調整變數的權重大小，使得變數之間權重更均衡。例如可以將變數減去均值並除以標準差來進行標準化，並用轉換後的變數來估計係數。

3. 使用所有重要的變數

一般而言，當使用非實驗資料時，無論樣本大小，回歸分析僅用一部分變數（通常是 3 個）就可以適當地估計出影響的大小。然而，重要的實際問題通常多於 3 個重要變數，並且缺乏實驗資料，舉例來說，國家的長期經濟增長率可能受到很多重要變數的影響。此外，原因變數對於可用的資料也許不會在週期內變化，這樣回歸模型便不能提供這些變數的因果關係的估計了。指數模型允許將關於重要因果關係的所有知識包含進一個單一模型。指數模型也許可以叫作知識模型，因為它們可以代表關於影響預測事物所有因素的知識。

4. 使用不同的模型進行組合預測

這些模型是使用不同的變數建置的。使用這些模型的預測平均值可以有效降低預測誤差，加強精度。

2.3 團隊組成

預測工作有關實際的業務、資料及演算法，工作中很難找到一個人能夠精通這 3 個方面，因此團隊顯得特別重要。就例如音樂會的演奏團隊，通常會有一個總指揮，在最引人注目的地方揮舞著指揮棒，持各樂器的表演者根據總

指揮的動作演奏對應的曲目，在各團隊成員的有效溝通下，一首氣勢恢宏的樂章才能一氣呵成。同樣，對於預測工作，也要按分工的不同配備不同角色的成員。成員之間要靠良好的資料氣氛，達成有效溝通。就像演奏團隊，任意一個音調的起伏都是溝通訊號，預測從始至終都是資料，因此打造良好的資料氣氛非常重要。本節主要從成員分類、資料氣氛、團隊合作 3 方面說明預測團隊的組成。

2.3.1 成員分類

通常來講，預測分析團隊需要一名資料分析經理、一名業務專家，以及至少一名機器學習專家和一名資料工程師。在有條件的情況下，還可以配備至少一名視覺化工程師負責對預測分析的結果進行視覺化，增加使用體驗。他們各司其職，在資料分析經理的帶領下完成預測分析專題，如表 2-3-1 所示。

表 2-3-1 預測分析團隊成員分類及主要職能

職務名稱	主要職能
資料分析經理	1. 負責管理整個預測分析團隊，追蹤各種預測專案的執行情況 2. 負責開發並持續增強各項業務的預測分析模型，確保其準確性、實用性及可衡量性 3. 了解同產業最新模型及分析技術，結合業務現狀進行模型最佳化 4. 審核預測分析結果及最佳化解決方案 5. 撰寫並增強資料分析報告，並根據預測分析結果制定行動方案
業務專家	1. 負責一個或多個業務領域的研究工作，追蹤業務領域的管理創新和技術創新，歸納提煉業務管理、資訊化規劃、專案建設等方面的前端管理思想和最佳做法 2. 參與負責預測分析的業務環節，結合企業最佳做法經驗和客戶實際情況，制定業務層面的解決方案 3. 擅長採擷企業需求，資料分析，實現產品創新 4. 整合資源，多個部門協作，快速達成既定工作目標 5. 採擷客戶需求，透過開發有競爭力、客戶化的預測服務解決方案啟動客戶
機器學習專家	1. 使用機器學習方法，從大規模資料中分析與採擷各種潛在連結，深入採擷預測的潛在價值

職務名稱	主要職能
	2. 預測相關演算法的研發與實現 3. 透過對預測技術的不斷增強，推動預測產品的深化
資料工程師	1. 負責預測平台架設及資料倉儲建模 2. 利用分散式運算叢集實現對資料的分析、採擷、處理、產生報表等 3. 進行測試、部署、現場偵錯、維護分散式運算叢集，並能解決相關問題，確保系統正常執行 4. 制定資料獲取方案、負責預測建模及演算法最佳化 5. 預測技術前瞻性研究與實現
視覺化工程師	1. 參與建立企業整體資料視覺化方案 2. 負責資料產品前端視覺化設計與實現 3. 與其他成員配合，參與規劃與前台互動 4. 研究資料視覺化的前端技術和開放原始碼工具 5. 提升整個團隊的資料視覺化能力，增強現有資料產品的視覺化展現與分析能力

在人力資源非常有限的情況下，至少需要有一名業務專家、一名機器學習專家和一名資料工程師。

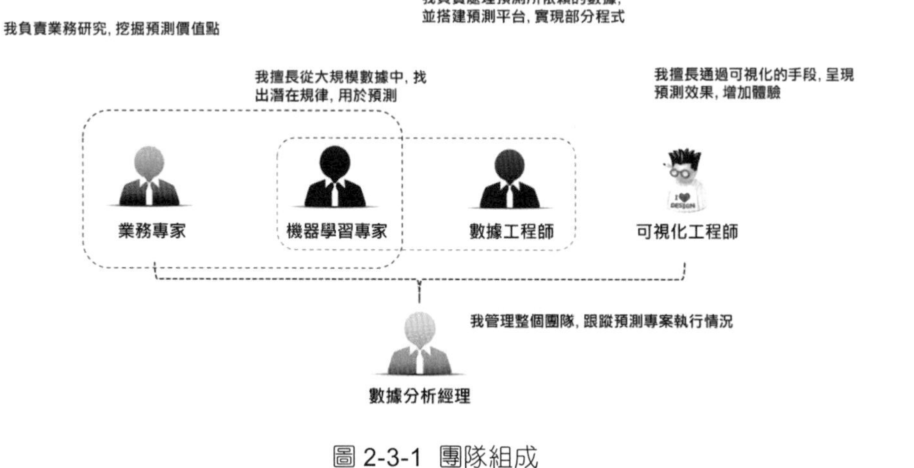

圖 2-3-1 團隊組成

如圖 2-3-1 所示，預測團隊在資料分析經理的帶領下，實現預測需求。首先由業務專家從業務側出發，深挖預測價值，釐清業務脈絡及預測環節。前期由業務專家和機器學習專家共同討論需求，哪些可以實現、哪些不能實現，以及大致的預測方案架構。然後，由機器學習專家和資料工程師在實際方案的基礎上，討論如何實現預測的細節。在確定資料的環節上，需要資料工程師的參與。最後，由視覺化工程師進行預測結果的互動式設計，如在動態地圖上呈現預測結果，並實現良好的互動體驗等。整個過程都在資料分析經理的管理和帶領下完成。

2.3.2 資料氣氛

資料氣氛是指在團隊中大家對一些統計學常見概念、業務中有關的資料口徑及預測分析的大致過程等方面達成共識，以便在後續的工作開展中形成默契。在預測團隊中，資料氣氛是很重要的。業務專家不懂資料就很難與機器學習專家溝通，資料不標準就會給機器學習專家和資料工程師的交流造成障礙，視覺化工程師對資料不了解就很難設計出良好的視覺化作品，同樣，資料分析經理不在團隊中培養出良好的資料氣氛更會增加團隊的溝通成本。因此，資料氣氛必須經常培養、深化，直到成為一種文化，這樣的預測團隊才可能是高效的，就像演奏團隊中，所有成員對音調起伏的了解都是一樣的，這是有效溝通的基礎，也是發揮團隊創造力的前提。

但是，很多團隊（不只是預測團隊，包含所有的資料分析團隊）的實際情況卻是，業務分析人員沒有統計學基礎，資料庫維護人員不了解資料品質對資料分析的重要性，甚至是團隊的領導者對資料分析的價值都感到相當茫然。如果你在這樣的團隊，那開展工作會有很多障礙。有時候不是人家不願意配合，而是不知道怎麼配合，這就是問題。那麼針對這些問題，如何有效地建立好的資料氣氛呢？

1. 普及資料分析基礎知識

資料分析基礎包含統計學基礎、資料分析流程、資料採擷基礎、資料分析常見圖表及對應的案例。普及資料分析基礎不僅可以幫助業務人員了解資料分析的價值，更多地為預測團隊創造機會，而且可以讓其他職位的成員更進一步地配合預測團隊工作的開展，降低溝通成本。最可怕的是由於業務人員不了解資料分析，所以找不到合適的預測價值點。而機器學習專家雖然具備很強的專業素養，但由於沒有合適的預測方向指引，常常難以做出成績，事倍功半。普及資料分析基礎知識可以緩解這種局面。

2. 建立資料標準及資料看板

資料標準就像音調一樣，什麼時候應該高？什麼時候應該低？音調的變化又暗示著什麼？這些之於資料標準就如什麼業務的資料放在什麼樣的資料庫內？都有什麼樣的命名標準？哪些是原始資料？哪些是處理後的資料？又有哪些是分析結果？不同的資料其週期又如何？標準都是大家討論確定的，當然也由大家遵守。考慮到資料的許可權，可以向不同許可權的人展示不同的標準內容。對資料的標準還可以更細，例如某某指標不能為 0，或超出 500 就表示例外，等等。資料標準是有效溝通的基礎，缺少這個會額外增加很多溝通成本。除此之外，將工作中大家都關注的資料貼出來，建立資料看板，當大家看到看板上的內容時，都會有一種默契，這有助加強工作效率。例如某某業務的資料線上率達到 80%，或某預測專案的精準度超過 90%，如此等等。透過建立資料標準和資料看板，有助讓團隊在資料的氣氛中慢慢向好的方向發展。

3. 讓業務人員與資料分析人員搭檔

業務人員具有豐富的業務經驗，熟悉業務的各方面，而相對來說，資料分析人員的業務經驗欠缺，但是資料分析人員知道如何從業務資料中透過資料分析發現問題進一步找到解決方案。因此，可以嘗試讓業務人員與資料分析人員搭檔。在此過程中，資料分析人員可以學到更多的業務知識和了解更多的業務細節，有助從中找到靈感；而業務人員透過與資料分析人員有針對性地交流，會更加了解資料分析的作用，以及如何從業務中找到價值點。長久地搭檔合作既利於實現業務人員與資料分析人員的雙贏，也為工作的開展加強了靈活度。

4. 例行開展討論及舉辦分享活動

針對工作中有爭議的問題，如果問題比較重要，比較好的方法就是召集大家一起討論。業務人員可以向資料分析人員詢問實現的過程，資料分析人員可以向業務人員討教業務的流程，資料管理人員可以向大家反映資料中存在的問題，如此等等。討論就是把問題拋出來，聽聽大家的聲音，業務人員遇到資料分析的問題，可以在討論過程中建立起對資料分析的印象，認清楚自己的工作對分析的影響；資料分析人員遇到業務問題，也可以在討論過程中了解自己的工作對業務的影響。經過這樣一個過程，有助所有成員對彼此工作相互了解，為後續的高效溝通奠定基礎。此外，舉辦分享活動，有針對性地把大家關注的焦點問題做一個完整的整理，使得大家對同一件事物的認識有一個共同的基礎。例如筆者在工作中做了一次關於資料處理的分享，業務人員知道了資料處理的必要性，因為業務開展中存在垃圾資料；資料管理員知道了資料處理的意義，因為他們經常接觸底層資料，深有感觸；資料分析員知道了資料處理的新想法，因為資料處理的複雜性始終困擾著他們。所以，例行開展討論及舉辦分享活動確實有助提升資料氣氛，並且間接降低溝通成本。

2.3.3 團隊合作

合作指兩人或多人一起工作以達成共同目的。團隊合作是目前大多數公司的實際工作形式。一個大的預測專題，有關業務、演算法、平台、管理、技術等多方面，一個人單打獨鬥，很難成事。團隊合作提供了另外一種可能性，它集合團隊裡所有成員的力量，揚長避短，發揮 1+1 大於 2 的價值。「三個臭皮匠勝過一個諸葛亮」就是這個道理。然而，打造一支氣氛融洽、高效卓越的團隊談何容易。不同的團隊有不同的文化，有的團隊比較嚴謹，做事認真，但氣氛沉悶；有的團隊比較活躍，做事不拘陳規，經常出現好想法，但是衝突明顯，矛盾多；有的團隊所有員工跟主管一個步調，不敢越雷池一步，雖然很多工作沒有太大的問題，但也沒有好想法出現，如此等等，不勝枚舉。不過這些團隊工作都有共同點，即是在團隊合作中需符合圖 2-3-2 所示的 6 項原則。

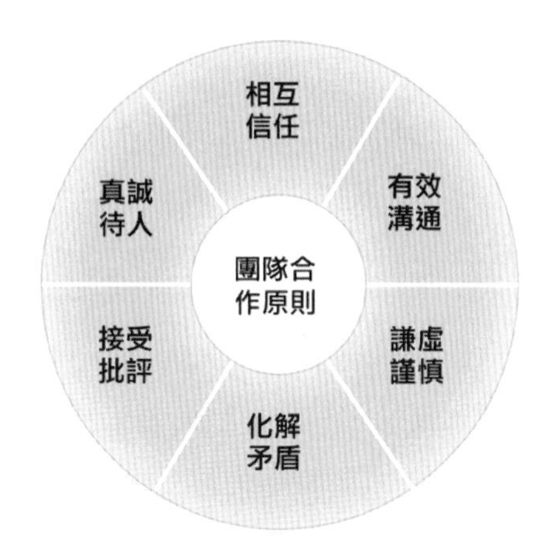

圖 2-3-2 團隊合作原則

1. 真誠待人

在團隊合作的過程中少不了會與不同的同事進行處理。例如資料分析師，既要找業務人員了解業務細節，又要找資料管理員分析資料，甚至找美工做一個分析介面，至於分析的結果當然得向直屬主管或 CEO 匯報。如果不抱著真誠待人的心態，與人進行處理時必然會引起誤會甚至一些不必要的麻煩，嚴重時甚至會因人家設定障礙而導致工作難以完成，最後只有捲舖蓋走人。真誠就是真心實意，有問題或對部門公司利益有害的一定要提出來校正，不會的或需要對方協助的都要表達清楚，不要因為資訊表達不合格或刻意隱瞞給部門公司造成傷害。這個方案能做什麼？能做到什麼程度？是透過哪幾步實現的？也要原原本地講出來，不摻假，不增加，不遺漏，這就是真誠。可想而知，如果在這些地方不真誠，大家了解得不一樣，後果是多麼嚴重。

2. 相互信任

信任就是相信並敢於託付。一個團隊如果彼此不信任，相互猜忌，都捏著自己那一塊，不敢拿出來討論，甚至分享，那麼這個團隊的問題就會比較大。在工作中缺少信任，你壓力會很大，覺得其他同事做不好，不敢嘗試，這樣下去很難出成果。特別是預測，這麼多環節，任意一個環節出差錯都會導致整個專題的失敗。所以，你只能選擇信任，承認每一位同事付出的努力，並敢於分配不同的工作工作。如果遇到什麼問題，再提出來單獨解決。

3. 有效溝通

其實，團隊中的很多問題都是溝通問題，溝通不好會引起誤解，傳遞資訊不全可能會使工作背道而馳。溝通就是把訊息傳遞給對方，對方再進行回饋，如果回饋與原訊息表達得一致，那麼這次溝通就是成功的。在預測工作中，當精度達不到預期時怎麼辦？一個人或幾個人在那裡反覆嘗試直到精度達成要求為止嗎？不。遇到這種情況要注意溝通，把與預測相關的人拉過來，講清楚自己是怎麼做的？嘗試過幾次？每次改動對結果的影響如何？告訴大家：「現在情況就是這樣，各位都清楚了嗎？不知道大家有何想法，我想聽聽大家的看法。」然後業務人員站出來說某某指標在 10～200 之間，除此之外的資料都是錯的，需要刪除。這樣，又可以按這條建議修改一下資料處理的程式。溝通無處不在，要確保自己傳遞的資訊準確，並且對方已經正確了解。

4. 謙虛謹慎

低調做人，高調做事。你能力再強都有比你更強的，你能力再強也離不開其他同事的支援，多看到別人的優點，學會欣賞別人。例如在預測工作中，小王提出了 ARMA 模型來進行時間序列預測，你知道在這種資料條件下用非線性的模型會更勝一籌，但不要不留情面地批評小王。這可能是他考慮到實現的難易程度提出的折衷方案。要學會換位思考，謙虛謹慎，可以獲得更多人的支援和認可。

5. 化解矛盾

矛盾的存在不見得是壞事，但凡事要有一個度。發生矛盾說明有兩種對立的觀點，拿出來大家討論，總能有一個結果。在原則範圍內，適當退步，多關懷，有助化解矛盾。

6. 接受批評

批評是指對你做錯的事情提出意見。接受批評，接受自己所犯錯誤的事實，客觀地分析原因，並改正。須知，對你提出意見的人也是經過考慮的，如果你對人家的批評不服，或另有隱情，一定要溝通合格。不要無故抨擊批評你的人，甚至造成語言敵對場面。

03 探索規律

針對特定的預測問題，只擁有資料還不夠，想要從紛繁複雜的資料關係中採擷出可用於預測的規律或模式，就需要運用恰當的分析方法。例如分群分析，恰當地選擇分群演算法，可以按維度將資料適當地分群，根據各種的特徵制訂行銷計畫或決策，抑或是根據各種不同規律建立起更有針對性的預測模型；還有常用的連結分析，可以從事物的歷史資料中採擷出變化規律，有指導性地對未來進行預測，如此等等。本章將從基本概念、原理、Python 案例等角度，介紹使用常見的分析方法來探索資料中潛在的規律。

3.1 相關分析

相關關係是一種與函數關係相區別的非確定性關係，而相關分析就是研究事物或現象之間是否存在這種非確定性關係的統計方法。相關分析按處理問題的不同，通常可分為自相關分析、偏相關分析、簡單相關分析、互相關分析以及典型相關分析。其中自相關分析、偏相關分析適用於分析變數本身的規律；簡單相關分析通常可分析任意兩個等長數列間的相關性；而互相關分析則允許在一定的間隔下進行簡單相關分析；典型相關分析適用於分析兩組變數的相關性。本節將依次介紹這些分析方法。

3.1.1 自相關分析

自相關是指同一時間序列在不同時刻設定值的相關程度，假設有時間序列$X_t, t = 1,2,3,\cdots$，則在時刻t和$t+n$之間的相關即為n階自相關，其定義如下：

$$\mathrm{acf}_n = f(X_t, X_{t+n}) = r_{X_t X_{t+n}} = \frac{\sum(X_t - \overline{X}_t)(X_{t+n} - \overline{X}_{t+n})}{\sqrt{\sum(X_t - \overline{X}_t)^2 \sum(X_{t+n} - \overline{X}_{t+n})^2}} \quad (3.1)$$

其中，函數f為計算相關係數的函數，可透過（式 3.1）計算落後n階自相關係數的值。這裡使用 airmiles 時序資料來分析時間序列的自相關性，該資料集記錄的是從 1937 到 1960 年美國商業航空公司飛機里程資料，如圖 3-1-1 所示。

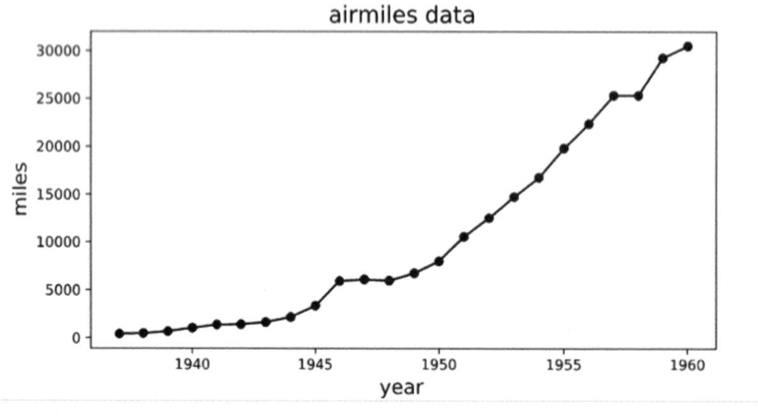

圖 3-1-1 從 1937 到 1960 年美國商業航空公司飛機里程趨勢

在 Python 中，可使用 statsmodels.graphics.tsaplots 模組下的 plot_acf 函數來分析時間序列的自相關性，該函數定義及參數說明如表 3-1-1 所示

表 3-1-1 plot_acf 函數定義及參數說明

函數定義	
plot_acf(x,ax=None,lags=None,alpha=0.05,use_vlines=True,unbiased=False,fft=False,title='Autocorrelation',zero=True,vlines_kwargs=None,**kwargs)	
參數說明	
x	時間序列值組成的陣列物件

ax	可選項，Matplotlib AxesSubplot 實例，當提供時，則直接基於 ax 來繪圖，而不需要重新建立一個新畫布來繪圖
lags	可選項，表示延遲期數（水平座標），一般需要提供一個整數值或一個數值，當提供一個整數值時，它會按 np.arange(lags)進行轉換；預設情況下，它是 np.arange(len(corr))
alpha	可選項，純量值，當設定該值時，對應函數會傳回對應的信賴區間，例如當設定 alpha=0.05 時，將傳回 95%的信賴區間。若將該值設定為 None，則函數不傳回信賴區間
use_vlines	可選項，邏輯值。若為 True，則繪製垂直線和標記。若為 False，則只會繪製標記。預設為 marker 是'o'，可以透過設定“marker”參數來修改
unbiased	邏輯值，如果是 True，則自協方差的分母是 $n-k$，否則為 n
fft	邏輯值，如果是 True，則使用 FFT 來計算 ACF
title	自相關圖的標題，預設為 Autocorrelation
zero	邏輯值，是否包含 0-lag 的自相關，預設為 True
vlines_kwargs	可選項，字典物件，包含傳遞給 vlines 的關鍵參數
**kwargs	可選項，直接傳遞給 Matplotlib 中的 plot 和 axhline 函數的可選參數

對 airmiles 資料進行自相關分析的程式如下：

```
1 from statsmodels.graphics.tsaplots import plot_acf, plot_pacf
2 plot_acf(pdata.miles, lags=10, title="airmiles autocorrelation")
```

效果如圖 3-1-2 所示，當落後階數為 0 時，相關係數為 1，隨著落後階數的增加，相關係數逐漸減弱，並趨於穩定。

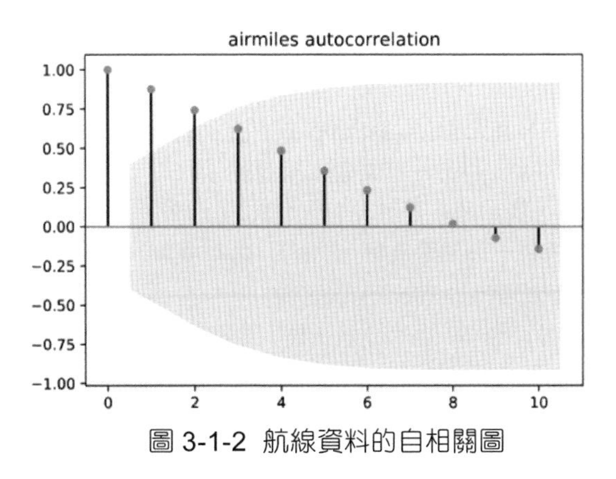

圖 3-1-2 航線資料的自相關圖

3.1.2 偏相關分析

由於自相關性分析的是時間序列$X_t, t = 1,2,3,\cdots$，在時刻t和$t+n$之間設定值的相關性程度，其值是未在限定$X_{t+1} \sim X_{t+n-1}$設定值的情況下進行計算的，所得的自相關係數多少會受$X_{t+1} \sim X_{t+n-1}$設定值的影響。為了更加真實地計算自相關係數值，需要在限定其他值的情況下進行計算，這就是所謂的偏相關，其定義如下：

$$\mathrm{pacf}_n = \mathrm{pf}(X_t, X_{t+n}) = r_{X_t X_{t+n} \cdot X_{t+1} X_{t+2} \ldots X_{t+n-1}}$$

其中pf函數是求解X_t與X_{t+n}在排除$X_{t+1}X_{t+2} \cdots X_{t+n-1}$因素影響的情況下的偏相關係數。同時，對$X_s$和$X_t$在限定$X_k$的情況下，其偏相關係數的定義如下：

$$r_{X_s X_t \cdot X_k} = \frac{r_{X_s X_t} - r_{X_s X_k} \cdot r_{X_t X_k}}{\sqrt{\left(1 - {r_{X_s X_k}}^2\right) \cdot \left(1 - {r_{X_t X_k}}^2\right)}}$$

其中，$r_{X_s X_t}$相等的求解可參見（式 3.1），通常偏相關係數會小於對應的相關係數。

在 Python 中，可使用 statsmodels.graphics.tsaplots 模組下的 plot_pacf 函數來分析時間序列的偏相關性，該函數的定義及參數說明如表 3-1-2 所示

表 3-1-2 plot_pacf 函數定義參數說明

函數定義	
plot_pacf(x,ax=None,lags=None,alpha=0.05,method='ywunbiased',use_vlines=True,title='Partial Autocorrelation',zero =True,vlines_kwargs=None,**kwargs)	
參數說明	
x	時間序列值組成的陣列物件
ax	可選項，Matplotlib AxesSubplot 實例，當提供時，則直接基於 ax 來繪圖，而不需要重新建立一個新畫布來繪圖
lags	可選項，表示延遲期數（水平座標），一般需要提供一個整數值或一個數值，當提供一個整數值時，它會按 np.arange(lags)進行轉換；預設情況下，它是 np.arange(len(corr))
alpha	可選項，純量值，當設定該值時，對應函數會傳回對應的信賴區間，例如當設定 alpha=0.05 時，將傳回 95%的信賴區間。若將該值設定為 None，則函數不傳回信賴區間

method	可取的值包含'ywunbiased','ywmle'和'ols'，可按如下方法來選擇使用。 -yw or ywunbiased：預設項，在 acovf 的分母中進行偏差校正的 yule walker -ywm or ywmle：沒有偏差校正的 yule walker -ols：基於時間序列延遲和常數項建置的回歸 -ld or ldunbiased：進行偏差校正的 Levinson-Durbin 遞迴 -ldb or ldbiased：沒有偏差校正的 Levinson-Durbin 遞迴
use_lines	可選項，邏輯值。若為 True，則繪製垂直線和標記。若為 False，則只會繪製標記。預設為 marker 是'o'，可以透過設定"marker"參數來修改
title	自相關圖的標題，預設為 Partial Autocorrelation
zero	邏輯值，是否包含 0-lag 的自相關，預設為 True
vlines_kwargs	可選項，字典物件，包含傳遞給 vlines 的關鍵參數
**kwargs	可選項，直接傳遞給 Matplotlib 中的 plot 和 axhline 函數的可選參數

對 airmiles 資料進行偏相關分析的程式如下：

```
1 from statsmodels.graphics.tsaplots import plot_acf, plot_pacf
2 plot_pacf(pdata.miles, lags=10, title="airmiles partial autocorrelation")
```

效果如圖 3-1-3 所示，最小為 1 階落後，對應值為 0.876，與對應的 1 階自相關係數相等，隨著落後階數的增加（大於 2 階），偏相關係數一直較小並且穩定。

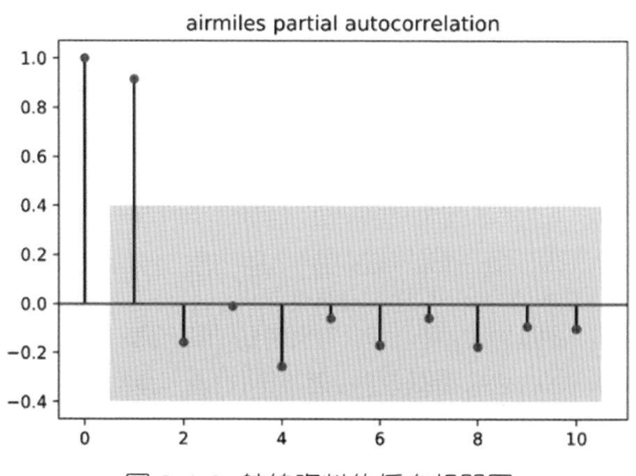

圖 3-1-3 航線資料的偏自相關圖

3.1.3 簡單相關分析

相關關係是一種非確定的關係，就好像身高與體重的關係一樣，它們之間不能用一個固定的函數關係來表示。而相關分析就是研究這種隨機變數間相關關係的統計方法。此處，主要探討不同特徵對研究物件的相關性影響。常見的相關分析的方法主要有散點圖和相關圖。

1. 散點圖

散點圖就是資料點在直角座標系上的分佈圖，通常分為散點圖矩陣和 3D 散點圖。其中散點矩陣是變數兩兩組合，由資料點分佈圖組成的矩陣，而 3D 散點圖就是從所有變數中選擇 3 個變數進行繪製，進一步在 3D 空間裡觀察資料的形態。

(1) 散點圖矩陣

Pandas 是 Python 資料分析中非常重要的函數庫，它附帶了很多統計分析及繪圖的功能，這其中就包含散點圖矩陣的繪製方法，即在 Pandas.plotting 模組下的 scatter_matrix 函數。使用該函數可快速繪製散點圖矩陣。這裡，我們以 iris 資料集為例，分析鳶尾花的 Sepal.Length、Sepal.Width、Petal.Length、Petal.Width 這 4 個指標的相關關係。並用 scatter_matrix 繪製散點圖矩陣，程式如下：

```
1 import pandas as pd
2 import matplotlib.pyplot as plt
3 iris = pd.read_csv('iris.csv')
4
5 # 參數說明
6 #       figsize=(10,10)，設定版面尺寸為 10x10
7 #       alpha=1，設定透明度，此處設定為不透明
8 #       hist_kwds={"bins":20} 設定對角線上長條圖參數
9 #       可透過設定 diagonal 參數為 kde 將對角影像設定為密度圖
10 pd.plotting.scatter_matrix(iris,figsize=(10,10),alpha=1,hist_kwds={"bins":20})
11 plt.show()
```

效果如圖 3-1-4 所示，這是所有變數兩兩組合的散點圖矩陣，每個散點圖中呈現的是任意兩個變數的資料點，可透過資料點的分佈，了解變數之間的相關性，對角線上為單變數的直方分佈圖。此圖中 Petal.Length 與 Petal.Width 對應的散點圖比較接近線性，說明這兩個變數之間的相關性較強。

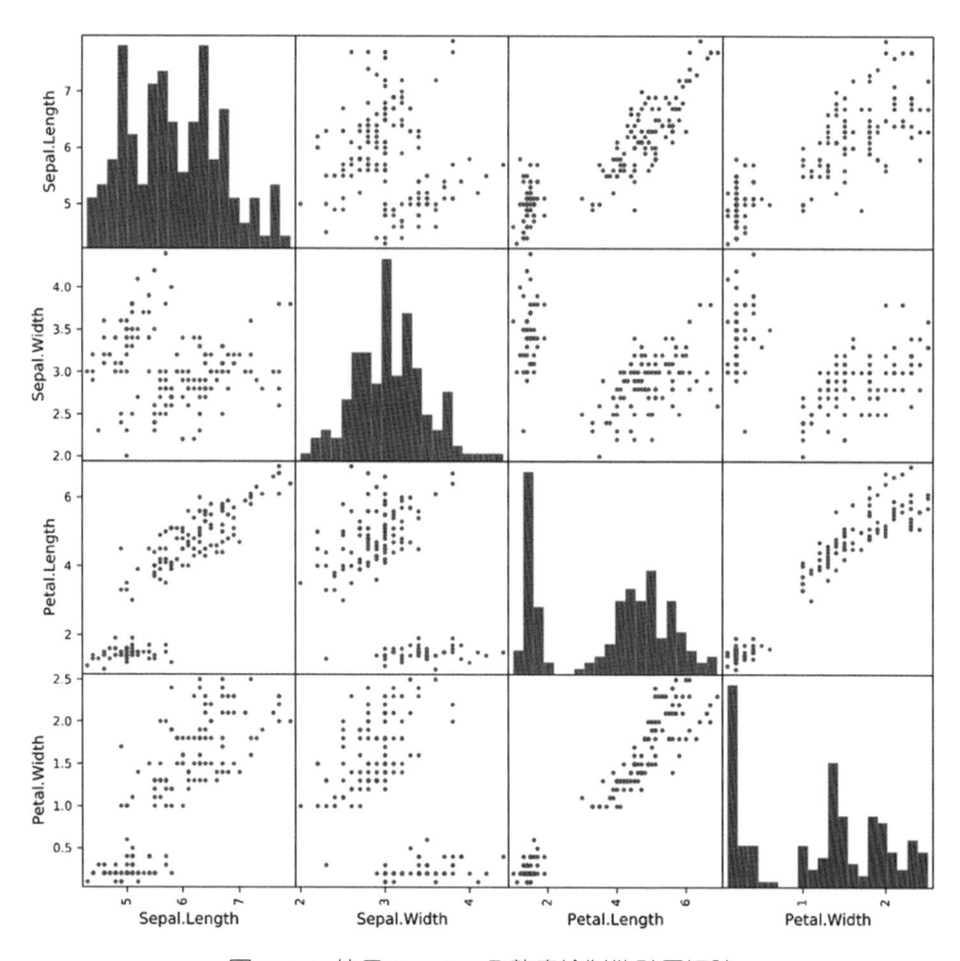

圖 3-1-4 使用 Pandas 函數庫繪製散點圖矩陣

此外，我們還可以使用 Seaborn 函數庫中的 pairplot 函數來繪製散點圖矩陣。針對鳶尾花的 Sepal.Length、Sepal.Width、Petal.Length、Petal.Width 這 4 個指標，使用 pairplot 函數繪製散點圖，程式如下：

```
1 import seaborn as sns
2 sns.pairplot(iris,hue="Species")
3 plt.show()
```

如上述程式所示，透過 hue 參數指定了分組的變數，這裡使用鳶尾花的種類進行分組。效果如圖 3-1-5 所示，對角線上的圖形表示各個變數在不同鳶尾花類型下的分佈情況；其他圖形分別用不同顏色為資料點著色。根據該圖可以更進一步地知道不同類型鳶尾花各變數的相關關係，以及線性、非線性的變化規律。

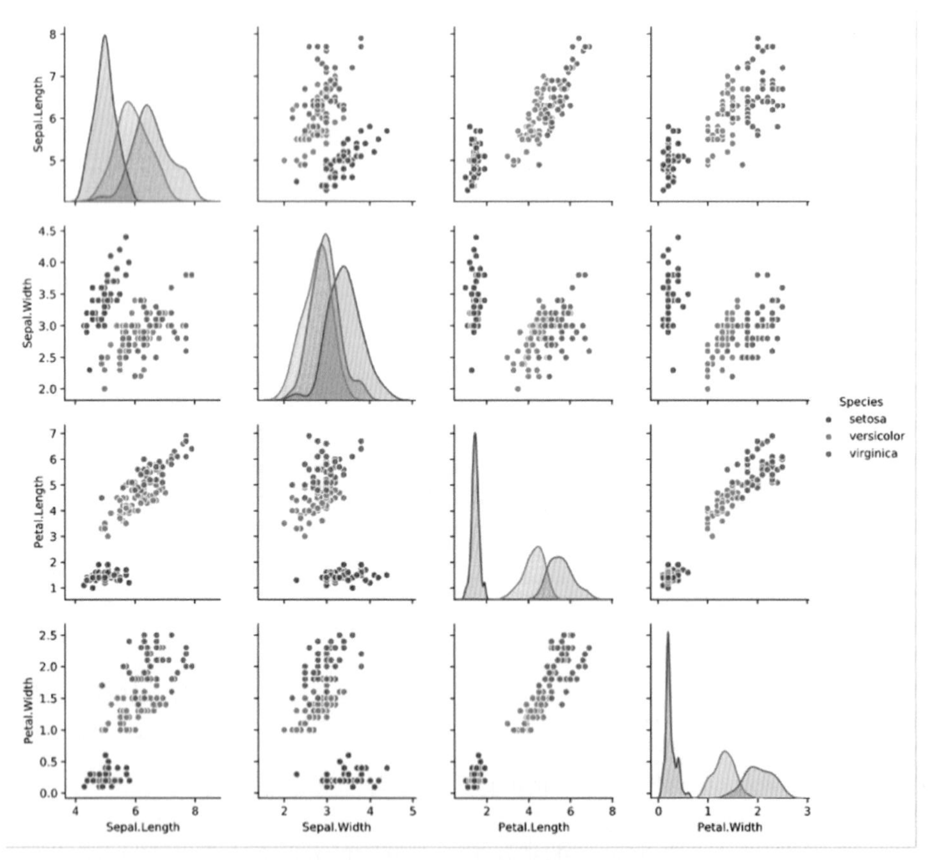

圖 3-1-5 使用 Seaborn 函數庫繪製散點圖矩陣

然而，使用 Seaborn 函數庫來繪製散點圖矩陣有一個問題，就是不能同時用顏色和形狀來表示分類。在資料分析中，我們經常會有這樣的需求，即用顏色來表示真實的類別，用形狀來表示預測的類別，這樣透過一個圖就可以直觀地看到預測建模的效果。既然 Seaborn 不能直接支援，那該如何實現呢？我們可以基於 Matplotlib 函數庫自己實現，自訂函數 pair_plot，程式如下：

```
1 def pair_plot(df,plot_vars,colors,target_types,markers,color_col,marker_col,
  fig_size=(15,15)):
2     # 設定版面尺寸
3     plt.figure(figsize=fig_size)
4     plot_len = len(plot_vars)
5     index = 0
6     for p_col in range(plot_len):
7         col_index = 1
8         for p_row in range(plot_len):
9             index = index + 1
10            plt.subplot(plot_len, plot_len, index)
11            if p_row != p_col:
12                # 非對角位置，繪製散點圖
13                df.apply(lambda row:plt.plot(row[plot_vars[p_row]],
   row[plot_vars[p_col]],
14                                     color=colors[int(row[color_col])],
15                                     marker=markers[int(row[marker_col])],
   linestyle=''),axis=1)
16             else:
17                 # 對角位置，繪製密度圖
18                 for ci in range(len(colors)):
19                     sns.kdeplot(df.iloc[np.where(df[color_col]==ci)[0],p_row],
20                             shade=True, color=colors[ci],label=target_types[ci])
21             # 增加橫垂直座標軸標籤
22             if col_index == 1:
23                 plt.ylabel(plot_vars[p_col])
24                 col_index = col_index + 1
25             if p_col == plot_len - 1:
26                 plt.xlabel(plot_vars[p_row])
27     plt.show()
```

如上述程式所示，該函數主要使用 subplot 機制來繪製子圖，透過$n \times n$（n為變數個數）個子圖的版面配置來實現散點圖矩陣。進一步，我們使用 iris 資料集，基於 pair_plot 函數來繪製散點圖矩陣，程式如下：

```
1 # 重置變數名稱
2 features = ['sepal_length','sepal_width','petal_length','petal_width']
3 iris_df=iris.drop(columns='Species')
4 iris_df.columns = features
5
6 # 此處，我們建立兩個新變數，都儲存花色分類值，其中 type 對應真實類別，cluster 對
  應預測類別
7 iris_df['type'] = iris.Species
8 iris_df['cluster'] = iris.Species
9
10 # 將 cluster 變數轉化為整數編碼
11 iris_df.cluster = iris_df.cluster.astype('category')
12 iris_df.cluster = iris_df.cluster.cat.codes
13
14 # 將 type 變數轉化為整數編碼
15 iris_df.type = iris_df.type.astype('category')
16 iris_df.type = iris_df.type.cat.codes
17
18 # 獲得花色類別列表
19 types = iris.Species.value_counts().index.tolist()
20 pair_plot(df=iris_df,
21           plot_vars=features,
22           colors=['#50B131','#F77189','#3BA3EC'], # 指定描述三種花對應的顏色
23           target_types = types,
24           markers= ['*','o','^'], # 指定預測類別 cluster 對應的形狀
25           color_col='type',         # 對應真實類別變數
26           marker_col='cluster')     # 對應預測類別變數
```

效果如圖 3-1-6 所示，散點圖中使用到了顏色和形狀來區別不同的樣本，在真實的應用場景中，可以將顏色和形狀對應不同的類別，例如真實分類與預測分類，然後巧妙地使用散點圖矩陣，直觀地分析預測效果。

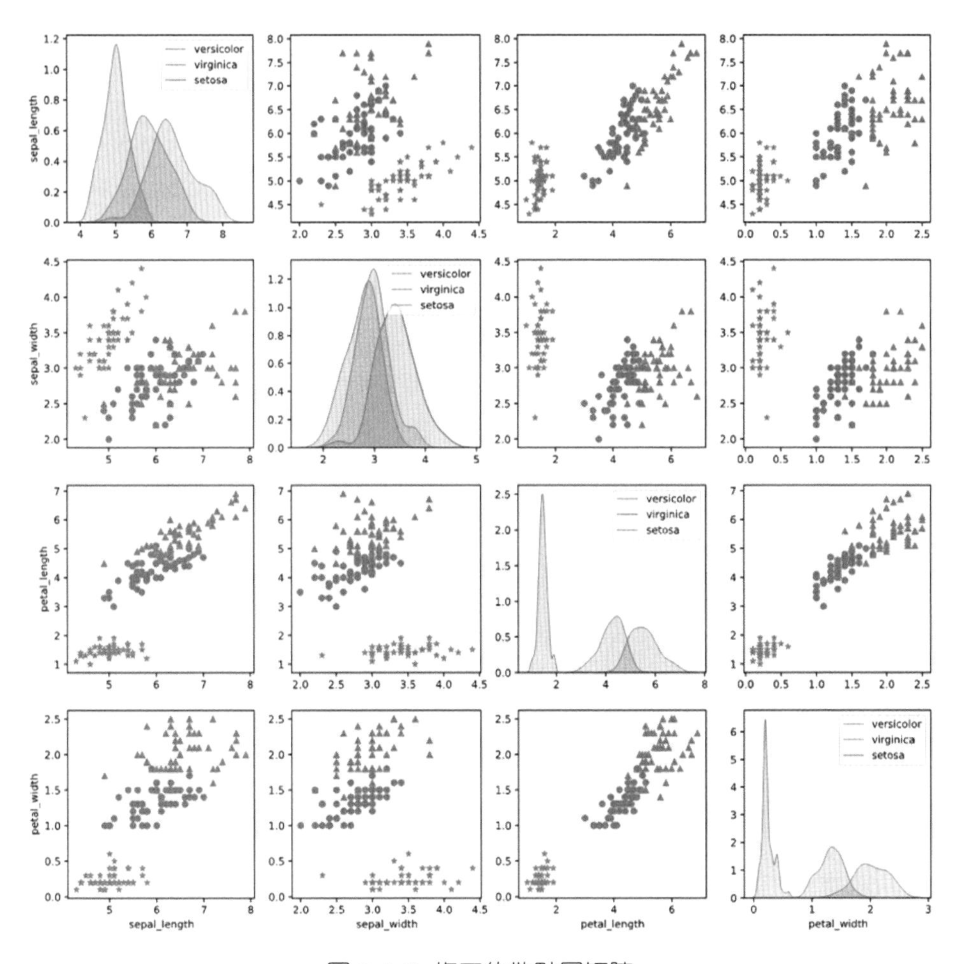

圖 3-1-6 修正的散點圖矩陣

（2）3D 散點圖

常用於繪製 3D 散點圖的方法是使用 mpl_toolkits 函數庫，該函數庫中的 mplot 3D 模組可以幫助我們繪製 3D 圖形。主要使用的是 Axes 3D 類別。這裡，仍然使用 iris 資料集，透過使用 Axes 3D 類別對應實例中的函數繪製鳶尾花的 Sepal.Length、Petal.Length、Petal.Width 這 3 個指標在 3D 空間的散點圖，程式如下：

```
1 import numpy as np
2 import matplotlib.pyplot as plt
3 from mpl_toolkits.mplot 3D import Axes 3D
```

```
4
5 dims = {'x':'Sepal.Length','y':'Petal.Length','z':'Petal.Width'}
6 types = iris.Species.value_counts().index.tolist()
7
8 # 繪製散點圖
9 fig = plt.figure()
10 ax = Axes 3D(fig)
11 for iris_type in types:
12     tmp_data = iris[iris.Species==iris_type]
13     x,y,z = tmp_data[dims['x']], tmp_data[dims['x']], tmp_data[dims['z']]
14     ax.scatter(x, y, z, label=iris_type)
15
16 # 繪製圖例
17 ax.legend(loc='upper left')
18
19 # 增加座標軸(順序是 Z, Y, X)
20 ax.set_zlabel(dims['z'])
21 ax.set_ylabel(dims['y'])
22 ax.set_xlabel(dims['x'])
23 plt.show()
```

效果如圖 3-1-7 所示，該函數為 3D 空間中的點擬合了線性平面，透過切換座標軸可以更直觀地觀察資料的分佈規律。

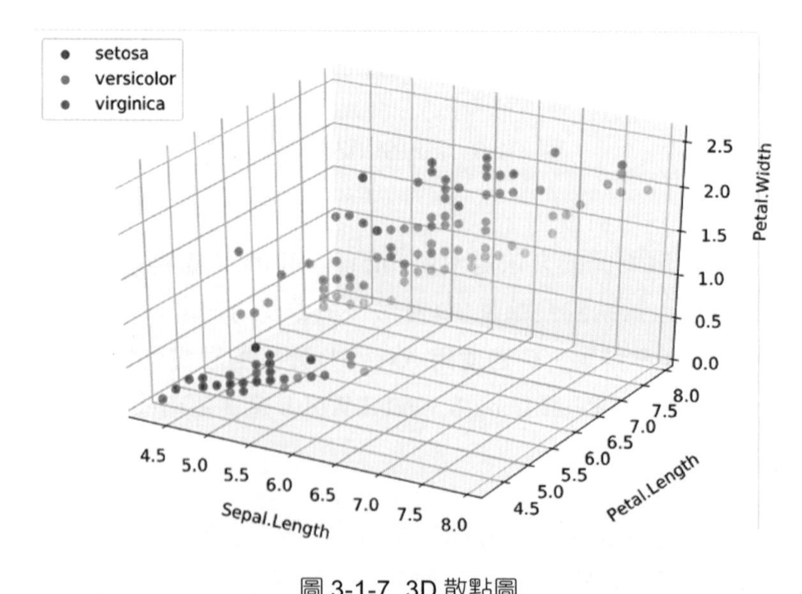

圖 3-1-7 3D 散點圖

2. 相關圖

所謂相關圖是基於變數間的相關關係大小，透過視覺化方式反應不同變數組合間相關關係的差異的圖形。可以把相關圖分為相關矩陣圖、相關層次圖。

(1) 相關矩陣圖

在 Python 中繪製相關矩陣圖可以使用 Seaborn 函數庫的 heatmap 方法，但筆者覺得不太美觀，於是想自己實現一個。在繪製相關矩陣圖時，需要兩兩變數相關係數矩陣的資料，該資料中可以看到對應不同變數間的相關係數大小。在 Python 中，可以使用 pandas.corr 函數來實現。這裡，我們以 iris 資料集為例，說明取得相關係數矩陣的用法，程式如下：

```
1 df=iris.drop(columns='Species')
2 corr = df.corr()
3 corr
```

如表 3-1-3 所示，對角線上的值都為 1，表示變數與自己的相關係數為 1。相關係數介於-1 到 1 之間，絕對值越大，相關性越強，大於 0 時表示正相關，小於 0 時表示負相關，為 0 時，表示沒有相關性。

表 3-1-3 iris 資料集相關係數矩陣表

	Sepal.Length	Sepal.Width	Petal.Length	Petal.Width
Sepal.Length	1.000000	-0.117570	0.871754	0.817941
Sepal.Width	-0.117570	1.000000	-0.428440	-0.366126
Petal.Length	0.871754	-0.428440	1.000000	0.962865
Petal.Width	0.817941	-0.366126	0.962865	1.000000

進一步，撰寫自訂函數 corrplot 來實現相關矩陣圖的繪製功能，程式如下：

```
1 def corrplot(corr,cmap,s):
2     #使用x,y,z 來儲存變數對應矩陣中的位置資訊，以及相關係數
3     x,y,z = [],[],[]
4     N = corr.shape[0]
5     for row in range(N):
6         for column in range(N):
7             x.append(row)
8             y.append(N - 1 - column)
9             z.append(round(corr.iloc[row,column],2))
```

```
10      # 使用 scatter 函數繪製圓圈矩陣
11      sc = plt.scatter(x, y, c=z, vmin=-1, vmax=1, s=s*np.abs(z), cmap=plt.
                    cm.get_cmap(cmap))
12      # 增加顏色板
13      plt.colorbar(sc)
14      # 設定橫垂直座標軸的區間範圍
15      plt.xlim((-0.5,N-0.5))
16      plt.ylim((-0.5,N-0.5))
17      # 設定橫垂直座標軸值標籤
18      plt.xticks(range(N),corr.columns,rotation=90)
19      plt.yticks(range(N)[::-1],corr.columns)
20      # 去掉預設網格
21      plt.grid(False)
22      # 使用頂部的軸作為橫軸
23      ax = plt.gca()
24      ax.xaxis.set_ticks_position('top')
25      # 重新繪製格線
26      internal_space = [0.5 + k for k in range(4)]
27      [plt.plot([m,m],[-0.5,N-0.5],c='lightgray') for m in internal_space]
28      [plt.plot([-0.5,N-0.5],[m,m],c='lightgray') for m in internal_space]
29      # 顯示圖形
30      plt.show()
```

上述程式中，我們主要使用了 plt.scatter 函數來繪製圓圈，圓圈的大小表示相關性程度，圓圈的顏色表示相關性大小（有方向），透過橫垂直等間距置放這些圓圈的方式來展示相關矩陣圖。然後，我們基於已經獲得的 corr 資料，繪製相關矩陣圖，程式如下：

```
1 corrplot(corr,cmap="Spectral",s=2000)
```

效果如圖 3-1-8 所示，左側是由圓圈組成的相關矩陣，右側是顏色板，可以看到 Petal.Length 與 Petal.Width 具有較強的正相關性，而 Sepal.Length 與 Sepal.Width 的相關性則較弱。

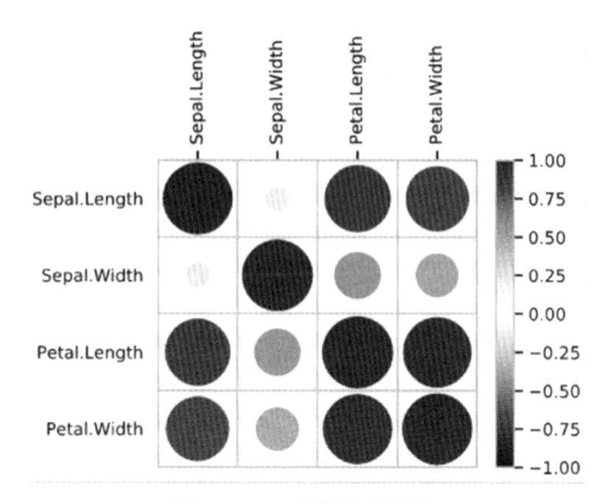

圖 3-1-8 相關矩陣圖

（2）相關層次圖

相關層次圖是透過計算變數間的距離來判斷各變數是否屬於同一種的方法，表現的是變數之間的相關性。此處，透過將相關係數轉化為距離度量進行系統分群，旨在分析各變數的相關關係及組合影響情況。通常有如下 4 種方法將相關係數轉化為相異性度量。

① $d=1-r$，r 為相關係數；

② $d=(1-r)/2$；

③ $d=1-|r|$；

④ $d=\sqrt{1-r^2}$。

現選用第 4 種方法相異性度量，使用 mtcars 資料集，進行系統分群，程式如下：

```
 1 import pandas as pd
 2 import numpy as np
 3 mtcars = pd.read_csv("mtcars.csv")
 4 mtcars.drop(columns="_",inplace=True)
 5
 6 # 計算第 4 種相異性度量
 7 d=np.sqrt(1-mtcars.corr()*mtcars.corr())
 8
 9 from scipy.spatial.distance import pdist,squareform
10 from scipy.cluster.hierarchy import linkage
```

```
11 from scipy.cluster.hierarchy import dendrogram
12 row_clusters = linkage(pdist(d,metric='euclidean'),method='ward')
13 row_dendr = dendrogram(row_clusters,labels = d.index)
14 plt.tight_layout()
15 plt.ylabel('Euclidean distance')
16 plt.plot([0,2000],[1.5,1.5],c='gray',linestyle='--')
17 plt.show()
```

效果如圖 3-1-9 所示，變數 drat、am、gear 相關性較強，cyl、disp、mpg、wt 相關性較強，並且 hp、vs、qsec、carb 具有較強的相關性。

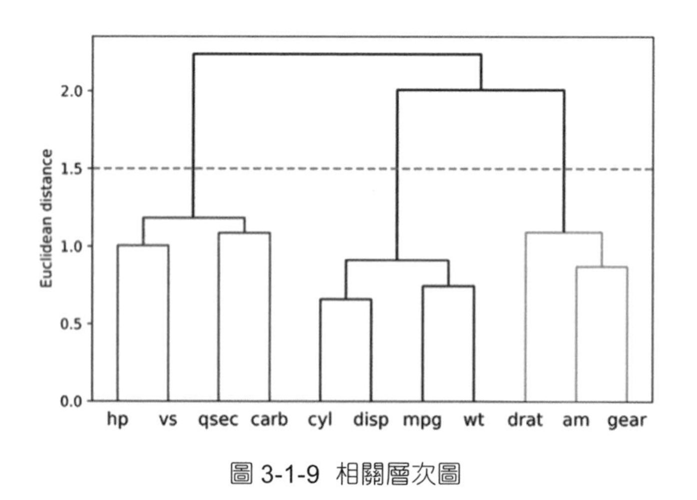

圖 3-1-9 相關層次圖

3.1.4 互相關分析

與自相關不同，互相關是指兩個時間序列在任意兩個不同時刻的相關程度，假設有時間序列$X_t, t = 1,2,3,\cdots$，$Y_t, t = 1,2,3\cdots$，則在時刻t和時刻$t+n$之間的相關即為n階互相關，其定義如下：

$$\mathrm{ccf}_n = f(X_t, X_{t+n}) = r_{X_t X_{t+n}} = \frac{\sum(X_t-\bar{X}_t)(Y_{t+n}-\bar{Y}_{t+n})}{\sqrt{\sum(X_t-\bar{X}_t)^2\sum(Y_{t+n}-\bar{Y}_{t+n})^2}} \quad (3.2)$$

其中，函數f為計算相關係數的函數，可透過（式 3.2）計算落後n階互相關係數的值。這裡使用 airmiles 和 LakeHuron 資料集來說明互相關分析的方法。airmiles 資料集記錄了從 1937 年到 1960 年美國商業航空公司每年的飛機里程資料，而 LakeHuron 資料集記錄了從 1875 年到 1972 年休倫湖每年的湖平面的測量資料。將它們的時間限制在 1937—1960 年，並繪製各自的時間序列曲線，如圖 3-1-10 所示。

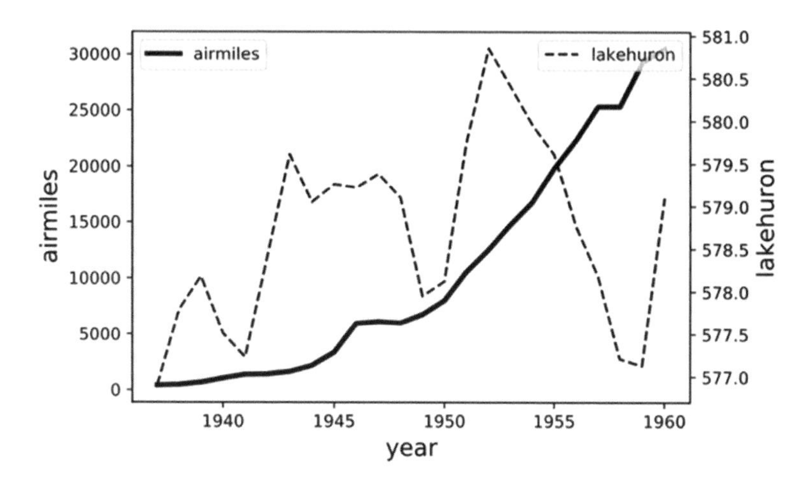

圖 3-1-10 airmiles 和 LakeHuron 資料集的趨勢線

由圖 3-1-10 可以大致判斷，1948—1960 年，兩個時間序列大致呈負相關變化。

在 Python 中，我們可以使用 scipy.signal 模組中的 correlate 函數來計算兩個 *N* 維陣列間的互相關關係。但該函數不便直接使用，首先需要封裝成 ccf 函數，程式如下：

```
1 import scipy.signal as sg
2
3 def ccf(x, y, lag_max = 100):
4     result = sg.correlate(y - np.mean(y), x - np.mean(x), method='direct')
      / (np.std(y) * np.std(x) * len(x))
5     length = int((len(result) - 1) / 2)
6     low = length - lag_max
7     high = length + (lag_max + 1)
8     return result[low:high]
```

然後，分別將 airmiles 和 LakeHuron 在 1937 年到 1960 年間的資料設定為 x 和 y，呼叫 ccf 函數，繪製互相關圖表，程式如下：

```
 1 import pandas as pd
 2 
 3 airmiles = pd.read_csv("airmiles.csv")
 4 lakehuron = pd.read_csv("LakeHuron.csv")
 5 lhdata = lakehuron.query("1937 <= year <= 1960")
 6 x,y = airmiles.miles,lhdata.level
 7 
 8 out=ccf(x,y)
 9 for i in range(len(out)):
10     plt.plot([i,i],[0,out[i]],'k-')
11     plt.plot(i,out[i],'ko')
12 plt.xlabel("lag",fontsize=14)
13 plt.xticks(range(21),range(-10,11,1))
14 plt.ylabel("ccf",fontsize=14)
15 plt.show()
```

效果如圖 3-1-11 所示，當沒有延遲（即 Lag=0）時，互相關係數較小，將近 0.07，基本沒有相關性。當 Lag=-5 時，即 LakeHuro 比 airmiles 資料整體延遲 5 年時，LakeHuro 曲線沒有出現下降段，兩組資料呈現較強的正相關關係，互相關係數為 0.57，將近 0.6，反之，當 Lag=5 時，即 airmiles 比 LakeHuro 資料整體延遲 5 年時，互相關係數為–0.25，兩組資料呈現較弱的負相關關係。對於預測建模而言，可透過互相關性的分析，建置用於預測的合適指標。

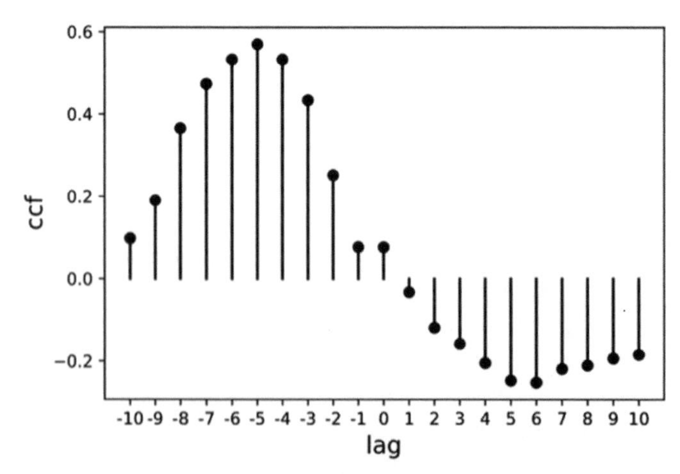

圖 3-1-11 airmiles 和 LakeHuro 時序資料互相關圖

3.1.5 典型相關分析

典型相關是指兩組變數間的相關關係，當然，它不是指對兩組變數進行兩兩組合的簡單相關，而是反應兩組變數作為兩個整體之間的相關性。所以典型相關的問題就是如何建置綜合指標，使其相關性最大。常見的做法是，首先，從兩組變數中分析一對線性組合，使其相關性最大；然後，從剩餘的且與前面不相關的線性組合中再分析一對，使其具有最大的相關性，這樣依次進行下去。所分析的線性組合就是典型變數，兩組典型變數對應的相關係數就是典型相關係數。

假設兩組變數，分別為$\boldsymbol{x} = (x_1, x_2, \cdots, x_p)'$和$\boldsymbol{y} = (y_1, y_2, \cdots, y_q)'$，且$p \leqslant q$，用變數$u$和$v$分別表示$\boldsymbol{x}$和$\boldsymbol{y}$的一對線性組合，$\boldsymbol{a} = (a_1, a_2, \cdots, a_p)'$和$\boldsymbol{b} = (b_1, b_2, \cdots, b_q)'$分別表示線性組合的係數向量，則可得方程組：

$$\begin{cases} u = a_1x_1 + a_1x_2 \cdots + a_px_p = \boldsymbol{a}'\boldsymbol{x} \\ v = b_1y_1 + b_2y_2 \cdots + b_qy_q = \boldsymbol{b}'\boldsymbol{y} \end{cases}$$

現在的問題是求解變數u和v的相關係數ρ，並使其最大。根據相關係數的定義，ρ可表示為：

$$\rho = \mathrm{Corr}(u, v) = \frac{\mathrm{Cov}(u,v)}{\sqrt{\mathrm{Var}(u)}\sqrt{\mathrm{Var}(v)}} = \frac{\mathrm{Cov}(\boldsymbol{a}'\boldsymbol{x},\boldsymbol{b}'\boldsymbol{y})}{\sqrt{\mathrm{Var}(\boldsymbol{a}'\boldsymbol{x})}\sqrt{\mathrm{Var}(\boldsymbol{b}'\boldsymbol{y})}} = \frac{\boldsymbol{a}'\mathrm{Cov}(\boldsymbol{x},\boldsymbol{y})\boldsymbol{b}}{\sqrt{\boldsymbol{a}'\mathrm{Var}(\boldsymbol{x})\boldsymbol{a}}\sqrt{\boldsymbol{b}'\mathrm{Var}(\boldsymbol{y})\boldsymbol{b}}}$$

其中，$\mathrm{Cov}(\boldsymbol{x}, \boldsymbol{y})$、$\mathrm{Var}(\boldsymbol{x})$、$\mathrm{Var}(\boldsymbol{y})$通常表示為$\boldsymbol{\Sigma}_{12}$、$\boldsymbol{\Sigma}_{11}$、$\boldsymbol{\Sigma}_{22}$，且$\boldsymbol{\Sigma}'_{12} = \boldsymbol{\Sigma}_{21}$，進一步可表示為：

$$\rho = \frac{\boldsymbol{a}'\boldsymbol{\Sigma}_{12}\boldsymbol{b}}{\sqrt{\boldsymbol{a}'\boldsymbol{\Sigma}_{11}\boldsymbol{a} \cdot \boldsymbol{b}'\boldsymbol{\Sigma}_{22}\boldsymbol{b}}}$$

由於是與量綱無關的量，為了方便起見，對變數u和v進行標準化處理，即$\mathrm{Var}(u) = \mathrm{Var}(v) = 1$，可進一步得出$\boldsymbol{a}'\boldsymbol{\Sigma}_{11}\boldsymbol{a} = 1$和$\boldsymbol{b}'\boldsymbol{\Sigma}_{22}\boldsymbol{b} = 1$（限制條件），於是我們的問題變成了在限制條件下，求$\rho = \boldsymbol{a}'\boldsymbol{\Sigma}_{12}\boldsymbol{b}$的最大值。現使用拉格朗日乘數法求解最值，首先引用參數λ和μ，則獲得拉格朗日函數$L(\boldsymbol{a}, \boldsymbol{b})$，定義如下：

$$L(\boldsymbol{a},\boldsymbol{b})=\boldsymbol{a}'\boldsymbol{\Sigma}_{12}\boldsymbol{b}-\frac{\lambda}{2}\cdot(\boldsymbol{a}'\boldsymbol{\Sigma}_{11}\boldsymbol{a}-1)-\frac{\mu}{2}\cdot(\boldsymbol{b}'\boldsymbol{\Sigma}_{22}\boldsymbol{b}-1)$$

求$L(\boldsymbol{a},\boldsymbol{b})$對$\boldsymbol{a}$和$\boldsymbol{b}$的一階偏導數，並令其等於$\mathbf{0}$，結合限制條件，可得方程組：

$$\begin{cases}\frac{\partial L(\boldsymbol{a},\boldsymbol{b})}{\partial \boldsymbol{a}}=\boldsymbol{\Sigma}_{12}\boldsymbol{b}-\lambda\cdot\boldsymbol{\Sigma}_{11}\boldsymbol{a}=\mathbf{0} & (3.3)\\ \frac{\partial L(\boldsymbol{a},\boldsymbol{b})}{\partial \boldsymbol{b}}=\boldsymbol{\Sigma}_{21}\boldsymbol{a}-\mu\cdot\boldsymbol{\Sigma}_{22}\boldsymbol{b}=\mathbf{0} & (3.4)\\ \boldsymbol{a}'\boldsymbol{\Sigma}_{11}\boldsymbol{a}-1=\mathbf{0} \\ \boldsymbol{b}'\boldsymbol{\Sigma}_{22}\boldsymbol{b}-1=\mathbf{0}\end{cases}$$

化簡可得：

$$\boldsymbol{a}'\boldsymbol{\Sigma}_{12}\boldsymbol{b}=\lambda\cdot\boldsymbol{a}'\boldsymbol{\Sigma}_{11}\boldsymbol{a}=\lambda$$

$$\boldsymbol{b}'\boldsymbol{\Sigma}_{21}\boldsymbol{a}=\mu\cdot\boldsymbol{b}'\boldsymbol{\Sigma}_{22}\boldsymbol{b}=\mu$$

注意，這裡的λ正好是相關係數ρ。由於$(\boldsymbol{a}'\boldsymbol{\Sigma}_{12}\boldsymbol{b})'=\boldsymbol{b}'\boldsymbol{\Sigma}_{21}\boldsymbol{a}$，所以$\lambda=\mu$。由（式3.4）可得：

$$\boldsymbol{b}=\frac{1}{\mu}\cdot\boldsymbol{\Sigma}_{22}^{-1}\boldsymbol{\Sigma}_{21}\boldsymbol{a}=\frac{1}{\lambda}\cdot\boldsymbol{\Sigma}_{22}^{-1}\boldsymbol{\Sigma}_{21}\boldsymbol{a}$$

將其代入（式 3.3）可得：

$$\boldsymbol{\Sigma}_{11}^{-1}\boldsymbol{\Sigma}_{12}\boldsymbol{\Sigma}_{22}^{-1}\boldsymbol{\Sigma}_{21}\boldsymbol{a}=\lambda^2\cdot\boldsymbol{a}$$

同理可得：

$$\boldsymbol{\Sigma}_{22}^{-1}\boldsymbol{\Sigma}_{21}\boldsymbol{\Sigma}_{11}^{-1}\boldsymbol{\Sigma}_{12}\boldsymbol{b}=\lambda^2\cdot\boldsymbol{b}$$

假設$\boldsymbol{A}=\boldsymbol{\Sigma}_{11}^{-1}\boldsymbol{\Sigma}_{12}\boldsymbol{\Sigma}_{22}^{-1}\boldsymbol{\Sigma}_{21}$，$\boldsymbol{B}=\boldsymbol{\Sigma}_{22}^{-1}\boldsymbol{\Sigma}_{21}\boldsymbol{\Sigma}_{11}^{-1}\boldsymbol{\Sigma}_{12}$，則有$\boldsymbol{A}\boldsymbol{a}=\lambda^2\cdot\boldsymbol{a}$，$\boldsymbol{B}\boldsymbol{b}=\lambda^2\cdot\boldsymbol{b}$，說明$\lambda^2$是$\boldsymbol{A}$和$\boldsymbol{B}$的特徵根，$\boldsymbol{a}$、$\boldsymbol{b}$是其對應的特徵向量，其中$\boldsymbol{A}$是$p$階方陣，$\boldsymbol{B}$是$q$階方陣。在$\boldsymbol{a}$和$\boldsymbol{b}$為非零向量的前提下，可得：

$$(\lambda^2\cdot\boldsymbol{I}-\boldsymbol{A})\cdot\boldsymbol{a}=\mathbf{0}，(\lambda^2\cdot\boldsymbol{I}-\boldsymbol{B})\cdot\boldsymbol{b}=\mathbf{0}$$

則$\boldsymbol{a}$、$\boldsymbol{b}$分別是方程組

$$\begin{cases}(\lambda^2\cdot\boldsymbol{I}-\boldsymbol{A})\cdot\boldsymbol{X}=\mathbf{0}\\(\lambda^2\cdot\boldsymbol{I}-\boldsymbol{B})\cdot\boldsymbol{Y}=\mathbf{0}\end{cases} \quad (式 3.5)$$

的非零解，相等於$|\lambda^2 \cdot \boldsymbol{I} - \boldsymbol{A}| = 0, |\lambda^2 \cdot \boldsymbol{I} - \boldsymbol{B}| = 0$，透過求解這兩個特徵方程式，便可獲得特徵值$\lambda^2$以及對應的特徵向量，實際的求解計算過程請參考相關書籍。正常情況下，特徵值λ^2至多有p個，假設$\lambda_1^2 \geqslant \lambda_2^2 \geqslant \cdots \geqslant \lambda_p^2 \geqslant 0$，對應的特徵向量分別為$\boldsymbol{x}_1, \boldsymbol{x}_2, \cdots, \boldsymbol{x}_p, \boldsymbol{y}_1, \boldsymbol{y}_2, \cdots, \boldsymbol{y}_p$，則方程組（式 3.5）可表示為：

$$\boldsymbol{A}\boldsymbol{x}_1 = \lambda_1^2\boldsymbol{x}_1, \boldsymbol{A}\boldsymbol{x}_2 = \lambda_2^2\boldsymbol{x}_2, \cdots, \boldsymbol{A}\boldsymbol{x}_p = \lambda_p^2\boldsymbol{x}_p, \boldsymbol{B}\boldsymbol{y}_1 = \lambda_1^2\boldsymbol{y}_1, \boldsymbol{B}\boldsymbol{y}_2 = \lambda_1^2\boldsymbol{y}_2, \cdots, \boldsymbol{B}\boldsymbol{y}_p = \lambda_p^2\boldsymbol{y}_p$$

進一步可表示為：

$$\boldsymbol{A}(\boldsymbol{x}_1, \boldsymbol{x}_2, \cdots, \boldsymbol{x}_p) = (\lambda_1^2\boldsymbol{x}_1, \lambda_2^2\boldsymbol{x}_2, \cdots, \lambda_p^2\boldsymbol{x}_p) \Rightarrow \boldsymbol{AX} = \boldsymbol{X\Lambda} \Rightarrow \boldsymbol{A} = \boldsymbol{X\Lambda X}^{-1}$$

$$\boldsymbol{B}(\boldsymbol{y}_1, \boldsymbol{y}_2, \cdots, \boldsymbol{y}_p) = (\lambda_1^2\boldsymbol{y}_1, \lambda_2^2\boldsymbol{y}_2, \cdots, \lambda_p^2\boldsymbol{y}_p) \Rightarrow \boldsymbol{BY} = \boldsymbol{Y\Lambda} \Rightarrow \boldsymbol{B} = \boldsymbol{Y\Lambda Y}^{-1}$$

$$\boldsymbol{\Lambda} = \begin{bmatrix} \lambda_1^2 & 0 & 0 & 0 \\ 0 & \lambda_2^2 & 0 & 0 \\ 0 & 0 & \ddots & 0 \\ 0 & 0 & 0 & \lambda_p^2 \end{bmatrix}$$

所以，求解特徵根的過程，就是將$\boldsymbol{A}$或$\boldsymbol{B}$分解成$\boldsymbol{X\Lambda X}^{-1}$和$\boldsymbol{Y\Lambda Y}^{-1}$的過程。

現以 iris 資料集為例，使用 Python 說明特徵值及特徵向量的計算過程，程式如下：

```
 1 import pandas as pd
 2 import numpy as np
 3 iris = pd.read_csv("iris.csv")
 4 corr = iris.corr()
 5
 6 # 將 corr 進行分段，1:2 兩個變數一組，3:4 是另外一組，並進行兩兩組合
 7 X11 = corr.iloc[0:2,0:2]
 8 X12 = corr.iloc[0:2,2:4]
 9 X21 = corr.iloc[2:4,0:2]
10 X22 = corr.iloc[2:4,2:4]
11
12 # 按公式求解矩陣 A 和 B
13 A=np.matmul(np.matmul(np.matmul(np.linalg.inv(X11), X12),
     np.linalg.inv(X22)),X21)
14 B=np.matmul(np.matmul(np.matmul(np.linalg.inv(X22), X21),
```

```
    np.linalg.inv(X11)),X12)
15 # 求解典型相關係數
16 A_eig_values,A_eig_vectors = np.linalg.eig(A)
17 B_eig_values,B_eig_vectors = np.linalg.eig(B)
18 np.sqrt(A_eig_values)
19 # array([0.940969  , 0.12393688])
```

下面驗證$\boldsymbol{A}$與$\boldsymbol{X\Lambda X^{-1}}$、$\boldsymbol{B}$與$\boldsymbol{Y\Lambda Y^{-1}}$是否相等，程式如下：

```
 1 # 進行驗證
 2 # 比較 A 與 XΛX^(-1)是否相等
 3 round(A-np.matmul(np.matmul(A_eig_vectors,np.diag(A_eig_values)),
      np.linalg.inv(A_eig_vectors)),5)
 4 #              Petal.Length      Petal.Width
 5 #Sepal.Length         0.0          0.0
 6 #Sepal.Width          0.0         -0.0
 7
 8 # 比較 B 與 YΛY^(-1)是否相等
 9 round(B-np.matmul(np.matmul(B_eig_vectors,np.diag(B_eig_values)),
      np.linalg.inv(B_eig_vectors)),5)
10  #              Sepal.Length     Sepal.Width
11  #Petal.Length        0.0            0.0
12  #Petal.Width         0.0            0.0
```

可見$\boldsymbol{A}$與$\boldsymbol{X\Lambda X^{-1}}$、$\boldsymbol{B}$與$\boldsymbol{Y\Lambda Y^{-1}}$是相等的。並且 A_eig_values 為特徵值，A_eig_vectors 為特徵向量。驗證 $\boldsymbol{A}$ 對應的典型變數C_1其標準差是否為 1，若不為 1，則進行伸縮轉換，程式如下：

```
 1 # 將變數分組，並進行標準化處理
 2 iris_g1 = iris.iloc[:,0:2]
 3 iris_g1 = iris_g1.apply(lambda x:(x - np.mean(x))/np.std(x))
 4 iris_g2 = iris.iloc[:,2:4]
 5 iris_g2 = iris_g2.apply(lambda x:(x - np.mean(x))/np.std(x))
 6 # 求解 A 對應的特徵向量並計算典型向量 C1
 7 C1 = np.matmul(iris_g1,A_eig_vectors)
 8 # 驗證 C1 對應各變數的標準差是否為 1，同時檢視均值
 9 C1.apply(np.std)
10
11 #   Sepal.Length     1.041196
12 #   Sepal.Width      0.951045
```

```
13 #  dtype: float64
14
15 C1.apply(np.mean)
16
17 # Sepal.Length   -1.894781e-16
18 # Sepal.Width    -9.000208e-16
19 # dtype: float64
20
21 # 由於均值為 0，標準差不為 1，這裡對特徵向量進行伸縮轉換
22 eA=np.matmul(A_eig_vectors,np.diag(1/C1.apply(np.std)))
23
24 # 再次驗證方差和均值
25 C1 = np.matmul(iris_g1,eA)
26 C1.apply(np.std)
27 # Sepal.Length    1.0
28 # Sepal.Width     1.0
29 # dtype: float64
30
31 C1.apply(np.mean)
32
33 # Sepal.Length   -1.894781e-16
34 # Sepal.Width    -9.000208e-16
35 # dtype: float64
36
37 #可見，特徵向量已經滿足要求，同理對 B 可得
38 C2 = np.matmul(iris_g2,B_eig_vectors)
39 C2.apply(np.std)
40
41 # Petal.Length    0.629124
42 # Petal.Width     0.200353
43 # dtype: float64
44
45 C2.apply(np.mean)
46
47 # Petal.Length   -1.421085e-16
48 # Petal.Width    -7.993606e-17
49 # dtype: float64
50
51 eB=np.matmul(B_eig_vectors,np.diag(1/C2.apply(np.std)))
52 C2 = np.matmul(iris_g2,eB)
```

```
53 C2.apply(np.std)
54
55 # Petal.Length    1.0
56 # Petal.Width     1.0
57 # dtype: float64
58
59 C2.apply(np.mean)
60
61 # Petal.Length   -2.842171e-16
62 # Petal.Width    -4.144833e-16
63 #dtype: float64
```

所以，求得的特徵值和特徵向量分別為 eV、eA、eB。進一步對 C1、C2 的相關性進行驗證程式如下：

```
1 round(pd.concat([C1,C2],axis=1).corr(),5)
2 #             Sepal.Length    Sepal.Width    Petal.Length    3 Petal.Width
4 #Sepal.Length     1.00000       -0.00000        0.94097          -0.00000
5 #Sepal.Width     -0.00000        1.00000        0.00000           0.12394
6 #Petal.Length     0.94097        0.00000        1.00000           0.00000
7 #Petal.Width     -0.00000        0.12394        0.00000           1.00000
```

可知變數 1(Sepal.Length)與變數 3(Petal.Length)是一對典型變數，變數 2(Sepal.Width)與變數 4(Petal.Width)是一對典型變數，且 1 與 3 的相關性最高為 0.94097。同時，兩組之間的相關係數為 0。

此外，Python 中的 sklearn.cross_decomposition 模組下的 CCA 類別已經實現了典型相關分析，我們可以使用該模組直接求解兩組資料的典型相關係數，現基於 iris_g1 與 iris_g2，實現程式如下：

```
1 from sklearn.cross_decomposition import CCA
2 cca = CCA(n_components=2)
3 cca.fit(iris_g1,iris_g2)
4 # X_c與Y_c分別為轉換之後的典型變數
5 X_c, Y_c = cca.transform(iris_g1, iris_g2)
6 round(pd.concat([pd.DataFrame(X_c,columns=iris_g1.columns),
7                  pd.DataFrame(Y_c,columns=iris_g2.columns)],axis=1).corr(),5)
8
9 #               Sepal.Length   Sepal.Width   Petal.Length    Petal.Width
```

```
10 #Sepal.Length     1.00000        0.00000        0.94097       -0.00000
11 #Sepal.Width      0.00000        1.00000       -0.00001        0.12394
12 #Petal.Length     0.94097       -0.00001        1.00000       -0.00000
13 #Petal.Width     -0.00000        0.12394       -0.00000        1.00000
```

從程式執行結果可知，典型相關係數有兩個，分別為 0.94097 和 0.12394。說明第一組典型變數的相關性很強，第二組典型變數的相關性很弱，這種情況，通常將第一個典型相關係數用於分析。

3.2 因果分析

與相關分析不同，因果分析不再對相關關係有興趣，而是把研究重點傳輸到因果關係上。因果分析就是基於事物發展變化的因果關係來進行預測的方法，基於可靠的因果關係來做預測，不僅業務側能夠獲得合理的解釋和驗證，技術實現上也能取得更加可靠的結果。那麼，如何從資料中採擷出潛在的因果關係，以及使用怎樣的方法來實現，則是本節重點介紹的內容。

3.2.1 什麼是因果推斷

所謂因果，就是指因果關係，有其因必有其果，有其果也必有其因。可見，因果關係是一種強的關係。對因果關係的認識、推斷、了解可以幫助我們把預測做得更好。而因果推斷主要是指從資料中得出因果關係的方法和技術。那如何從資料中得出因果關係呢？

我們知道，相關分析方法可以從資料中找到相關性強的兩個變數A和B，亦即，我們可以透過變數A的分佈來推斷出變數B的分佈，但僅基於這樣的關係，對變數A進行干預後，變數B卻並不一定也發生對應的變化，或相反。舉例來說，曾經就有人分析了冰淇淋和犯罪的相關性，發現它們之間的相關性很高，那麼，可以透過禁止售賣冰淇淋來減少犯罪嗎？在學校裡，透過資料的相關分析發現，是否配戴眼鏡和學生成績之間的相關性很高，即配戴了眼鏡的學生，比沒有配戴眼鏡的學生的平均成績要高很多，那麼，可以透過配戴眼鏡來加強成績嗎？

這些問題的答案都是否定的。相關分析可以基於資料分析推斷出資料分佈的相關程度，是因果關係成立的必要不充分條件，在僅存在相關關係的條件下，因果關係未必一定成立。和相關關係相比，因果關係更強調干預，即透過行動，改變變數A的值，且期望這種改變會直接對變數B造成影響。也就是說，如果對變數A的改變能直接影響變數B，則可以說變數A與變數B之間存在因果關係，A是B的原因，B是A的結果，即能在A與B之間進行因果推斷。但問題是如何去評估變數A的改變是否對變數B組成影響呢？

為了研究因果關係，我們把變數A的值設為a_2，透過觀察，獲得B的值為b_2，注意，這是事實資料，是真實發生的。假如，我們能夠知道在未改變A的情況下，B的值b_1，那麼就可以透過b_2與b_1之間差異的顯著性來判斷A與B之間是否存在因果關係了。然而b_1的值卻無從得知，所以只能是虛擬的，或叫作反事實的資料。目前，我們可以透過技術方法，在收集儘量多資料的情況下，透過模型演算法對 b_1 的值進行合理估計，進而能夠對變數之間的因果關係進行推斷。

針對因果推斷，Judea Pearl（2011 年圖靈獎的得主，人工智慧的先驅，貝氏網路之父）提出了因果推斷的 3 個了解層次，也叫作「因果之梯」，如圖 3-2-1 所示。「因果之梯」對應的每個層次能夠回答不同類型的問題，也對因果關係進行了初步的分類，剛好能與我們前面分析的從相關到干預，再到反事實的過程對應上。

由圖 3-2-1 可知，將因果關係分成 3 種類別，連結、干預、反事實。其中連結指的是基於現有資料的觀察能推斷出的資料情況，通常是指相關關係，考慮的是「如果我看到了 X，Y 將怎樣」的問題。舉例來說，購買牙膏的顧客也容易購買牙線，這種連結可以使用條件期望直接從觀測資料中推斷出來。而干預指的是真操實幹，要實際行動起來，考慮的是「如果我做了 X，Y 將怎樣」的問題，企圖透過外在干預來控制結果。反事實指的是能夠對問題本身進行想像，考慮的是「如果我沒有做 X，Y 將怎樣」的問題，即關注採取了不同的行為將產生的結果，而真實情況下不可能出現，所以只能靠想像。

圖 3-2-1 因果之梯

「因果之梯」有一個特點，就是上一層的問題獲得回答了，緊接著下一層的問題便可以獲得解決。舉例來說，我們做相關分析，如果缺少因果關係作為支撐，則很可能會犯錯。有一份報告指出南方某城市空氣清新，氣候宜人，基本沒有環境污染，負氧離子濃度也較高，然而，透過統計資料發現，這裡與其他氣候條件更差、污染更嚴重的城市相比，肺癌病人的比例要高出一大截。這是怎麼回事呢？我們可以認為環境太好也會導致人得肺癌嗎？當然不能。這個統計資料犯了一個錯，它沒有考慮用於比較的城市間樣本的組成情況。真實的原因是，由於該城市氣候好，很多得了肺癌的人都到這裡來調養，這就導致了該城市肺癌人數急劇增加，進一步引起了統計結果的反常。如果沒有因果關係作為支撐，以發現邏輯上的錯誤，那麼我們可能真的會相信資料得出的錯誤結論。針對此種情況，我們可以增加肺癌人口的維度，來確保分析結果的正確性。此外，有人在分析鈾礦對人體健康的影響時，對鈾礦工人收集資料並進行分析，發現鈾礦工人的平均壽命並不比正常人短，那麼，可以說在鈾礦中工作對人體健康沒有影響嗎？答案是否定的。實際上，這些在鈾礦工作的工人們，身體素質都很高，正是由於在鈾礦工作，導致他們的壽命降低，不然他們會有更長的壽命。針對此種情況，我們可以增加研究物件身體素質的維度，來確保分析結果的正確性。從以上兩個實例中，我們知道，基於因果關係，確實可以幫助我們把相關分析做得更好，例如透過增加合適的維度來確保分析結果的正確性，以避開錯誤的發生。那麼，是不是說我們使用更多維度的資料就一定能確保相關分析的正確性，甚至進一步可以用來推導因果關係呢？

下面來看一個案例，小王得了慢粒白血病，他的好朋友找了當地比較好的兩家醫院A、B讓小王選擇。從掌握的統計資料來看，醫院A近期接收的 1000 個病人裡，存活率為 90%，而醫院B近期接收的 1000 個病人裡，存活率只為 80%。那麼，該怎麼選？如果我們相信直觀的數字，應該相信醫院A，畢竟存活率是最高的。然而，實際情況遠不止這樣簡單。我們把這些接收的病人按病情的嚴重程度進行分類，再看一下統計資料，如表 3-2-1 和表 3-2-2 所示。

表 3-2-1 醫院A的統計資料

病情	死亡（人）	存活（人）	總數（人）	存活率
嚴重	70	30	100	30%
不嚴重	30	870	900	96.7%
合計	100	900	1000	90%

表 3-2-2 醫院B的統計資料

病情	死亡（人）	存活（人）	總數（人）	存活率
嚴重	190	210	400	52.5%
不嚴重	10	590	600	98.3%
合計	200	800	1000	80%

從統計資料中，我們知道，醫院A雖然整體的存活率達到 90%，是最高的，然而病情嚴重的病人的存活率只有 30%，明顯低於醫院B的 52.5%。因此，小王選擇醫院B就醫才是明智的。那麼，問題來了。為啥整體資料表現出來的結論，在加入一個新的維度之後，得出的結論卻完全相反呢？這其實就是統計學裡面著名的辛普森悖論（Simpson's paradox），最初是英國數學家愛德華·H·辛普森（Edward H.Simpson）在 1951 年發現的。

辛普森悖論揭示了我們進行統計分析時可能遇到的陷阱，我們收集的資料可能存在限制，而潛在的新維度可能會改變已有的結論，而這點，我們通常一無所知。那什麼情況下會發生辛普森悖論呢，我們又該如何避免？我們將以上小王選醫院的案例進行適當的抽象，用變數來表示實際的數值，於是獲得表 3-2-3 和表 3-2-4。

表 3-2-3 醫院A的抽象資料

病情	死亡	存活	總數	存活率
嚴重	m_2	m_1	m	m_1/m
不嚴重	n_2	n_1	n	n_1/n
合計	m_2+n_2	m_1+n_1	$m+n$	$(m_1+n_1)/(m+n)$

表 3-2-4 醫院B的抽象資料

病情	死亡	存活	總數	存活率
嚴重	h_2	h_1	h	h_1/h
不嚴重	g_2	g_1	g	g_1/g
合計	h_2+g_2	h_1+g_1	$h+g$	$(h_1+g_1)/(h+g)$

由該資料可知，我們並不能由$\frac{m_1}{m} > \frac{h_1}{h}$且$\frac{n_1}{n} > \frac{g_1}{g}$的條件得出$\frac{m_1+n_1}{m+n} > \frac{h_1+g_1}{h+g}$的結論。然而，當$m$接近於（或等於）$n$且$h$接近於（或等於）$g$的時候，該結論卻成立。因此，在進行統計分析時，可以透過嘗試控制樣本在新維度下具有相同的分佈或數量，來避免辛普森悖論。

所以，有時不能太相信統計資料，用統計的方法來研究因果關係，應更加謹慎。

3.2.2 因果推斷的方法

透過 3.2.1 節的介紹，我們已經知道因果推斷是指從資料中探擷出因果關係的方法。但針對實際的業務場景，又該使用什麼樣的方法呢？本節將針對該問題多作說明。我們這裡所說的因果推斷是基於資料科學來實現的。主要考慮已有資料，來評價變數之間的因果作用，進一步採擷出多個變數之間的因果關係。有些方法基於隨機試驗以及反事實的想法對因果推斷進行研究，還有些方法基於貝氏的思想研究因果關係的網路結構，並針對實際問題展開因果推斷，如此等等。大致可以將這些方法分成兩種，即潛在結果模型和因果網路模型。其中，潛在結果模型主要用於原因和結果變數都知道的情況，列出因果作用的數學定義，可以定量地評價原因變數與結果變數的因果作用。而因果網路模型則基於貝氏網路的外部干預來定義因果作用，並且描述多個變數之間的因果關係。這兩種方法都可以從資料中採擷因果關係。下面分別介紹一下這兩種方法。

1. 潛在結果模型

在因果關係分析中，我們透過關注行為X的發生是否會導致Y的結果，這裡X通常是一個二值變數，用$X = 1$表示處理組，$X = 0$表示對照組，接受行為$X = x$後的結果為變數Y_x，表示潛在結果，而因果作用被定義為相同個體的潛在結果之差，即個體i的因果作用（ICE，Individual Causal Effect），其定義如下：

$$\text{ICE}(i) = Y_1(i) - Y_0(i)$$

然而，對於個體i而言，通常不能同時觀測到$Y_1(i)$和$Y_0(i)$，所以，其因果作用不能直接從觀測資料中推斷。但仍然有一些學者在研究個體因果作用的統計推斷方法，為使得方法可行，通常需要對模型進行較強的假設。進一步，可由個體的潛在結果來定義整體的平均因果作用（ACE，Average Causal Effect），其定義如下：

$$\text{ACE}(X \to Y) = E(\text{ICE}) = E(Y_1 - Y_0) = E(Y_1) - E(Y_0)$$

由該公式可知，整體的平均因果作用等於$E(Y_1)$與$E(Y_0)$之差，其中$E(Y_1)$表示所有個體接受$X = 1$的平均結果，而$E(Y_0)$表示所有個體接受$X = 0$的平均結果。然而，在實際情況中，很難使得所有個體同時接受某一種X的行為，即使是針對某一個個體i，先接受處理$X = x$和後接受相比，其潛在結果也可能不同。為了更進一步地辨識因果關係，通常可考慮使用隨機實驗的方法來實現。

在開展隨機實驗時，需要將 X 隨機地分配給個體 i，以確保潛在結果(Y_1, Y_0)與 X 是獨立的，所以：

$$E(Y_x) = E(Y|X = x)$$

$$\mathrm{ACE}(X \to Y) = E(Y|X = 1) - E(Y|X = 0)$$

因此，整體的平均因果作用表現為結果變數Y在處理組（$X = 1$）與對照組（$X = 0$）的期望之差。由於公式中沒有了Y_1 和 Y_0，這種因果作用是可以被辨識的。透過計算$E(Y|X = 1)$ 和 $E(Y|X = 0)$，可以使用統計推斷方法對整體的平均因果作用進行推斷，例如使用t檢驗來推斷平均因果作用是否為零等等。然而，在真實的業務領域，隨機化實驗通常會失去可操作性，例如在研究吸煙對健康的影響時，不能隨機分配一個人吸煙或不吸煙，此外，還可能有代價、道德等其他問題限制隨機化實驗發揮作用。

3.2.3 節我們將介紹一種方法，針對某個研究物件，可基於對反事實資料的估計來進行因果推斷。即正常情況下，由於不能同時知道研究物件「接受處理」與「不接受處理」的結果，因此不能直接進行因果推斷。但是，如果我們能比較好地對另一種沒發生的情況資料進行估計，那麼就可以基於此來進行因果推斷了。

2. 因果網路模型

因果網路模型是 Pearl 教授提出的，他於 2011 年獲得了圖靈獎，在人工智慧不確定性推理方面貢獻很大。基於貝氏網路的基本架構，Pearl 教授提出了外部干預的思想，進而建立了因果網路模型。該模型是一個有向無環圖（DAG，directed acyclic graph），它使用節點來表示變數，使用節點之間的有向邊表示因果作用，進一步可以比較好地用來描述多個變數相互之間的因果關係，如圖 3-2-2 所示。這裡，令pa_i表示變數X_i的父節點變數的集合，每個節點的設定值由它的父節點函數來定義，即：

$$X_i = f_i(pa_i, \varepsilon_i)$$

其中，ε_i為不影響網路內部其他節點的殘差項。一般指定一個DAG，隨機向量$(X_1, X_2, \cdots, X_n)$的聯合機率分佈為：

$$\mathrm{pr}(x_1, x_2, \cdots, x_n) = \prod_{i=1}^{n} \mathrm{pr}\,(x_i|pa_i)$$

其中，pr(·|·)表示條件機率。圖 3-2-2 列出了一個因果網路的實例，X_4的父節點為$\{X_2, X_3\}$，每個變數由它的父節點函數確定，即：

$$X_1 = f_1(\varepsilon_1), X_2 = f_2(X_1, \varepsilon_2), X_3 = f_3(X_1, \varepsilon_3), X_4 = f_4(X_2, X_3, \varepsilon_4), X_5 = f_5(X_4, \varepsilon_5)$$

則聯合機率分佈為：

$$\mathrm{pr}(x_1, x_2, x_3, x_4, x_5) = \mathrm{pr}(x_1)\mathrm{pr}(x_2|x_1)\mathrm{pr}(x_3|x_1)\mathrm{pr}(x_4|x_2, x_3)\mathrm{pr}(x_5|x_4)$$

令變數X_j的外部干預為$x_j = x_j'$，即將X_j從$f_j(pa_j, \varepsilon_j)$轉為x_j'，即變數X_j的設定值不再受其父節點pa_i和ε_j的影響，而強制使其值發生變化。則干預之後的聯合分佈為：

$$\mathrm{pr}_{x_j'}(x_1, x_2, \cdots, x_n) = \delta(x_j = x_j') \prod_{i \neq j} \mathrm{pr}\,(x_i|pa_i)$$

其中，$\delta(\cdot)$為示性函數。我們可以透過干預前後聯合分佈的差異程度來進行因果推斷。

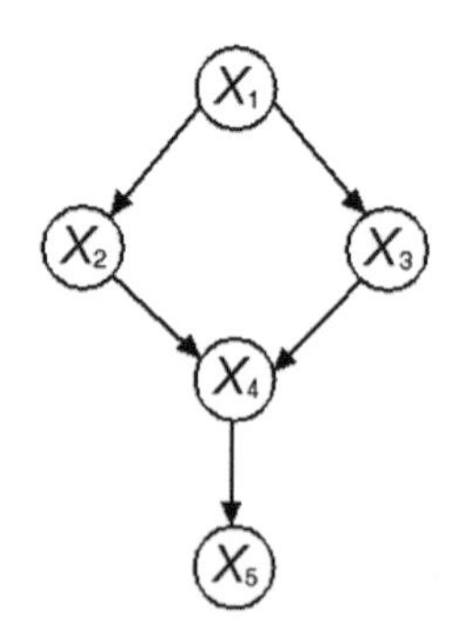

圖 3-2-2 有向無環圖（DAG）

因果網路模型是多變數間因果關係研究的重要的形式化方法，被廣泛應用於各個領域。在大數據時代，資料的收集、處理、分析和視覺化在各個領域的重要性越來越大。而基於大數據來推導因果關係將成為推動各個領域發展的重要力量，因果推斷方法必將大顯身手。

3.2.3 時序因果推斷

時序因果推斷是基於時間序列對因果關係進行推斷的方法，屬於潛在結果模型，它需要對反事實資料進行估計，進一步做出因果推斷。在業務營運環節，通常為了提升 KPI，我們會對業務本身進行干預，那麼應該如何評估干預的效果呢？

一種方法是使用 A/B 測試，透過建立控制組和測試組來度量增益或損失。然而，在實際很多場景中，A/B 測試卻不可用，例如電視廣告、APP 程式發佈等場景。在這種情況下，經常需要檢視干預前後的 KPI 圖表資料來進行比較。舉例來說，某電視廣告已在 2019 年 4 月播出，人們可以檢視從 2019 年 3 月到 4 月的銷售增長資料。為了把握季節性，可以將這些資料與 2017 年及 2018 年的 3 月至 4 月的銷售增長資料進行比較。但問題是，這沒有考慮到可能導致 3 月份銷量和絕對水準差異的因素。舉例來說，由於成功的產品發佈，2018 年 3 月的銷售額處於較高水準，而 2018 年 4 月的銷售額下降了–a%。如果從 2019 年 3 月到 4 月，銷售額略微增長了 b%，那麼人們很容易會說，絕對效應是(a+b)%，這當然是錯誤的。

另一種方法是進行時間序列分析，並試圖預測在沒有干預的情況下的銷售情況。預測的時間序列可以被看作是一種綜合控制，一旦與實際的銷售數量進行比較，就能估計出干預所產生的銷售影響。當然，這種方法的有效性在快速地取決於時間序列分析的品質和預測的精度。但是，如果有一個足夠精確的預測模型，這種方法比上面的 A/B 測試更可取。

2014 年 9 月，Google 發佈了 CausalImpact 套件，這是一個用於時序因果推斷的開放原始碼 R 套件，它是基於貝氏結構時間序列模型實現的，並且使用了馬可夫鏈蒙地卡羅演算法進行模型反演，當然，我們可以在 Python 裡呼叫它來實現資料分析需求。該軟體套件的目的是解決無法使用 A/B 測試時如何去有效評估干預效果的問題。此外，它還包含了控制時間序列，可以在干預前預測時間序列的結果。舉例來說，如果上述電視廣告僅於 2019 年 4 月在德國播出過，那麼在美國或日本等其他國家的播放量就可以作為控制時間序列。

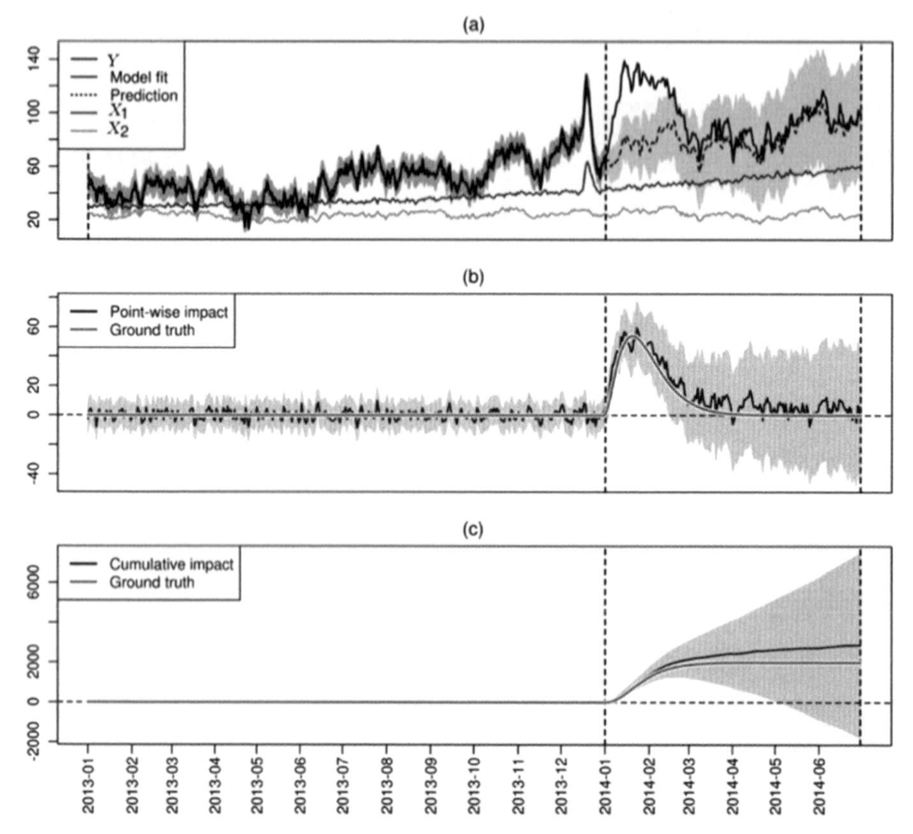

（來自論文：INFERING CAUSAL IMPACT USING BAYESIAN STRUCTURAL TIME-SERIES MODELS）

圖 3-2-3 透過反事實預測推斷因果效應

如圖 3-2-3 所示，它是 CausalImpact 套件的輸出結果，圖 3-2-3（a）中的X_1和X_2就是控制時間序列，它們是不受干預影響的資料；Y表示真實的目標時間序列，也是我們關心的時間序列，我們對它進行干預，期望能夠提升 KPI；Model fit 是分割點 2014-01 左側擬合的曲線；Prediction 表示目標時間序列預測的資料。在分割點 2014-01 左側，我們沒有實施干預，右側是我們實施干預後的情況。圖 3-2-3（b）中的曲線表示真實值Y減去擬合值 Model fit 及預測值 Prediction 的情況，可以看到，曲線在分割點之前，基本圍繞 0 值波動，說明我們的模型在歷史資料上擬合得很好，同時，曲線在分割點之後，則起伏得非常厲害，說明我們的干預有作用，使得原本應該平均的曲線出現了大幅波動。圖 3-2-3（c）中的曲線表示累積效應，曲線上的點表示從開始到目前位置的時序值的累積值，可以看到，分割點之後，該曲線上升得很明顯，雖然後面又下降了。我們可以透過這個圖定性地看出干預的影響程度。

然而，要使得模型更為準確可信，選擇那些不受干預影響的控制變數就很重要，例如播放電視廣告的那個實例，如果僅在德國於 2019 年 4 月播出，而我們選擇了瑞士和奧地利這些地方的銷量資料，則不太理想，因為這些地方容易受到德國的影響，進一步導致無效估計。

在做這種因果分析時，對假設進行驗證是很重要的。首先，重要的是檢查合併控制時間序列不受干預的影響。其次，我們應該了解這種方法在干預前對目標序列的預測效果，例如在 2019 年 4 月之前德國的電視廣告的銷售數量。如果在 2019 年 3 月進行虛假干預，則預計人們在這段時間內不會發現明顯的效果，因為實際上沒有干預。

下面我們來看一下 CausalImpact 套件的用法，CausalImpact 套件是透過使用貝氏結構時間序列模型執行因果推斷的，特別地，該模型假設控制組的時間序列能夠透過一組不受干預影響的協變數來解釋。進行因果分析的一種方式是直接呼叫 CausalImpact 函數來實現，該函數的參數是 data、pre.peroid、post.peroid、model.args（可選）和 alpha（可選），在這種情況下，該模型會自動建置一個時間序列並進行估計，model.args 參數能夠對模型進行控制。另一種可選的方式是提供一個訂製化的模型，在這種情況下，CausalImpact 函數會使用 bsts.model、post.period.response、和 alpha（可選）這些參數。CausalImpact 函數的定義及參數說明如表 3-2-5 所示。

表 3-2-5 CausalImpact 函數定義及參數說明

函數定義（注意：這裡介紹的是 R 語言介面）	
CausalImpact(data=NULL,pre.period=NULL,post.period=NULL,model.args=NULL, bsts.model=NULL,post.period.response=NULL,alpha=0.05)	
參數說明	
data	回應變數與任何協變數的時間序列資料。可以是一個 zoo 物件、vector、matrix 或 data.frame，在所有這些情況下，回應變數應該放在首列，協變數應該放在之後的列裡面。這裡建議使用 zoo 物件，因為它的時間索引方便用於繪圖中

pre.peroid	在回應變數 *y* 中，干預之前開始和結束時間點的向量。該時間段可以認為是訓練時段，用來確定回應變數與協變數之間的關係
post.peroid	在回應變數 *y* 中，干預之後開始和結束時間點的向量，從該干預後的時間點開始，我們開始關注干預的效果。基於回應變數與協變數在干預前確定的關係，模型將用來預測回應變數在干預後的時間段內，且在沒有干預的情況下將如何變化
model.args	該參數用來調整狀態空間模型的預設建置，一個特別重要的參數是 prior.level.sd，它可以用來確定資料變異的先驗知識。若想對模型進行更多的控制，則可以使用 bsts 套件來建置模型。然後將模型作為參數，傳入 CausalImpact 函數中
bsts.model	與傳入 data 透過 CausalImpact 函數來建置模型不同，該參數表示使用 bsts 套件建立的模型，在這種情況下，CausalImpact 函數會忽略 data, pre.period 和 post.period 參數
post.peroid.response	干預後的時間段，實際觀察的資料。當 bsts.model 參數不可為空時，需設定該參數
alpha	用於後驗區間的期望尾部面積機率，預設是 0.05，對應 95%的信賴區間

下面將透過一個真實的業務案例來說明 CausalImpact 套件在 Python 中的用法。某遊戲公司為了降低遊戲玩家的流失率，透過資料分析方法，發現了遊戲內部存在的一些問題，然後針對性地進行了最佳化。新版本上線後，經過一段時間的營運，該公司收集到足夠的資料了，那麼該如何來驗證這些透過資料分析列出的最佳化建議是否真實有效呢？如果直接看流失率，則可能真的降低了，但真的是經過修改這些最佳化點帶來的效果嗎？帶著這些疑惑，我們基於 CausalImpact 套件來開展時序因果推斷的工作。

這裡的回應變數實際上指的是遊戲流失率，更確切地講，由於我們修改的是遊戲內的H模組，所以，這裡的回應變數實際上指的是H模組的流失率，那麼，為了更進一步地擬合模型和估計，我們需要引用一些協變數，但是，需要注意，我們引用的協變數必須是不受干預影響的。結合資料分析經驗並透過資料反覆驗證，我們最後決定引用oRent和CPI兩個協變數。其中，oRent指的是遊戲中的所有模組，除去受H模組影響的模組後，獲得的其他模組是經過統計計算獲得的留存率；而CPI指的是在遊戲安裝之前，推廣側的安裝成本，顯然這兩個指標都是不直接受干預影響的。現撰寫 Python 程式，對遊戲最佳化的資料進行因果推斷，首先，參考 R 套件的介面，程式如下：

```
1 from rpy2.robjects.packages import importr
2 from rpy2.robjects import FloatVector, StrVector, r
3 import pandas as pd
4 ci = importr("CausalImpact")
5 zoo = importr("zoo")
6 base = importr("base")
```

上述程式中，rpy2 是個關鍵的套件，它可以讓 Python 呼叫 R 語言的物件，可透過 conda 或 pip 進行安裝。ci 對應 R 語言中的 CausalImpact 套件，它是 Python 中呼叫 CausalImpact 套件的介面，zoo 用於處理時間序列資料，而 base 包含了 R 語言中的基礎呼叫函數。進一步，我們載入 game_churn 的資料，並進行初步轉換，程式如下：

```
1 gc_data = pd.read_csv("game_churn.csv")
2 gc_data.y = [x.split('%')[0] for x in gc_data.y.values]
3 gc_data.orent = [x.split('%')[0] for x in gc_data.orent.values]
4 time_points = base.seq_Date(base.as_Date('2019-04-01'), by=1, length_out=25)
5 data = zoo.zoo(base.cbind(FloatVector(gc_data.y),
  FloatVector(gc_data.cpi), FloatVector(gc_data.orent)), time_points)
6 pre_peroid = base.as_Date(StrVector(['2019-04-01', '2019-04-15']))
7 post_peroid = base.as_Date(StrVector(['2019-04-16', '2019-04-25']))
```

上述程式中，我們首先載入了資料，然後對 y 和 orent 列去掉了%，接著使用 zoo 對時序資料進行合併處理，在程式結束的地方申明了干預前後的時間段。接著，建立時序因果推斷模型，並得出分析圖表，程式如下：

```
1 model_args = r("list(niter = 10000, nseasons = 7, season.duration = 1)")
2 impact = ci.CausalImpact(data, pre_peroid, post_peroid, model_args=model_args)
3 print(ci.plot_CausalImpact(impact))
4 r('dev.off()')
```

上述程式中指定了模型參數，主要有 3 個：niter 表示最大反覆運算次數；nseasons 表示我們使用 7 個單位表示 1 個週期，即使用的是周週期；season.duration 設定為 1，表示用 1 筆記錄作為 1 個週期統計的基本單位。ci.plot_CausalImpact 函數將繪製因果推斷圖表，透過 print 匯出 PDF 檔案，程式結束處關掉了繪圖裝置，接著，在程式目錄中會出現 Rplots.pdf 檔案，圖表如圖 3-2-4 所示。

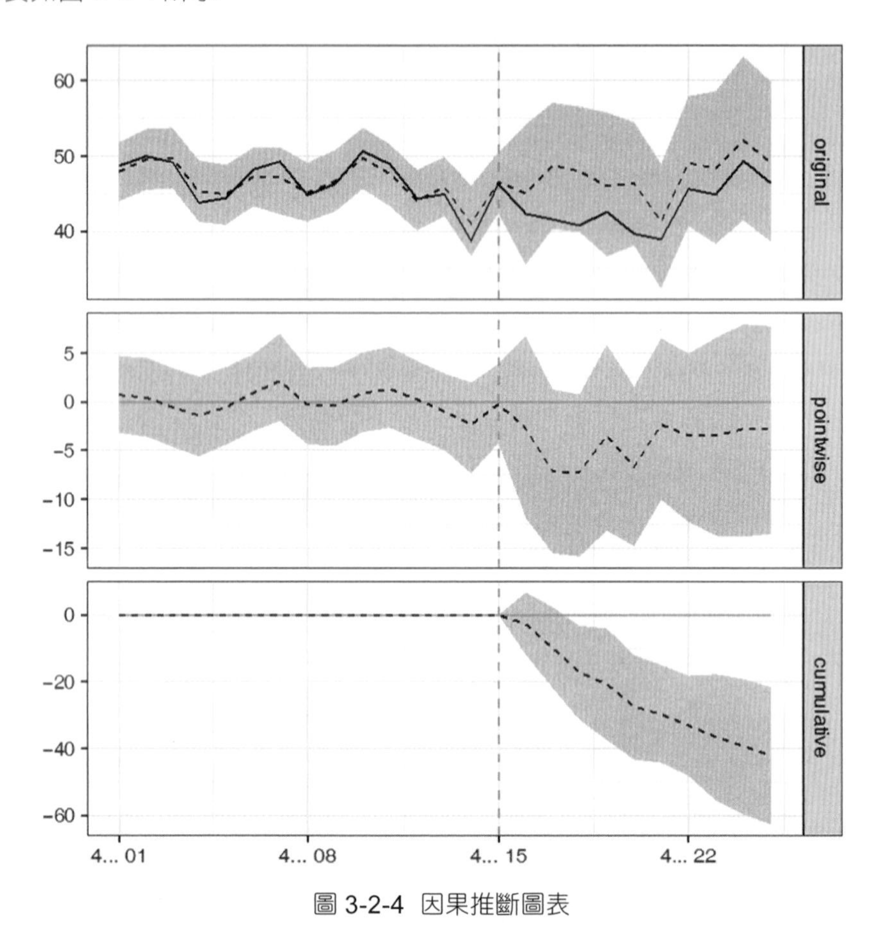

圖 3-2-4　因果推斷圖表

如圖 3-2-4 所示，第 1 張圖中的左側虛線表示基於歷史資料的擬合情況，右側虛線表示對未干預情況的預測；第 2 張圖是真實值與擬合值之差；第 3 張圖是差的累積。透過第 3 張圖，我們可以清晰地看到，在干預後，累積值越來越小，說明我們的干預確實使流失率明顯降低了。為了獲得定量描述指標，我們可以檢視因果推斷的報告，程式如下：

```
1 ci.PrintReport(impact)
```

結果如下：

```
1 Analysis report {CausalImpact}
2     During the post-intervention period, the response variable had an
```

```
      average value of
 3 approx. 43.18. By contrast, in the absence of an intervention, we would have
 4 expected an average response of 47.39. The 95% interval of this counterfactual
 5 prediction is [45.33, 49.45]. Subtracting this prediction from the observed
 6 response yields an estimate of the causal effect the intervention had on the
 7 response variable. This effect is -4.20 with a 95% interval of [-6.27, -2.14].
 8     For a discussion of the significance of this effect, see below.
 9     Summing up the individual data points during the post-intervention period
10 (which can only sometimes be meaningfully interpreted), the response variable
11 had an overall value of 431.84. By contrast, had the intervention not taken place,
12 we would have expected a sum of 473.86. The 95% interval of this prediction is
13 [453.28, 494.51].
14     The above results are given in terms of absolute numbers. In relative
      terms, the
15 response variable showed a decrease of-9%. The 95% interval of this percentage is
16 [-13%, -5%].
17     This means that the negative effect observed during the intervention period is
18 statistically significant. If the experimenter had expected a positive effect,
19 it is recommended to double-check whether anomalies in the control variables may
20 have caused an overly optimistic expectation of what should have happened in the
21 response variable in the absence of the intervention.
22     The probability of obtaining this effect by chance is very small
23 (Bayesian one-sided tail-area probability p = 0). This means the causal effect can
24 be considered statistically significant.
```

如上述結果所示，我們知道最後的 p 值是 0，明顯小於 0.01 或 0.05，因此我們拒絕原假設，即認為資料中存在因果效應。

3.3 分群分析

分群分析就是對資料分群，它以相似性為基礎，相同類中的樣本比不同類中的樣本更具相似性。在商業應用中，分群通常用來劃分使用者群，然後分別加以研究；另外，它還可以採擷資料中潛在的模式，基於此改進業務流程或設計新產品等。常見的分群演算法有 K-Means 演算法、系統分群演算法，下面將依次介紹。

3.3.1 K-Means 演算法

K-Means（K 均值分群）演算法是一種基於劃分的經典分群演算法，對於指定的含有 N 筆記錄的資料集，演算法把資料集分成 k 組（$k<N$），使得每一分組至少包含一筆資料記錄，每筆記錄屬於且僅屬於一個分組。演算法首先會列出一個隨機初始的分組，再透過重覆的反覆運算改變分組，使每一次改進的分組比上一次好，用於衡量好的標準通常是同一分組中的記錄越近越好，而不同分組中的記錄越遠越好，通常使用歐氏距離作為相異性度量。K-Means 演算法實現的基本流程如圖 3-3-1 所示。

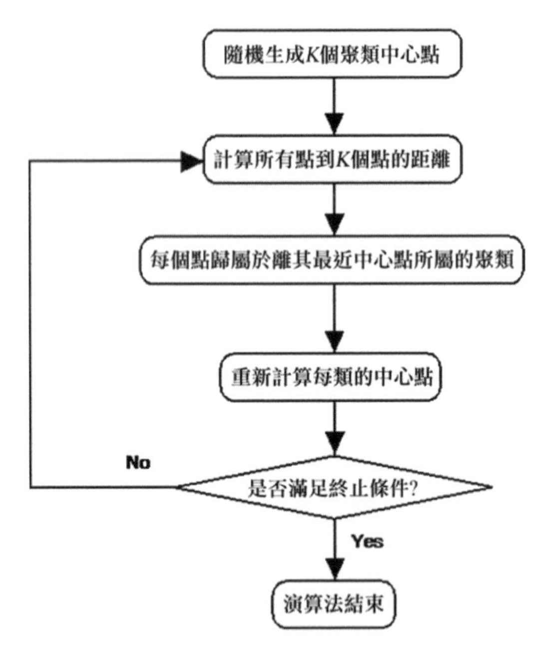

圖 3-3-1 K-Means 演算法實現的基本流程

其基本步驟如下：

①從資料中隨機取出 K 個點作為初始分群的 K 個中心，分別代表 K 個分群；
②計算資料中所有的點到這 K 個中心點的距離，通常是歐氏距離；
③將每個點歸屬到離其最近的分群裡，產生 K 個分群；
④重新計算每種的中心點，即計算每種中所有點的幾何中心（即平均值）；
⑤如果滿足終止條件，演算法將結束；不然進入第②步。

終止條件通常有如下 3 種：

①分群的中心點不再移動；

②分群的中心點移動的大小在指定的設定值範圍內；

③迭次次數達到上限。

K-Means 演算法從隨機產生分群中心到分群穩定的過程，如圖 3-3-2 所示。

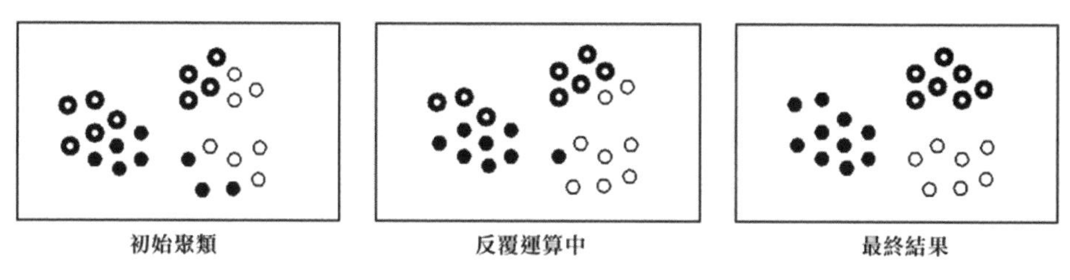

圖 3-3-2 k-Means 演算法作用過程圖

Scikit-learn 是一個基於 Python 的機器學習（Machine Learning）模組，裡面列出了很多機器學習相關的演算法實現，其中包含 K-Means 演算法。該演算法封裝在 sklearn.cluster 模組下的 KMeans 類別中，其原型定義及參數説明如表 3-3-1 所示。

表 3-3-1 KMeans 函數定義及參數說明

函數定義	
KMeans(n_clusters=8,init='k-means++',n_init=10,max_iter=300,tol=0.0001, precompute_distances='auto',verbose=0,random_state=None,copy_x=True,n_jobs=1, algorithm='auto')	
參數說明	
n_clusters	指定分群的數目
init	初始簇中心的取得方法。可取'k-means++'、'random'或一個 ndarray 物件，預設使用'k-means++'。當設定為'k-means++'時，演算法會以一種更優的方式選擇 K 均值分群初始中心點，加速收斂；當設定為'random'時，演算法會從資料中隨機選擇 *k* 個樣本作為初始中心點；如果傳入一個 ndarray 物件，那麼它應該以(n_clusters,n_features)形式來設定初始中心
n_init	取得初始簇中心的更迭次數，為了彌補初始質心的影響，演算法預設會初始 10 次質心，實現演算法，然後傳回最好的結果

max_iter	最大反覆運算次數
tol	關於宣告收斂標準的相對容忍度
precompute_distances	預計算距離，可設定為'auto'、True 和 False，設定為 True，則演算法總是預計算距離，相反，False 則不會預計算距離，當設定為'auto'時，如果 n_samples*n_clusters 大於 $1.2x10^7$ 時（對應每個使用雙精度的作業超過 100MB 資料的情況），演算法不會預計算距離，否則會預計算距離
verbose	冗長模式，整數，預設為 0
random_state	整數，隨機種子
copy_x	是否修改資料的標記，如果為 True，則複製了就不會修改資料
n_jobs	平行設定，整數，表示用於計算的作業數量
algorithm	可設定為'auto'、'full'或'elkan'，預設為'auto'，K-Means 使用的演算法，'full'對應的是經典的 EM-style 演算法，'elkan'則使用三角不等式效率更高，但目前不支援稀疏資料，'auto'會對稠密資料選用'elkan'，稀疏資料選用'full'

這裡使用 K-Means 演算法對 AirPassengers 的年度標準曲線進行分群，旨在發現乘客數量的年度變化模式，程式如下：

```
1 from sklearn.cluster import KMeans
2 import pandas as pd
3 import numpy as np
4 # 載入資料、轉換並進行標準化處理
5 passengers = pd.read_csv("AirPassengers.csv")
6 data = list()
7 tmp = passengers.groupby('year').filter(lambda block:data.append
      ([block.iloc[0,0]]+block.passengers.values.tolist()))
8 data = pd.DataFrame(data)
9 data.set_index(data[0],inplace=True)
10 data.drop(columns=0,inplace=True)
11 # 標準化時，採取按行標準化的方法，即每行中都是 0 和 1，分別表示最大和最小，以此方式
   來分析曲線模式
12 data = data.apply(lambda x:(x-np.min(x))/(np.max(x)-np.min(x)),axis=1)
13
14 # 假如我要建置一個分群數為 2 的分群器
15 km_cluster = KMeans(n_clusters=2, max_iter=300, n_init=40, init='k-means++')
16 km_cluster.fit(data)
17 data['cluster']=km_cluster.labels_
```

```
18
19 # 繪製分群結果曲線（兩個類別）
20 import matplotlib.pyplot as plt
21 styles = ['co-','ro-']
22 tmp = data.apply(lambda row:plt.plot([x+1
   for x in range(12)],[row[x+1]
   for x in range(12)],styles[int (row.cluster)],alpha=0.3),axis=1)
23 plt.xlabel("month",fontsize=14)
24 plt.ylabel("standardized passengers",fontsize=14)
25 plt.show()
```

效果如圖 3-3-3 所示，12 條年度曲線被分成了兩種，分別是淺色和深色，可以看到，各種裡面曲線彼此接近，而類別間的差異較大。透過細緻觀察可以看出，在 6、7、8 及 10 月份乘客數量比較穩定，這或許與季節相關，實際如何還需進一步檢查。

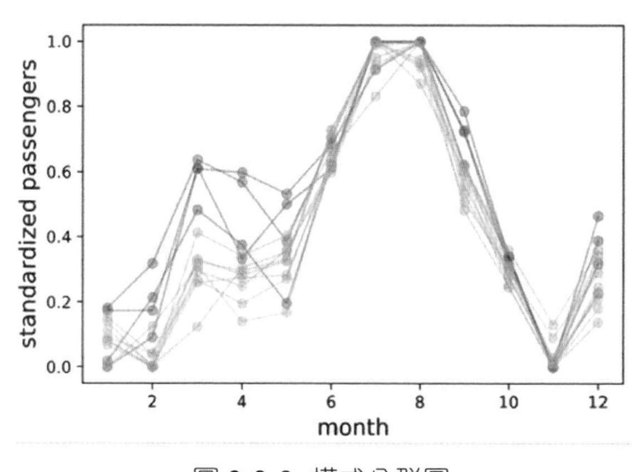

圖 3-3-3 模式分群圖

3.3.2 系統分群演算法

系統分群演算法是使用比較多的一種分群方法，它首先將每個樣本單獨看成一種，在規定類別間距離的條件下，選擇距離最小的一對合併成一個新類別，並計算新類別與其他類別之間的距離，再將距離最近的兩種合併，這樣每次會減少一個類別，直到所有樣本合為一種為止。常用的距離包含絕對值距離、歐氏距離、明氏距離、謝比雪夫距離、馬氏距離、蘭氏距離、餘弦距離。同時，類別間距離也有很多定義方法，主要有類別平均法、可變類別平均法、可變法、重心法、中間距離法、最長距離法、最短距離法、離差平方法。假設原始資料表示成矩陣$\boldsymbol{X}=(x_{ij})_{n\times m}$，其中$n$為樣本數量，$m$為變數，$i\in[1,n]$表示行，$j\in[1,m]$表示列，那麼這些距離的定義如下所示。

絕對值距離

$$d_{ij}=\sum_{k=1}^{m}|x_{ik}-x_{jk}|$$

歐氏距離

$$d_{ij}=\sqrt{\sum_{k=1}^{m}(x_{ik}-x_{jk})^2}$$

明氏距離

$$d_{ij}=\left[\sum_{k=1}^{m}|x_{ik}-x_{jk}|^q\right]^{\frac{1}{q}}$$

其中，q為已知正實數。

謝比雪夫距離

$$d_{ij}=\max_{1\leqslant k\leqslant m}|x_{ik}-x_{jk}|$$

馬氏距離

$$D^2=(\boldsymbol{X}-\mu)'\boldsymbol{S}^{-1}(\boldsymbol{X}-\mu)$$

其中，μ為樣本均值，$\boldsymbol{S}$為原始資料協方差矩陣，D^2為每樣本到中心點的距離。對於兩樣本的距離，也可以用如下公式：

$$d_{ij}=(x_i-x_j)'\boldsymbol{S}^{-1}(x_i-x_j)$$

蘭氏距離

$$d_{ij}=\frac{1}{m}\sum_{k=1}^{m}\frac{|x_{ik}-x_{jk}|}{x_{ik}+x_{jk}}(x>0)$$

餘弦距離

$$d_{ij}=\frac{\sum_{k=1}^{m}x_{ik}\cdot x_{jk}}{\|x_i\|\cdot\|x_j\|}$$

我們可以根據距離公式計算每樣本與其他所有樣本之間的距離，將距離資料放在一個對稱矩陣中，記為$\boldsymbol{D}_{(0)}$，從$\boldsymbol{D}_{(0)}$中選擇最小值，即最小距離，記為$d_{pq}, p, q \in [1, n]$，於是可以將G_p和G_q合併成一個新類別，可記為$G_r = \{G_p, G_q\}$，根據這些定義，我們整理一下常用來衡量類別間距離的方法，如下所示。

類別平均法

兩種中每個元素兩兩間的距離平方和的平均值：

$$D_{pq}^2 = \frac{\sum_{x_i \in G_p, x_j \in G_q} d_{ij}^2}{N_p \cdot N_q}$$

其中，N_p、N_q分別表示G_p、G_q的樣本數。

當G_p和G_q合併成一個新類別G_r後，G_r與其餘類別G_k間的類別間距離，遞推公式如下：

$$D_{rk}^2 = \frac{\sum_{x_i \in G_r, x_j \in G_k} d_{ij}^2}{N_r \cdot N_k} = \frac{\sum_{x_i \in G_p, x_j \in G_k} d_{ij}^2 + \sum_{x_i \in G_q, x_j \in G_k} d_{ij}^2}{N_r \cdot N_k} = \frac{N_p}{N_r} \cdot D_{pk}^2 + \frac{N_q}{N_r} \cdot D_{qk}^2$$

可變類別平均法

當G_p和G_p合併成一個新類別G_r後，G_r與其餘類別G_k間的類別間距離，遞推公式如下：

$$D_{rk}^2 = (1-\beta) \cdot \left(\frac{N_p}{N_r} \cdot D_{pk}^2 + \frac{N_q}{N_r} \cdot D_{qk}^2\right) + \beta \cdot D_{pq}^2 \text{，} \beta < 1$$

可變法

當G_p和G_q合併成一個新類別G_r後，G_r與其餘類別G_k間的類別間距離，遞推公式如下：

$$D_{rk}^2 = \frac{1-\beta}{2} \cdot \left(D_{pk}^2 + D_{qk}^2\right) + \beta \cdot D_{pq}^2 \text{，} \beta < 1$$

重心法

兩種之間的距離以重心之間的距離來表示：

假設G_p、G_q兩種的重心分別為$\overline{x}_p$、$\overline{x}_q$，則兩種間的距離（這裡使用歐氏距離）定義為：

$$D_{pq}=\sqrt{(\overline{x}_p-\overline{x}_q)'(\overline{x}_p-\overline{x}_q)}$$

中間距離法

兩種之間的距離以介於最長和最短樣本之間的距離來表示：

當G_p和G_q合併成一個新類別G_r後，G_r與其餘類別G_k間的類別間距離，遞推公式如下：

$$D_{rk}^2=\frac{1}{2}\cdot\left(D_{pk}^2+D_{qk}^2\right)+\beta\cdot D_{pq}^2，\left(-\frac{1}{4}\leqslant\beta\leqslant 0;k\neq p,q\right)$$

最長距離法

以兩種中相距最遠的兩樣本距離來表示：

$$D_{pq}=\max_{x_i\in G_p,x_j\in G_q}d_{ij}$$

最短距離法

以兩種中相距最近的兩樣本距離來表示：

$$D_{pq}=\min_{x_i\in G_p,x_j\in G_q}d_{ij}$$

離差平方法（Ward 方法）

假設原樣本分為q類別，則第i類別的離差平方和定義如下：

$$S_i=\sum_{j=1}^{N_i}(x_{ij}-\overline{x}_i)'(x_{ij}-\overline{x}_i))$$

其中，$\overline{x}_i$為第i類別樣本均值，N_i為第i類別樣本數量。假設將G_p和G_q合併成一個新類別G_r，則定義G_p和G_q的平方距離為：

$$D_{pq}^2=S_r-\left(S_p+S_q\right)$$

其中，S_p和S_q分別為G_p和G_q類別的離差平方和，S_r為新類別G_r的離差平方和。

根據清單內容可選擇適當的樣本距離和類別間距離的計算方法，便可從每樣本作為單獨類別開始逐漸合併，最後合為一種。這裡，使用表 3-3-2 的資料，以歐氏距離作為衡量樣本間距離的標準，以最短距離法作為衡量類別間距離的標準，來説明系統分群的手動計算過程。

表 3-3-2 系統分群初始資料表

樣本	V1	V2	V3	V4	V5
x_1	1	5	6	5	7
x_2	9	4	4	6	10
x_3	7	5	5	2	9
x_4	1	3	2	7	7
x_5	1	5	4	2	6
x_6	6	3	4	8	9

主要步驟如下：

（1）將每個樣本單獨看成一種：

$$G_1^{(0)} = x_1, G_2^{(0)} = x_2, G_3^{(0)} = x_3, G_4^{(0)} = x_4, G_5^{(0)} = x_5, G_6^{(0)} = x_6$$

（2）計算各種之間的距離，得距離矩陣$\boldsymbol{D}^{(0)}$：

$$\boldsymbol{D}^{(0)} = \begin{bmatrix} 0 & 8.888 & 7.071 & 4.899 & 3.742 & 6.782 \\ 8.888 & 0 & 4.796 & 8.888 & 9.849 & 3.873 \\ 7.071 & 4.796 & 0 & 8.832 & 6.782 & 6.481 \\ 4.899 & 8.888 & 8.832 & 0 & 5.831 & 5.831 \\ 3.742 & 9.849 & 6.782 & 5.831 & 0 & 8.602 \\ 6.782 & 3.873 & 6.481 & 5.831 & 8.602 & 0 \end{bmatrix}$$

（3）矩陣$\boldsymbol{D}^{(0)}$中的最小元素是 3.742，它是$G_1^{(0)}$與$G_5^{(0)}$之間的距離，將它們合併，獲得新類別:

$$G_1^{(1)} = \{x_1, x_5\}, G_2^{(1)} = \{x_2\}, G_3^{(1)} = \{x_3\}, G_4^{(1)} = \{x_4\}, G_5^{(1)} = \{x_6\}$$

（4）計算各種之間的距離，得距離矩陣$\boldsymbol{D}^{(1)}$，因$G_1^{(1)}$由$G_1^{(0)}$與$G_5^{(0)}$合併而成，按最短距離方法，分別計算$G_1^{(0)}$與$G_2^{(1)} \sim G_5^{(1)}$之間以及$G_5^{(0)}$與$G_2^{(1)} \sim G_5^{(1)}$之間的兩

兩距離，並選其最小者作為兩種間的距離:

$$D^{(1)}=\begin{bmatrix}0 & 8.888 & 6.782 & 4.899 & 6.782\\ 8.888 & 0 & 4.796 & 8.888 & 3.873\\ 6.782 & 4.796 & 0 & 8.832 & 6.481\\ 4.899 & 8.888 & 8.832 & 0 & 5.832\\ 6.782 & 3.873 & 6.481 & 5.831 & 0\end{bmatrix}$$

(5)矩陣$\boldsymbol{D}^{(1)}$中的最小元素是 3.873，它是$G_5^{(1)}$與$G_2^{(1)}$之間的距離，將它們合併，獲得新類別:

$$G_1^{(2)}=\{x_1,x_5\},G_2^{(2)}=\{x_2,x_6\},G_3^{(2)}=\{x_3\},G_4^{(2)}=\{x_4\}$$

(6) 計算各種之間的距離，獲得距離矩陣$\boldsymbol{D}^{(2)}$，同理，計算類別間距離：

$$D^{(2)}=\begin{bmatrix}0 & 6.782 & 6.782 & 4.899\\ 6.782 & 0 & 4.796 & 5.831\\ 6.872 & 4.796 & 0 & 8.832\\ 4.899 & 5.831 & 8.832 & 0\end{bmatrix}$$

(7) 矩陣$\boldsymbol{D}^{(2)}$中的最小元素是 4.899，它是$G_4^{(2)}$與$G_1^{(2)}$之間的距離，將它們合併，獲得新類別：

$$G_1^{(3)}=\{x_1,x_4,x_5\},G_2^{(3)}=\{x_2,x_6\},G_3^{(3)}=\{x_3\}$$

(8) 計算各種之間的距離，獲得距離矩陣$\boldsymbol{D}^{(3)}$，同理，計算類別間距離：

$$D^{(3)}=\begin{bmatrix}0 & 5.831 & 6.782\\ 5.831 & 0 & 4.796\\ 6.782 & 4.796 & 0\end{bmatrix}$$

(9) 矩陣$\boldsymbol{D}^{(3)}$中的最小元素是 4.796，它是$G_2^{(3)}$與$G_3^{(3)}$之間的距離，將它們合併，獲得新類別：

$$G_1^{(4)}=\{x_1,x_4,x_5\},G_2^{(4)}=\{x_2,x_3,x_6\}$$

(10) 此時有兩種，最後可直接歸為一種，並獲得分群樹狀圖，如圖 3-3-4 所示。

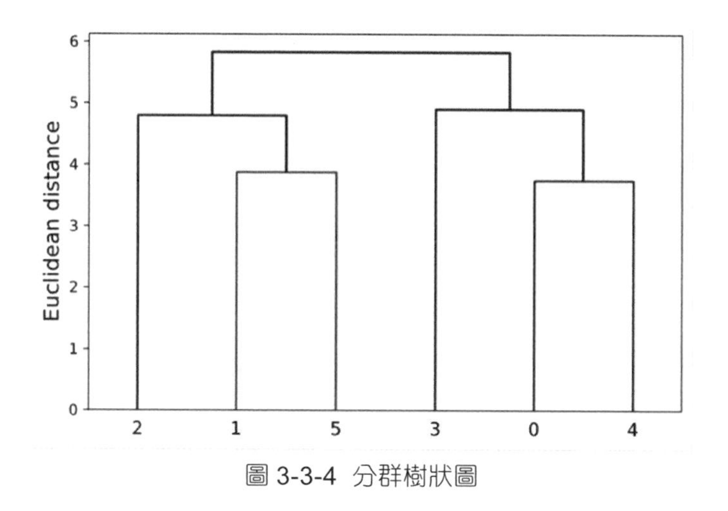

圖 3-3-4 分群樹狀圖

根據系統分群的原理及以上案例，可獲得系統分群的演算法流程圖，如圖 3-3-5 所示。

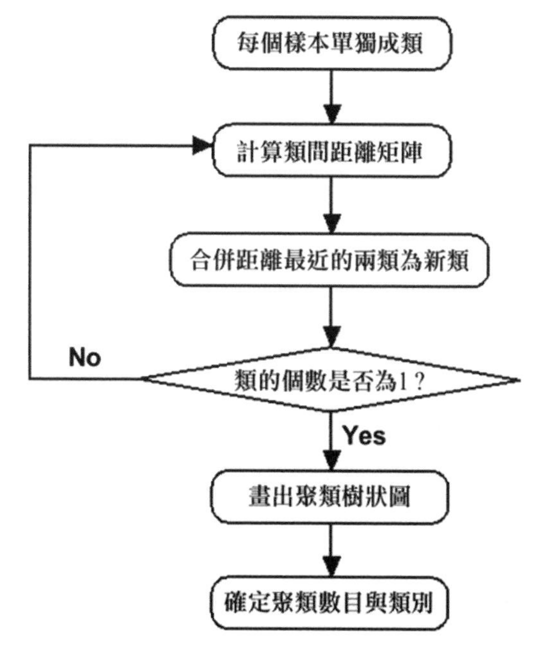

圖 3-3-5 系統分群演算法流程圖

系統分群實現的一般步驟如下：

① 將每個樣品看成一種；

② 計算類別間距離矩陣，並將距離最近的兩種合併成為一個新類別；

③ 計算新類別與目前各種之間的距離。若類別的個數等於 1，則轉下一步，否則轉第②步；

④ 畫分群圖；

⑤ 決定分群數目和類別。

在 Python 中，通常使用 scipy.cluster.hierarchy 模組下面的 linkage 和 dendrogram 來繪製分群樹狀圖，使用 scipy.spatial.distance 模組下的 pdist 和 squareform 來計算樣本的距離。sklearn.cluster 模組下的 AgglomerativeClustering 類別封裝了系統分群演算法，可直接使用。這裡使用系統分群演算法對 AirPassengers 的年度標準曲線進行分群，旨在發現乘客數量的年度變化模式，程式如下：

```
1 from sklearn.cluster import KMeans
2 import pandas as pd
3 import numpy as np
4 # 載入資料、轉換並進行標準化處理
5 passengers = pd.read_csv("AirPassengers.csv")
6 data = list()
7 tmp = passengers.groupby('year').filter(lambda block:data.append
      ([block.iloc[0,0]]+block.passengers.values.tolist()))
8 data = pd.DataFrame(data)
9 data.set_index(data[0],inplace=True)
10 data.drop(columns=0,inplace=True)
11 # 按行進行標準化，列有利於對曲線模式的分析
12 data = data.apply(lambda x:(x-np.min(x))/(np.max(x)-np.min(x)),axis=1)
13
14 from scipy.spatial.distance import pdist,squareform
15 from scipy.cluster.hierarchy import linkage
16 from scipy.cluster.hierarchy import dendrogram
17 from sklearn.cluster import AgglomerativeClustering
18 import matplotlib.pyplot as plt
19 # 繪製分群樹狀圖，發現適合聚成兩種，並增加輔助線標記
20 row_clusters = linkage(pdist(data,metric='euclidean'),method='ward')
21 row_dendr = dendrogram(row_clusters)
22 plt.tight_layout()
23 plt.ylabel('Euclidean distance',fontsize=14)
24 plt.axhline(0.6,c='red',linestyle='--')
25 plt.show()
```

效果如圖 3-3-6 所示。

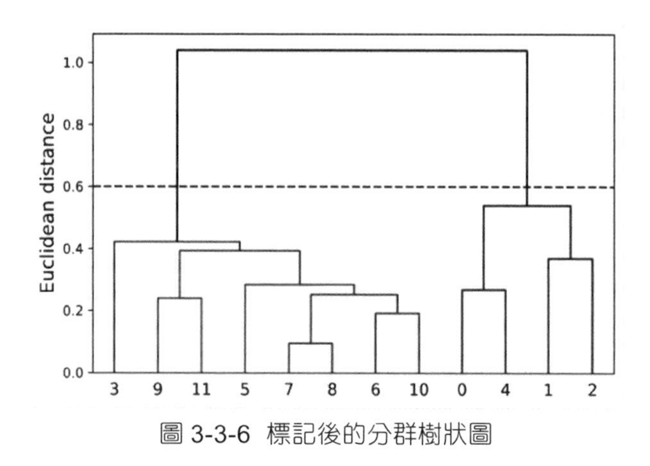

圖 3-3-6 標記後的分群樹狀圖

根據劃分的類別，畫出對應的年度曲線，程式如下：

```
1 ac=AgglomerativeClustering(n_clusters=2,affinity='euclidean',linkage='complete')
2 data['cluster']=ac.fit_predict(data)
3 styles = ['co-','ro-']
4 tmp = data.apply(lambda row:plt.plot([x+1 for x in range(12)],[row[x+1] for
      x in range(12)],styles[int(row. cluster)],alpha=0.3),axis=1)
5 plt.xlabel("month",fontsize=14)
6 plt.ylabel("standardized passengers",fontsize=14)
7 plt.show()
```

效果如圖 3-3-7 所示。

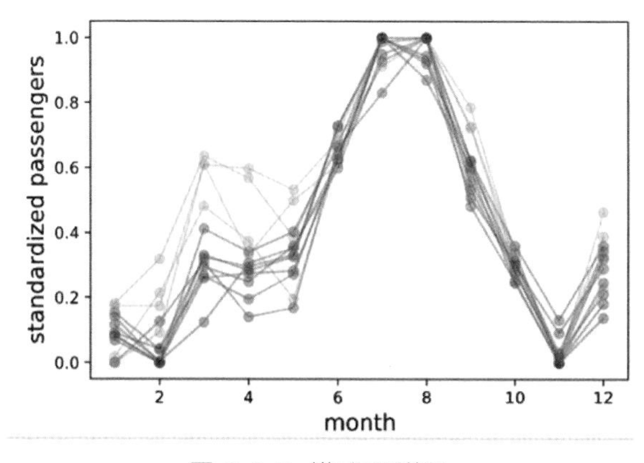

圖 3-3-7 模式分群圖

可以看到圖 3-3-7 中使用 Ward 方法的系統分群演算法獲得的結果與 K-Means 演算法很類似。

3.4 連結分析

我們把某種事物發生時其他事物也會發生的聯繫叫作連結。所謂連結分析，就是指在交易資料、關聯資料或其他資訊載體中採擷物件集合間的規律或模式的過程。連結分析的典型案例就是購物車分析。該過程透過採擷購物車中各商品之間的聯繫，分析顧客的購買習慣，以針對性地制定行銷策略。連結分析又叫連結採擷，通常按採擷目標的不同，可以分為連結規則採擷和序列模式採擷。連結規則採擷比較關注單項間在同一交易內的關係，而序列模式採擷比較關注單項間在同一交易內以及交易間的關係。下面將分別詳述。

3.4.1 連結規則採擷

連結規則是指形如$X \Rightarrow Y$的蘊含式，其中，X和Y分別稱為連結規則的前項（LHS）和後項（RHS）。連結規則採擷所發現的模式通常用連結規則或頻繁項目集的形式來表示。用於連結規則採擷的資料是交易資料集，它包含交易 ID 和項的子集兩個屬性，範例資料如表 3-4-1 所示。

表 3-4-1 連結規則基礎資料表

交易 ID	項目集
1	*A,B,C*
2	*A,B*
3	*A,D*
4	*B,E,F*

基於該範例資料，我們整理一下連結規則採擷有關的基本概念及定義實際如下。

項目集（itemset）：包含 0 個或多個項的集合，例如$\{A, B, D\}$；如果一個項目集包含k項，就叫作k項目集。

連結規則：形如$A \Rightarrow B$的蘊含運算式，其中A和B是不相交的項目集，即$A \cap B = \emptyset$。

支援度計數（support count）：包含特定項目集的交易個數。連結規則$A \Rightarrow B$的支援度計數可表示為

$$\sigma(A \Rightarrow B) = \| T \in \mathrm{D} | A \cup B \subseteq T \|$$

其中T表示交易，D表示所有交易。由範例資料可知$\sigma(A \Rightarrow B) = 2$，即所有交易中出現項目集$\{A, B\}$的交易共有兩個。

支援度（support）：包含特定項目集的交易數與總交易數的比值。連結規則$A \Rightarrow B$的支援度可表示為

$$s(A \Rightarrow B) = \frac{\sigma(A \Rightarrow B)}{\|D\|}$$

由範例資料可知$s(A \Rightarrow B) = \frac{2}{4}$，即項目集$\{A, B\}$對應的交易數占總交易數的比值為$\frac{2}{4}$。

頻繁項目集（frequent itemset）：滿足最小支援度設定值（minsup）的所有項目集。

可靠度（confidence）：連結規則$A \Rightarrow B$的可靠度表示D中同時包含A和B的交易數占只包含A的交易數的比值，定義為

$$c(A \Rightarrow B) = \frac{\sigma(A \Rightarrow B)}{\| T \in D | A \subseteq T \|}$$

也可用條件機率表示為$c(A \Rightarrow B) = P(B|A)$，即在$A$發生的條件下$B$也發生的機率。

期望可靠度（expected confidence）：期望可靠度表示在沒有任何條件影響下，項目集A出現的機率可表示為

$$e(A) = \frac{\|T \in D | A \subseteq T\|}{\|D\|}$$

提升度（lift）：連結規則$A \Rightarrow B$的提升度表示項目集A的出現對項目集B出現機率的影響程度有多大，可表示為

$$l(A \Rightarrow B) = \frac{c(A \Rightarrow B)}{e(B)}$$

常用的連結規則採擷演算法包含 Apriori 演算法和 Eclat 演算法，其中 Apriori 演算法是一種最有影響的採擷布林連結規則頻繁項目集的演算法，其核心是基於兩階段頻繁項目集思想的遞推演算法，Apriori 演算法可採擷出規則；而 Eclat 演算法是首個採用垂直資料表示的經典的連結採擷演算法，以深度優先搜尋為策略，以概念格理論為基礎，利用字首相等關係劃分搜尋空間，Eclat 演算法不能直接得出規則，只能得出頻繁項目集。

3.4.2 Apriori 演算法

該演算法將發現連結規則的過程分為兩個步驟。首先，透過反覆運算搜尋出交易資料集中所有頻繁項目集，即支援度不低於設定設定值的項目集，其次，利用頻繁項目集建置出滿足使用者最小可靠度的連結規則。在發現頻繁項目集的過程中，該演算法首先從交易資料集中找出所有的候選 1 項目集，記作C_1，透過剪枝頻繁 1 項目集，記作L_1，然後從L_1透過自連接產生候選 2 項目集C_2，再進行剪枝獲得頻繁 2 項目集L_2，這樣依次循環下去，直到不能再找到任何頻繁k項目集為止。所謂自連接，就是由L_k與L_k按照一定的要求進行兩兩組合，產生C_{k+1}的過程。參與組合的兩個集合，必須有一個專案不一樣，其他的完全相同。而剪枝時，透過判斷C_{k+1}中的每一個組合，其k項子集是否都在L_k中，若有不存在的，則該組合不頻繁，需要剪掉，同時不滿足最小支援度的組合也要剪掉。採擷或辨識出所有頻繁項目集是該演算法的核心所在，因此，在處理過程中，Apriori 演算法主要是為了加強資料存取效率，提升發現頻繁項目集的速度。

為了更清楚地說明 Apriori 演算法發現頻繁項目集的過程，這裡用如下範例交易資料集來示範手動計算的過程。範例資料如表 3-4-2 所示。

表 3-4-2 連結採擷範例交易資料集

交易 ID	項目集
1	*A,C,D*
2	*B,C,E*
3	*A,B,C,E*
4	*B,E*

基於該資料集，設定最小支援度設定值$\text{minsup} = 0.3$（對應支援度計數為> 1或$\geqslant 2$）。那麼從產生C_1開始，到不能再找到任何頻繁k項目集為止，發現頻繁項目集的過程如表 3-4-3 所示。

表 3-4-3 頻繁項目集的發現過程

執行操作	輸出	
1. 掃描資料集所有交易，產生候選 1 項目集	候選 1 項目集	支援度計數
	$\{A\}$	2
	$\{B\}$	3
	$\{C\}$	3
	$\{D\}$	1
	$\{E\}$	3
2. 由於最小支援度計數為 1，$\{D\}$不滿足要求，因此剪掉，產生頻繁 1 項目集	頻繁 1 項目集	支援度計數
	$\{A\}$	2
	$\{B\}$	3
	$\{C\}$	3
	$\{E\}$	3
3. 自連接產生候選 2 項目集。此處各集合中都只有一個項，因此兩兩直接組合即可。	候選 2 項目集	支援度計數
	$\{A,B\}$	1
	$\{A,C\}$	2
	$\{A,E\}$	1
	$\{B,C\}$	2

執行操作	輸出	
	$\{B,E\}$	3
	$\{C,E\}$	2
4. $\{A,B\}$和$\{A,E\}$不滿足最小支援度要求，因此剪掉，產生頻繁 2 項目集	頻繁 2 項目集	支援度計數
	$\{A,C\}$	2
	$\{B,C\}$	2
	$\{B,E\}$	3
	$\{C,E\}$	2
5. 自連接產生候選 3 項目集。此處各集合中只有一個項不同其餘項都相同的進行兩兩組合	候選 3 項目集	支援度計數
	$\{A,B,C\}$	1
	$\{A,C,E\}$	1
	$\{B,C,E\}$	2
6. $\{A,B,C\}$與$\{A,C,E\}$不滿足最小支援度要求，因此剪掉。同時，$\{A,B,C\}$的 2 項子集$\{A,B\}$與$\{A,C,E\}$的 2 項子集$\{A,E\}$都不在其中，因此也是不頻繁的，應該去掉。產生頻繁 3 項目集	頻繁 3 項目集	支援度計數
	$\{B,C,E\}$	2

最後獲得頻繁項目集$\{B,C,E\}$，注意到它的任何 2 項子集都是頻繁的。在獲得頻繁項目集之後，需要建置出滿足使用者最小可靠度的連結規則，對每個頻繁項目集L，產生L的不可為空真子集，對L的每個不可為空真子集S，在指定最小可靠度min_conf的情況下，如果滿足$c(S \Rightarrow G_L S) \geqslant \text{min_conf}$，那麼輸出規則$S \Rightarrow G_L S$，其中$G_L S$ 表示S在L中的補集。對於，它的不可為空子集為$\{B\}$、$\{C\}$、$\{E\}$、$\{B,C\}$、$\{B,E\}$、$\{C,E\}$，假設最小可靠度$\text{min_conf} = 0.5$，則據此獲得的連結規則及可靠度如表 3-4-4 所示。

表 3-4-4 連結規則及可靠度

連結規則	可靠度
B⇒CE	0.67
C⇒BE	0.67
E⇒BC	0.67
BC⇒E	1.00
BE⇒C	0.67
CE⇒B	1.00

可見，可靠度都大於$min_conf = 0.5$，說明獲得的連結規則都是強連結規則。

根據 Apriori 演算法原理及案例，我們整理一下 Apriori 演算法的流程圖，如圖 3-4-1 所示。

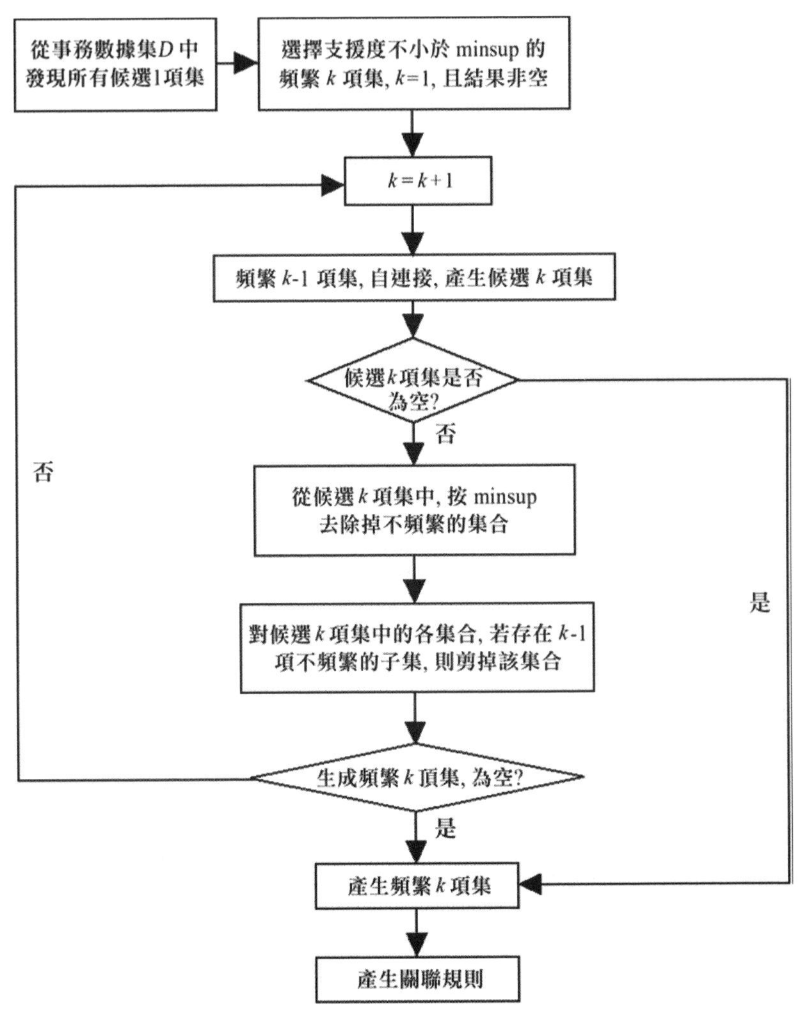

圖 3-4-1 Apriori 演算法流程圖

Apriori 演算法實現的主要步驟如下：

① 從交易資料集 D 中發現所有候選 1 項目集C_1，即各項單獨成集合，並分別計算各項對應的支援度；

② 根據最小支援度minsup去除不頻繁的集合，獲得頻繁 1 項目集L_1，如果L_1為空，則不需要進行連結規則採擷了，只有當L_1不可為空時，才有進行下去的意義；

③ k增加一個單位，並讓L_{k-1}自連接，產生C_k；

④ 如果C_k為空，則進入第⑧步，否則進入下一步；

⑤ 根據最小支援度minsup去除C_k中不頻繁的集合；

⑥ 對C_k中的各集合，若存在 k-1 項子集不頻繁的，則剪掉，並產生L_k；

⑦ 如果L_k為空，則直接進入下一步，否則回到第③步；

⑧ 將最新的不可為空頻繁項目集作為最後產生頻繁項目集的輸出；

⑨ 根據設定的最小可靠度min_conf，產生對應的連結規則；

Python 的 Apyori 函數庫中的 apriori 函數提供了 Apriori 演算法的簡單實現，並開放了 API 和命令列介面。apriori 的函數定義及參數說明如表 3-4-5 所示。

表 3-4-5 apriori 函數定義及參數說明

函數定義	
apriori(transactions,**kwargs)	
參數說明	
transactions	一個可反覆運算的交易物件（例如.[['A','B'],['B','C']]）
min_support	最小支援度
min_confidence	最小可靠度
min_lift	最小提升度
max_length	最大規則長度

這裡使用 AirPassengers 資料集，將對應的乘客資料轉換成環比值，然後進行離散化處理，對離散之後的資料進行連結採擷，並分析預測效果。程式如下：

```
1 # 將 AirPassengers 資料轉換成環比值
2 import pandas as pd
3 import matplotlib.pyplot as plt
4 ap = pd.read_csv("AirPassengers.csv")
5 ap_chain = ap.passengers[1:ap.shape[0]].values/ap.passengers[0:(ap.shape[0]
  -1)].values
6 plt.figure(figsize=(15,3))
7 plt.plot(range(1,ap.shape[0]),ap_chain,'ko-')
8 plt.plot([0,ap.shape[0]],[1,1],'--',c='gray')
9
10 # 這裡+1 的原因是，前面計算環比時，錯開一位
11 xindex=[x+1 for x in range(0,ap.shape[0],20)]
12 plt.xticks(xindex,ap.loc[xindex,:].apply(lambda x:str(x['year'])+'-'+str
  (x['month']),axis=1).values,rotation=45)
13 plt.xlabel("year-month",fontsize=14)
14 plt.ylabel("ap chain ratio",fontsize=14)
15 plt.show()
```

效果如圖 3-4-2 所示，乘客數量的環比值圍繞著 1.0 上下波動，並且呈現出一定週期性。

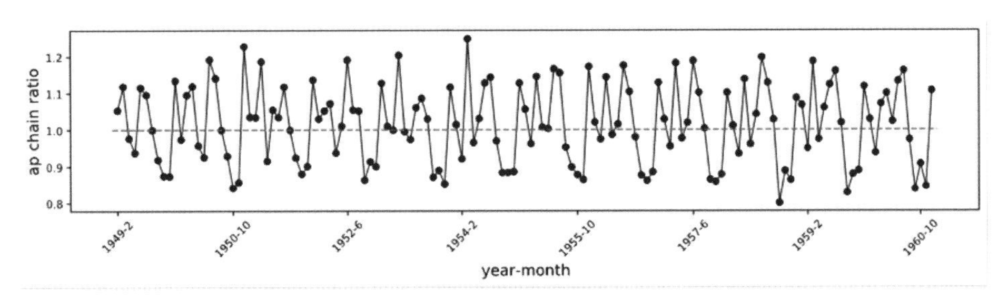

圖 3-4-2 AirPassengers 資料集趨勢概貌

將環比值按分佈區間等分成 4 份，進行離散化處理，程式如下：

```
1 ap_chain_dez = pd.cut(ap_chain,bins=4,include_lowest=True)
2 ap_chain_lab = pd.cut(ap_chain,bins=4,include_lowest=True,labels=["A","B",
  "C","D"])
3 out = pd.DataFrame({"dez":ap_chain_dez, "lab":ap_chain_lab, "chain": ap_chain})
4 out.head()
```

結果如表 3-4-6 所示。

表 3-4-6 乘客數量環比值離散化處理結果

	dez	lab	chain
0	(1.025,1.138]	C	1.053571
1	(1.025,1.138]	C	1.118644
2	(0.913,1.025]	B	0.977273
3	(0.913,1.025]	B	0.937984
4	(1.025,1.138]	C	1.115702

如上述程式所示，環比值最後由 A、B、C、D 這 4 個類別來代替了。這 4 個類別對應的環比值區間，如表 3-4-7 所示。

表 3-4-7 類別與區間對應關係

類別	區間
A	(0.799,0.913]
B	(0.913,1.025]
C	(1.025,1.138]
D	(1.138,1.250]

在對下一週期的環比進行預測時，假設考慮近 10 期的環比情況，則需要按 10 個月的視窗週期，重新建置資料集。根據該資料集，使用 Apriori 演算法，從中分析可用的規則，以指導預測。程式如下：

```
1 # 建置資料集
2 winSize=10
3 con_df = pd.DataFrame([out.lab[i:(i+winSize)].values.tolist() for i in
  range(ap_chain.shape[0]-winSize+1)],
4                      columns=["X"+str(x+1) for x in range(10)])
5
6 # 由於資料都是按時間先後順序整理的，因此可用前 80%分析規則，用後 20%驗證規則
7 con_train = con_df.loc[0:int(con_df.shape[0]*0.8),:]
8 con_test = con_df.loc[(con_train.shape[0]-1):(con_df.shape[0]-1),:]
9
10 # 使用 Apriori 演算法，分析連結規則
11 from apyori import apriori
12 transactions = con_train.apply(lambda x:(x.index+'='+x.values).tolist(),
   axis=1).values
```

```
13 association_rules = apriori(transactions, min_support=0.1,
14                            min_confidence=0.5, min_lift=1, min_length=2)
15 arules_out = arules_parse(list(association_rules))
16 display(arules_out['rules'].sort_values('conf',ascending=False).head())
```

結果如表 3-4-8 所示。

表 3-4-8 連結規則採擷

	left	right	support	conf	lift
79	X9=A,X4=B	X10=A	0.111111	0.923077	4.153846
86	X8=A,X3=B	X9=A	0.101852	0.916667	4.125000
80	X6=A,X1=B	X7=A	0.101852	0.916667	4.304348
83	X2=B,X7=A	X8=A	0.101852	0.916667	4.304348
78	X9=A,X10=A	X4=B	0.111111	0.857143	2.436090

如上述程式所示，可以使用自訂函數 arules_parse 解析 apriori 演算法的傳回結果，關於 arules_parse 的實作方式，可參見如下程式：

```
 1 import pandas as pd
 2 def arules_parse(association_results):
 3     freq_items = list()
 4     freq_items_support = list()
 5     left_items = list()
 6     right_items = list()
 7     conf = list()
 8     lift = list()
 9     rule_support = list()
10     for item in association_results:
11         freq_items.append(",".join(item[0]))
12         freq_items_support.append(item[1])
13         for e in item[2]:
14             left_items.append(",".join(e[0]))
15             right_items.append(",".join(e[1]))
16             conf.append(e[2])
17             lift.append(e[3])
18             rule_support.append(item[1])
19     return {
20         "freq_items":pd.DataFrame({'items':freq_items,
        'support':freq_items_support}),
```

```
21          "rules":pd.DataFrame({'left':left_items, 'right':right_items,
        'support':rule_support,'conf':conf,'lift':lift})
22      }
```

透過 apriori 建模,我們獲得一筆最強的規則,即{X9=A,X4=B}=>{X10=A},對應的可靠度為 0.923,提升度為 4.153846,算是很高了。現在使用該規則在驗證集 con_test 中進行驗證,程式如下:

```
1 tmp = con_test.query("X4=='B' and X9=='A'")
2 print("%d%%"%(100*sum(tmp["X10"]=='A')/tmp.shape[0]))
3 # 100%
```

可見,這筆規則在未來 20 個月中,全部命中。例如要預測 1960 年 11 月的環比值,根據規則,當同年 5 月環比值 1.02 位於(0.913,1.025](對應 B 分類)區間,並且同年 10 月環比值 0.91 位於[0.799,0.913](對應 A 分類)區間時,則可以有效預測 11 月的環比值介於 0.799~0.913 之間。

為更加直觀地觀察採擷出來的連結規則,可使用 Python 中的 networkx 函數庫來繪製關係網絡圖,程式如下:

```
1 import networkx as nx
2 import matplotlib.pyplot as plt
3
4 # 宣告變數,tuple_list 用於儲存所有的邊,nodes_color、nodes_size 分別
  儲存節點的顏色和大小
5 # edges_size 儲存邊的大小
6 tuple_list,nodes_color,nodes_size, edges_size= [],{},{},{}
7 # 自訂行處理函數
8 def row_proc(row):
9     tmp_edges = []
10    [tmp_edges.append((x,str(row.name))) for x in row['left'].split(",")]
11    [tmp_edges.append((str(row.name),x)) for x in row['right'].split(",")]
12    for e in row['left'].split(",") + row['right'].split(",") :
13        if e not in nodes_color:
14            nodes_color[e]=0
15            nodes_size[e]=600
16    # 使用提升度來表示節點的顏色,顏色越深,提升度越大
17    nodes_color[str(row.name)]=row['lift']
18    # 使用可靠度來表示節點的大小,節點越大,可靠度也就越大
19    nodes_size[str(row.name)]=2**(row['conf']*10)*3
```

```
20     # 使用邊的大小來表示規則的支援度，邊越粗，支援度越大
21     for k in tmp_edges:
22         edges_size[k]=row['support']*20
23     tuple_list.extend(tmp_edges)
24
25 arules_out['rules'].apply(row_proc,axis=1)
26 plt.figure(figsize=(10,10))
27 # 建立有方向圖
28 G = nx.DiGraph()
29 G.add_edges_from(tuple_list)
30 pos = nx.kamada_kawai_layout(G)
31 colors = [nodes_color.get(node) for node in G.nodes()]
32 sizes = [nodes_size.get(node) for node in G.nodes()]
33 widths =[edges_size.get(edge) for edge in G.edges()]
34 nx.draw(G, pos,cmap=plt.get_cmap('Greys'),with_labels=True,width=widths,
35         node_color=colors,node_size=sizes,edge_color='lightgray',
           font_color= "lightgray")
36 plt.show()
```

效果如圖 3-4-3 所示。

圖 3-4-3 網路圖

非圓節點表示項（例如{X1=C}），圓節點表示規則，分別按數字編號，數字編號為 0 就是 arules_out['rules']結果中的第一筆規則，依此類推。規則節點顏色越深，表示提升度越大，圓圈越大表示可靠度越高，規則節點的輸入節點表示規則的左側項，輸出節點表示規則的右側項。從圖 3-4-3 中可以直接選出顏色深、圓圈大的節點 80、83、86、77、79，透過編號可以繼續在 arules_out['rules']中篩選，並提煉實際規則加以分析。

3.4.3 Eclat 演算法

與 Apriori 演算法不同，Eclat 演算法把資料集中的交易劃歸到每個項下，採用垂直資料表示，並以此為基礎採擷交易集的頻繁項目集。這種資料結構又叫作 Tidset 垂直資料集，範例資料如表 3-4-9 所示。

表 3-4-9 資料集轉換表

常見交易資料集			Tidset 垂直資料集	
交易 ID	項目集	→	項 ID	交易集
1	*A,D*		*A*	1,2,3,5,6
2	*A,E,F*		*B*	3,4,6
3	*A,B,C,E,F*		*C*	3,4,5
4	*B,C,D*		*D*	1,4,5,6
5	*A,C,D,E,F*		*E*	2,3,5
6	*A,B,D,F*		*F*	2,3,5,6

Eclat 演算法使用這種資料表示，在計算支援度時，只需要一次讀取資料集，首先獲得每個 1 項目集的支援度，然後對 k-1 項目集進行交易項交集操作來計算候選 k 項目集的支援度，這確實比 Apriori 演算法 n 次讀取資料集有了改進，只是將效率花費在交集操作上。現以範例資料為例，假設最小支援度 minsup=0.5（對應支援度計數為 3），候選項目集、頻繁項目集、自連接、剪枝仍然使用 Apriori 演算法中的表示及做法，說明 Eclat 演算法的手動實現過程，如表 3-4-10 所示。

表 3-4-10 Eclat 演算法的手動實現步驟

執行操作	輸出		
1. 掃描 Tidset 垂直資料集，根據最小支援度 minsup 產生頻繁 1 項目集	頻繁 1 項目集	交易集	支援度計數
	A	1,2,3,5,6	5
	B	3,4,6	3
	C	3,4,5	3
	D	1,4,5,6	4
	E	2,3,5	3
	F	2,3,5,6	4
2. 自連接產生候選 2 項目集。此處各集合中都只有 1 個項，因此兩兩直接組合即可	候選 2 項目集	交易集	支援度計數
	A,B	3,6	2
	A,C	3,5	2
	A,D	1,5,6	3
	A,E	2,3,5	3
	A,F	2,3,5,6	4
	B,C	3,4	2
	B,D	4,6	2
	B,E	3	1
	B,F	3,6	2
	C,D	4	1
	C,E	3,5	2
	C,F	3,5	2
	D,E	5	1
	D,F	5,6	2
	E,F	2,3,5	3
3. 由於{*A,B*}、{*A,C*}、{*B,C*}、{*B,D*}、{*B,E*}、{*B,F*}、{*C,D*}、{*C,E*}、{*C,F*}、{*D,E*}、{*D,F*}不滿足最小支援度要求，因此剪掉，產生頻繁 2 項目集	頻繁 2 項目集	交易集	支援度計數
	A,E	2,3,5	3
	A,F	2,3,5,6	4
	E,F	2,3,5	3
4. 自連接產生候選 3 項目集。此處各集合中只有 1 個項不同，其餘項都相同，進行兩兩組合	候選 3 項目集	交易集	支援度計數
	A,E,F	2,3,5	3
5. 由於候選 3 項目集中只有 1 個項目集，並且滿足最小支援度要求，同時，它的所有子集也都是頻繁項目集，因此產生頻繁 3 項目集，結束演算法	頻繁 3 項目集	交易集	支援度計數
	A,E,F	2,3,5	3

Eclat 演算法的演算法流程及實現步驟與 Apriori 類似，這裡就不細說了。在 Python 中，我們可以使用 fim 函數庫中的 eclat 函數來使用 Eclat 演算法，它

的函數定義及參數說明如表 3-4-11 所示。

表 3-4-11 eclat 函數定義及參數說明

函數定義	
eclat(tracts,target='s',supp=10,zmin=1,zmax=None,...)	
參數說明	
tracts	交易資料，可以用 item 陣列的清單或字典來表示
target	採擷目標，預設為's'表示採擷所有的頻繁項目集，'m'表示採擷最大的頻繁項目集，'r'表示採擷出連結規則等
supp	最小支援度，預設為 10，表示 10%，即 0.1
zmin	每個項目集，包含專案的最小數量，預設為 1
zmax	每個項目集，包含專案的最大數量，預設無上限

基於範例資料，首先建置 list 物件，每個元素就是一個交易，然後強制將其轉換成 tracts 物件，使用 eclat 函數採擷頻繁項目集，並對採擷的結果進行視覺化展現，程式如下：

```
1 from fim import eclat
2 import pandas as pd
3 import matplotlib.pyplot as plt
4 # 根據範例資料，手動輸入建置包含交易資訊的 list 物件
5 transactions=[['A', 'D'], ['A', 'E', 'F'], ['A', 'B', 'C', 'E', 'F'],
6               ['B', 'C', 'D'], ['A', 'C', 'D', 'E', 'F'], ['A', 'B', 'D', 'F']]
7 rules = eclat(tracts=transactions, zmin=1, supp=50)
8 plt.figure(figsize=(5, 3))
9 tmp = pd.DataFrame(rules).sort_values(1, ascending=True)
10 tmp = tmp.set_index(tmp[0])
11 tmp[1].plot(kind='barh', color='gray')
12 plt.ylabel("freq itemsets")
13 plt.xlabel("count")
14 plt.show()
```

效果如圖 3-4-4 所示，各頻繁項目集的支援度計數與我們在上文中手動計算的結果一致。

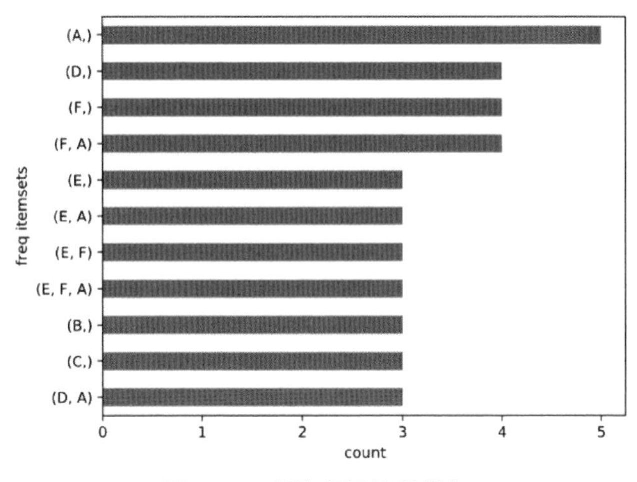

圖 3-4-4 頻繁項目集視覺化

3.4.4 序列模式採擷

與連結規則不同的是，序列模式考慮了交易間的先後順序，這在一些場景中非常重要，例如顧客買完床之後，可能過一段時間就會買床單。這種採擷頻繁出現的有序事件或序列的過程就是序列模式採擷。它與連結規則要求的交易資料集相比，增加了交易發生的時間，另外，交易發生的序列歸屬於對的客戶 ID。範例資料如表 3-4-12 所示。

表 3-4-12 序列模式採擷基礎資料

客戶 ID	交易發生時間	項的子集
1	2015.12.02	*A,B,C*
2	2015.12.01	*A,B*
2	2015.12.04	*A,D*
3	2015.11.27	*B,E,F*

該範例資料集就是常見的交易資料集，現在為了方便處理，將其轉為序列資料集。首先把客戶 ID 相同的記錄合併，並按交易發生時間的先後順序排列，獲得序列資料集。轉換結果如表 3-4-13 所示。

表 3-4-13 序列模式採擷中間資料

客戶 ID	序列
1	$<\{A,B,C\}>$
2	$<\{A,B\},\{A,D\}>$
3	$<\{B,E,F\}>$

假設序列資料集記作S，則基於該資料集，整理序列模式採擷有關的基本概念及定義如下所示。

專案（item）：如範例資料，A、B、C等這些都是專案。在購物車分析中，也表示商品。

項目集（item set）：各種專案小組成的集合，例如$\{A,B\}$就是一個項目集，預設按字母排序排列。

序列（sequence）：不同項目集的有序排列就叫序列，例如$<\{D\},\{B,F\},\{A\}>$就是一個序列。

序列長度：一個序列包含的所有專案的個數就是序列的長度，長度為 R 的序列記為k序列。

子序列：假設序列$\alpha =< a_1, a_2, \cdots, a_n >$，序列$\beta =< b_1, b_2, \cdots, b_m >$，如果存在整數，$1 \leqslant j_1 \leqslant j_2 \leqslant \cdots \leqslant j_n \leqslant m$，使得$a_1 \subseteq b_{j1}, a_2 \subseteq b_{j2}, \cdots, a_n \subseteq b_{jn}$，則稱序列$a_1 \subseteq b_{j1}, a_2 \subseteq b_{j2}, \cdots, a_n \subseteq b_{jn}$是$\beta$的子序列，記作$\alpha \subseteq \beta$。例如$< \{D\},\{A\} > \subseteq < \{D\},\{B,F\},\{A\} >$。

支援度計數：序列α在S中的支援度計數是指S中包含序列α的個數，記作$\sigma(\alpha)$。例如該範例資料中$\sigma(< \{A,B,C\} >) = 1$。

支援度：序列α在S中的支援度是指S中包含序列α的個數占S中所有序列數的比值，記作$s(\alpha)$。舉例來說，範例資料中$s(< \{A,B,C\} >) = \frac{1}{3}$。

頻繁序列：滿足最小支援度設定值（minsup）的所有序列，也叫序列模式。長度為minsup的頻繁序列，叫作頻繁k序列，也叫k模式。

3.4.5 SPADE 演算法

用於序列模式採擷的演算法主要分為兩種：一種是類別 Apriori 演算法，這些演算法基於 Apriori 的理論，認為頻繁序列的任一子序列也應該是頻繁序列，對應的任一非頻繁序列的超序列也應該是非頻繁的，這種性質，可以修改搜尋空間，更加有效地發現頻繁序列；另一種是基於劃分的模式生長演算法，首先基於分治的思想，反覆運算地將原始資料集進行劃分，減少資料規模，同時在劃分的過程中動態地採擷序列模式，並將新發現的序列模式作為新的劃分元。類別 Apriori 演算法的代表演算法有 GSP 演算法、SPADE 演算法等，第兩種代表演算法有 FreeSpan 演算法和 prefixSpan 演算法等。由於 SPADE 演算法是基於垂直資料格式的，並且在產生頻繁序列時，只需要對項目集各自的垂直資料進行交換操作，進一步避免了對原始資料進行掃描，序列越長，處理速度越快，同時引用了相等類別方法加強演算法的效率，因此了解 SPADE 演算法的實現對研究序列模式採擷具有代表意義。這裡將基於如下範例資料集，模擬 SPADE 演算法的實現過程。範例資料集如表 3-4-14 所示。

表 3-4-14 SPADE 演算法基礎資料

客戶 ID	交易發生時間	項目集
1	10	*C,D*
1	15	*A,B,C*
1	20	*A,B,F*
1	25	*A,C,D,F*
2	15	*A,B,F*
2	20	*E*
3	10	*A,B,F*
4	10	*D,G,H*
4	20	*B,F*
4	25	*A,G,H*

假設最小支援度 minsup=0.5，即最小支援度計數為 2，則 SPADE 演算法實現的主要過程如下。

（1）產生所有的 1-序列，並將資料轉換成垂直的儲存方式，圖 3-4-5 統計了各單項發生時對應的 CID 和 TID 資訊，其中 CID 表示客戶 ID，TID 表示交易發生時間，對應的列表也叫作 CID 列表。

A

CID	TID
1	15
1	20
1	25
2	15
3	10
4	25

B

CID	TID
1	15
1	20
2	15
3	10
4	20

C

CID	TID
1	10
1	15
1	25

D

CID	TID
1	10
1	25
4	10

E

CID	TID
2	20

F

CID	TID
1	20
1	25
2	15
3	10
4	20

G

CID	TID
4	10
4	25

H

CID	TID
4	25

圖 3-4-5 各單項對應的 CID 和 TID 資訊表

（2）由各單項組成的序列，叫作 1-序列，現統計<{*A*}>…<{*H*}>各序列對應的序列支援度計數，如表 3-4-15 所示，並根據最小支援度，剔除不滿足要求的 1-序列，獲得頻繁 1-序列。

表 3-4-15 各單項的支援度計數

序列	支援度計數	序列	支援度計數
<{*A*}>	4	<{*E*}>	1
<{*B*}>	4	<{*F*}>	4
<{*C*}>	1	<{*G*}>	1
<{*D*}>	2	<{*H*}>	1

（3）目前頻繁 1-序列組成了 2-序列的最小項，透過頻繁 1-序列的自連接操作產生 2-序列的候選序列，並進一步獲得頻繁 2-序列。<{*X*}>與>{*Y*}>序列的連接方式有 3 種，分別為<{*X*,*Y*}>、<{*X*},{*Y*}>、<{*Y*},{*X*}>。其中<{*X*},{*Y*}>、

$<\{Y\},\{X\}>$在連結時要考慮發生時間的先後順序，而$<\{X,Y\}>$由於是同時發生的，所以不用考慮時間因素。假設頻繁 1-序列包含 n 個原子序列，產生 2-序列時，共需要掃描 CID 清單的次數為：

$$\sum_{i=1}^{n} i = \frac{n \cdot (n+1)}{2}$$

這裡 n=4，故需要掃描 CID 清單 10 次，當 n 很大時，次數還會增加，為了提高效率，考慮將所有單項的垂直 CID 列表整合到一個表中，轉換成水平格式，基於這個資料集進行處理，只需要讀一次。資料集如表 3-4-16 所示。

表 3-4-16 CID 水平格式表

CID	(Item,TID)
1	$(A15)(A20)(A25)(B15)(B20)(C10)(C15)(C25)$ $(D10)(D25)(F20)(F25)$
2	$(A15)(B15)(E20)(F15)$
3	$(A10)(B10)(F10)$
4	$(A25)(B20)(D10)(F20)(G10)(G25)(H10)(H25)$

根據此表，按 CID 依次讀取二元組，分別建置$\boldsymbol{K}_1 \sim \boldsymbol{K}_4$共 4 個矩陣，如圖 3-4-6 所示。

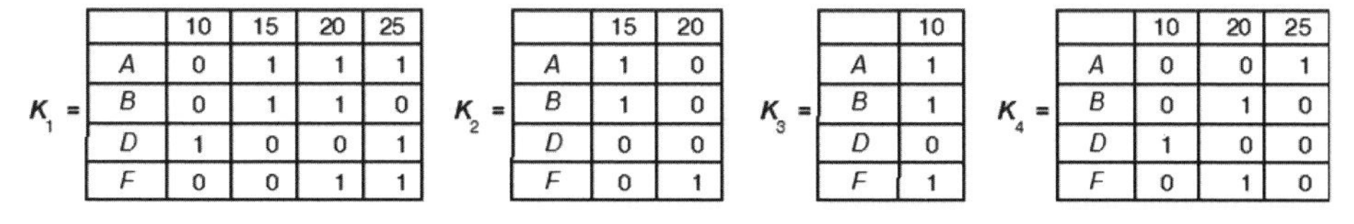

K_1 =

	10	15	20	25
A	0	1	1	1
B	0	1	1	0
D	1	0	0	1
F	0	0	1	1

K_2 =

	15	20
A	1	0
B	1	0
D	0	0
F	0	1

K_3 =

	10
A	1
B	1
D	0
F	1

K_4 =

	10	20	25
A	0	0	1
B	0	1	0
D	1	0	0
F	0	1	0

圖 3-4-6 中間矩陣

需要注意的是，由於我們已經找到頻繁 1-序列，因此只用考慮 A、B、D、F 這 4 個專案。假設用$\boldsymbol{M}_1$表示 2-序列的序列支援度計數矩陣，亦即$\boldsymbol{M}_1[A,B]$表示$A \prec B$的支援度計數；用$\boldsymbol{M}_2$表示 2-序列的項目集支援計數矩陣，即$\boldsymbol{M}_2[A,B]$表示 A、B 的支援度計數（$\boldsymbol{M}_2$對角線除外），則$\boldsymbol{M}_1$、$\boldsymbol{M}_2$的定義如下（本例中 k=4）：

$$M_1 = \sum_{i=1}^{k} \mathrm{gl}(K_i) \otimes \mathrm{gr}()(K_i)', M_2 = \sum_{i=1}^{k} ([K_i \cdot K_i'] > 0)$$

其中，函數gl取得矩陣K_i的極左元矩陣，gr取得矩陣K_i的極右元矩陣。例如對K_i分別呼叫這兩個函數，可獲得如圖 3-4-7 所示結果（注意觀察相同行第一個矩陣中 1 的位置不會比第二個矩陣中 1 的位置靠後，這就是極左與極右的概念，表示一種次序）。

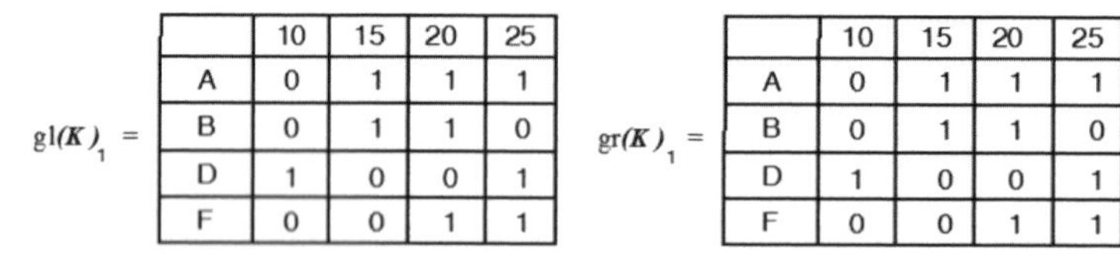

圖 3-4-7 極左元矩陣與極右元矩陣

運算$L \otimes R$定義了矩陣L的行向量$l_{i.}$與矩陣R的列向量$r_{.j}$的運算規則，其中L與R都為$n \times m$的二元矩陣，且$i \in [1, n], j \in [1, m]$，若$l_{i.}$與$r_{.j}$都不為零向量，同時$l_{i.}$中元素為 1 的索引明顯小於$l_{.j}$中元素為 1 的索引時，則$l_{i.} \otimes r_{.j} = 1$，否則$l_{i.} \otimes r_{.j} = 0$。根據以上公式，可計算獲得兩個矩陣$M_1$、$M_2$，分別表示如圖 3-4-8 所示。

M_1 =

	A	B	D	F
A	1	1	1	1
B	2	1	1	1
D	2	2	1	2
F	2	0	1	1

M_2 =

	A	B	D	F
A				
B	3			
D	1	0		
F	3	4	·	

圖 3-4-8 兩個支援度計數矩陣

其中，M_1中的各元素表示序列的支援度計數，其中 a、b 為集合$\{A,B,C,D\}$中的元素，M_2對角線以外的值表示a、b同時出現的支援度計數。根據M_1、M_2，結合最小支援度可獲得頻繁 2-序列，如表 3-4-17 所示。

表 3-4-17 頻繁 2-序列統計表

序列	支援度計數	序列	支援度計數
<{AB}>	3	<{D},{A}>	2
<{AF}>	3	<{F},{A}>	2

序列	支援度計數	序列	支援度計數
<{BF}>	4	<{D},{B}>	2
<{B},{A}>	2	<{D},{F}>	2

根據頻繁 2-序列，可獲得對應的 CID 列表（可在計算矩陣的過程中產生），如圖 3-4-9 所示（其中$B \prec A$表示 B 在 A 之前發生，也可以表示為$B \to A$）。

AB	
CID	TID
1	15
1	20
2	15
3	10

AF	
CID	TID
1	20
1	25
2	15
3	10

BF	
CID	TID
1	20
2	15
3	10
4	20

$B \prec A$	
CID	TID
1	20
1	25
4	25

$D \prec A$	
CID	TID
1	15
1	20
1	25
4	25

$F \prec A$	
CID	TID
1	25
4	25

$D \prec B$	
CID	TID
1	15
1	20
4	20

$D \prec F$	
CID	TID
1	20
1	25
4	20

圖 3-4-9 頻繁 2-序列對應的 CID 和 TID 資訊表

(4) 目前頻繁 2-序列組成了 3-序列的最小項，透過頻繁 2-序列的自連接操作產生 3-序列的候選序列。為了加強運算效率，SPADE 演算法引用了相等類別的概念，即擁有相同字首的序列為一個相等類別，同時每個相等類別根據相同字首的大小，還可以進行細分。由於相等類別中的序列可以靠自己產生更長的序列，因此在 SPADE 演算法中，可透過相等類別的方式將序列物件切分成塊，也可並存執行，以獲得效率上的加強。目前分別以 A、B、D、F 為字首獲得 4 個相等類別，對每個相等類別的 CID 列表進行自連接操作。這裡的連接操作有 3 種可能的方式：

① 項目集最小項連接項目集最小項，例如 AB 與 AF 連接，則產生新的項目集最小項 ABF；

② 項目集最小項連接序列最小項，例如 BF 連接$B \prec A$，則產生新的序列最小項$\mathrm{BF} \prec A$；

③ 序列最小項連接序列最小項，例如$D \prec B$連接$D \prec F$，則有 3 種輸出，分別為$D \prec$ BF（項目集最小項）、$D \prec B \prec F$（序列最小項）、$D \prec F \prec B$（序列最小項）。特殊情況下，例如$D \prec B$本身連接，則只會產生新的序列最小項$D \prec B \prec B$。根據這些連接規則，分別為各相等類別產生 3-序列的候選序列，如圖 3-4-10～圖 3-4-13 所示。

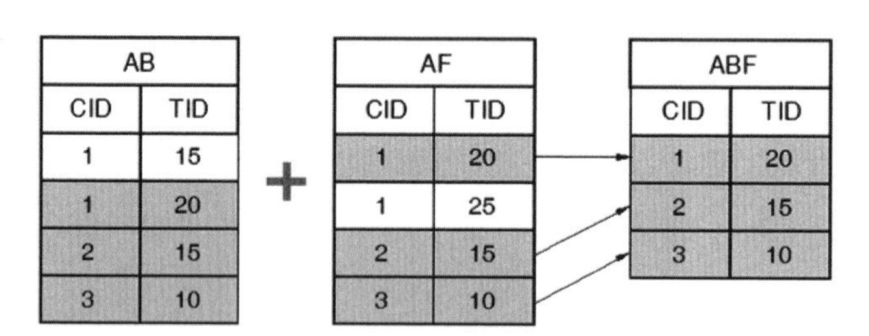

圖 3-4-10 以 A 為底的相等類別

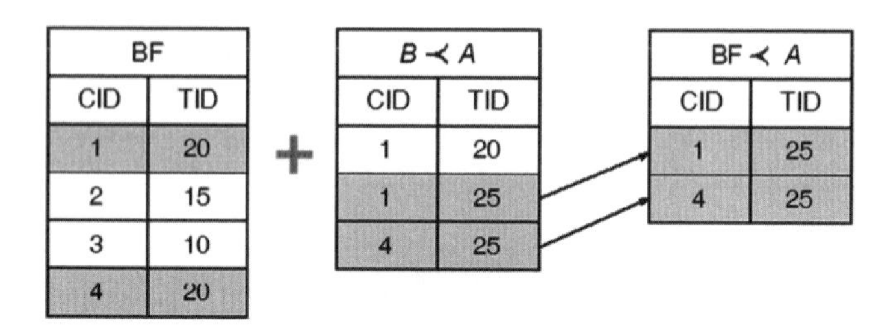

圖 3-4-11 以 B 為底的相等類別

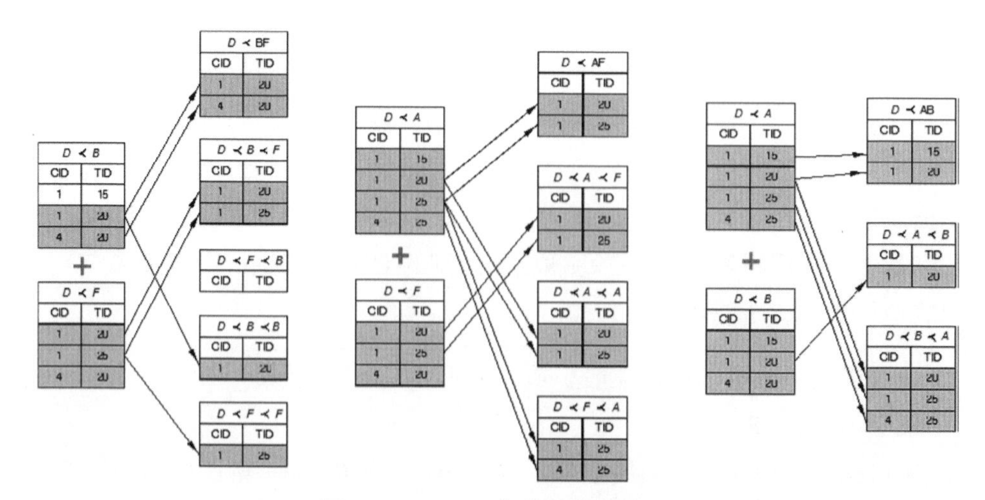

圖 3-4-12 以 D 為底的相等類別

F ≺ *A*	
CID	TID
1	25
4	25

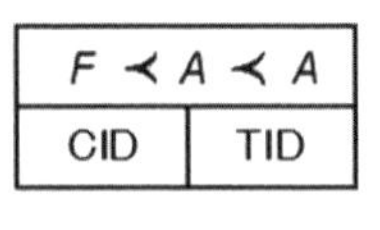

F ≺ *A* ≺ *A*	
CID	TID

圖 3-4-13 以 F 為底的相等類別

統計以上 3-序列，計算支援度計數，可得候選 3-序列，如表 3-4-18 所示。

表 3-4-18 序列支援度計數表

序列	支援度計數	序列	支援度計數	序列	支援度計數
<{ABF}>	3	<{D},{F},{B}>	0	<{D},{AB}>	1
<{BF},{A}>	2	<{D},{AF}>	1	<{D},{A},{B}>	1
<{D},{BF}>	2	<{D},{A},{F}>	1	<{D},{B},{A}>	2
<{D},{B},{F}>	1	<{D},{F},{A}>	2	<{F},{A},{A}>	0
<{D},{A},{A}>	1	<{D},{B},{B}>	1	<{D},{F},{F}>	1

根據最小支援度計數的限制，和序列對應的任意不可為空子集要求是頻繁的，可得頻繁 3-序列，如表 3-4-19 所示。

表 3-4-19 頻繁 3-序列統計表

序列	支援度計數
<{ABF}>	3
<{BF},{A}>	2
<{D},{BF}>	2
<{D},{F},{A}>	2
<{D},{B},{A}>	2

對應的 CID 列表如圖 3-4-14 所示。

ABF	
CID	TID
1	20
2	15
3	10

BF ≺ *A*	
CID	TID
1	25
4	25

D ≺ BF	
CID	TID
1	20
4	20

D ≺ *F* ≺ *A*	
CID	TID
1	25
4	25

D ≺ *B* ≺ *A*	
CID	TID
1	20
1	25
4	25

圖 3-4-14 頻繁 3-序列對應的 CID 和 TID 資訊表

(5) 目前頻繁 3-序列組成了 4-序列的最小項，透過頻繁 3-序列的自連接操作產生 4-序列的候選序列。分別為各相等類別產生 4-序列的候選序列實際如下。

- 以 *A* 為底的相等類別

以 *A* 為底的序列，只有<{ABF}>，其對應的項目集最小項 ABF 本身連接沒有意義。

- 以 *B* 為底的相等類別

以 *B* 為底的相等類別，有更細的劃分，即以 BF 為底的相等類別，序列最小項$BF \prec A$本身連接可得新的序列最小項$\mathrm{BF} \prec \mathrm{A} \prec \mathrm{A}$，連接關係圖如圖 3-4-15 所示。

$\mathrm{BF} \prec A$	
CID	TID
1	25
4	25

$B \prec A \prec A$	
CID	TID

圖 3-4-15 連接關係圖

- 以 *D* 為底的相等類別

在以 *D* 為底的相等類別中，專案原子集$D \prec \mathrm{BF}$，其本身的連接沒有意義，它與$D \prec B \prec A$連接的結果為$D \prec \mathrm{BF} \prec A$。序列最小項$D \prec F \prec A$與$D \prec B \prec A$各自自連接的結果為$D \prec F \prec A \prec A$、$D \prec B \prec A \prec A$，連接關係圖如圖 3-4-16 所示。

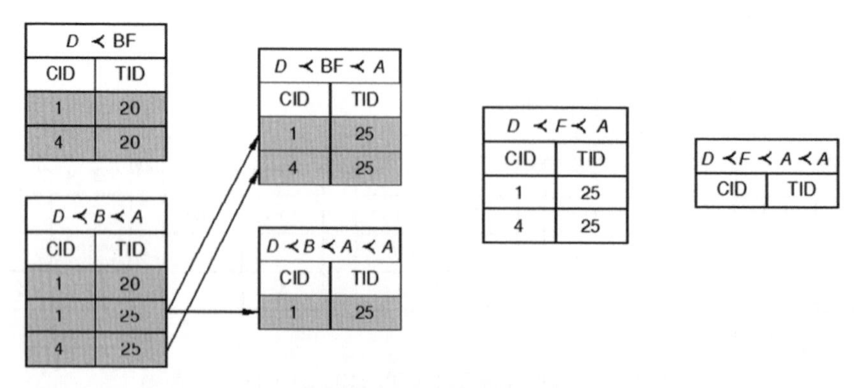

圖 3-4-16 連接關係圖

統計以上 4-序列，計算支援度計數σ，可得候選 4-序列，如表 3-4-20 所示。

表 3-4-20 候選 4-序列支援度計數表

序列	支援度計數
$<\{BF\},\{A\},\{A\}>$	0
$<\{D\},\{BF\},\{A\}>$	2
$<\{D\},\{B\},\{A\},\{A\}>$	1
$<\{D\},\{F\},\{A\},\{A\}>$	0

根據最小支援度計數的限制，和序列對應的任意不可為空子集要求是頻繁的，可得頻繁 4-序列$<\{D\},\{BF\},\{A\}>$，支援度計數為 2。對應的 CID 列表如圖 3-4-17 所示。

$D \prec \mathrm{BF} \prec A$	
CID	TID
1	25
4	25

圖 3-4-17 頻繁 4-序列對應的 CID 和 TID 資訊表

（6）目前頻繁 4-序列組成了 5-序列的最小項，透過頻繁 4-序列的自連接操作產生 5-序列的候選序列。$D \prec \mathrm{BF} \prec A$自連接的結果為$D \prec \mathrm{BF} \prec A \prec A$，透過觀察可知，由於對應的時間沒有連接得上的，因此支援度計數為 0，故不存在頻繁 5-序列，演算法結束。

基於相等類別的連接關係（針對頻繁序列），如圖 3-4-18 所示。

這裡介紹的 SPADE 演算法是沒有加限制條件的，對加了限制條件的對應演算法叫作 cSPADE 演算法，主要的限制條件如下：

① 最大序列長度與寬度，序列的長度是指序列中事件的個數，寬度是指最長事件的長度；

② 最小間隔，即序列中相鄰事件間發生時間的最小間隔；

③ 最大間隔，即序列中相鄰事件間發生時間的最大間隔；

④ 時間視窗，即整個序列的最大時間與最小時間之差；

⑤ 限定專案，指定某些專案，以產生對應的序列模式。

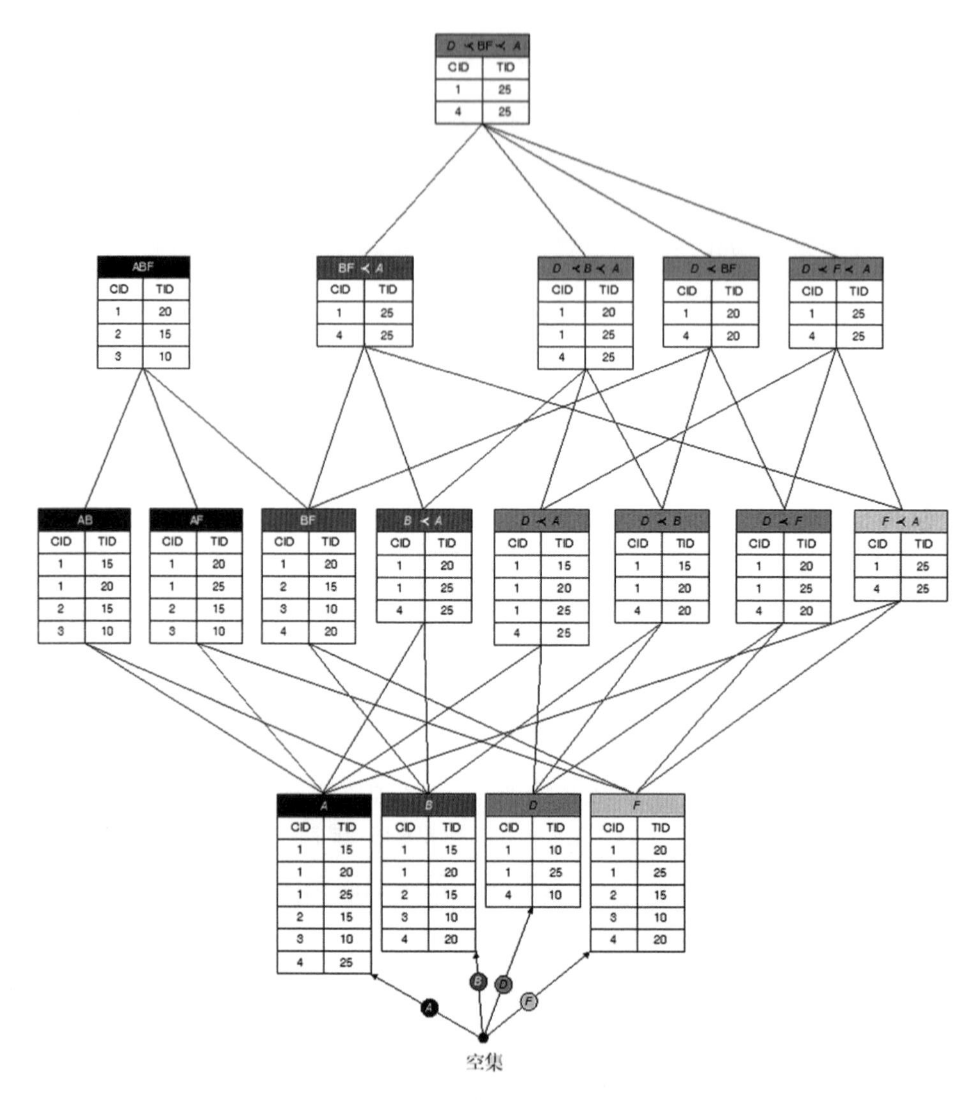

圖 3-4-18 基於相等類別的連接關係

根據 SPADE 演算法的實現原理及案例，我們獲得該演算法的流程，如圖 3-4-19 所示。

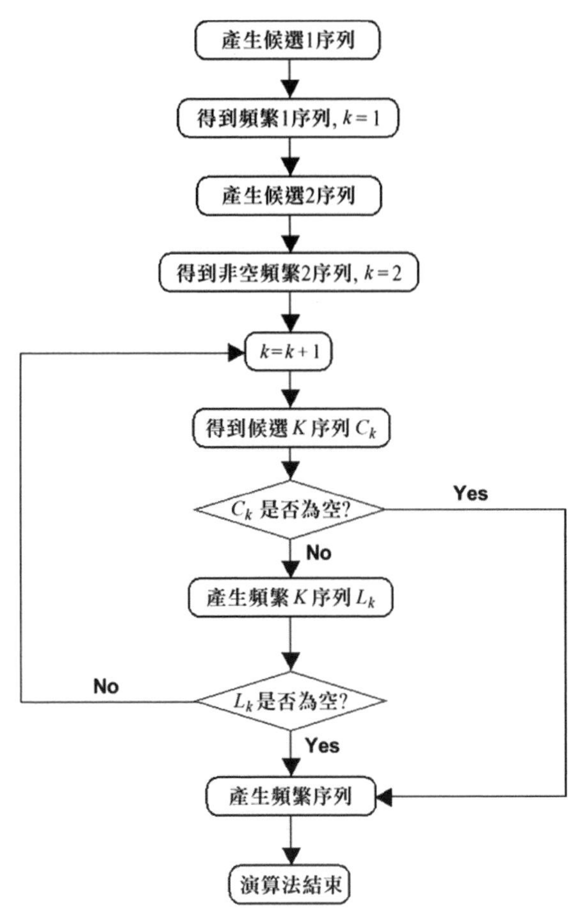

圖 3-4-19 SPADE 演算法的實現流程圖

根據流程圖，我們獲得實現 SPADE 演算法的主要步驟，如下；

① 產生候選 1-序列，並以垂直方式儲存為 CID 清單；

② 根據最小支援度，獲得頻繁 1-序列，k=1；

③ 轉換成水平格式，快速計算候選 2-序列；

④ 根據最小支援度，獲得頻繁 2-序列，k=2，並產生對應 CID 列表；

⑤ k 遞增，並以頻繁 k-1 序列為最小項，以相等類別為基礎，透過 CID 列表按時間進行自連接產生候選 k-序列；

⑥ 如果候選 k-序列為空集，則為最新發現的序列模式，直接轉到第⑨步，否則進入下一步；

⑦ 根據最小支援度，和頻繁 *k*-序列的任意不可為空子集均為頻繁的原則，對候選 *k*-序列前枝，產生頻繁 *k*-序列；

⑧ 如果頻繁 *k*-序列為空集，則為最新發現的序列模式，直接進入下一步，否則進入第⑤步；

⑨ 產生頻繁序列，並結束演算法。

在 Python 中可使用 pycspade 等函數庫來實現 SPADE 演算法，但是這些函數庫都或多或少存在一些缺陷，這裡推薦使用 R 語言的 arulesSequences 套件，該套件封裝了 cspade 演算法，它是透過呼叫 C++的 cspade 函數來實現的。那麼如何在 Python 中使用 R 語言的套件呢？rpy2 提供了一個從 Python 到 R 的底層介面，使得 Python 可以很直接呼叫 R 中的套件和函數以及對資料進行分析。可透過如下程式，在 Python 中安裝 R 語言的 arulesSequences 套件，當然也可以直接在 R 中安裝好。

```
1 from rpy2.robjects.packages import importr
2 utils = importr("utils")
3 package_name = "arulesSequences"
4 utils.install_packages(package_name)
```

我們首先需要自己安裝 rpy2 的套件，透過 conda 或 pipinstall 的指令就可以實現。然後，我們以 Python 的方式來使用 R 語言。如上述程式所示，直接呼叫 importr 函數，載入 utils 套件，呼叫 utils 套件中的 install_packages 函數完成套件的安裝。這裡使用 zaki 資料集，這與我們上文的範例資料是一樣的，這裡我們將 zaki 資料集存成.txt 格式的檔案 zaki.txt，內容如下：

```
1 10 2 C D
1 15 3 A B C
1 20 3 A B F
1 25 4 A C D F
2 15 3 A B F
2 20 1 E
3 10 3 A B F
4 10 3 D G H
4 20 2 B F
4 25 3 A G H
```

如上述檔案內容所示，第一列表示客戶 ID，第二列表示時間，第三列表示籃子大小，後面緊接由空格間隔的元素表示商品。現撰寫 Python 程式，對 zaki 資料集中潛在的序列模式進行採擷，設定最小支援度為 0.5，程式如下：

```
1 from rpy2.robjects.packages import importr
2 from rpy2.robjects import StrVector,ListVector,DataFrame
3 vas = importr("arulesSequences")
4 arules = importr("arules")
5 s0=vas.cspade(vas.read_baskets(
              con="zaki.txt",
              info=StrVector(["sequenceID","eventID","SIZE"])),
              parameter=ListVector({"support":0.5}))
6 arules.write(s0,'zaki_out.txt')
```

如上述程式所示，程式載入了 arulesSequences 套件，並呼叫 cspade 函數建立序列模式採擷模型，需要注意的是，由於呼叫的是 R 語言，所以那些在 R 中很自然的寫法，全都要改成 Python 可辨識的，例如這裡的 parameter 參數，需要轉換成 StrVector 物件，才能夠正常呼叫。完成建模後，我們將結果寫入 zaki_out.txt 檔案，sep 設定為空格。我們可以使用 Pandas 函數庫載入該檔案，用於後續的進一步處理和分析，程式如下：

```
1 import pandas as pd
2 pd.read_table('zaki_out.txt',sep=" ")
```

程式執行結果如圖 3-4-20 所示，獲得的序列模式及支援度與上文我們手動計算獲得的結果相符。

```
           sequence support
1             <{A}>    1.00
2             <{B}>    1.00
3             <{D}>    0.50
4             <{F}>    1.00
5           <{A,F}>    0.75
6           <{B,F}>    1.00
7         <{D},{F}>    0.50
8       <{D},{B,F}>    0.50
9         <{A,B,F}>    0.75
10          <{A,B}>    0.75
11        <{D},{B}>    0.50
12        <{B},{A}>    0.50
13        <{D},{A}>    0.50
14        <{F},{A}>    0.50
15    <{D},{F},{A}>    0.50
16      <{B,F},{A}>    0.50
17  <{D},{B,F},{A}>    0.50
18    <{D},{B},{A}>    0.50
```

圖 3-4-20

04

特徵工程

我們在開展預測工作時，僅有原始特徵還不夠，有時為了加強模型的精度，還需要在特徵上做文章。特徵是建模分析階段能夠起重要作用的變數，特徵找得好，不僅建模效率高，建模的效果也很不錯。基於原始特徵，我們可以用轉換、組合、評價優選及學習等方法來獲得更強區分能力的特徵，進一步提升模型效果。我們把針對特徵所使用到的各種技術和方法整理到一起叫作特徵工程。本章將從特徵工程的方法、原理、Python 案例等角度，介紹常見的特徵工程的使用技巧。

4.1 特徵轉換

特徵轉換通常是指對原始的某個特徵透過一定規則或對映獲得新特徵的方法，主要方法包含概念分層、標準化、離散化、函數轉換以及深入表達。特徵轉換主要由人工完成，屬於比較基礎的特徵建置方法。特徵轉換的範例如圖 4-1-1 所示（其中$T_1 \sim T_m$是轉換方法）。

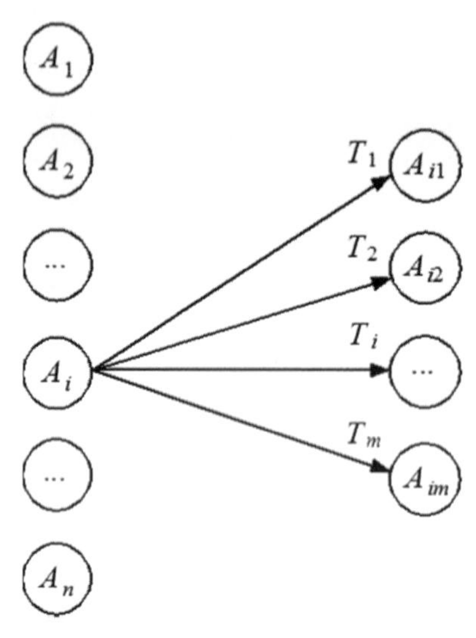

圖 4-1-1 特徵轉換舉例

4.1.1 概念分層

在資料分析的過程中，對於類別過多的分類變數通常使用概念分層的方法轉換獲得類別較少的變數，例如可以將年齡變數，其值為「1 歲」「12 歲」「38 歲」等，轉換成更高概念層次的值，如「兒童」「青年」「中年」等，其中每個值對應多個年齡，經過這樣的處理，類別減少到幾種，既避免了程式陷入過擬合，又能加強演算法的效率。因此，概念分層是縮減離散變數設定值數量的方法。由於設定值概念層級更高，這必然會損失一些細節資訊，極端情況是取到概念分層的頂層，也就是資訊損失最大的設定值，在這種情況下，對所有的樣本，該變數的值都是一樣的，因此就失去概念分層的意義了。假設用$X_1 \sim X_n$表示原始離散設定值，分別用$A_i\left(i \in \left[L_k^1, L_k^{a_k}\right]\right)$表示對應$k$層的各設定值，其中$a_k$是第$k$層設定值的數量，$k \in [1, m]$，且假設原始設定值為第$m$層，$n = L_m^{a_m}$，則概念分層可以表示為圖 4-1-2。

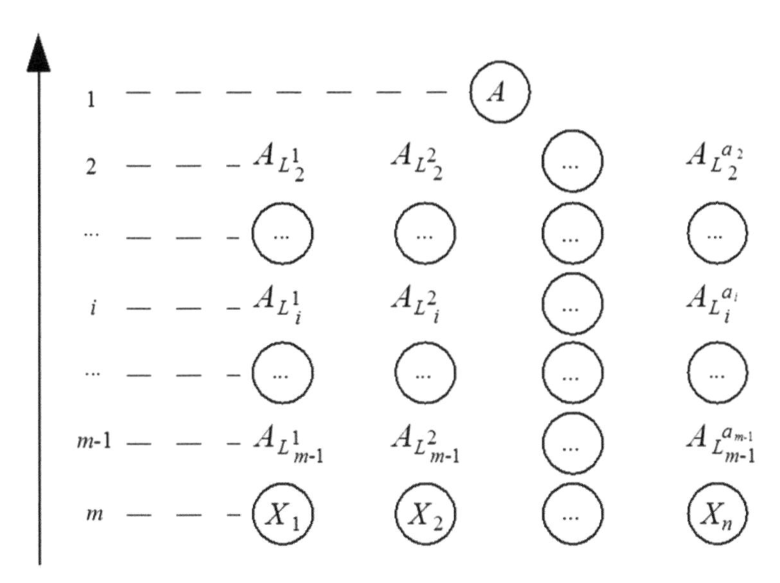

圖 4-1-2 概念分層示意圖

圖 4-1-2 所示第一層為頂層，全部的設定值同屬於一種，m層為原始層，所包含的值最多，由下至上隨著層數的減少，設定值數量也跟著減少。通常設定值為 2~5 大類為宜。在資料分析實作中，透過設定維度資料表或相關資料結構，再進行連結操作可以實現概念分層。這裡使用荷蘭男孩的身體發育資料 boys，透過撰寫 Python 程式說明概念分層的使用方法，程式如下：

```
1 import pandas as pd
2 import numpy as np
3 import matplotlib.pyplot as plt
4 boys = pd.read_csv("boys.csv")
5 # 這裡根據 BMI 指數，將 bmi 屬性泛化成體重類型欄位 wtype
6 parts = np.array([0, 18.5, 25, 28, 100])
7 types = ["過輕","正常","過重","肥胖"]
8 boys['wtype'] = [types[np.where(x <= parts)[0][0]-1] if not np.isnan(x)
  else "未知" for x in boys.bmi]
9 boys[boys.wtype!="未知"].wtype.value_counts().plot.bar()
```

本例中將 BMI 指數透過概念分層轉換成包含 4 種類型的體型變數（見圖 4-1-3），使得進一步的分析更加直觀，用於建模也更能發現上層概念間的潛在規律，由於種類較少，獲得的結論更為有說服力。

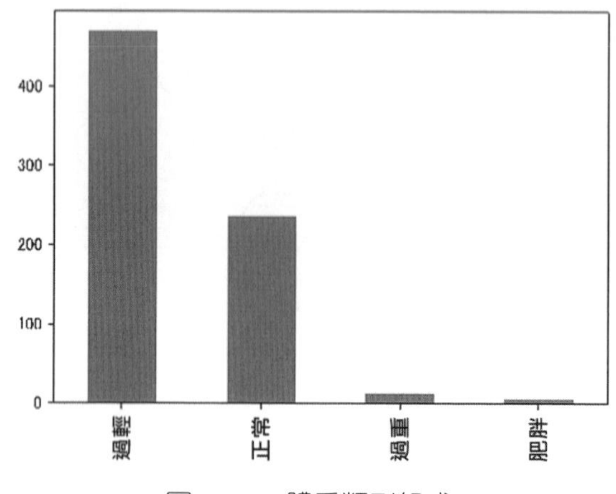

圖 4-1-3 體重類型組成

4.1.2 標準化

在資料分析的過程中，通常使用的變數量綱不一致，在確定權重、係數、距離時，也會有所影響，因此要進行資料標準化。標準化對資料進行無量綱處理，使不同量綱的資料可以在同一個數量級上進行水平比較，減少因為資料級的差異帶來的誤差。常見用於資料標準化的方法，可以簡單地分成線性標準化和非線性標準化兩種。

（1）線性標準化

所謂線性標準化，即是滿足$y = ax + b$的標準化處理過程，其中a、b為常數。常見的線性標準化方法包含極差標準化、z-score 標準化、小數定標標準化。

- 極差標準化

假設有一組資料，則極差標準化就是將這組資料使用最大/最小值（極值，且$x_1, x_2, \cdots, x_n$最大值>最小值）轉換成範圍在[0,1]的資料，極差標準化適合於知道資料最大/最小值的情況。對於正向指標，標準化公式如下：

$$y_i = \frac{x_i - \min(x)}{\max(x) - \min(x)}, i \in [1, n]$$

對於反向指標，標準化公式如下：

$$y_i = \frac{\max(x) - x_i}{\max(x) - \min(x)}$$

- z-score 標準化

所謂 z-score 標準化就是將資料轉換成標準正態分佈 $N(0,1)$的 Z 值得分，對於資料$x_1, x_2, \cdots, x_n$，假設其均值為μ，標準差為σ，則對應標準化的公式如下：

$$y_i = \frac{x_i - \mu}{\sigma}, i \in [1, n]$$

z-score 標準化通常適用於最大值、最小值未知的情況。

- 小數定標標準化

小數定標標準化就是基於等比例縮減資料範圍的想法，透過移動小數點實現標準化。對於資料$x_1, x_2, \cdots, x_n$，在不知其最大絕對值但是知道最大數量級的情況下，可以透過小數定標來實現標準化。通常滿足$\max_{i\in[1,n]}|x_i| \leqslant 10^j$的最小值可用來確定資料的最大數量級。標準化公式如下：

$$y_i = \frac{x_i}{10^j}, i \in [1, n]$$

（2）非線性標準化

所謂非線性標準化，就是標準化處理過程是非線性的，常見的包含對數標準化、倒數標準化。

- 對數標準化

對數函數 $\log(x)$的曲線隨著 x 的增加，其函數設定值變緩，根據這種資料特性，在某些場景中適應用於做資料標準化，例如通常用購買次數來分析滿意度。對於資料$x_1, x_2, \cdots, x_n$進行對數標準化，正向指標標準化的常見公式如下：

$$y_i = a \cdot \log(x_i) + b$$

其中a、b為常數，$i \in [1, n]$。

反向指標標準化的常見公式如下：

$$y_i = a \cdot \log(c - x_i) + b, i \in [1, n]$$

其中 a、b 為常數，c 是比最大值大一點的常數。a、b 可以根據y_i的最大值、最小值的限定來求出。

- 倒數標準化

倒數標準化常用於反向指標，對於資料$x_1, x_2, \cdots, x_n$，若它們都是大於 0 的正實數，則標準化的值為(0,1]；若它們都是小於 0 的負實數，則標準化的值為[-1,0)；若它們是非 0 的實數，則標準化的值為[-1,1]。倒數標準化的公式如下：

$$y_i = \frac{a}{x_i}, i \in [1, n]$$

其中，a是資料$x_1, x_2, \cdots, x_n$中非零的最小絕對值。現用 Python 撰寫函數 std_proc 實現常見資料標準化，程式如下：

```
1 # 該函數用於取得資料 x 的各種標準化值
2 # x:用於標準化的實數陣列
3 # is_positive:是否是正向指標
4 def std_proc(x,is_positive=True):
5     x = np.array(x)
6     v_max, v_min, v_std, v_mean = np.max(x), np.min(x), np.std(x), np.mean(x)
7     # 1.線性標準化
8     #---極差標準化
9     if v_max > v_min:
10        yExt = (x - v_min if is_positive else v_max - x)/(v_max - v_min)
11    else:
12        print("最大值與最小值相等，不能進行極差標準化!")
13        yExt = None
14
15    #---z-score 標準化
16    if v_std == 0:
17        print("由於標準差為 0，不能進行 z-score 標準化")
18        yZsc=NULL
19    else:
```

```
20          yZsc=(x-v_mean)/v_std
21
22      #---小數定標標準化
23      yPot = x/(10**len(str(np.max(np.abs(x)))))
24
25      # 2.非線性標準化
26      #---對數標準化
27      y = np.log((x-v_min if is_positive else v_max - x)+1)
28      yLog = y/np.max(y)
29
30      #---倒數標準化
31      yInv=np.min(np.abs(x[x!=0]))/x
32
33      return {"yExt":yExt,"yZsc":yZsc,"yPot":yPot,"yLog":yLog,"yInv":yInv}
```

4.1.3 離散化

離散化通常是對實數而言的，它是將無限的連續值對映到有限分類值中的方法，並且這些分類規定了與無限連續值相同的設定值空間。例如我們可以將收入金額的設定值範圍設為 2000~100000，離散化成「低等收入」「中等收入」「高等收入」等分類值，一般對於這種類型的離散化，獲得的是有序分類變數。透過離散化處理，可以簡化資料，有助加強演算法的執行效率和模型的可解釋性。常見用於離散化處理的方法主要包含分箱法、熵離散法、規則離散法等，本節主要介紹這 3 種方法。

（1）分箱法

分箱法是一種將連續數值按照一定規則儲存到不同箱中的資料處理方法，箱的寬度表示箱中數值的設定值區間，箱的深度表示箱中數值的數量。通常按箱的等寬、等深的差異將分箱法分成兩種，一種是等寬分箱，另一種是等比分箱。2、4、7、10、13、24、26、29、30、45、68、89 中一共有 12 個數值，可以按深度 4 將數值等比分成 3 個箱，分別為箱 1：2、4、7、10，箱 2：13、24、26、29，箱 3：30、45、68、89；由於數值介於區間[2,87]，可以按寬度 44 將數值等寬分成兩個箱，分別為箱 1：2、4、7、10、13、24、26、29、30、45，箱 2：68、89。範例如圖 4-1-4 所示。

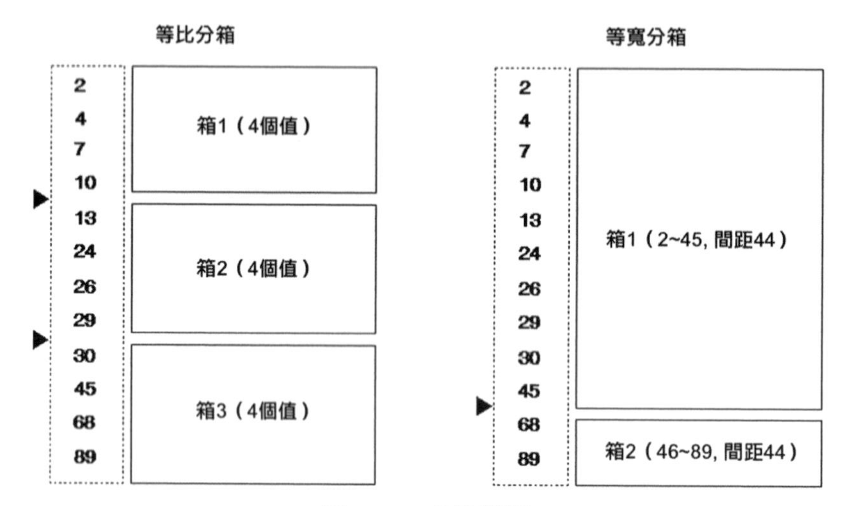

圖 4-1-4 分箱舉例

當把數值分箱後，問題來了，各分箱分別用什麼值來表示呢？除了可以根據設定值的範圍來定義分類，還可以考慮將其進行平滑處理，通常有以下 3 個方法。

- 使用箱內各值的平均值，則以上資料按等比分箱的方法處理後的結果為 5.75、5.75、5.75、5.75、23、23、23、23、58、58、58、58；按等寬分箱的方法處理後的結果為 19、19、19、19、19、19、19、19、19、19、78.5、78.5。
- 使用箱內各位的中位數，則以上資料按等比分箱的方法處理後的結果為 5.5、5.5、5.5、5.5、25、25、25、25、56.5、56.5、56.5、56.5；按等寬分箱的方法處理後的結果為 18.5、18.5、18.5、18.5、18.5、18.5、18.5、18.5、18.5、18.5、78.5、78.5。
- 使用箱內的最大值或最小值（這裡以最大值舉例），則以上資料按等比分箱的方法處理後的結果為 10、10、10、10、29、29、29、29、89、89、89、89；按等寬分箱的方法處理後的結果為 45、45、45、45、45、45、45、45、45、45、89、89。

在 Python 中，通常使用 quantile 函數做等比分箱，使用 cut 函數做等寬分箱，範例程式如下：

```
1 import random
2 #按均勻分佈產生 100 個介於 10 到 100 之間的實數
3 tmp = pd.Series([random.uniform(10, 100) for x in range(100)])
4 #1.使用 pd.Series 下的 quantile 函數進行等比分箱，此處將資料分成 4 份
5 x = tmp.quantile(q=[0.25,0.5,0.75, 1])
6 x.index = ['A','B','C','D']
7 tmp_quantile = tmp.apply(lambda m: x[x>=m].index[0]).values
8 #...另外常可透過均值、中位數、最大/最小值來平滑數值以產生新的特徵，這裡用均值來舉例
9 y = tmp.groupby(tmp_quantile).mean()
10 tmp_qmean = [y[x] for x in tmp_quantile]
11
12 #2.使用 cut 函數進行等寬分箱，此處將資料分成 5 份
13 tmp_cut = pd.cut(tmp,bins=5,labels=["B1","B2","B3","B4","B5"])
14 #...另外可透過設定 labels 為 NULL，並透過 levles 函數檢視 cut 的水準
15 #...進一步確定各分箱的設定值區間
16 #...可透過均值、中位數、最大/最小值來平滑數值以產生新的特徵，這裡拿均值來舉例
17 z = tmp.groupby(tmp_cut).mean()
18 tmp_cmean = [z[x] for x in tmp_cut]
```

（2）熵離散法

熵離散法是基於資訊熵的一種資料離散方法，通常用在分類問題的預測場景中對數值屬性或特徵進行離散化處理。這是一種有指導的離散化方法，並且通常進行二元離散化。大致想法是這樣的，首先將待離散化的數值特徵進行排序，然後按順序將對應數值作為分割點，這樣可將該特徵分為兩種，分別記為 V_1 和 V_2，假設該特徵為 V，目標變數為 U，則該劃分可透過計算對應的熵獲得資訊增益$\text{Gains}(U,V) = \text{Ent}(U) - \text{Ent}(U|V)$（對應內容可參見「4.3.2 影響評價>資訊增益」部分內容），透過不斷地選擇分割點，並從獲得的所有資訊增益中選取最大值，其對應的分割點即為最後用於離散化的分割點。

我們基於 iris 資料集，以 Species 為目標變數，說明特徵 Sepal.Length 的離散化過程，程式如下：

```
1 import pandas as pd
2 iris = pd.read_csv("iris.csv")
3 def get_split_value(u,x):
4     sorted_x, max_gains, e_split = np.sort(x), 0, min(x)
```

```
5     for e in sorted_x:
6         tmp = np.zeros(len(x))
7         tmp[x>e]=1
8         tmp_gain = gains(u,tmp)
9         if tmp_gain > max_gains:
10            max_gains,e_split  = tmp_gain, e
11    return e_split
12
13 get_split_value(iris.Species,iris['Sepal.Length'].values)
14 # 5.5
```

如上述程式所示，gains 函數用於計算資訊增益，該函數定義請參見「4.3.2 影響評價>資訊增益」中部分相關程式，最後求得的分割點為 5.5，即按照 $\mathrm{Sepal.Length} \leqslant 5.5$和$\mathrm{Sepal.Length} > 5.5$可以離散化成兩種。

（3）規則離散法

所謂規則離散法就是不單純依賴於資料和演算法，而主要靠業務經驗設定的規定來離散化資料的方法。例如對於收入資料，一般可分為低收入、中等收入、高收入 3 大類，但是在特定場景下，也可以按收入的穩定性分為穩定收入、不穩定收入兩種。也就是透過業務規則，甚至在特徵中引用非線性變化，對於某些場景的建模可能會有所裨益。

4.1.4 函數轉換

函數轉換指的是使用函數對映將變數或特徵轉換成另外一個特徵的方法。透過函數轉換會改變資料的分佈，因此常用於對資料分佈比較敏感的模型中。常見的函數轉換方法主要包含冪函數轉換和對數轉換。假設存在一組大於 0 的資料（如果有小於 0 的，則統一加上一個非零的數進行處理）為$x_1, x_2, \cdots, x_n$，則進行冪函數轉換的公式為：

$$y_i = x_i^p (x > 0, i \in [1, n], p \neq 0)$$

當 $0<p<1$ 時，y_i值越大，資料分佈越集中；當 $p>1$ 或 $p<0$ 時，y_i值越小，資料分佈越集中。對於服從均勻分佈的資料，冪函數轉換，在 $0<p<1$ 和（$p>1$ 或 $p<0$）的條件下，其資料分佈如圖 4-1-5 所示。

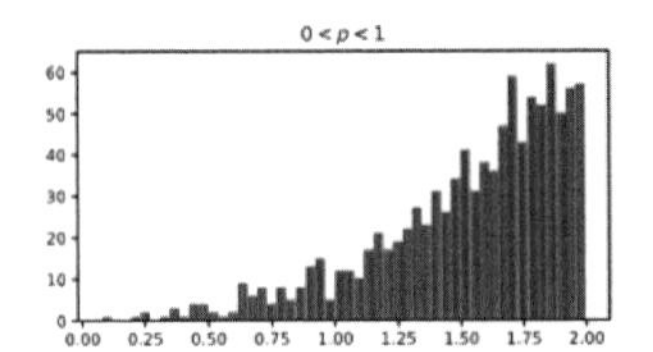

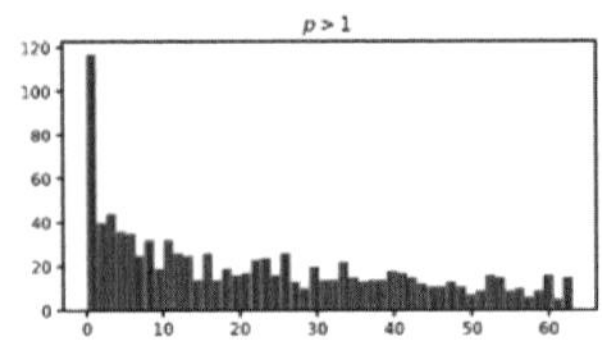

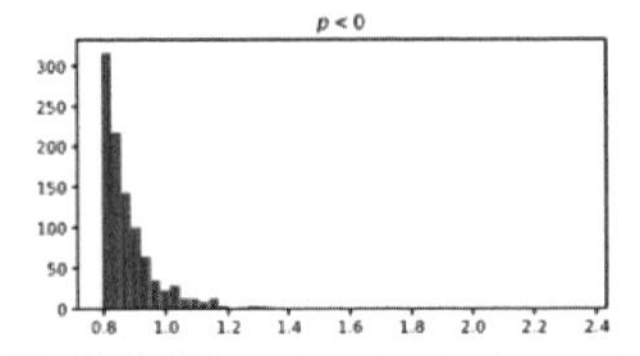

圖 4-1-5 冪函數資料分佈隨 p 的設定值而變化

同樣，對資料$x_1, x_2, \cdots, x_n$，進行冪函數轉換的公式定義如下：

$$y_i = \ln(x_i)\,, x > 1, i \in [1, n]$$

因為是對數函數，隨著x的增大，其對數值不會是對應比例地增加，反而增加的速度會越來越慢，這就會造成資料的分佈主要集中在資料偏大的地方。對於服從均勻分佈的資料，對數轉換，其範例如圖 4-1-6 所示。

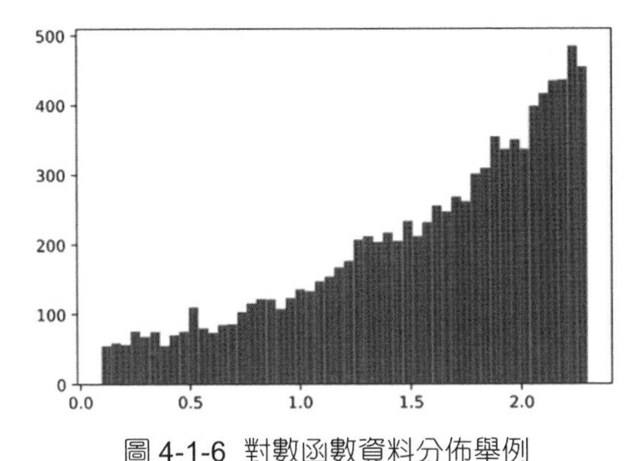

圖 4-1-6 對數函數資料分佈舉例

由於函數轉換能夠改變資料的分佈，對建模而言有不同的特徵表現，所以通常用來建置新的特徵，以增加預測模型的精度。

4.1.5 深入表達

在建立預測模型時，需要組織資料，建置特徵，然而有時我們忽略了特徵的多層含義，常常會遺漏一些重要資訊。例如在進行短期負荷預測的過程中，我們收集了氣溫、溫度、日期、歷史負荷水準等資料，而日期可以提供的資訊並非只用來區別各個樣本。我們可以基於日期獲得星期數，根據領域知識，一周中每天的負荷通常呈現一定模式的週期性變化，於是我們獲得一個重要特徵。接著，我們基於日期獲得了月份，根據領域知識，一年中各個月份的氣溫、節假日都會對用電負荷造成影響，因此又獲得一個重要特徵。我們甚至可以透過日期將節假日的資料進行連結，進一步建置更為複雜的模型。因此，深入表達是一種思想，它讓我們全方位地考慮預測問題，哪怕只從一個特徵出發，也可以採擷出更有區分度的特徵。

4.2 特徵組合

特徵組合是指將兩個或多個原始特徵透過一定規則或對映獲得新特徵的方法。常見的特徵組合方法包含基於特定領域知識的方法、二元組合和高階多項式。其中基於特定領域知識的方法是以特定領域知識為基礎，在一定的業務經驗指導下實現的，屬於由人工完成的方法；二元組合、高階多項式通常是使用資料分析方法進行組合發現的，試圖在有限範圍內發現區分度更強的特徵。特徵組合的範例如圖 4-2-1 所示（其中T_i是組合方法）。

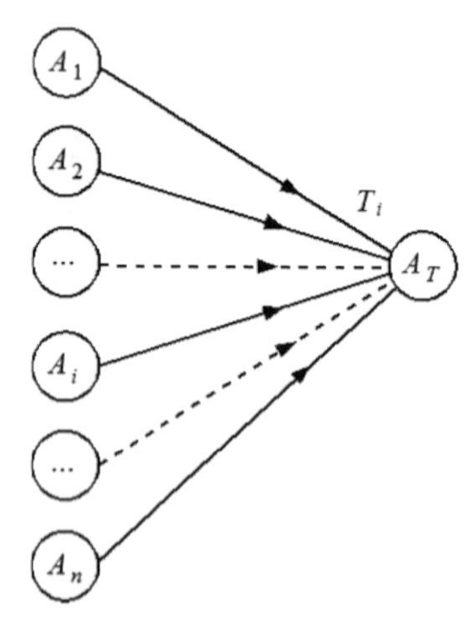

圖 4-2-1 特徵組合舉例

4.2.1 基於經驗

針對確定的預測主題，很有必要使用相關的領域知識來建置特徵。例如使用最近一周的負荷資料對未來的負荷水準做預測。根據領域知識，可以根據最近一周的負荷資料（7 個變數）衍生出近一周負荷平均增量、近一周負荷波動程度、近一周負荷平均增長率等特徵。特定的領域知識在實際的預測專案中扮演注重要的角色，根據參與建置組合特徵的變數的量綱差異，將特定的領域知識分成兩種：同質性組合、異質性組合。

（1）同質性組合

對於量綱相同的同質性變數，在進行組合時，通常建置平均值、變異程度、比率、增長率、平均增長率、最大/最小增長率等特徵，而這些特徵在不同產業和領域中代表不同的業務含義，例如在醫療領域，用門診確認病例數除以門診總病例數可獲得確診率，而這個確診率就是比率。又例如在電子商務領域，用離開網站人數除以存取的總人數，則可獲得跳出率。這些指標都是透過同質性變數衍生而來的。

（2）異質性組合

與同質性組合不同，異質性組合主要考慮量綱不同的變數。在進行組合時，通常建置單位性或平均性指標。例如在醫療領域，可以用確診病人確診總天數除以確診病人總人數，獲得平均確診天數的特徵；又例如在電子商務領域，可以用客戶網站瀏覽時間除以網站交易量，獲得每交易平均瀏覽時間，如此等等。

對於特定的預測問題，結合相關的領域知識，進行組合特徵衍生，有助發現區分度更強的特徵，但是需要人工完成。如果找的特徵比較準確，可以較好地提升預測模型的精度。

4.2.2 二元組合

所謂二元組合，實際上就是從所有的原始特徵中選擇兩個特徵的設定值進行組合來建置新特徵的方法。為了便於處理，通常將原始特徵全部轉換成邏輯特徵，基於轉換後的特徵集進行二元組合，進一步建置出新特徵。這裡的邏輯特徵值是指，只包含真和假兩個邏輯值的特徵，對於分類變數和數值變數，只有經過邏輯特徵轉換才能進行二元組合。分類變數可以透過為各類型建立一個邏輯特徵來實現邏輯特徵轉換，範例如圖 4-2-2 所示。

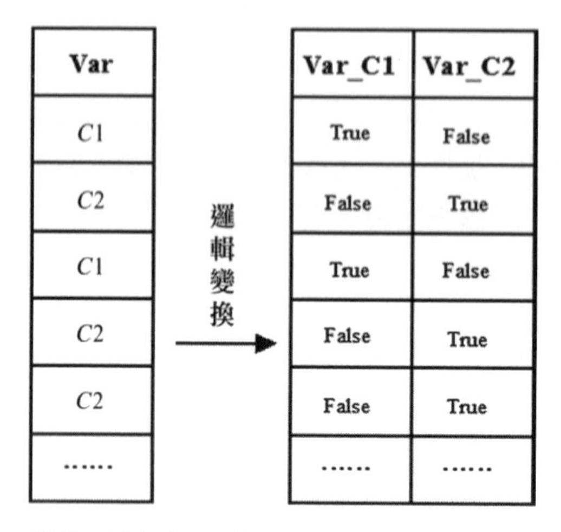

圖 4-2-2 分類變數轉為邏輯變數舉例

數值變數比較特殊，由於它的設定值是連續的，不能像分類變數那樣進行邏輯特徵轉換。通常需要先進行離散化再按照分類變數的處理方法實現邏輯轉換，範例如圖 4-2-3 所示。

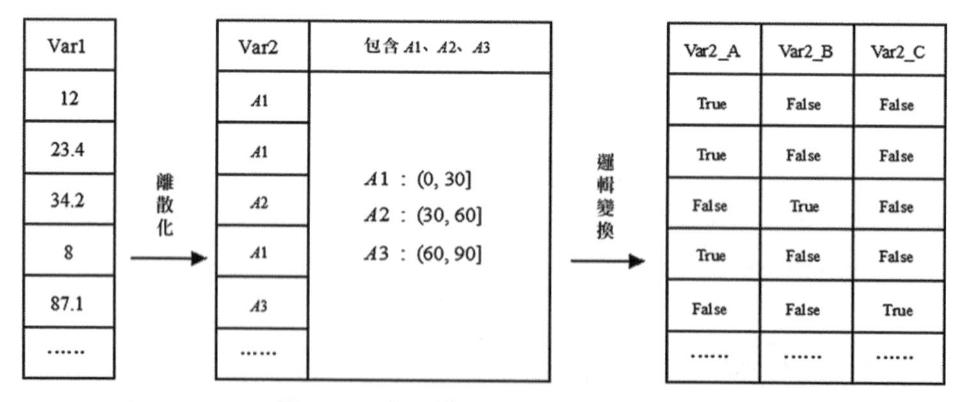

圖 4-2-3 數值變數轉為邏輯變數舉例

對於含有 3 個邏輯特徵 A、B、C 的資料集 S，其二元組合的結果就是將每個邏輯特徵取真或假的條件進行兩兩組合，以形成新的判斷條件，亦即新特徵，該特徵仍然是邏輯特徵。其二元組合的過程如圖 4-2-4 所示。

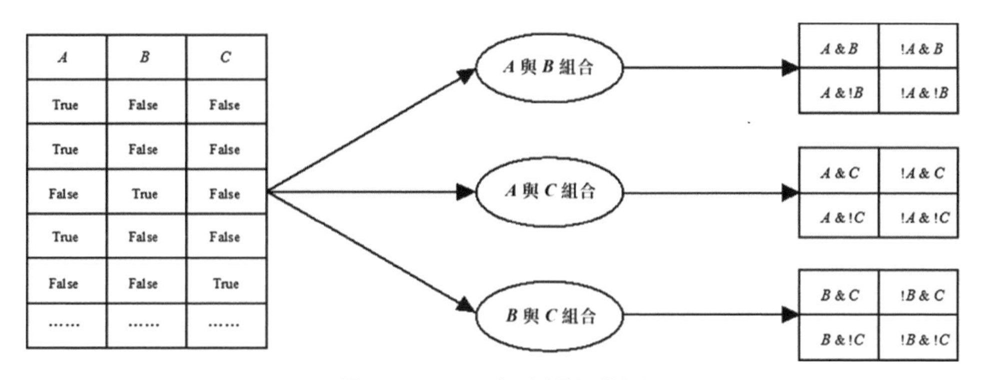

圖 4-2-4 二元組合過程舉例

如圖 4-2-4 所示，原始邏輯特徵 *A*、*B*、*C* 經過二元組合重新建置了 12 個邏輯特徵。然而非每個特徵的真假值數量都是有效的。一般來說，如果這個邏輯特徵有很少的真值或假值，那麼也就認為這個邏輯特徵是無效的，通常設定最小支援數（或比例）的設定值來判斷。那麼，經過最小支援數的進一步篩選，剩下的特徵就是候選特徵，可以使用特徵選擇技術從該特徵集中選出對目標變數影響顯著的特徵。

4.2.3 高階多項式

在進行預測建模時，所考慮的建模特征有時會表現出強烈的非線性特點，若使用線性模型來擬合不可避免地會引用較大誤差。使用高階多項式來建置特徵可以有效緩解這種情況。所謂高階多項式是指形如$a_nx^n + a_{n-1}x^{n-1} + \cdots + a_2x^2 + a_1x + a_0$的式子，這個與線性回歸或邏輯回歸的模型很相似，因此在建置新特徵時可以考慮從x中衍生出$x^2, x^3, \cdots, x^n$這些特徵來，或直接使用這些特徵的線性組合來建置特徵。對於線性模型，最後的係數都會按特徵加在一起，所以通常用特徵的 n 次（n>1）特徵作為新特徵。範例如圖 4-2-5 所示。

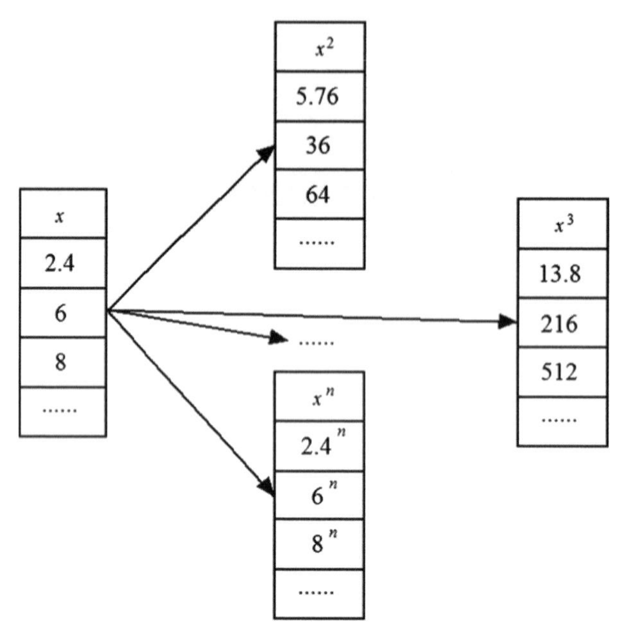

圖 4-2-5 產生 n 次特徵舉例

下面從一個經典的案例入手，介紹高階多項式特徵建置的方法及作用。首先，用 Python 撰寫程式實現兩個同心圓，每個圓表示不同的分類，假設外圓為正類別，內圓為負類別，則程式如下：

```
 1 import matplotlib.pyplot as plt
 2 import numpy as np
 3 import pandas as pd
 4 x_list, y_list, type_list = [], [], []
 5 plt.figure(figsize=(5,5))
 6 for e in [(2,'o',False),(3,'+',True)]:
 7     r, symbol, flag = e
 8     x = np.linspace(-r,r,30)
 9     y1 = np.sqrt(r**2-x**2)
10     y2 = -y1
11     x_list = x_list + x.tolist() + x.tolist()
12     y_list = y_list + y1.tolist() + y2.tolist()
13     type_list = type_list + [flag]*(2*len(x))
14     plt.plot(x,y1,symbol,x,y2,symbol,color='black')
15 vdata = pd.DataFrame({'x': x_list, 'y': y_list, 'type': type_list})
16 plt.show()
```

效果如圖 4-2-6 所示。

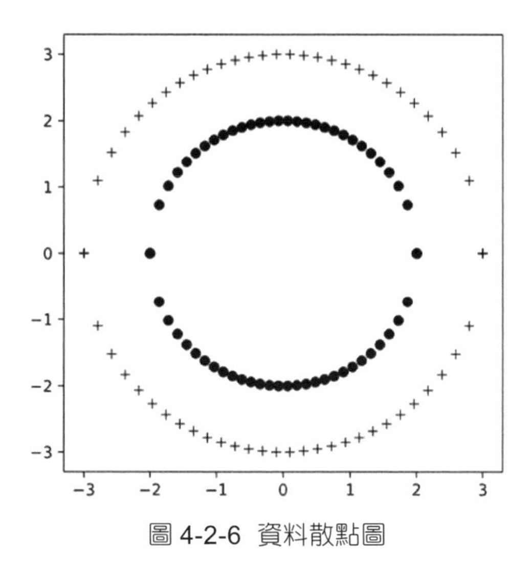

圖 4-2-6 資料散點圖

根據原始特徵，這是一個線性不可分問題。檢視 vdata 的前幾行資料，程式如下：

```
1 vdata.head()
```

結果如表 4-2-1 所示

表 4-2-1 同心圓散點數據及標識

	x	y	type
0	-2.000000	0.000000	False
1	-1.862069	0.729862	False
2	-1.724138	1.013582	False
3	-1.586207	1.218174	False
4	-1.448276	1.379310	False

現在嘗試用邏輯回歸演算法建立分類模型，以正確地辨識出這兩種，程式如下：

```
1 from sklearn.linear_model.logistic import LogisticRegression
2 from sklearn.metrics import confusion_matrix
3 tm = LogisticRegression(solver='lbfgs')
4 X,y = vdata.drop(columns=['type']),vdata.type
```

```
 5 tm.fit(X,y)
 6 y_pred = tm.predict(X)
 7 confusion_matrix(y, y_pred)
 8 # 列印結果
 9 # array([[60,  0],
10 #        [60,  0]], dtype=int64)
```

可以看到，預測結果嚴重傾斜，即使用該特徵建立的模型尚不能分辨這兩個圓，這正符合了我們線性不可分的推斷。我們分別對 X 和 y 建置最高 3 階的特徵，並基於新特徵集建立模型，分析預測效果，程式如下：

```
 1 # 設定階數為 2 和 3 階
 2 for i in [2,3]:
 3     vdata['x'+str(i)]=vdata.x**i
 4     vdata['y'+str(i)]=vdata.y**i
 5 X,y = vdata.drop(columns=['type']),vdata.type
 6 tm.fit(X,y)
 7 y_pred = tm.predict(X)
 8 confusion_matrix(y, y_pred)
 9 # 列印結果
10 # array([[60,  0],
11 #        [0 , 60]], dtype=int64)
```

從上述程式可知，我們建置了 x2、x3、y2、y3 這 4 個新特徵，其中 x2、y2 分別是 X 和 y 的 2 階特徵，x3、y3 是 X 和 y 的 3 階特徵。同樣使用邏輯回歸演算法，獲得預測結果，並與真實結果比較，透過混淆矩陣，我們發現預測結果在訓練集上全部命中。進一步，檢視邏輯回歸擬合的係數，程式如下：

```
1 coef = np.round(tm.coef_,2)[0]
2 coef
3 # array([-0.  ,  0.  ,  1.73,  1.8 , -0.  , -0.  ])
```

如結果所示，只有兩個預測變數具有主要作用，可使用如下程式檢視實際變數：

```
1 X.columns[np.where(coef > 0)]
2 # Index(['x2', 'y2'], dtype='object'))
```

可見，起主要作用的特徵是 x2 和 y2，即 X 與 y 的平方項，以 x2 為橫軸，以 y2 為縱軸將新特徵繪製在二維座標平面，程式如下：

```
1 plt.figure(figsize=(5,5))
2 plt.plot(vdata.x2,vdata.y2,'o')
3 plt.show()
```

效果如圖 4-2-7 所示，根據新特徵該問題已經變得線性可分了。在本例中，我們透過高階多項式的方法來建置特徵，可以實現特徵在不同維度空間的轉換，透過表現出的特徵差異性，為預測精度的提升增加更多的可能性。

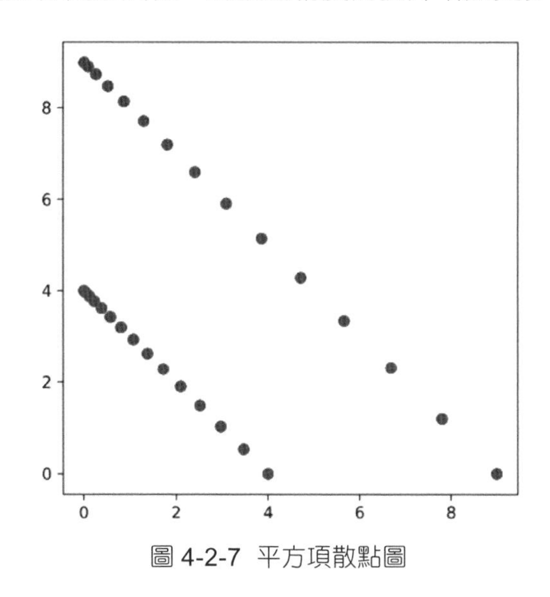

圖 4-2-7 平方項散點圖

4.3 特徵評價

在建立預測模型之前，我們已經按照特徵建置的方法獲得了資料集，然而這樣的資料集可能存在大量的特徵，特徵之間可能存在相關性，還有可能存在容錯的特徵。為了提升建模效率，取得區分度更好的特徵，需要進行特徵選擇。特徵評價技術用於特徵選擇的過程中，它基於對現有資料的特徵進行評價，進一步選取用於建模的最佳特徵子集。

特徵評價的常用方法通常可分為 3 大類：特徵初選、影響評價、模型法。下面將分別介紹這 3 大類方法的內容和案例。

4.3.1 特徵初選

所謂特徵初選，就是可以透過直接觀察資料的分佈來判斷是否保留該特徵的方法。針對離散特徵，可以統計該特徵所有類型的所占比例，如果有一種的百分比太大，例如占了 90%及以上，那麼這個特徵就可以考慮去掉，不參與建模，因為這樣的特徵對建模沒有任何意義，對於絕大部分的樣本，這個特徵都取一樣的值，區分力道不夠。針對連續變數，有兩種方法可以考慮：一種方法是將連續特徵離散化，再按針對離散特徵的方法來排除；另外一種方法是計算該連續特徵的標準差，如果標準差太小，則可以將該特徵剔除。

特徵初選是特徵選擇的前置處理方法，可以透過簡單的統計來排除一些不相干的變數。

4.3.2 影響評價

除了基於單一變數的特徵初選，我們還可以使用影響評價的方法來選擇特徵。影響評價是很常用的方法，對每個特徵依次進行評價，然後把不滿足要求的排除，以達到特徵選擇的目的。常用的演算法包含 Pearson 相關係數、距離相關係數、單因素方差分析、資訊增益、卡方檢定、Gini 係數。

1. Pearson 相關係數

Pearson 相關係數是一種衡量特徵與回應變數之間關係的方法，它反映的是兩個變數間的線性相關性，設定值區間為[-1,1]，其中 1 表示完全正相關，0 表示完全沒有線性關係，-1 表示完全負相關，即一個變數上升的同時，另一個變數在下降。相關係數越接近於 0，相關性越弱，通常 0.8~1.0 為極強相關，0.6~0.8 為強相關，0.4~0.6 為中等強度相關，0.2~0.4 為弱相關，0~0.2 為極弱相關或不相關，可參見圖 4-3-1。

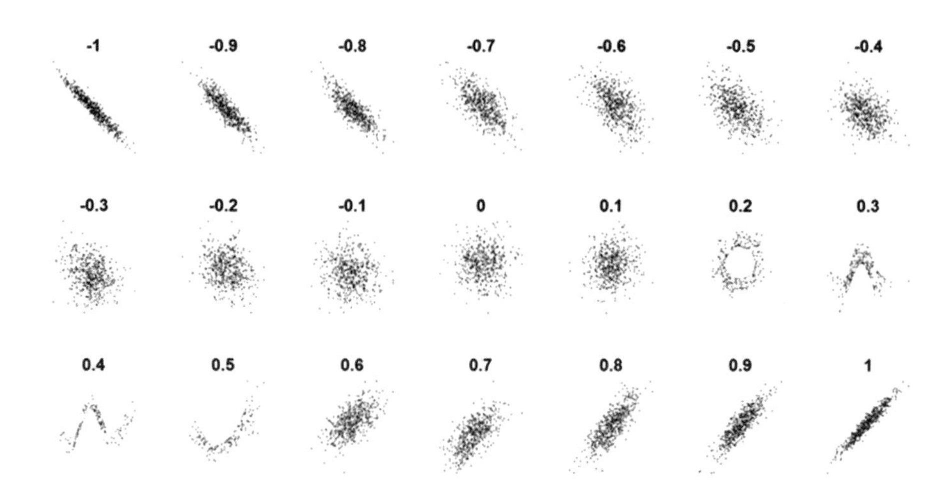

圖 4-3-1 散點圖與其對應的 Pearson 相關係數

Pearson 相關係數適用於兩變數均為服從正態分佈的連續變數，並且變數成對，用於表示兩變數的線性關係。它的計算公式如下：

$$r = \frac{\Sigma(X-\overline{X})(Y-\overline{Y})}{\sqrt{\Sigma(X-\overline{X})^2\Sigma(Y-\overline{Y})^2}}$$

其中，X 與 Y 分別表示兩個成對的連續變數。由於透過上式獲得的相關係數是基於一定樣本的，並不能代表整體，所以需要進行假設檢驗，以判斷 r 是由於抽樣誤差所致還是兩個變數之間確實存在相關關係。步驟如下：

（1）提出原假設 H_0:$\rho = 0$，備選假設 H_1:$\rho \neq 0$

（2）設定顯示水準$\alpha = 0.05$（或$\alpha = 0.01$）。如果從$\rho = 0$的整體中取得某 r 值的機率大於 0.05，我們就接受原假設，進一步判斷兩變數間沒有顯著的線性關係。如果取得某 r 值的機率小於或等於 0.05 或 0.01，我們就在$\alpha = 0.05$或（$\alpha = 0.01$）的水準上拒絕原假設，進一步認為該 r 值不是來自$\rho = 0$的整體，而是來自$\rho \neq 0$的整體，於是判斷兩變數間有顯著的線性關係。

（3）計算檢驗統計量和 P 值。本處使用 t 檢驗法，計算檢驗統計量t_r，定義如下：

$$t_r = \frac{|r-0|}{\sqrt{\frac{1-r^2}{n-2}}}$$

透過查詢 t 界值表，可以獲得 P 值。

下面透過一個實例來說明 Pearson 相關係數在 Python 中的使用方法。基於 iris 資料集，它含有 3 種鳶尾花各 50 朵花的花萼（Sepal）、花瓣（Petal）的長寬統計資料。在此，使用 cor.test 函數，分析這 150 筆樣本中花萼長度與花瓣長度的相關性，即計算出兩個變數的 Pearson 相關係數。程式如下：

```
1 import pandas as pd
2 from scipy import stats
3 iris = pd.read_csv("iris.csv")
4 stats.pearsonr(iris['Sepal.Length'], iris['Petal.Length'])
5 # (0.8717537758865832, 1.0386674194497583e-47)
```

如上述程式所示，列印的第一個值為 Pearson 相關係數 r，這裡 r=0.8717537758865832，假設檢驗的 P 值為 1.0386674194497583e-47，遠小於 0.01，即此時應該拒絕原假設，說明花萼長度與花瓣長度的相關性很強。

Pearson 相關係數雖然簡單好用，但是它也有缺點，就是只對線性關係敏感，如果兩變數是非線性關係，即使它們之間存在一一對應的關係，也會導致計算的結果趨近於 0。相關程式如下：

```
1 import matplotlib.pyplot as plt
2 import numpy as np
3 x=np.linspace(-1,1,50)
4 y=x**2
5 plt.plot(x,y,'o')
6 plt.xlabel('$x$')
7 plt.ylabel('$y$')
8 plt.show()
```

由圖 4-3-2 可知，此種情況下，雖然 x 與 y 存在一一對應的關係，但是 Pearson 相關係數的結果接近於 0，且 P 值為 1.0，遠大於 0.05，因此，x 與 y 不相關。如下程式所示，第 1 個值為相關係數，這裡接近於 0，這個值為 P 值。

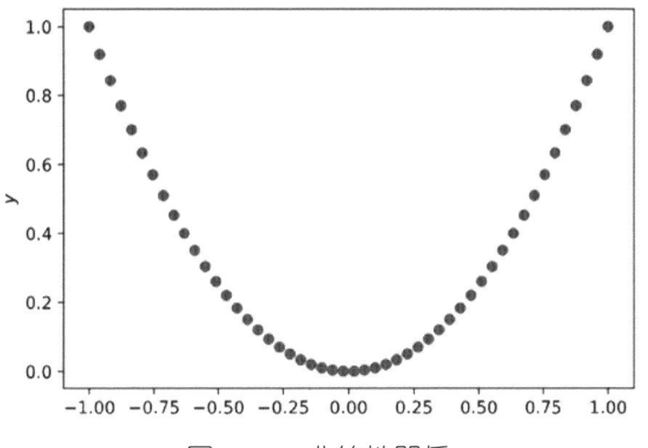

圖 4-3-2 非線性關係

```
1 stats.pearsonr(x, y)
2 # (-1.9448978228488063e-16, 1.0)
```

2. 距離相關係數

Szekely、Rizzo、Bakirov（2007 年）和 Szekely、Rizzo（2009 年）提出了一種新的度量相關性的方法，即距離協方差（distance covariance，記為 dCov(X,Y)）和距離相關係數（distance correlation，記為 dCor(X,Y)），其中 dCor(X,Y)中的 X 與 Y 可以是任意維，並且 dCor(X,Y)=0 唯一確定 X 與 Y 之間的獨立性。距離相關係數設定值範圍為[0,1]，當 dCor(X,Y)=0 時，說明 X 與 Y 相互獨立。它與 Pearson 相關係數相比，主要衡量非線性相關的程度。

計算距離相關係數的步驟如下所示。

（1）假設 X 與 Y 為長度為 n 的成對連續變數，計算所有元素成對的距離，公式如下：

$$\mathrm{a}_{j,\mathrm{k}} = \|X_j - X_k\|, j, k = 1,2, \dots, n$$

$$b_{j,\mathrm{k}} = \|Y_j - Y_k\|, j, k = 1,2, \dots, n$$

（$a_{j,k}$）與（$b_{j,k}$）分別表示 X 與 Y 各自元素間的距離矩陣。

（2）計算中心距離矩陣，公式如下：

$$A_{j,\mathrm{k}} = a_{j,\mathrm{k}} - \overline{a_{j.}} - \overline{a_{.k}} + \overline{a_{..}}$$

$$B_{j,\mathrm{k}} = b_{j,\mathrm{k}} - \overline{b_{j.}} - \overline{b_{.k}} + \overline{b_{..}}$$

其中，$\overline{a_{j.}}$是第 j 行的平均值，$\overline{a_{j.}}$是第 k 列的平均值，$\overline{a_{..}}$是矩陣的總均值，對 b 的值也一樣。

(3) 計算距離協方差，公式如下：

$$\mathrm{dCov}_n^2(X,Y) = \frac{1}{n}\sum_{j,k=1}^{n} A_{j,k}\,B_{j,k}$$

(4) 分別計算 X 與 Y 的距離方差，公式如下：

$$\mathrm{Var}_n^2(X) = \mathrm{dCov}_n^2(X,X) = \frac{1}{n}\sum_{k,l} \boldsymbol{A}_{k,l}^2$$

(5) 計算距離相關係數，公式如下：

$$R_n^* = \mathrm{dCor}(X,Y) = \frac{\mathrm{dCov}(X,Y)}{\sqrt{\mathrm{dVar}(X)\mathrm{dVar}(Y)}}$$

與 Pearson 相關係數一樣，這裡所得到的距離相關係數也來自樣本，在整體上表現如何還需要進行假設檢驗。此處使用自由度為$n(n-3)/2-1(n\geqslant 10)$的 t 檢驗，公式如下：

$$T_n = \sqrt{\frac{n(n-3)}{2}-1}\cdot\frac{R_n^*}{\sqrt{1-(R_n^*)^2}}$$

下面透過一個實例來說明一下距離相關係數在 Python 中的使用方法。使用 Scipy 函數庫中 spatial.distanc 模組的 correlation 函數，針對 Pearson 相關係數分析非線性的情況再做一次驗證。程式如下：

```
1 from scipy.spatial.distance import correlation as dcor
2 dcor(x,y)
3 # 1.0
```

可以看到，在使用 Pearson 相關係數時，相關度接近於 0，而使用距離相關係數，其相關度達到了 1.0，即完全正相關。所以針對非線性的相關性問題，使用距離相關係數是比較合適的選擇，但是針對線性相關的問題，Pearson 相關係數還是很強大的。

3. 單因素方差分析

因素就是因數，表示可以控制的實際條件，因素所處的狀態或等級又叫作因素的水準，單因素方差分析就是討論一個因素對觀測變數的影響。還是拿鳶尾花的實例來說明，花的種類（Species）就是因素，山鳶尾（setosa）、變色鳶尾（versicolor）、維吉尼亞鳶尾（virginica）這 3 種實際的種類就是水準，那麼在分析花種類對花瓣長度的影響時就是單因素方差分析。透過單因素分析可以獲得不同因素對觀測變數的影響程度，因此可以用於特徵選擇。

一般情況下，假如要分析的問題只有一個因素 M 在變化，且 M 有 k 個水準 $M_1, M_2, \cdots, M_k$，在水準M_i下進行n_i次獨立觀測，獲得單因素方差分析的基本資料如圖 4-3-3 所示。

水準	觀測值				總體
M_1	x_{11}	x_{12}	...	x_{1n_1}	$N(\mu_1,\sigma^2)$
M_2	x_{21}	x_{22}	...	x_{2n_2}	$N(\mu_2,\sigma^2)$
...	...	...	...	...	...
M_k	x_{k1}	x_{k2}	...	x_{kn_k}	$N(\mu_k,\sigma^2)$

圖 4-3-3 單因素方差分析的基本資料

其中，x_{ij}表示在因素 M 的第i個水準下的第j次試驗結果，並把$x_{i1}, x_{i2}, \cdots, x_{in_i}$看作來自第$i$個常態整體$X_i \sim N(\mu_i, \sigma^2)$的樣本觀測值，其中$\mu_i, \sigma^2$均未知，且每個整體$\mu_i, \sigma^2$相互獨立。

單因素方差分析就是比較同方差不同水準下獨立常態觀測值的均值是否相等的過程，其實現步驟如下。

（1）假設$H_0: \mu_1 = \mu_2 = \cdots = \mu_k, H_1: \mu_i(i = 1,2, \dots, k)$不全相等。

（2）為了檢驗H_0是否成立，需要建置檢驗統計量。考慮到x_{ij}的設定值主要受水準和隨機誤差影響，而要區分這兩種差異，較好的方法是對總離差平方和S_T進行分解，如下所示：

$$\begin{aligned}S_T &= \sum_{i=1}^{k}\sum_{j=1}^{n}\left(x_{ij}-\overline{x}\right)^2\\&= \sum_{i=1}^{k}\sum_{j=1}^{n}\left(x_{ij}-\overline{x}_i+\overline{x}_i-\overline{x}\right)^2\\&= \sum_{i=1}^{k}\sum_{j=1}^{n}\left[\left(x_{ij}-\overline{x}_i\right)^2+(\overline{x}_i-\overline{x})^2+2\left(x_{ij}-\overline{x}_i\right)(\overline{x}_i-\overline{x})\right]\\&= \sum_{i=1}^{k}\sum_{j=1}^{n}\left(x_{ij}-\overline{x}_i\right)^2+\sum_{i=1}^{k}\sum_{j=1}^{n}(\overline{x}_i-\overline{x})^2+\sum_{k=1}^{k}2(\overline{x}_i-\overline{x})\left(\sum_{j=1}^{n}x_i-n\overline{x}_i\right)\\&= \sum_{i=1}^{k}\sum_{j=1}^{n}\left(x_{ij}-\overline{x}_i\right)^2+\sum_{i=1}^{k}\sum_{j=1}^{n}(\overline{x}_i-\overline{x})^2=S_E+S_M\end{aligned}$$

其中，S_E是組內離差平方和，主要受隨機誤差的影響，S_M是組間離差平方和，主要受不同水準的影響。如果H_0成立，則$S_M/(k-1)$（組間均方）與$S_E/k(n-1)$（組內均方）之間的差異不會太大。如果組間均方顯著地大於組內均方，就説明各水準下觀測值的均值差異顯著。要檢驗觀測值均值在不同水準是否有顯著差別，實際上就是比較組間均方與組內均方之間差異的大小。

由於各水準的整體$X_i(i=1,2,\cdots,k)$的樣本均值$\overline{X_i}$與樣本方差 $S_i^2=\frac{\sum_{j=1}^{n_i}(X_{ij}-\overline{X_i})^2}{n_i-1}$ 相互獨立，同時各水準的整體也相互獨立，進一步這 $2k$ 個隨機變數

$$\overline{X_1},\overline{X_2},\cdots,\overline{X_k},\sum_{j=1}^{n_1}(X_{1j}-\overline{X_1})^2,\sum_{j=1}^{n_2}(X_{2j}-\overline{X_2})^2,\cdots,\sum_{j=1}^{n_k}(X_{kj}-\overline{X_k})^2$$

也相互獨立，於是S_E與S_M相互獨立。

由於，

$$\frac{n_i-1}{\sigma^2}S_i^2=\frac{1}{\sigma^2}\sum_{j=1}^{n_i}\left(X_{ij}-\overline{X}_i\right)^2\sim\chi^2(n_i-1),i=1,2,\cdots,k$$

且相互獨立，那麼，

$$S_E=\sum_{i=1}^{k}\sum_{j=1}^{n_i}\left(X_{ij}-\overline{X}_i\right)^2$$

$$=\sum_{j=1}^{n_1}\left(X_{1j}-\overline{X}_1\right)^2+\sum_{j=1}^{n_2}\left(X_{2j}-\overline{X}_2\right)^2+\cdots+\sum_{j=1}^{n_k}\left(X_{kj}-\overline{X}_k\right)^2$$

$$=\sigma^2\cdot\frac{1}{\sigma^2}\cdot\sum_{j=1}^{n_1}\left(X_{1j}-\overline{X}_1\right)^2+\sigma^2\cdot\frac{1}{\sigma^2}\cdot\sum_{j=1}^{n_2}\left(X_{2j}-\overline{X}_2\right)^2+\cdots+\sigma^2\cdot\frac{1}{\sigma^2}\cdot\sum_{j=1}^{n_k}\left(X_{kj}-\overline{X}_k\right)^2$$

於是，

$$\frac{S_E}{\sigma^2}\sim\chi^2\left(\sum_{i=1}^{k}(n_i-1)\right)=\chi^2(n-k)$$

即無論H_0是否成立，$\frac{S_E}{n-k}$都是σ^2的無偏統計量。

又由於，當H_0成立時，$x_{ij}\sim N(\mu,\sigma^2)$，且$\mu=\mu_1=\mu_2=\cdots=\mu_k$，且相互獨立，因此其樣本方差$S^2=\frac{\sum_{i=1}^{k}\sum_{j=1}^{n_i}\left(X_{ij}-\overline{X}\right)^2}{n-1}=\frac{S_T}{n-1}$，因為$\frac{n-1}{\sigma^2}S^2\sim\chi^2(n-1)$，所以$\frac{S_T}{\sigma^2}\sim\chi^2(n-1)$，再由以上結論$S_T=S_E+S_M$且$S_E$與$S_M$相互獨立，同時根據卡方分佈的可加性可知$\frac{S_M}{\sigma^2}\sim\chi^2(k-1)$。所以當$H_0$成立時，$\frac{S_E}{n-k}$與$\frac{S_M}{k-1}$都是$\sigma^2$的無偏統計量。也就是說，當$H_0$成立時，$\frac{S_E}{n-k}$與$\frac{S_M}{k-1}$應該非常接近。於是建置 F 統計量如下：

$$F=\frac{\frac{S_M}{k-1}}{\frac{S_E}{n-k}}$$

（3）帶入資料計算 F 值，判斷因素對觀測值的影響程度。根據指定的顯示水準α，在 F 分佈表中按第一自由度$\mathrm{df}_1=k-1$和第二自由度$\mathrm{df}_2=n-k$對應的臨界值F。如果$F>F_\alpha$，則拒絕原假設H_0，說明均值之間的差異是顯著的，所檢驗的因素對觀測值有影響；如果$F\leqslant F_\alpha$，則不能拒絕原假設，檢驗因素對觀測值影響不明顯。

下面使用 statsmodels 函數庫中的 stats.anova 模組的 anova_lm 函數來實現單因素方差分析，並用 iris 資料集中的 Species 作為因素，Sepal.Width 作為觀測值。程式如下：

```
1 import pandas as pd
2 from statsmodels.formula.api import ols
3 from statsmodels.stats.anova import anova_lm
4 iris = pd.read_csv("iris.csv")
5 iris.columns = ['_'.join(x.split('.')) for x in iris.columns]
6 anova_lm(ols('Sepal_Width~C(Species)', iris).fit())
```

執行結果如表 4-3-1 所示。*F* 檢驗的 *P* 值為 4.492017e–17，接近於 0，明顯小於 0.01，說明 Species 對 Sepal.Width 的影響顯著。

表 4-3-1 輸出結果

	df	sum_sq	mean_sq	F	PR(>F)
C(Species)	2.0	11.344933	5.672467	49.16004	4.492017e-17
Residual	147.0	16.962000	0.115388		

4. 資訊增益

資訊增益是基於資訊熵來計算的，它表示資訊消除不確定性的程度，可以透過資訊增益的大小為變數排序進行特徵選擇。資訊熵是資訊理論的基本概念，它表示資訊量的數學期望，是信源發出資訊前的平均不確定性，也稱為先驗熵。而資訊量的大小可由所消除的不確定性大小來計算。例如有一組性別資料，男性占 80%，女性占 20%，可以視為出現男性的機率為 80%，出現女性的機率為 20%。機率越大，資訊量越小；反之，機率越小，資訊量越大。因此，資訊量與機率呈單調遞減關係，資訊量的數學定義如下：

$$I(u_i) = \log_2 \frac{1}{P(u_i)} = -\log_2 P(u_i)$$

其中，用 U 表示發送的資訊，$u_i(i = 1,2,\cdots,k)$則表示發送資訊 U 裡面的一種類型，$P(u_i)$表示出現u_i類型資訊的機率，$I(u_i)$則表示u_i類型的資料封包含的資訊量大小。當對數函數以 2 為底時，資訊量的單位為 bit。如果考慮 U 的所有可能及其對應的機率，就可以獲得資訊熵的數學定義，如下：

$$\mathrm{Ent}(U)=\sum_{i=1}^{k}P\left(u_i\right)I(u_i)=\sum_{i=1}^{k}P\left(u_i\right)\log_2\frac{1}{P(u_i)}=-\sum_{i=1}^{k}P\left(u_i\right)\log_2 P(u_i)$$

可以看到，當u_i中某一種類型的機率為 1 時，也就是說沒有發送資訊的不確定性，只有這一種可能，資訊熵$\mathrm{Ent}(U)$將為 0；當u_i對應的機率都相等（即機率都為$\frac{1}{k}$）時，$\mathrm{Ent}(U)=k\cdot\frac{1}{k}\cdot\log_2\frac{1}{\frac{1}{k}}=\log_2 k$，資訊熵達到最大。所以$u_i$對應的機率差別越大，平均不確定就越小，資訊熵也就越小；反之，u_i對應的機率差別小或很接近，平均不確定就越大，資訊熵也就越大。由於資訊熵$\mathrm{Ent}(U)$表示在發出資訊 U 之前存在的不確定性，在接收到資訊 V 後，資訊 U 的不確定性會發生改變，在接收到資訊$v_j(j=1,2,\cdots,m)$時，資訊 U 的不確定性為：

$$\mathrm{Ent}\left(U|v_j\right)=\sum_{i=1}^{k}P\left(u_i|v_j\right)\log_2\frac{1}{P\left(u_i|v_j\right)}=-\sum_{i=1}^{k}P\left(u_i|v_j\right)\log_2 P\left(u_i|v_j\right)$$

其中，$\mathrm{Ent}(U|v_j)$又叫後驗熵，它是在接收到一定的資訊後，對資訊 U 進行的後驗判斷。在考慮所有接收資訊 V 時，獲得後驗熵的期望（又稱為條件熵），如下：

$$E(U|V)=\sum_{j=1}^{m}P\left(v_j\right)\cdot\mathrm{Ent}\left(U|v_j\right)=\sum_{j=1}^{m}P\left(v_j\right)\left(-\sum_{i=1}^{k}P\left(u_i|v_j\right)\log_2 P\left(u_i|v_j\right)\right)$$

其中，$E(U|V)$表示在接收到 V 後對資訊 U 仍存在的平均不確定性，即後驗不確定性，通常是由隨機干擾引起的。我們很容易想到，由於 V 的後驗修正$E(U|V)$代表的平均不確定性應該小於$\mathrm{Ent}(U)$，即存在關係$\mathrm{Ent}(U|V)<\mathrm{Ent}(U)$。從$\mathrm{Ent}(U)$到$\mathrm{Ent}(U|V)$減少的部分，我們叫作資訊增益，它反映了資訊消除不確定性的程度，其數學定義為：

$$\mathrm{Gains}(U,V)=\mathrm{Ent}(U)-\mathrm{Ent}(U|V)$$

在進行特徵選擇時，以回應變數作為資訊 U，以各解釋變數分別作為資訊 V，帶入計算資訊增益，透過資訊增益的大小排序，來確定特徵的順序，以此來進行特徵選擇。需要注意的是，資訊增益越大越重要，因為它表示變數消除不確定性的能力越強。

這裡仍然以 iris 資料集為例來說明資訊增益的計算方法。設變數 S_1、S_2、P_1、P_2 分別代表花萼長度（Sepal.Length）、花萼寬度（Sepal.Width）、花瓣長度（Petal.Length）、花瓣寬度（Petal.Width），作為輸入變數；變數 Y 代表種類（Species），作為輸出變數。由於 Sepal.Length、Sepal.Width、Petal.Length、Petal.Width 都是數值型態，不能直接使用上述方法計算資訊增益，預測問題中的回應變數通常也是數值型態，這種情況下，需要將數值型態轉換成分類變數進行離散化處理。最簡單的兩種方法分別是等寬區間法和等頻區間法，顧名思義，就是把連續變數按一定的寬度劃分為離散區間，或是按連續變數排序後的值照比例劃分為離散區間。它們的缺點在於沒有考慮資料本身的特點，完全是外在的一種規定。實際上，我們可以基於資訊增益對數值變數進行合理的離散化處理。使用 Python 撰寫離散化函數 disc 傳回數值變數的二元分類值，程式如下：

```
 1 import numpy as np
 2 def gains(u, v):
 3     ent_u = [np.sum([p*np.log2(1/p) for p in ct/np.sum(ct)]) for ct in
       [np.unique(u,return_counts=True)[1]]][0]
 4     v_id,v_ct = np.unique(v,return_counts=True)
 5     ent_u_m = [np.sum([p*np.log2(1/p) for p in ct/np.sum(ct)]) for ct in
      [np.unique(u[v ==m],return_counts=True)[1] for m in v_id]]
 6     return ent_u - np.sum(np.array(ent_u_m)*(v_ct/np.sum(v_ct)))
 7
 8 def disc(u, x):
 9     sorted_x = np.sort(x)
10     max_gains, max_tmp = 0, None
11     for e in sorted_x:
12         tmp = np.zeros(len(x))
13         tmp[x>e]=1
14         tmp_gain = gains(u,tmp)
15         if tmp_gain > max_gains:
```

```
16            max_gains,max_tmp  = tmp_gain, tmp
17     return max_tmp
```

其中，函數 gains 用於計算指定分類條件 v 的情況下對應目標分類變數 u 的資訊增益。進一步，使用 disc 函數對 iris 的數值類型資料進行離散化處理，程式如下：

```
1 import pandas as pd
2 iris = pd.read_csv("iris.csv")
3 for col in iris.columns[0:-1]:
4    iris[col] = disc(iris.Species,iris[col]).astype("int")
5 iris.head()
```

執行結果如表 4-3-2 所示。disc 函數將 Sepal.Length、Sepal.Width、Petal.Length、Petal.Width 這 4 個變數分別分成了 0/1 兩種類別。經過離散化處理，獲得了計算資訊增益的基礎資料。

表 4-3-2 執行結果

	Sepal.Length	Sepal.Width	Petal.Length	Petal.Width	Species
0	0	1	0	0	setosa
1	0	0	0	0	setosa
2	0	0	0	0	setosa
3	0	0	0	0	setosa
4	0	1	0	0	setosa

該資料是 iris 經過離散處理的資料，共 150 行 5 列。這裡將 Y 看作資訊 U，輸入變數（S_1、S_2、P_1、P_2）看作接收到的資訊 V。在進行預測前，輸出變數對我們來說是完全隨機的，其平均不確定性為：

$$\mathrm{Ent}(U) = -\sum_{i=1}^{k} P(u_i)\log_2 P(u_i) = -3 \cdot \frac{1}{3} \cdot \log_2 \frac{1}{3} = \log_2 3 = 1.5849$$

由於輸出變數 Y 包含 3 個值：setosa、versicolor、virginica，且都為 50 個，所以機率都為 1/3。當接收到資訊時，也就檢查了輸入變數，如變數 S_1（對應 Sepal.Length），則 S_1 的條件熵為：

$$\begin{aligned}
\text{Ent}(U|S_1) &= \sum_{j=1}^{m} P(s_1)\left(-\sum_{i=1}^{k} P\left(u_i|s_{1j}\right)\log_2 P\left(u_i|s_{1j}\right)\right) \\
&= P(s_1=0)\cdot(-P(U=\text{ setosa}|s_1=0)\cdot\log_2 P(U=\text{ setosa }|s_1=0) \\
&\quad -P(U=\text{ versicolor }|s_1=0)\cdot\log_2 P(U=\text{ versicolor }|s_1=0) \\
&\quad -P(U=\text{ virginical }|s_1=0)\cdot\log_2 P(U=\text{ virginical }|s_1=0))+ \\
&\quad P(s_1=1)\cdot(-P(U=\text{ setosa}|s_1=1)\cdot\log_2 P(U=\text{ setosa }|s_1=1) \\
&\quad -P(U=\text{ versicolor }|s_1=1)\cdot\log_2 P(U=\text{ versicolor }|s_1=1) \\
&\quad -P(U=\text{ virginical }|s_1=1)\cdot\log_2 P(U=\text{ virginical }|s_1=1)) \\
&= 0.3933\cdot(-0.7966\cdot\log_2 0.7966-0.1864\cdot\log_2 0.1864-0.0169\cdot\log_2 0.0169)+ \\
&\quad 0.6066\cdot(-0.5384\cdot\log_2 0.5384-0.4285\cdot\log_2 0.4285-0.0329\cdot\log_2 0.0329) \\
&= 1.0276
\end{aligned}$$

在知道了$\text{Ent}(U)$和$\text{Ent}(U|S_1)$後，計算S_1的資訊增益，如下：

$$\text{Gains}(U,S_1)=\text{Ent}(U)-\text{Ent}(U|S_1)=1.5849-1.0276=0.5573$$

由於計算複雜，現基於 gains 函數來計算指定 U 和S_1時的資訊增益，程式如下：

```
1 iris.columns=["S1","S2","P1","P2","Species"]
2 gains(iris['Species'],iris['S1'])
3 # 0.5572326878069265
```

比較計算結果，0.5572326878069265 與我們手動計算的結果 0.5573 幾乎是一樣的，只是精度的一些影響造成最後一個數字不一樣，其實屬於正常情況。使用自訂函數 gains 依次計算 S_2、P_1、P_2 的資訊增益分別為 0.2831、0.9183、0.9183，如程式所示：

```
1 gains(iris['Species'],iris['S2'])
2 # 0.2831259891683114
3 gains(iris['Species'],iris['P1'])
4 # 0.9182958340544892
5 gains(iris['Species'],iris['P2'])
6 # 0.9182958340544892
```

由此，根據資訊增益，輸入變數的重要性次序為：$P_1=P_2>S_1>S_2$。然而，當接收訊號 V 為全不相同的類別時（即一種類別只有一個實例），將使得資訊增益最大。由於每一個 V 的值都是一個類別，且對應的 U 類別也只有一個值，取該值的機率為 1，這明顯是一種過擬合的情況。很顯然，基於資訊增益來進行特徵選擇尚存在一些不足。

為解決這個問題，需要在計算資訊增益的同時，考慮接收訊號 V 本身的特點，於是定義資訊增益率，其數學表達如下：

$$\text{GainsR}(U|V) = \frac{\text{Gains}(U|V)}{\text{Ent}(V)}$$

這樣，當接收的資訊 V 具有較多類別值時，它自己的資訊熵範圍也會增大（從前面的討論可知，當各種別出現的機率相等時，有最大熵$\log_2 k$，其中 k 為類別數量，因此，當 k 較大時，其熵的設定值範圍更大，也就更有可能取得更大的熵值），而資訊增益率不會隨著增大，進一步消除類別數目帶來的影響。

使用 Python 自訂求解資訊增益率的函數 gainsR，並將 P2 取代成全不相同的類別變數，計算各輸入變數的資訊增益與資訊增益率，程式如下：

```
1 def gainsR(u,v):
2     ent_v = [np.sum([p*np.log2(1/p) for p in ct/np.sum(ct)]) for ct in
      [np.unique(v,return_counts=True)[1]]][0]
3     return gains(u,v)/ent_v
4
5 iris['P2']=range(iris.shape[0])
6 # 計算資訊增益，並排序
7 gains(iris['Species'],iris['S1'])
8 # 0.5572326878069265
9 gains(iris['Species'],iris['S2'])
10 # 0.28312598916883114
11 gains(iris['Species'],iris['P1'])
12 # 0.9182958340544892
13 gains(iris['Species'],iris['P2'])
14 # 1.5849625007211559
15 # 重要性次序為：P2 > P1 > S1 > S2
16
17 # 計算資訊增益率，並排序
18 gainsR(iris['Species'],iris['S1'])
19 # 0.5762983610929974
20 gainsR(iris['Species'],iris['S2'])
```

```
21 # 0.35129384185463564
22 gainsR(iris['Species'],iris['P1'])
23 # 0.9999999999999999
24 gainsR(iris['Species'],iris['P2'])
25 # 0.21925608713979675
26 # 重要性次序為：P1 > S1 > S2 > P2
```

如上述程式所示，兩個排序結果中，計算資訊增益率的排序更為可信。

5. 卡方檢定

卡方檢定是一種計數資料的假設檢驗方法，主要用於無序分類變數的統計推斷，屬於非參數檢驗範圍。由於可以分析兩個分類變數的連結性，因此經常被用於特徵選擇。卡方檢定的基本思想在於比較理論頻數與實際頻數的一致性，在假設兩分類變數的組成比率相同的情況下，建置卡方統計量χ^2，其基本公式及推導如下：

$$\chi^2=\sum\frac{(A-T)^2}{T}=\sum\frac{A^2-2AT+T^2}{T}=n\cdot\sum\frac{A^2}{n_R n_C}-2\cdot\sum A+\frac{1}{n}\cdot\sum n_R n_C$$

$$=n\cdot\sum\frac{A^2}{n_R n_C}-n+\frac{\sum n_R n_C-n^2}{n}=n(\sum\frac{A^2}{n_R n_C}-1),v=(\text{行数}-1)\cdot(\text{列数}-1)$$

其中，A 為實際頻數，T 為理論頻數，根據假設條件，可得$T=\frac{n_R n_C}{n}$，n 為所有頻數之和，n_R為每個元素所在行的頻數之和，n_C為每個元素所在列的頻數之和，v表示自由度。推導中的$\Sigma n_R n_C=n^2$，其實也很好了解，對$\Sigma n_R n_C$中的每個元素按行和列分成兩種值M_1和M_2，即M_1表示每元素按行整理值的集合，含值數目等於行數，M_2表示每元素按列整理值的集合，含值數目等於列數，並且滿足$\Sigma M_1=\Sigma M_2=n$，同時根據分配律可知$\Sigma M_1\cdot\Sigma M_2=\Sigma n_R n_C=n^2$。

透過χ^2的定義可知，當實際頻數 A 與理論頻數 T 相差越小時，χ^2越接近於 0，反之，當實際頻數 A 與理論頻數 T 相差越大時，χ^2值越大。因此，可以透過檢驗統計量χ^2來反映實際頻數與理論頻數的接近程度。χ^2分佈的形狀及隨自由度變化的過程如圖 4-3-4 所示。

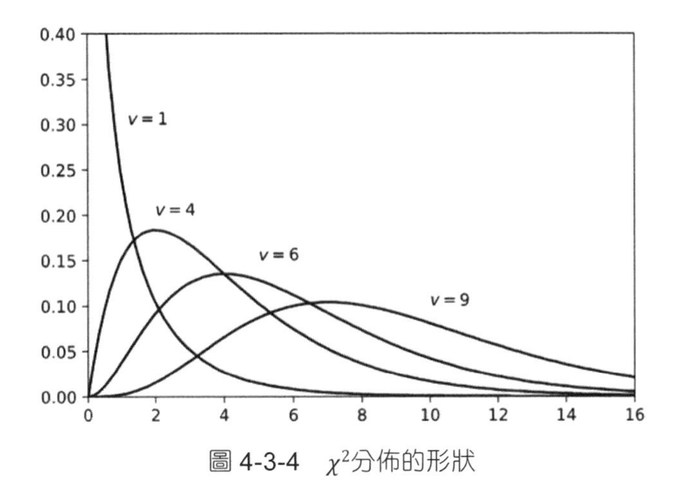

圖 4-3-4　χ^2分佈的形狀

由圖 4-3-4 可知，當自由度$v \leqslant 2$時，曲線呈 L 形，隨著 v 的增加，曲線逐漸趨於對稱，當自由度趨近於無限大時，χ^2接近正態分佈。

下面透過一個案例資料來說明卡方檢定的手動計算過程，這裡使用離散化的 iris 資料集，分析 Sepal.Width 對 Species 的影響，過程如下。

（1）建立 Sepal.Width 對 Species 的列聯表，如表 4-3-3 所示。

表 4-3-3 Sepal.Width 對 Species 的頻率關係

	setosa	versicolor	virginica	行整理
Sepal.Width=0	19	49	45	113
Sepal.Width=1	31	1	5	37
列整理	50	50	50	150

（2）計算χ^2值和自由度v。

$$\chi^2 = 150 \cdot \left(\frac{19^2}{50\times113} + \frac{49^2}{50\times113} + \frac{45^2}{50\times113} + \frac{31^2}{50\times37} + \frac{1^2}{50\times37} + \frac{5^2}{50\times37} - 1\right)$$

$$= 57.1155$$

$$v = (3-1)\cdot(2-1) = 2$$

（3）確定 P 值，得出結論。查詢χ^2界值表，$\chi^2_{0.01,2} = 13.277$，$57.1155 > \chi^2_{0.01,2}$，所以$P < 0.01$，以 0.01 水準，可以拒絕原假設，即認為 Sepal.Width 對 Species 影響顯著。

使用 Python 中 scipy.stats 模組的 chi2_contingency 函數進行卡方檢定，同樣使用離散化的 iris 資料集，分析 Sepal.Width 對 Species 的影響，程式如下：

```
 1 from  scipy.stats import chi2_contingency
 2 import numpy as np
 3 import pandas as pd
 4 iris = pd.read_csv("iris.csv")
 5 for col in iris.columns[0:-1]:
 6     iris[col] = disc(iris.Species,iris[col]).astype("int")
 7 iris['D']=1
 8 chi_data = np.array(iris.pivot_table(values='D', index='Sepal.Width',
   columns='Species',aggfunc='sum'))
 9 chi = chi2_contingency(chi_data)
10 print('chisq-statistic=%.4f, p-value=%.4f, df=%i expected_frep=%s'%chi)
11 # chisq-statistic=57.1155, p-value=0.0000, df=2 expected_frep=[[37.66 37.66
37.66]
12 # [12.33 12.33 12.33]]
```

從結果中，獲得 P 值 0.0<0.01，同時卡方統計量 X-squared=57.1155，與手動計算結果一致。

6. Gini 係數

Gini 係數是衡量不平等性的指標。在分類問題中，分類樹節點 A 的 Gini 係數表示樣本在子集中被錯分的可能性大小，它通常記作這個樣本被選取的機率p_i乘以它被錯分的機率$(1-p_i)$。假如回應變數 y 的設定值有 k 個分類，令p_i是樣本屬於i類別的機率，則 Gini 係數可以透過如下公式計算：

$$\text{Gini}(A)=\sum_{i=1}^{k}p_i\,(1-p_i)=1-\sum_{i=1}^{k}p_i^2$$

對於連續型變數，可將數值排序，依次計算相鄰值之間的平均值作為分界點，在產生的兩種中（其中一種記為樣本集合 S，C_i是 S 中屬於第i類別的子集），計算 S 對回應變數 y 的 Gini 係數，公式如下：

$$\text{Gini}(S)=1-\sum_{i=1}^{k}\left(\frac{|C_i|}{|S|}\right)^2$$

對於離散變數，可直接使用以上公式，計算樣本集合 S 對應的 Gini 係數，其中 S 表示分類樹的節點對應的子集合。當 S 中只有兩種時，是經典的二分類問題，此時的 $\text{Gini}(p) = 2p(1-p)$，其中 p 是樣本點屬於第一種的機率。

由於 Gini 係數可以表示樣本在子集中被錯分的可能性大小，其值越大，樣本越有可能被錯分，其值越小，樣本越有可能不被錯分，因此 Gini 係數越小越好。可以透過計算每個特徵的 Gini 係數來進行特徵選擇。在分類樹的前提下，每個特徵 F 都會有 N 個分類或區間作為分類節點，可以透過以下公式計算該特徵 F 的 Gini 係數：

$$\text{Gini}(F) = \sum_{i=1}^{N} \frac{|F_i|}{|F|} \text{Gini}(F_i)$$

其中，F_i為第 i 個分類對應的樣本子集。可以看到$\text{Gini}(F)$即表示特徵 F 對應各節點 Gini 係數的平均值，它越小表明該特徵對於分類越有優勢。對連續變數排序後依次按相鄰值的均值作為分界點計算的諸多該特徵的 Gini 係數中找出最小值所對應的分割點，即為最佳二分劃分點，而此時的 Gini 係數也是該特徵對應的二分劃分最佳的 Gini 係數。

下面我們以表 4-3-4 的資料為例，來說明計算資料集中各特徵的 Gini 係數，並對特徵進行排序。

表 4-3-4 計算 Gini 係數基礎資料

有固定資產（X_1）	家庭類型（X_2）	月收入（X_3）	VIP 使用者
是	C_1	13.3	否
是	C_2	10.0	否
否	C_1	7.2	否
是	C_2	12.7	否
否	C_3	10.5	是
否	C_2	6.3	否
是	C_3	21.2	否
否	C_1	8.6	是
是	C_2	7.0	否
否	C_1	9.4	是

下面介紹主要步驟。

（1）計算 X_1 對 Y 的 Gini 係數。統計 X_1 與 Y 的列聯表，如表 4-3-5 所示。

表 4-3-5 X_1 與 Y 的列聯表

	否	是
否	2	3
是	5	0

$$\text{Gini}(X_1=\text{否})=1-\left(\frac{2}{2+3}\right)^2-\left(\frac{3}{2+3}\right)^2=0.48$$

$$\text{Gini}(X_1=\text{是})=1-\left(\frac{5}{5+0}\right)^2-\left(\frac{0}{5+0}\right)^2=0$$

$$\text{Gini}(X_1)=\frac{2+3}{2+3+5+0}\cdot\text{Gini}(X_1=\text{否})+\frac{5+0}{2+3+5+0}\cdot\text{Gini}(X_1=\text{是})=0.24$$

（2）計算 X_2 對 Y 的 Gini 係數。統計 X_2 與 Y 的列聯表，如表 4-3-6 所示。

表 4-3-6 X_2 與 Y 的列聯表

	否	是
C_1	2	2
C_2	4	0
C_3	1	1

$$\text{Gini}(X_2=C_1)=1-\left(\frac{2}{2+2}\right)^2-\left(\frac{2}{2+2}\right)^2=0.5$$

$$\text{Gini}(X_2=C_2)=1-\left(\frac{4}{4+0}\right)^2-\left(\frac{0}{4+0}\right)^2=0$$

$$\text{Gini}(X_2=C_3)=1-\left(\frac{1}{1+1}\right)^2-\left(\frac{1}{1+1}\right)^2=0.5$$

$$\text{Gini}(X_2)=\frac{4}{10}\cdot\text{Gini}(X_2=C_1)+\frac{4}{10}\cdot\text{Gini}(X_2=C_2)+\frac{2}{10}\cdot\text{Gini}(X_2=C_3)=0.3$$

(3) 計算 X_3 對 Y 的 Gini 係數。將 X_3 從小到大排序，依次以相鄰值的平均值作為分界點，得出 $n-1$（其中 n=10）個 Gini 係數的值，如圖 4-3-5 所示。

	6.3	7		7.2		8.6		9.4		10		10.5		12.7		13.3		21.2
	6.65		7.1		7.9		9		9.7		10.25		11.6		13		17.25	
	<=	>	<=	>	<=	>	<=	>	<=	>	<=	>	<=	>	<=	>	<=	>
是	0	3	0	3	0	3	1	2	2	1	2	1	3	0	3	0	3	0
否	1	6	2	5	3	4	3	4	3	4	4	3	4	3	5	2	6	1
分类Gini	0.000	0.444	0.000	0.469	0.000	0.490	0.375	0.444	0.480	0.320	0.444	0.375	0.490	0.000	0.469	0.000	0.444	0.000
权重	0.100	0.900	0.200	0.800	0.300	0.700	0.400	0.600	0.500	0.500	0.600	0.400	0.700	0.300	0.800	0.200	0.900	0.100
特征Gini	0.400		0.375		0.343		0.417		0.400		0.417		0.343		0.375		0.400	

圖 4-3-5 處理結果

可知 Gini(X_3)=0.343（n-1 個 Gini 係數的最小值，對應分割點為最佳劃分）。

(4) 透過計算 X_1、X_2、X_3 的 Gini 係數，且有大小關係 Gini(X_3)>Gini(X_2)>Gini(X_1)，所以特徵的重要性順序為 $X_1>X_2>X_3$。

4.3.3 模型法

將要評價的所有特徵加入模型中進行訓練和測試，透過分析這些特徵對模型的貢獻程度來辨識特徵的重要性，這種想法就是模型法用於評價特徵重要性的出發點。有兩大類經常使用的方法：增益法和置換法。其中增益法主要透過收集決策樹建模過程中特徵的 Gini 增益來評估特徵的重要程度，而置換法主要透過比較特徵在置換前後，其所建模型在 OOB 資料集的精度下降程度來評估特徵的重要性。下面將對這兩種方法展開探討。

1. 增益法

在決策樹的產生過程中，通常將 Gini 增益或資訊增益率作為評估最佳分割的標準，我們可以統計整棵樹中各節點分割時對應特徵的累積增益，按大小順序對這些特徵排序，進一步確定出最重要的幾個特徵。但是僅基於一棵樹，可能存在過擬合的問題，模型也缺乏穩固性。因此，基於由大量簡單決策樹組成的隨機森林來實現特徵評價是一種不錯的方法。

由於隨機森林是由多棵決策樹建置的增強分類（回歸）器，當新資料進入隨機森林時，所有決策樹會產生分類或預測結果，隨機森林會取這些結果的眾數或平均值作為該新資料的輸出。它能夠處理很高維度的資料，並且不用做特徵選擇。由於隨機選擇樣本導致每次學習決策樹使用不同的訓練集，所以隨機森林是可以在某種程度上避免過擬合的。隨機森林的建置過程如圖 4-3-6 所示。

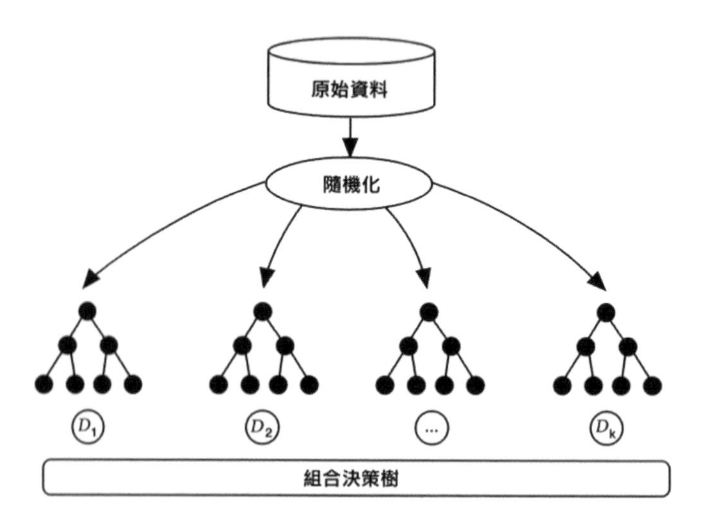

圖 4-3-6 隨機森林的建置過程

在圖 4-3-6 中隨機化主要針對原始資料的記錄和特徵進行隨機選取，建置隨機化樣本。例如這裡有一個資料集，擁有 1000 筆記錄和 25 個特徵，如果指定取出 100 個資料集來建置決策樹，那麼用於訓練的每個資料集都要從這 1000 筆記錄中可放回地取出 100 筆記錄，同時，建議從 25 個特徵中隨機選取 5 個（$\sqrt{N}$，N 為特徵數量）特徵，建置 100 個 1000×5 的資料集用於訓練決策樹。當所有決策樹都訓練完成時，在新資料下，都對應有輸出，隨機森林還需要將這些結果進行投票組合，產生最後的結果。

在建置決策樹的過程中，需要對變數的重要性排序，由於隨機森林擁有大量的決策樹，將每棵決策樹獲得的變數重要性進行綜合，可以獲得最後的變數重要性排序結果，這個結果相比單棵決策樹的結果更穩定、更可信。因此，通常選用隨機森林的方法來進行特徵選擇。

我們用V_j表示第j個變數在隨機森林所有樹中節點分裂不純度的平均減少量（對應純度的增益量）。不純度使用 Gini 指數來度量，其計算公式如下：

$$\mathrm{Gini}_m(X_j) = \sum_{i=1}^{k} p_i\,(1 - p_i) = 1 - \sum_{i=1}^{k} p_i^2$$

其中，k為自助樣本集的類別數，p_i為節點m中樣本屬於第i類別的機率。變數X_j在節點m的重要性可表示為：

$$V_j^m = \mathrm{Gini}_m(X_j) - \mathrm{Gini}_m(T_{\mathrm{sub1}}) - \mathrm{Gini}_m(T_{\mathrm{sub2}})$$

上式中的 $\mathrm{Gini}_m(T_{\mathrm{sub1}})$和 $\mathrm{Gini}_m(T_{\mathrm{sub2}})$分別表示由節點 m 分裂後，兩個新節點的 Gini 指數。

如果變數X_j在第i棵樹中出現L次，則變數X_j在第i棵樹的重要性為：

$$V_j^i = \sum_{k=1}^{L} V_j^k$$

進一步，變數X_j在隨機森林中的 Gini 重要性定義為（其中，n 為隨機森林中樹的數量）：

$$V_j = \frac{1}{n}\sum_{i=1}^{n} V_j^i$$

我們可以使用 Python 的 sklearn 函數庫中的 ensemble 的 Random Forest Classifier 類別來實現隨機森林的建模，同時獲得各特徵的重要性得分，Random Forest Classifier 是基於 mean decreaseimpurity（平均不純度減少量）實現的變數重要性得分計算的，需要對每棵樹按照 impurity（不純度度量，例如 Gini 指數）給特徵排序，然後整個森林取平均值，即 Random Forest Classifier 類別已經實現了基於增益法來實現特徵評價的功能。這裡基於 wine.data 資料集來實現，該 UCI（Univer sity of California Ivving）資料庫提供的葡萄酒資料封包含 178 個樣本，13 個輸入特徵，1 個目標分類變數。這些輸入特徵包含 Alcohol（酒精度）、Malicacid（蘋果酸）、Magnesium（鎂）、Totalphenols（總酚）、Flavanoids（黃酮）等成分指標，目標分類變數表示葡萄酒的來源，這裡有 3 個分類，即基於葡萄酒的化學成分來確定葡萄酒的產地，這是一個分類問題。下面撰寫 Python 程式，對有關的 13 個特徵使用隨機森林的方法進行重要性評價，程式如下：

```
 1 from sklearn.ensemble import RandomForestClassifier
 2 import pandas as pd
 3 import numpy as np
 4 df = pd.read_csv('http://archive.ics.uci.edu/ml/machine-learning-databases/
   wine/wine.data', header = None)
 5 df.columns = ['Class label', 'Alcohol', 'Malic acid', 'Ash',
 6               'Alcalinity of ash', 'Magnesium', 'Total phenols',
 7               'Flavanoids', 'Nonflavanoid phenols', 'Proanthocyanins',
 8               'Color intensity', 'Hue', 'OD280/OD315 of diluted wines',
                 'Proline']
 9 X, y = df.drop(columns='Class label'),df['Class label']
10 forest = RandomForestClassifier(n_estimators=10000, random_state=0)
11 forest.fit(X, y)
12 importances = forest.feature_importances_
13 indices = np.argsort(importances)[::-1]
14 for e in range(X.shape[1]):
15     print("%2d) %-*s %f" % (e + 1, 30, X.columns[indices[e]],
       importances[indices[e]]))
16
17 # 1) Proline                         0.172933
18 # 2) Color intensity                 0.159572
19 # 3) Flavanoids                      0.158639
20 # 4) Alcohol                         0.122553
21 # 5) OD280/OD315 of diluted wines    0.117285
22 # 6) Hue                             0.082196
23 # 7) Total phenols                   0.052964
24 # 8) Magnesium                       0.030679
25 # 9) Malic acid                      0.030567
26 #10) Alcalinity of ash               0.026736
27 #11) Proanthocyanins                 0.021301
28 #12) Ash                             0.013659
29 #13) Nonflavanoid phenols            0.010917
```

進一步，可將特徵重要性得分透過橫條圖進行展現，如圖 4-3-7 所示，程式如下：

```
1 import matplotlib.pyplot as plt
2 plt.title('Feature Importance')
3 plt.bar(range(X.shape[1]), importances[indices], color='black', align='center')
4 plt.xticks(range(X.shape[1]), X.columns[indices], rotation=90)
5 plt.xlim([-1, X.shape[1]])
6 plt.tight_layout()
7 plt.show()
```

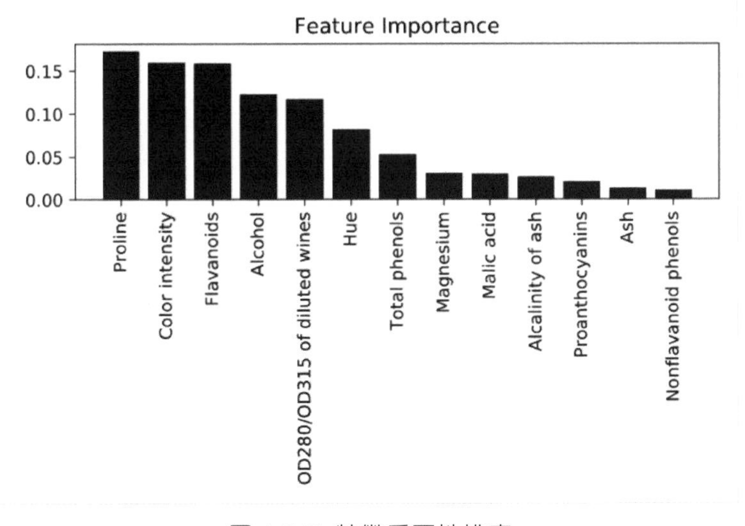

圖 4-3-7 特徵重要性排序

2. 置換法

當判斷一個特徵是否重要時，其實有一種簡單的方法，即將該特徵資料進行置換，比較置換前後該模型在同一個測試集上的預測精度是否有明顯下降，若下降得非常明顯，那麼該特徵是重要的，不然該特徵不重要。於是，我們可以使用預測精度的下降程度來度量特徵的重要程度。這是置換法的基本想法，該想法非常通用，可廣泛應用於分類和回歸等諸多模型。

下面基於 wine.data 資料集，透過撰寫 Python 程式，說明置換法的原理和使用方法。首先，按 7:3 的比例對資料進行分區，即使用 70%的資料建立模型，另外 30%的資料用於測試。然後，按順序依次隨機置換這 13 個特徵，透過置換前後的精度變化來評估特徵的重要性，程式如下：

```
1 from sklearn import tree
2 from sklearn.metrics import confusion_matrix
3 from sklearn.model_selection import train_test_split
4 import numpy as np
5 import random
6
7 def eval_func(xtrain,ytrain,ytest,xtest):
8     clf = tree.DecisionTreeClassifier()
9     clf = clf.fit(xtrain, ytrain)
10    C2= confusion_matrix(ytest, clf.predict(xtest))
11    return np.sum(np.diag(C2))/xtest.shape[0]
12
13 out = []
14 for i in range(10000):
15    X_train, X_test, y_train, y_test = train_test_split(X, y,
      test_size = 0.3, random_state=i)
16    org_ratio = eval_func(X_train,y_train,y_test,X_test)
17    eval_list = []
18    for col in X_train.columns:
19        new_train = X_train.copy()
20        new_train[col] = random.choice(range(new_train.shape[0]))
21        decrease = org_ratio - eval_func(new_train,y_train,y_test,X_test)
22        eval_list.append(decrease if decrease > 0 else 0)
23    out.append(eval_list)
24
25 importances = pd.DataFrame(np.array(out)).apply(lambda x:np.mean(x),
   axis=0).values
26 indices = np.argsort(importances)[::-1]
27 for e in range(X.shape[1]):
28    print("%2d) %-*s %f" % (e + 1, 30, X_train.columns[indices[e]],
      importances[indices[e]]))
29 # 1) Color intensity                 0.024522
30 # 2) Flavanoids                      0.021774
31 # 3) Proline                         0.014481
32 # 4) Alcohol                         0.009896
33 # 5) OD280/OD315 of diluted wines    0.009563
34 # 6) Ash                             0.009431
35 # 7) Hue                             0.009028
36 # 8) Total phenols                   0.008741
37 # 9) Alcalinity of ash               0.008669
```

```
38 #10) Nonflavanoid phenols          0.008628
39 #11) Malic acid                    0.008496
40 #12) Magnesium                     0.008493
41 #13) Proanthocyanins               0.008333
```

如上述程式所示，為了增加結果的穩定性，進行了 10000 次反覆運算，再將對應特徵的精度變化值整理求平均值。可以從列印的降冪排列結果中看到，使用置換法獲得的特徵重要性排序與使用增益法結果的大部分是接近的。進一步，可將特徵重要性得分透過橫條圖進行展現，如圖 4-3-8 所示，程式如下：

```
1 import matplotlib.pyplot as plt
2 plt.title('Feature Importance')
3 plt.bar(range(X_train.shape[1]), importances[indices], color='black',
  align='center')
4 plt.xticks(range(X_train.shape[1]), X_train.columns[indices], rotation=90)
5 plt.xlim([-1, X_train.shape[1]])
6 plt.tight_layout()
7 plt.show()
```

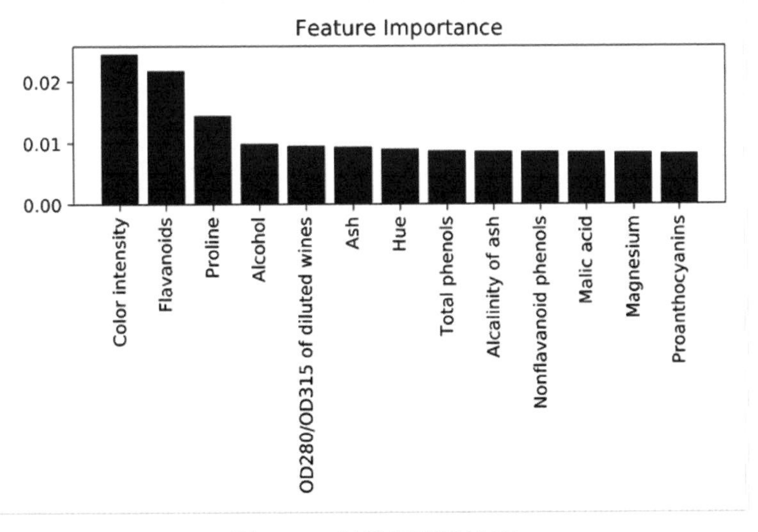

圖 4-3-8 特徵重要性排序

4.4 特徵學習

特徵學習有時又叫作代表學習，是指基於已有的原始資料，透過演算法方法獲得具有更強代表能力特徵的過程。基於特徵學習開展預測工作，可以有效避免手動分析特徵的繁雜工作量，同時也可以比較好地確保預測效果。特徵學習其實並不神秘，常見的主成分分析，其實就屬於無監督特徵學習的範圍。在影像處理領域，透過主成分分析處理影像可以獲得影像中人物的輪廓，其實也就是分析了用於後續建模的特徵。此外，線性判別分析屬於有監督特徵學習演算法，透過該演算法處理分類資料，可以有效地分析用於分類的強特徵，顯著提升模型效果。這兩種演算法同時又都屬於線性流形學習，在巨量資料的降維方面被廣泛使用，尤其是主成分分析。另外，近幾年流行起來的深度學習也是特徵學習演算法的典型代表。然而，本節並不詳細介紹這些演算法，而是從遺傳程式設計的角度，探討特徵學習的實現和應用。

遺傳程式設計也叫基因程式設計或 GP，是一種從生物進化過程中獲得靈感的自動化產生和選擇電腦程式來完成使用者定義的工作的技術。它比遺傳演算法（關於遺傳演算法的說明，請參見「5.3 遺傳演算法」）適用範圍更廣，因為遺傳程式設計處理的個體更多是一個工作或過程，不是普通意義上的解，遺傳程式設計可用於量子計算、遊戲比賽等。使用遺傳程式設計的方法來進行特徵建置，即是透過電腦程式自動化產生特徵，並透過選擇、交換、變異等過程，最後獲得相對較好的特徵的過程。本節主要介紹基於遺傳程式設計實現特徵建置方法的基本想法，以及如何處理原始特徵集，並基於此建置特徵運算式。接著，介紹基於遺傳演算法的流程，計算適應度、交換、變異的過程，最後根據取得的特徵驗證建模效果。

4.4.1 基本想法

我們在應用遺傳演算法解決問題時，例如找出函數對應最大值的最佳解，通常需要首先隨機產生 N 個候選解作為初始種群，然後透過計算每個解對應的函數值轉換成適應度，由遺傳演算法進行選擇哪些個體可以用來產生後代，並經過交換和變異的過程，實現種群的代代繁衍，直到滿足終止條件，演算法結束，通常可以獲得函數的最佳解或其近似解。然而，我們在應用遺傳程式設計進行特徵建置時，這個問題看起來並不那麼簡單，因為你首先要做的就是產生候選特徵，而這些特徵就是基於原始特徵產生的。假如我們把所有特徵當成是數值型態，那麼經過這些特徵的組合運算，就可以獲得一個新特徵，如果組合運算的規則是隨機產生的，那麼就可以獲得用於遺傳程式設計的初始種群。通常用二元樹來儲存運算規則，如圖 4-4-1 所示，葉子節點表示原始特徵，非葉子節點表示數學運算子，通常有加、減、乘、除等二元運算子和正餘弦、對數、倒數等一元運算操作。

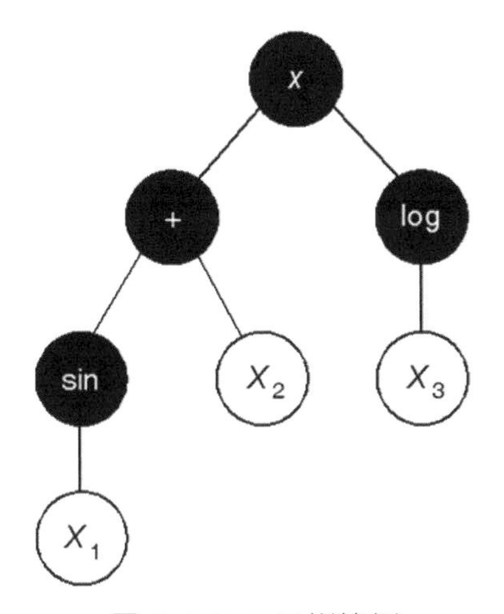

圖 4-4-1 二元樹範例

於是，問題就變為根據指定的原始特徵，如何隨機產生如圖 4-4-1 所示的二元樹，並根據二元樹確定的運算式計算出新特徵。針對這個問題的實際解決辦法，將在「4.4.2 特徵運算式」中詳細介紹。這裡的二元樹就相當於一種遺傳演算法的建置基因的方法，透過指定的固定基因長度確定染色體，並在此基礎上實現染色體的交換和基因的突變。因此，基於遺傳程式設計方法的特徵建置過程，可參見圖 4-4-2。

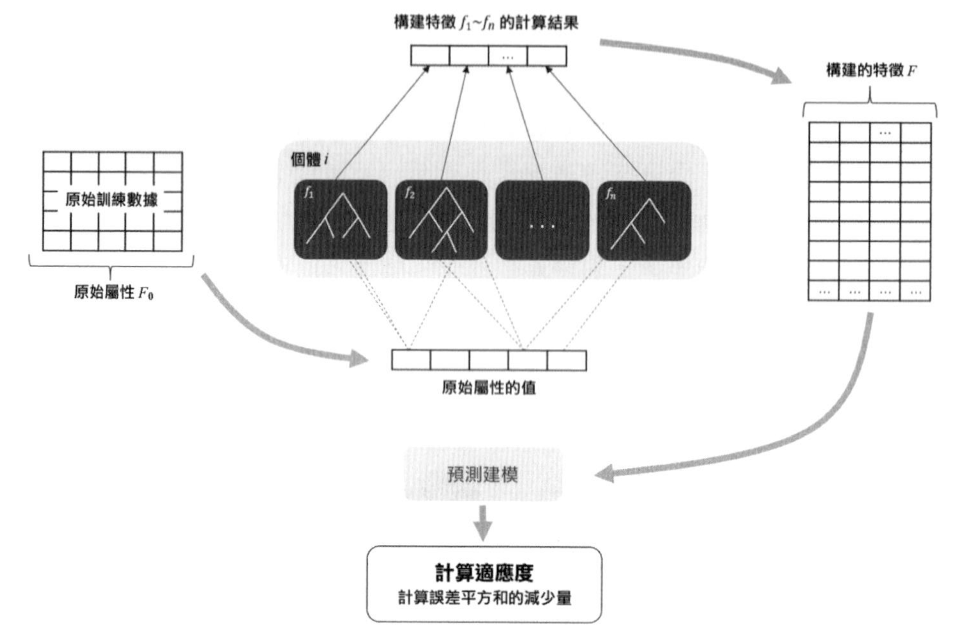

圖 4-4-2 基於遺傳程式設計方法的特徵建置過程

如圖 4-4-2 所示，首先透過隨機產生二元樹的方式，從原始屬性F_0中建置新特徵$f_1 \sim f_n$，並使用新特徵建立預測模型，透過交換驗證的方法計算模型的誤差平方和。再與基於原始屬性建立的預測模型的誤差平方和比較，計算減少量，以此來計算個體的適應度。需要注意的是，一個二元樹就相當於一個基因，一個基因產生一個特徵，一個個體包含指定長度的基因數目，代表由多個特徵組合的資料集。那麼，透過遺傳程式設計的方法來建置特徵的過程，就是尋找最佳特徵組合的過程，所謂最佳的特徵組合，就是與基於原始屬性建立的預測模型相比，基於最佳特徵組合的模型，具有最低的誤差平方和，也反映了模型具有良好的表現能力和預測精度。

4.4.2 特徵運算式

從 4.4.1 節中我們了解到，通常可以使用二元樹來表示運算規則，但是直接用二元樹的結構來進行計算顯得不太方便，實現難度也比較大，所以需要基於二元樹建置運算運算式。例如針對圖 4-4-1 的二元樹，可以建置的運算式為$(\sin(x_1)+x_2)\cdot\log(x_3)$，但這種形式的運算式，也需要從二元樹的結構中透過檢查來產生，實則改進不大。受 LISP 語言 S 運算式的啟發，我們可以將運算式表示為$\big(*\ (+(\sin x_1)x_2)(\log x_3)\big)abc$）或（$ab$）的形式，$a$ 表示運算子，如果後面只有一個物件，就表示一元運算子，如果有兩個物件就表示二元運算子，每一對括號的計算結果又可嵌入另一個括號中作為參數值。進一步，可自訂函數 g 實現運算式的運算功能和表現能力，基於 Python 撰寫函數 g，其定義如下：

```
1 def g(f, a, b=None):
2     """
3     f: 一元或二元運算函數
4     a: 第一個參數
5     b: 如果 f 是一元運算函數，則 b 為空，否則代表二元運算的第二個參數
6     """
7     if b is None:
8         return f(a)
9     else:
10         return f(a,b))
```

另外，針對常見的一元運算（對數、平方根、平方、立方、倒數、sigmoid、tanh、ReLu、binary）、二元運算（加、減、乘、除）可重新定義函數，程式如下：

```
1 import numpy as np
2
3 min_number = 0.01
4
5 # 一元運算
6 def log(x):
7     return np.sign(x)*np.log2(np.abs(x)+1)
8
9 def sqrt(x):
10     return np.sqrt(x-np.min(x)+min_number)
11
12 def pow2(x):
13     return x**2
14
15 def pow3(x):
```

```
16      return x**3
17
18  def inv(x):
19      return 1*np.sign(x)/(np.abs(x)+min_number)
20
21  def sigmoid(x):
22      if np.std(x) < min_number:
23          return x
24      x = (x - np.mean(x))/np.std(x)
25      return (1 + np.exp(-x))**(-1)
26
27  def tanh(x):
28      if np.std(x) < min_number:
29          return x
30      x = (x - np.mean(x))/np.std(x)
31      return (np.exp(x) - np.exp(-x))/(np.exp(x) + np.exp(-x))
32
33  def relu(x):
34      if np.std(x) < min_number:
35          return x
36      x = (x - np.mean(x))/np.std(x)
37      return np.array([e if e > 0 else 0 for e in x])
38
39  def binary(x):
40      if np.std(x) < min_number:
41          return x
42      x = (x - np.mean(x))/np.std(x)
43      return np.array([1 if e > 0 else 0 for e in x])
44
45  # 二元運算
46  def add(x,y):
47      return x + y
48
49  def sub(x,y):
50      return x - y
51
52  def times(x,y):
53      return x * y
54
55  def div(x,y):
56      return x*np.sign(y)/(np.abs(y)+min_number)
```

基於以上程式，運算式$(*\ (+(\sin x_1)x_2)(\log x_3))$為$\mathrm{g}(\mathrm{times}, \mathrm{g}(\mathrm{add}, \mathrm{g}\ (\mathrm{np.sin}, x_1), x_2), \mathrm{g}(\log, x_3))$。這樣有兩個好處：第一，含義直觀，可以直接表達與二元樹相同含義的結構；第二，運算方便，直接可以將此運算式在 Python 中執行，即可傳回結果。假設這裡的$x_1 = 5$、$x_2 = 10$、$x_3 = 46$，則運算式的計算結果如以下程式所示：

```
1 g(times,g(add,g(np.sin,5),10),g(log,46))
2 # 50.219458431129446
```

所以，只要根據原始屬性隨機產生形如 g(a,b)的運算式，就可以獲得隨機產生的特徵。根據二元樹的基本形態，考慮到由原始屬性建置運算式的方便性，將其主要分為兩種：一種是滿二元樹（如果選擇的原始屬性個數不是$2^r(r > 0)$個，則透過虛擬屬性占位實現）；另一種是偏二元樹（由於原始屬性的選擇具有隨機性，因此左二元樹與右二元樹同屬於一種），範例如圖 4-4-3 所示。

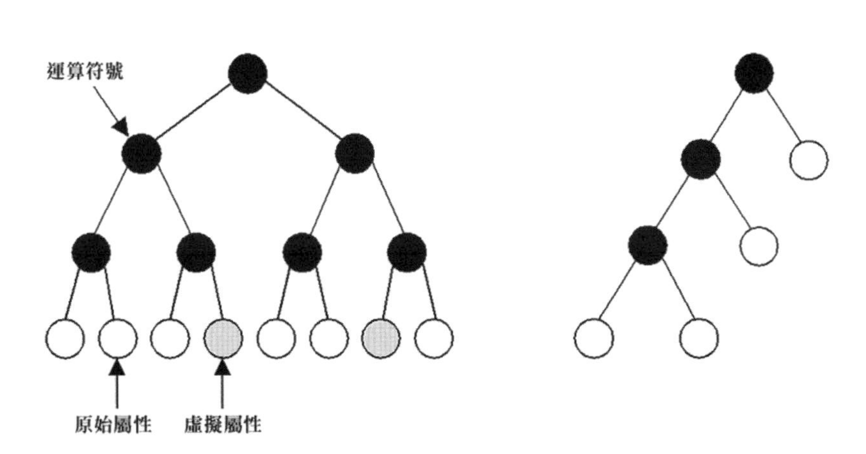

圖 4-4-3 滿、偏二元樹範例

二元樹中空心節點表示原始屬性，滿二元樹和偏二元樹定義了根據原始屬性產生二元樹的兩種方式。假設原始屬性分別為$X_1, X_2 \cdots, X_n$，則指定建置特徵時需要的最大特徵數量 nMax（計算時屬性可重複使用），現隨機從中可放回取出m個原始屬性$X_{s_1}, X_{s_2}, X_{s_3} \cdots, X_{s_m}$，其中 m 為 2~nMax 之間的隨機值，基於滿二元樹的方式建置特徵運算式，定義函數 gen_full_tree_exp，程式如下：

```
1 import random
2
3 # 定義二元運算函數的集合
4 two_group = ['add', 'sub', 'times', 'div']
5
6 # 定義一元運算函數的集合
7 one_group = ['log', 'sqrt', 'pow2', 'pow3', 'inv', 'sigmoid', 'tanh', 'relu',
  'binary']
8
9 # 隨機增加一元運算子
10 def add_one_group(feature_string, prob=0.3):
11     return 'g('+random.choice(one_group)+','+feature_string+')' if
       np.random.uniform(0, 1) < prob else feature_string
12
13 # 建置滿二元樹，並產生數學運算式
14 def gen_full_tree_exp(var_flag_array):
15     half_n = len(var_flag_array)//2
16     middle_array = []
17     for i in range(half_n):
18         if var_flag_array[i] == '0' and var_flag_array[i+half_n] != '0':
19             middle_array.append('g('+random.choice(one_group)+','+
               add_one_group(var_flag_array [i+half_n])+')')
20         elif var_flag_array[i] != '0' and var_flag_array[i+half_n] == '0':
21             middle_array.append('g('+random.choice(one_group)+',
               '+add_one_group(var_flag_array[i])+')')
22         elif var_flag_array[i] != '0' and var_flag_array[i+half_n] != '0':
23             middle_array.append('g('+random.choice(two_group)+','+add_one_
 group(var_flag_array[i])+','+add_one_group(var_flag_array[i+half_n])+')')
24     if len(middle_array) == 1:
25         return add_one_group(middle_array[0])
26     else:
27        return gen_full_tree_exp(middle_array)
```

上述程式中，第 4 行與第 7 行程式定義了二元運算與一元運算的函數集合，函數 add_one_group 以一定的機率（prob）向節點 feature_string 上封裝一層一元運算。gen_full_tree_exp 函數以遞迴的方式將 var_flag_array 分成兩部分，並依次進行二元組合，直到長度為 1 時為止。假設原始屬性的索引為 1~8，nMax=10，'0'為虛擬特徵，則從原始屬性中隨機選取 *N* 個屬性，程式如下：

```
1 # 隨機取出 N 個特徵索引
2 nMax=10
3 N = random.choice(range(2,nMax+1))
4
5 # 定義原始資料集中屬性的索引 1~8
6 featureIdx = range(1,9)
7 select_feature_index = [random.choice(featureIdx) for i in range(N)]+[0]*int
 (2**np.ceil(np.log2(N)) - N)
8 random.shuffle(select_feature_index)
9 select_feature_index = ['X'+str(e) if e> 0 else '0' for e in
  select_feature_index]
10 select_feature_index
11 # ['X3', 'X2', 'X3', 'X4', '0', 'X7', 'X1', 'X8']
```

如上述程式所示，若選擇的 N 個原始屬性不是 $2^r(r > 0)$ 個，則透過虛擬屬性 0 占位實現。選擇的原始屬性儲存在變數 select_feature_index 中。進一步，按滿二元樹方式產生特徵運算式的程式如下：

```
1 tree_exp = gen_full_tree_exp(select_feature_index)
2 tree_exp
3 # g(div,g(sub,g(binary,g(binary,X3)),g(pow2,g(times,g(relu,X3),X1))),
   g(sqrt,g(div,g(sigmoid,g(add,X2,g(relu, X7))),g (times,X4,g(tanh,X8)))))
```

由上述程式可知，我們獲得了 tree_exp 運算式。另外，基於偏二元樹的方式建置特徵運算式，定義函數 gen_side_tree_exp 的程式如下：

```
1 # 建置偏二元樹，並產生數學運算式
2 def gen_side_tree_exp(var_flag_array):
3     if len(var_flag_array) == 1:
4         return add_one_group(var_flag_array[0])
5     else:
6         var_flag_array[1] = 'g('+random.choice(two_group)+','+add_one_group
        (var_flag_array[0])+','+add_one_ group(var_flag_array[1])+')'
7         del var_flag_array[0]
8         return gen_side_tree_exp(var_flag_array)
```

如上述程式所示，函數 gen_side_tree_exp 以遞迴的方式建置特徵運算式，並隨機性地插入一元運算函數。假設原始屬性的索引為 1~8，nMax=10，則從原始屬性中隨機選取 N 個屬性的程式如下（需要注意的是，透過偏二元樹建置特徵運算式不需要透過虛擬特徵 0 占位）：

```
1 N = random.choice(range(2,nMax+1))
2 select_feature_index = ['X'+str(e) for e in [random.choice(featureIdx) for
  i in range(N)]]
3 select_feature_index
4 # ['X8', 'X2', 'X1']
```

如上述程式所示，從原始屬性中可放回取出了 3 個屬性，儲存在變數 select_feature_index 中。進一步，按偏二元樹方式產生特徵運算式的程式如下：

```
1 tree_exp = gen_side_tree_exp(select_feature_index)
2 tree_exp
3 # g(pow3,g(times,g(add,g(binary,X8),g(sigmoid,X2)),g(sqrt,X1)))
```

因此，獲得的完整特徵運算式為 g(pow3,g(times,g(add,g(binary,X8), g(sigmoid, X2)),g(sqrt,X1)))。可以看到原始屬性都分佈在運算式的右邊，這也正是這種方法的特點。

在隨機產生特徵運算式時，採用滿二元樹方式還是偏二元樹方式是隨機選擇的，因此要撰寫 Python 函數 random_get_tree 來實現特徵運算式的隨機產生，程式如下：

```
1 def random_get_tree(input_data,featureIdx,nMax=10):
2     """
3     從原始資料特徵中，隨機取得特徵運算式
4     featureIdx:原始特徵的索引數值，最小從 1 開始
5     nMax:一次最多從特徵中可放回抽樣次數，預設為 10
6     """
7     data = pd.DataFrame({"X"+str(e):input_data.iloc[:,(e-1)].values for e
      in featureIdx})
8
9     # 隨機取出 N 個特徵索引
10    N = random.choice(range(2,nMax+1))
11
12    # 隨機決定是使用滿二元樹還是偏二元樹
13    if random.choice([0,1]) == 1:
14        # 選擇滿二元樹
15        select_feature_index = [random.choice(featureIdx) for i in range(N)]
          +[0]*int(2**np.ceil(np.log2(N)) - N)
16        random.shuffle(select_feature_index)
```

```
17          select_feature_index = ['data.X'+str(e)+".values" if e> 0 else '0'
            for e in select_feature_index]
18          tree_exp = gen_full_tree_exp(select_feature_index)
19      else:
20          # 選擇偏二元樹
21          select_feature_index = ['data.X'+str(e)+".values" for e in
            [random.choice(featureIdx) for i in range(N)]]
22          tree_exp =  gen_side_tree_exp(select_feature_index)
23     return {"f_value":eval(tree_exp),"tree_exp":tree_exp.replace("data.","").
    replace(".values","")}
```

函數 random_get_tree 的參數 input_data 為外部 pandas 資料框物件。以 iris 資料集為例，其特徵索引為 1:4，使用 random_get_tree 函數隨機產生一個特徵運算式的程式如下：

```
1 import pandas as pd
2 iris = pd.read_csv("iris.csv")
3 out = random_get_tree(iris,[1,2,3,4])
4 out['tree_exp']
5 # g(add,g(div,g(sub,g(sqrt,X1),X1),g(times,g(binary,X2),X3)),g(div,
  g(sigmoid,X3),g(add,X4,X2)))
6 out['f_value']
7 # array([-2.94371351,  0.06483323, -3.06427975, -2.62955502, -2.91475196, ...])
```

由於隨機產生特徵運算式時，考慮了滿二元樹和偏二元樹兩種可能性，同時，從原始屬性中進行了可放回取出，並且在建置運算式時，演算法向產生的各節點隨機增加一元運算，這些因素使得最後獲得的特徵運算式隨機性很強，其對應的搜尋空間也很廣泛，因此，可使用遺傳程式設計搜尋特徵運算式空間中的最佳組合。

有時為了進一步檢視特徵運算式的二元樹結構，需要將其繪製出來。下面使用 Python 撰寫 plotTree 函數，使用 networkx 函數庫中的方法，透過檢查特徵運算式實現二元樹的繪製。

首先，我們定義二元樹節點類別，程式如下：

```
1 class Node:
2     def __init__(self, value, label, left=None, right=None):
3         self.value = value
```

```
4         self.label = label
5         self.left = left
6         self.right = right
```

如上述程式所示，value 表示二元樹節點的值（通常存整數索引值），label 表示節點的標籤，left 和 right 分別表示節點的左右子樹。

然後為將特徵運算式字串轉為二元樹圖，需要對該運算式做進一步處理，透過正規表示法解析字串對應的層次關係，這裡定義了 transform 函數，程式如下：

```
 1 import re
 2
 3 def transform(feature_string):
 4     my_dict={}
 5     pattern = r'g\([^\(\)]*\)'
 6     so = re.search(pattern, feature_string)
 7     while so:
 8         start, end = so.span()
 9         key = len(my_dict)
10         my_dict[key]=so.group()
11         feature_string = feature_string[0:start]+'<'+str(key)+'>'+
           feature_string[end:]
12        so = re.search(pattern, feature_string)
13     return my_dict
14
15 exp_tmp = 'g(add,g(div,g(sub,g(sqrt,X1),X1),g(times,g(binary,X2),X3)),
   g(div,g(sigmoid,X3),g(add,X4,X2)))'
16 transform(exp_tmp)
17 # {0: 'g(sqrt,X1)',
18 #  1: 'g(sub,<0>,X1)',
19 #  2: 'g(binary,X2)',
20 #  3: 'g(times,<2>,X3)',
21 #  4: 'g(div,<1>,<3>)',
22 #  5: 'g(sigmoid,X3)',
23 #  6: 'g(add,X4,X2)',
24 #  7: 'g(div,<5>,<6>)',
25 #  8: 'g(add,<4>,<7>)'}
```

如上述程式所示，transform 函數直接將特徵運算式字串轉換成了一個 dict 物件，該字典的鍵為整數 k，對應字典值中的 <k>，透過這種方式，可以建置節點間的層次關係。定義 parse 函數對類似 g(div,<5>,X3) 的結果進行解析，將其辨識為節點的名稱、連結索引以及葉子節點，程式如下：

```
1 def parse(group_unit):
2     tmp = group_unit.lstrip("g(").rstrip(")").split(',')
3     tmp = tmp + [None] if len(tmp) == 2 else tmp
4     return [int(x[1:-1]) if x is not None and re.match(r'<[0-9]+>',x) else
      x for x in tmp]
```

到目前為止，已經具備了建置二元樹的條件，現撰寫 bitree 函數，透過深度最佳化檢查的方式建置二元樹，程式如下：

```
1 def bitree(mapping, start_no, index=0, labels={}):
2     name, left, right = parse(mapping[start_no])
3     if left is not None:
4         if type(left) == int:
5             left_node, s_labels, max_index = bitree(mapping, left, index+1,
              labels)
6             labels = s_labels
7         else:
8             left_node = Node(index+1, left)
9             labels[index+1] = left
10            max_index = index+1
11    else:
12        left_node = None
13
14    if right is not None:
15        if type(right) == int:
16            right_node, s_labels, max_index = bitree(mapping, right,
              max_index+1, labels)
17            labels = s_labels
18        else:
19            right_node = Node(max_index+1, right)
20            labels[max_index+1] = right
21            max_index = max_index+1
22    else:
23        right_node = None
24
25    labels[index] = name
26    return Node(index, name, left_node, right_node) ,labels, max_index
```

接下來，我們使用 networkx 函數庫來繪製二元樹，該函數庫在繪製 Graph 類別圖表時較為常用。定義 create_graph 函數，傳回繪製二元樹的 Graph 物件和 pos 物件。程式如下：

```
1 def create_graph(G, node, pos={}, x=0, y=0, layer=1):
2     pos[node.value] = (x, y)
3     if node.left:
4         G.add_edge(node.value, node.left.value)
5         l_x, l_y = x - 1 / layer, y - 1
6         l_layer = layer + 1
7         create_graph(G, node.left, x=l_x, y=l_y, pos=pos, layer=l_layer)
8     if node.right:
9         G.add_edge(node.value, node.right.value)
10        r_x, r_y = x + 1 / layer, y - 1
11        r_layer = layer + 1
12        create_graph(G, node.right, x=r_x, y=r_y, pos=pos, layer=r_layer)
13    return G, pos
```

撰寫 Python 程式，對特徵運算式字串 exp_tmp 繪製對應的二元樹圖，程式如下：

```
1 import networkx as nx
2 import matplotlib.pyplot as plt
3
4 def plot_tree(feature_string, title=None, node_size=5000, font_size=18):
5     my_dict = transform(feature_string)
6     root, labels, _ = bitree(my_dict, len(my_dict)-1, 0, labels={})
7     graph = nx.Graph()
8     graph, pos = create_graph(graph, root)
9     nx.draw_networkx(graph, pos, node_size=node_size,width=2,
      node_ color='black',font_color='white',font_size= font_size,
      with_labels=True,labels=labels)
10    plt.axis('off')
11    if title is not None:
12        plt.title(title)
13
14 plt.figure(figsize=(20,11))
15 plot_tree(exp_tmp)
16 plt.show()
```

效果如圖 4-4-4 所示，二元樹表達了與特徵運算式一樣的含義，說明了特徵運算式的正確性。

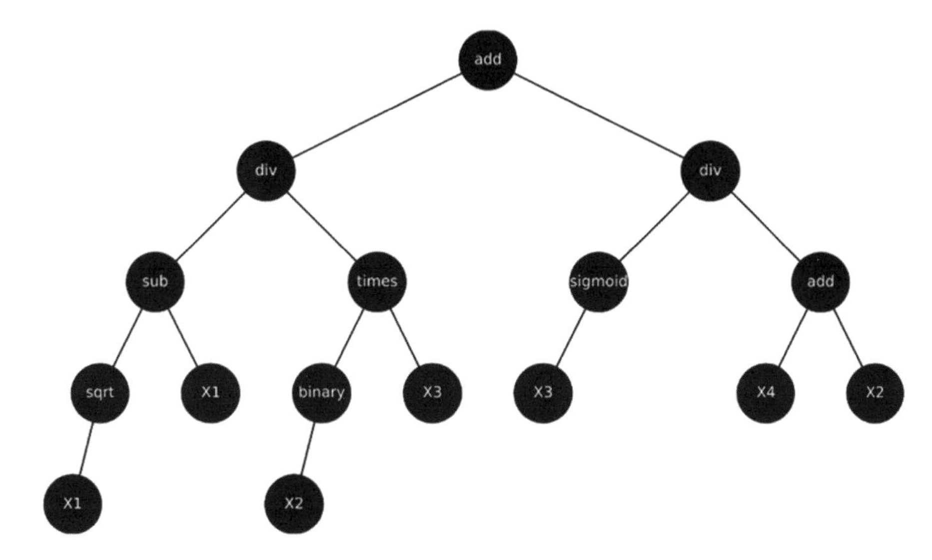

圖 4-4-4 特徵運算式對應的二元樹

4.4.3 初始種群

在用遺傳程式設計方法建置特徵時，需要產生初始種群。而種群是由 N 個個體定義的，其中 N 是種群規模。最佳個體表示特徵的最佳組合，因此可用指定的 m 作為基因數量來建立個體，每個基因由隨機產生的特徵運算式表示。例如要建立基因數為 5 的個體，可表示為 $<f_1, f_2, f_3, f_4, f_5>$，其中 $f_1 \sim f_5$ 表示隨機產生的特徵運算式，該個體表示具有這 5 個特徵的組合，代表對應的特徵集，可以進一步對在其基礎上建立的預測模型進行評價。用 Python 實現隨機產生 k 個個體的函數 gen_individuals，程式如下：

```
1 def gen_individuals(k, gen_num, input_data, featureIdx, nMax=10):
2     """產生 k 個個體, gen_num 表示每個體對應的固定基因數量"""
3     indiv_list = []
4     gene_list = []
5     for e in range(k):
6         indiv = {}
7         gene = []
```

```
8         for i in range(gen_num):
9             out = random_get_tree(input_data, featureIdx, nMax)
10            indiv["g"+str(i+1)]=out['f_value']
11            gene.append(out['tree_exp'])
12        indiv = pd.DataFrame(indiv)
13        indiv_list.append(indiv)
14        gene_list.append(gene)
15    return {"df":indiv_list, "gene": gene_list}
```

如上述程式所示，參數 gen_num 表示基因長度或數量，對於所有個體都具有相同的基因長度或數量。使用 gen_individuals 獲得隨機產生的種群資料和特徵運算式，程式如下：

```
1 gen_out = gen_individuals(5,4,iris,[1,2,3,4])
2 for x in gen_out['df']:
3     print("____________________________________________")
4     print(x.head(2))
5 # ____________________________________________
6 #          g1        g2        g3        g4
7 #0  0.999994  0.041485 -0.516292  7.236502
8 #1  0.999993  0.043178 -0.516292  7.036163
9 #____________________________________________
10 #         g1         g2        g3        g4
11 #0  4.017630  39.420808  2.063808  0.005786
12 #1  3.646044  48.699998  0.941829  0.009188
13 #____________________________________________
14 #  g1        g2         g3        g4
15 #0   1  3.672057  47.056650  0.608046
16 #1   1  2.334098  47.279288  0.711007
17 #____________________________________________
18 #      g1        g2   g3   g4
19 #0  17.85  5.713423  0.0  0.0
20 #1  14.70  5.881378  0.0  0.0
21 #____________________________________________
22 #          g1         g2        g3        g4
23 #0  24.937656  11.896502  2.766785  1.106516
24 #1  24.937656  11.396502  2.767762  1.163914
```

上述程式中第 5 行到第 24 行表示隨機產生的 5 個個體資料集，每個個體有 4 個基因，實際的基因特徵運算式存在 gen_out['gene']當中，可按索引存取。

4.4.4 適應度

適應度用來表示個體對環境的適應程度，適應度越大表示個體對環境的適應能力越強，就越有可能攜帶優秀的基因（這裡指有效的特徵），這樣的個體在遺傳時越有可能被優先選擇。反之，適應度越低，越有可能被淘汰。在使用遺傳程式設計進行特徵建置的場景下，通常對分類問題可以根據精度的加強量作為適應度值，而對於回歸問題，可以根據誤差平方和對於原始屬性模型的誤差平方和的減少量作為適應度值。當然，針對實際問題時，還可以參考領域專家的意見或適當做出一些改進、調整。使用同樣演算法建立預測模型，針對原始屬性和新特徵組合，計算適應度的方法如圖 4-4-5 所示。

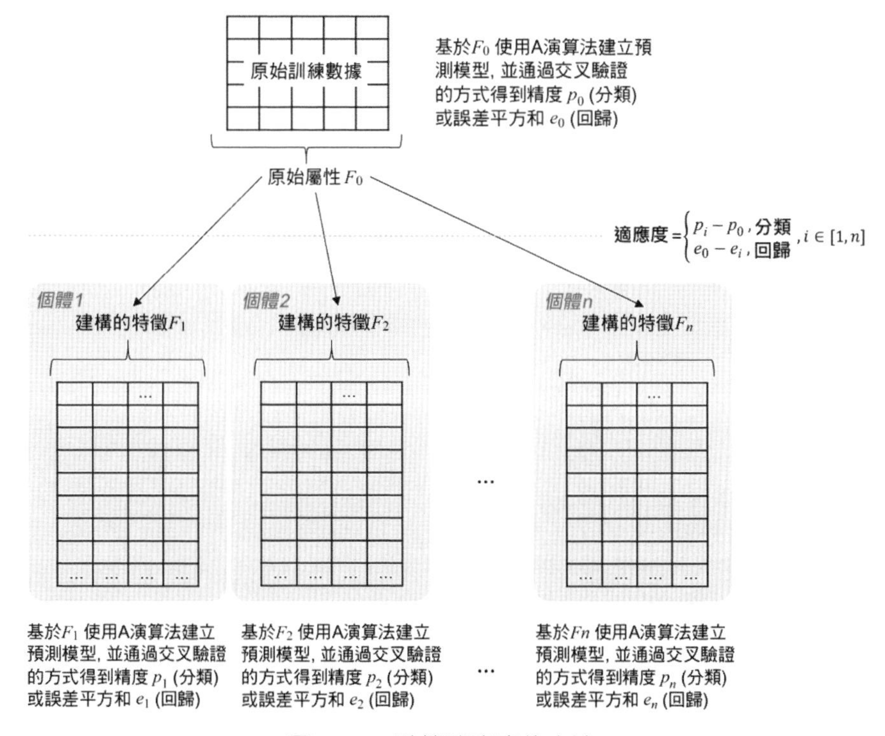

圖 4-4-5 計算適應度的方法

如圖 4-4-5 所示，對於適應度，還可以根據需要進行調整，例如當$e_i > e_0$時，可令適應度為 0，也就是説，只有當基於新特徵建立的模型比基於原始屬性建立的模型效果好時，適應度才能取正，並且越大，表示新特徵越可取。用

Python 撰寫適應度函數 get_adjust，範例程式如下：

```
1 def get_adjust(std_error, y, indiv_data, handle):
2     """計算適應度，透過外部定義的 handle 來處理，同時適用於分類和回歸問題"""
3     X = indiv_data
4     cur_error = handle(X,y)
5     return std_error - cur_error if std_error > cur_error else 0
```

如上述程式所示，函數 get-adjust 的參數 std_error 為基於原始資料建模獲得的錯誤率（分類）或誤差平方和（回歸），y 為原始資料中的目標變數，indiv_data 為隨機產生的特徵資料，handle 是一個外部參數，表示計算錯誤率的方法，通常可定義兩種 handle 處理函數，一種用於分類，一種用於回歸，程式如下：

```
1 from sklearn import tree
2 from sklearn import linear_model
3
4 def evaluation_classify(X,y):
5     """建立分類問題的評估方法"""
6     clf = tree.DecisionTreeClassifier(random_state=0)
7     errors = []
8     for i in range(X.shape[0]):
9          index = [e for e in range(X.shape[0])]
10         index.remove(i)
11         X_train = X.iloc[index,:]
12         X_test = X.iloc[[i],:]
13         y_train = y[index]
14         y_test = y[i]
15         clf.fit(X_train, y_train)
16         errors.extend(clf.predict(X_test) != y_test)
17     return np.sum(errors)/len(errors)
18
19 def evaluation_regression(X,y):
20     """建立回歸問題的評估方法"""
21     reg = linear_model.LinearRegression()
22     errors = 0
23     for i in range(X.shape[0]):
24         index = [e for e in range(X.shape[0])]
25         index.remove(i)
26         X_train = X.iloc[index,:]
```

```
27          X_test = X.iloc[[i],:]
28          y_train = y[index]
29          y_test = y[i]
30          reg.fit(X_train, y_train)
31          errors = errors + (y_test - reg.predict(X_test)[0])**2
32      return errors/np.sum(y)
```

上述程式中的 evaluation_classify 函數是用於處理分類問題的外部 handle，而 evaluation_regression 函數是用於處理回歸問題的外部 handle，在實際使用時，需要根據面臨的業務場景來選擇。

4.4.5 遺傳行為

當獲得初始種群以後，就要進行交換、變異等遺傳行為，並選擇部分個體進入下一代，逐代繁衍，直到找到最佳或近似最佳的特徵組合為止。為了讓演算法不掉進局部最佳解，除了透過變異操作，在選擇個體時，還可以按比例隨機保留一部分適應度低的個體，因為它們中的一些可能攜帶優秀的基因。在「5.3.2 遺傳演算法算例」部分提到的輪盤賭方法即是在選擇個體時引用了隨機因素。通常在進行選擇操作時，會有意識地保留部分適應度高的個體，基於種群規模考慮，剩下的部分從未被選擇的個體中透過隨機的方式進行選擇，以組成下一代新的個體。當後代中出現更高適應度的個體時，之前排到前面的個體就被淘汰了，實現種群的進化。選擇操作的過程如圖 4-4-6 所示。

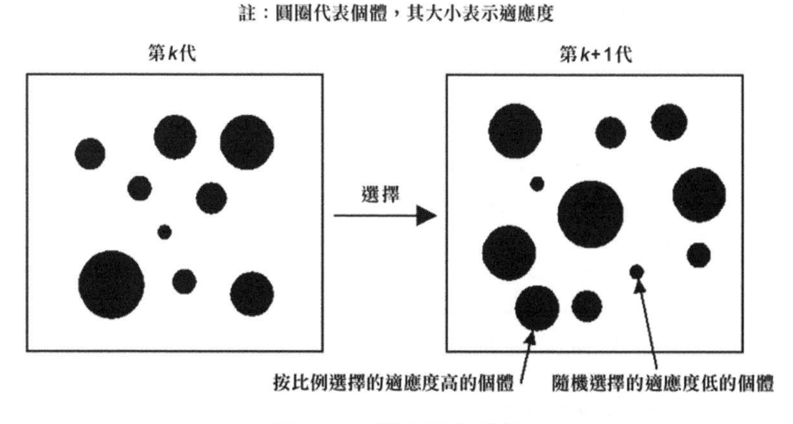

圖 4-4-6 選擇操作範例

如圖 4-4-6 所示，經過選擇，後代中出現了更多適應度的個體，並且保留了部分適應度低的個體以增強全域搜尋能力。一般是在交換和變異之前進行選擇操作，筆者認為對於種群規模為 m 的種群，經過交換和變異後，增加了 n 個個體，種群規模變為 $m+n$，此時再按照選擇方法進行選擇操作，從 $m+n$ 個個體中選擇合適的 m 個種群作為下一代，也是一種不錯的方法，符合自然界的規律，每次進化，總會有種群規律的變化，並且不適合的個體總會被淘汰一些。

交換又叫基因重組，就是對參與交換的兩個染色體或個體的或多個等位基因進行互換。透過交換，有利於讓優秀的基因進行傳輸，並利於發現更優的個體。假設有兩個個體 A 和 B，它們各有 4 個基因，其基因組分別為 $< f_{a_1}, f_{a_2}, f_{a_3}, f_{a_4} >$和$< f_{b_1}, f_{b_2}, f_{b_3}, f_{b_4} >$，則它們進行交換操作的範例如圖 4-4-7 所示。

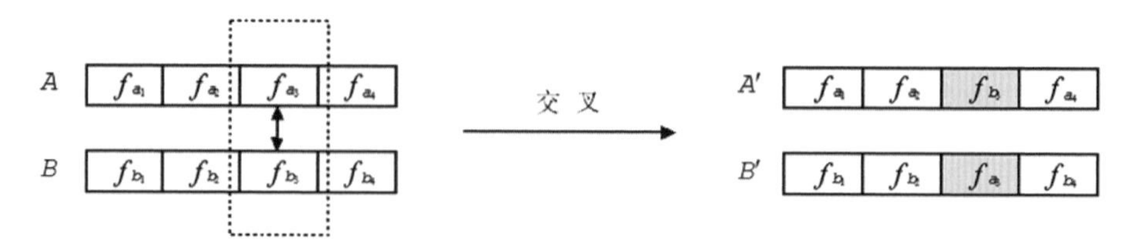

圖 4-4-7 交換操作範例

如圖 4-4-7 所示，A 的基因f_{a_3}與 B 的基因f_{b_3}組成一對等位基因，在進行交換操作時，它們完成互換，即形成兩個新個體A'和B'。現使用 Python 撰寫函數 inter_cross 實現交換操作，程式如下：

```
1 def inter_cross(indiv_list, gene_list, prob):
2     """ 對染色體進行交換操作 """
3     gene_num = len(gene_list[0])
4     ready_index = list(range(len(gene_list)))
5     while len(ready_index) >= 2:
6         d1 = random.choice(ready_index)
7         ready_index.remove(d1)
8         d2 = random.choice(ready_index)
9         ready_index.remove(d2)
10        if np.random.uniform(0, 1) <= prob:
11            loc = random.choice(range(gene_num))
```

```
12          print(d1,d2,"exchange loc --> ",loc)
13          # 對資料做交換操作
14          if indiv_list is not None:
15              tmp = indiv_list[d1].iloc[:,loc]
16              indiv_list[d1].iloc[:,loc] = indiv_list[d2].iloc[:,loc]
17              indiv_list[d2].iloc[:,loc] = tmp
18
19          # 對基因型做交換操作
20          tmp = gene_list[d1][loc]
21          gene_list[d1][loc] = gene_list[d2][loc]
22          gene_list[d2][loc] = tmp
```

假設有兩個個體，它們的基因組分別為[g(add,X1,X2),g(log,X1),g(add,g(log,X2),X3)]、[g(pow2,X3),g(add,g(inv,X1),g(log,X2)),g(log,g(tanh,X4))]，繪製對應的二元樹組的程式如下：

```
1 import matplotlib
2 matplotlib.rcParams['font.family'] = 'SimHei'
3
4 A = ['g(add,X1,X2)','g(log,X1)','g(add,g(log,X2),X3)']
5 B = ['g(pow2,X3)','g(add,g(inv,X1),g(log,X2))','g(log,g(tanh,X4))']
6 counter = 1
7 titles=['個體A基因1','個體A基因2','個體A基因3','個體B基因1','個體B基因2',
  '個體B基因3']
8 plt.figure(figsize=(15,8))
9 for e in A+B:
10     plt.subplot(2,3,counter)
11     plot_tree(e, title=titles[counter - 1],node_size=1000,font_size=13)
12     counter = counter + 1
13 plt.show()
```

效果如圖 4-4-8 所示，獲得個體 *A* 和 *B* 的基因組，上面為 *A* 組各基因的二元樹表示，下面為 *B* 組各基因的二元樹表示。進一步，使用 inter_cross 函數進行交換操作，程式如下：

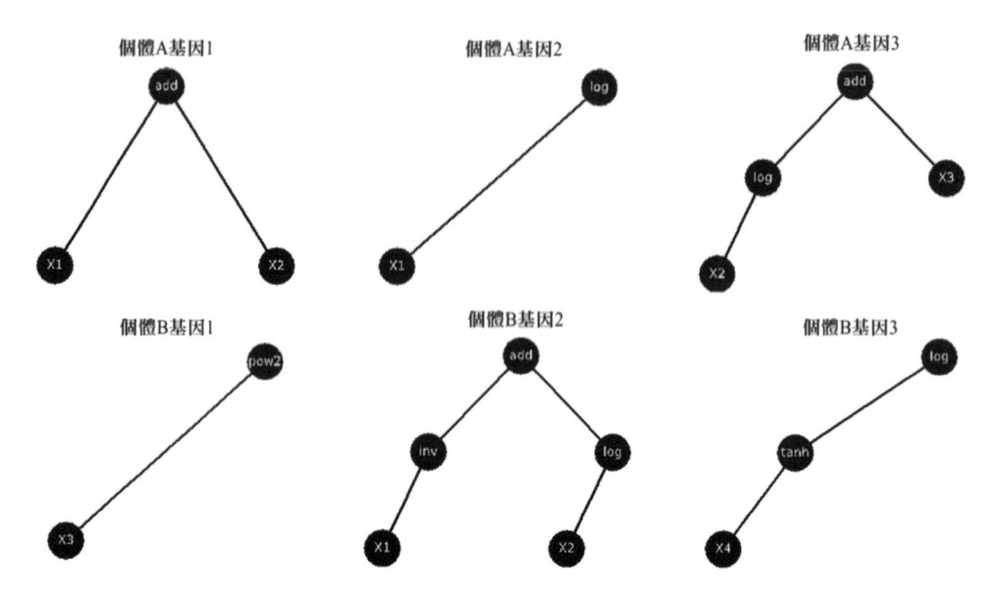

圖 4-4-8 特徵運算式對應的二元樹組

```
1 inter_cross(None, [A,B], 1)
2 counter = 1
3 titles=['個體 A 基因 1','個體 A 基因 2','個體 A 基因 3','個體 B 基因 1','個體 B 基因 2',
  '個體 B 基因 3']
4 plt.figure(figsize=(15,8))
5 for e in A+B:
6     plt.subplot(2,3,counter)
7     plot_tree(e, title=titles[counter - 1],node_size=1000,font_size=13)
8     counter = counter + 1
9 plt.show()
10 # 0 1 exchange loc -->  1
```

效果如圖 4-4-9 所示，個體 A 和 B 的 2 號基因發生交換。

變異指的是基因突變，它是某個個體的某個基因的突然改變，在進行特徵選擇的遺傳程式設計中，通常隨機產生一個特徵運算式進行替代即可。假設 A 個體的f_{a_3}基因發生突變，被隨機產生的基因 e 取代，變成新個體A'，其範例如圖 4-4-10 所示。

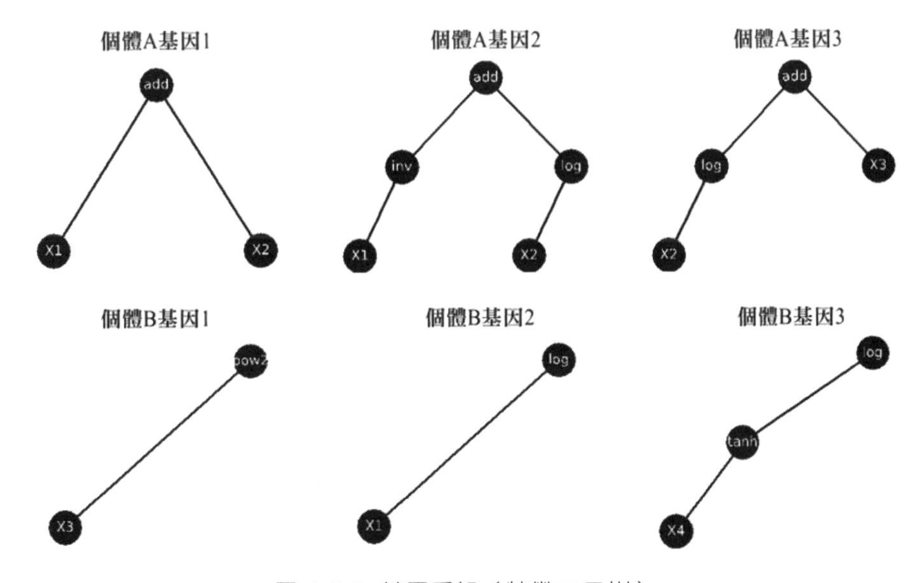

圖 4-4-9 基因重組（特徵二元樹）

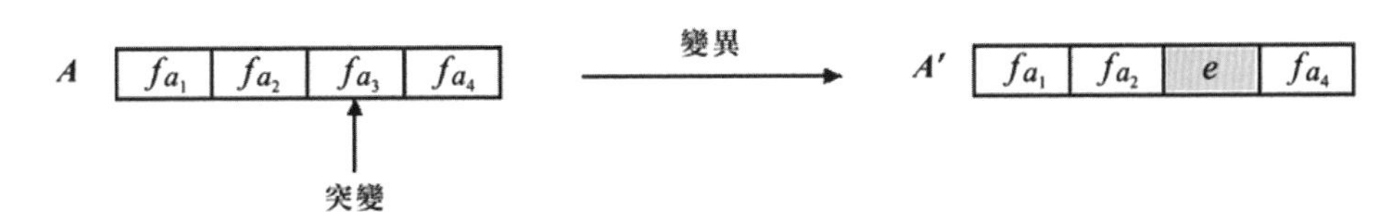

圖 4-4-10 基因突變舉例

下面使用 Python 語言撰寫函數 mutate 實現變異操作，程式如下：

```
1 def mutate(indiv_list, gene_list, prob, input_data, featureIdx, nMax=10):
2     gene_num = len(gene_list[0])
3     ready_index = list(range(len(gene_list)))
4     for i for ready_index:
5         if np.random.uniform(0, 1) <= prob:
6             loc = random.choice(range(gene_num))
7             print(i,"mutate on --> ",loc)
8             tmp = random_get_tree(input_data, featureIdx, nMax)
9             if indiv_list is not None:
10                indiv_list[i].iloc[:,loc] = tmp['f_value']
11            gene_list[i][loc] = tmp['tree_exp']
```

對於個體 A，使用 mutate 實現變異，當發生變異時，繪製其變異前後二元樹組圖。為了顯示變異的效果，這裡將突變機率設定為 0.9，對應程式如下：

```
1 pre_A = A.copy()
2 mutate(None,[A],0.9,iris,[1,2,3,4])
3 # 0 mutate on -->  2
4 counter = 1
5 titles=['個體A基因1（變異前）','個體A基因2（變異前）','個體A基因3（變異前）',
  '個體A基因1（變異後）','個體A基因2（變異後）','個體A基因3（變異後）']
6 plt.figure(figsize=(15,8))
7 for e in pre_A+A:
8     plt.subplot(2,3,counter)
9     plot_tree(e, title=titles[counter - 1],node_size=500,font_size=10)
10    counter = counter + 1
11 plt.show()
```

效果如圖 4-4-11 所示，個體 *A* 的 3 號基因發生突變。變異後，個體 *A* 的適應度可能增大也可能減小，但是只有在增大的情況下，個體 *A* 才有可能被保留下來。若適應度減小則很可能被淘汰。

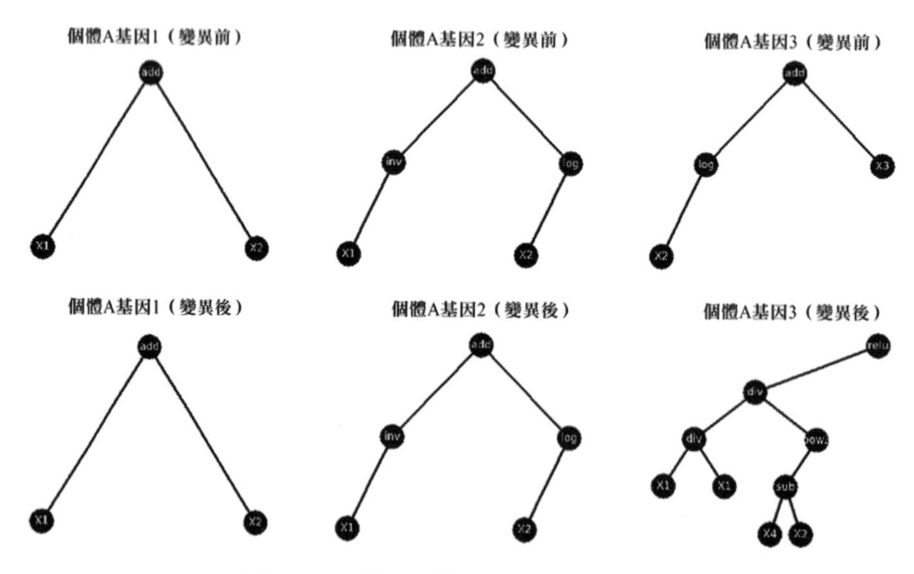

圖 4-4-11 基因突變舉例（特徵二元樹）

4.4.6 實例分析

本節旨在透過一個案例來說明基於遺傳程式設計的方法進行特徵建置的過程。所採用的 cemht 資料集如表 4-4-1 所示。

表 4-4-1 遺傳程式設計的範例資料

序號	X1	X2	X3	X4	Y
1	7	26	6	60	78.5
2	1	29	15	52	74.3
3	11	56	8	20	104.2
4	11	31	8	47	87.6
5	7	52	6	33	95.9
6	11	55	9	22	109.2
7	3	71	17	6	102.7
8	1	31	22	44	72.5
9	2	54	18	22	93.1
10	21	47	4	26	115.9
11	1	40	23	34	83.8
12	11	66	9	12	113.3
13	10	68	8	12	109.4

如表 4-4-1 所示，該資料中 Y 表示水泥在凝固時放出來的熱量，X1~X4 分別表示與之相關的成分，依次為 X1：鋁酸三鈣；X2：矽酸三鈣；X3：鐵鋁矽四鈣；X4：矽酸二鈣。現需要根據 X1~X4 對水泥在凝固時放出來的熱量 Y 進行預測。通常可以使用簡單線性回歸的方法建立線性模型來預測，但是為了加強模型的預測精度，需要找出更適合的特徵，這就需要使用基於遺傳程式設計的方法來建置新特徵。下面介紹主要步驟。

第一步：將該資料讀取 Python 語言環境，儲存在資料框物件 cemht 中。同時，對 X1~X4 進行標準化處理，程式如下：

```
1 import pandas as pd
2 import numpy as np
3 # 讀取基礎資料
4 cemht = pd.read_csv("cemht.csv")
5 X = cemht.drop(columns=['No','Y'])
6 y = cemht.Y
7 # 對 X1~X4 進行標準化處理
8 X = X.apply(lambda x: (x - np.mean(x))/np.std(x),axis=1)
9 X.head()
10 #           X1         X2         X3         X4
```

```
11 #0  -0.812132   0.057192    -0.857886   1.612825
12 #1  -1.234525   0.252215    -0.491155   1.473466
13 #2  -0.666283   1.685303    -0.823055   -0.195965
14 #3  -0.836854   0.426322    -1.026330   1.436862
15 #4  -0.910705   1.431108    -0.962745   0.442343
```

第二步：計算按原始屬性進行交換驗證獲得的誤差平方和，並儲存在變數 std_error 中，程式如下：

```
1 std_error = evaluation_regression(X,y)
2 std_error
3 # 206.9160090080068
```

如上述程式所示，基於原始屬性進行建模，獲得的誤差平方和為 206.916，後續建立的新特徵將與該值進行比較，以計算適應度。

第三步：產生初始種群，設種群規模為 100，同時設定需要的特徵數為 3，即個體對應的基因數量。相關程式如下：

```
1 # 產生初始種群，假設種群規模為 100
2 popSize = 100
3 # 設定特徵長度為 3
4 needgs = 3
5 # 交換重組觸發機率
6 cross_prob = 0.85
7 # 突變機率
8 mutate_prob = 0.1
9 # 原始特徵序號
10 featureIdx = [1,2,3,4]
11 # 產生初始種群
12 individuals = gen_individuals(popSize,needgs,X,featureIdx)
13 adjusts = []
14 for df in individuals['df']:
15     adjusts.append(get_adjust(std_error, y, df, evaluation_regression))
16
17 adjusts
18 # array([     0.        ,   0.        ,   0.        ,   0.        ,
19 #             0.        ,   0.        ,   0.        ,   0.        ,
20 #             0.        ,   0.        , 102.31682884,   0.        ,
21 # ......
22 #             0.        ,   0.        ,   0.        ,   0.        ])
```

可見，初始種群中有一個個體的適應度大於 0，為 102.31682884，其他個體的適應度為 0，顯然還需要進行逐代進化。

第四步：設定最大反覆運算次數為 10000，並設定終止條件為種群中最高適應度除以平均適應度的值 alpha 不超過 1.001，經過交換、變異、選擇的過程實現了種群的進化，其對應的程式如下所示：

```
1 import copy
2 max_epochs = 10000
3 for k in range(max_epochs):
4     # 0.備份父代個體
5     pre_indivs = copy.deepcopy(individuals)
6     pre_adjusts = adjusts.copy()
7     # 1.交換
8     inter_cross(individuals['df'], individuals['gene'], cross_prob)
9     # 2.變異
10    mutate(individuals['df'], individuals['gene'], mutate_prob, X, featureId
x)
11    # 3.計算適應度
12    adjusts = []
13    for df in individuals['df']:
14        adjusts.append(get_adjust(std_error, y, df, evaluation_regression))
15
16    # 4.合併，並按 adjusts 降冪排列，取前 0.4×popSize 個個體進行傳回，對剩餘的個體隨
      機選取 0.6×popSize 個傳回
17    pre_gene_keys = [''.join(e) for e in pre_indivs['gene']]
18    gene_keys = [''.join(e) for e in individuals['gene']]
19    for i in range(len(pre_gene_keys)):
20        key = pre_gene_keys[i]
21        if key not in gene_keys:
22            individuals['df'].append(pre_indivs['df'][i])
23            individuals['gene'].append(pre_indivs['gene'][i])
24            adjusts.append(pre_adjusts[i])
25
26    split_val = pd.Series(adjusts).quantile(q=0.6)
27    index = list(range(len(adjusts)))
28    need_delete_count = len(adjusts) - popSize
29    random.shuffle(index)
30    indices  = []
31    for i in index:
```

```
32          if need_delete_count > 0:
33              if adjusts[i] <= split_val:
34                  indices.append(i)
35                  need_delete_count = need_delete_count -1
36          else:
37              break
38
39      individuals['df'] = [i for j, i in enumerate(individuals['df']) if j not
        in indices]
40      individuals['gene'] = [i for j, i in enumerate(individuals['gene']) if j
        not in indices]
41      adjusts = [i for j, i in enumerate(adjusts) if j not in indices]
42      alpha = np.max(adjusts)/np.mean(adjusts)
43      if k%100 == 99 or k==0:
44          print("第 ",k+1," 次反覆運算,最大適應度為 ",np.max(adjusts)," alpha :
            ",alpha)
45      if np.mean(adjusts) > 0 and alpha < 1.001:
46          print("進化終止,演算法已收斂! 共進化 ",k," 代!")
47          break
```

根據程式執行結果，統計每代最高適應度值及 alpha 值，如表 4-4-2 所示。

表 4-4-2 種群進化及對應的適應度

進化代數	種群最大適應度	alpha 值
1	102.3168	46.9954
100	161.0404	1.3325
200	173.2516	1.2220
500	178.0233	1.4550
1000	181.7507	1.9299
3000	184.6228	1.6218
5000	185.2606	1.6971
9000	188.1866	1.3857
10000	191.6864	1.4405

可見，進化到第 10000 代時，最佳個體對應的適應度為 191.6864，alpha 值為 1.4405，明顯大於設定的設定值 1.001。這種情況下，可以嘗試增加進化代數或調整 alpha 值。如果連續進化多次對應的 alpha 值變化不大，則說明

演算法已經收斂，可以將 alpha 值稍微調大。初始誤差平方和為 206.916，可見透過種群的進化，最佳個體的誤差平方和已經減少了 191.6864，降為 15.2296。

第五步：分析最佳特徵組合，建置新資料集，同時繪製出各特徵運算式的二元樹，程式如下：

```
1 # 分析適應度最高的個體，取得其特徵
2 loc = np.argmax(adjusts)
3 new_x = individuals['df'][loc]
4 new_x.head()
5 #          g1          g2          g3
6 #0  0.000000    0.435073    0.769591
7 #1  0.000000    0.468825    0.812477
8 #2  13.522956   -140.594366 0.298302
9 #3  0.000000    0.799328    0.692120
10 #4  12.635694   1.374167    0.431636
11
12 counter = 1
13 titles=['特徵-g1','特徵-g2','特徵-g3']
14 plt.figure(figsize=(10,20))
15 for e in individuals['gene'][loc]:
16     plt.subplot(3,1,counter)
17     plot_tree(e, title=titles[counter - 1],node_size= 1000,font_size=13)
18     counter = counter + 1
19 plt.show()
```

效果如圖 4-4-12 所示。

從程式執行結果和二元樹（見圖 4-4-12）可知，我們使用基於遺傳程式設計的方法獲得的新特徵為 g1、g2、g3，它們直接由原始屬性推導而來，推導方法即是由對應二元樹的運算式來確定的。需要注意的是，特徵的數量完全可以根據需要設定，但至少是兩個，不然就沒有交換操作了。另外，可以在建模時將原始屬性考慮進來，一起建立模型，那麼這樣獲得的特徵就是額外特徵了。方法是確定的，一定要注意如何有效使用。另外，該程式的作者已經在 GitHub 上開放原始碼（在 GitHub 上搜尋"cador/featurelearning"），並進一步進行了封裝，讀者可以參考範例，快速實現。

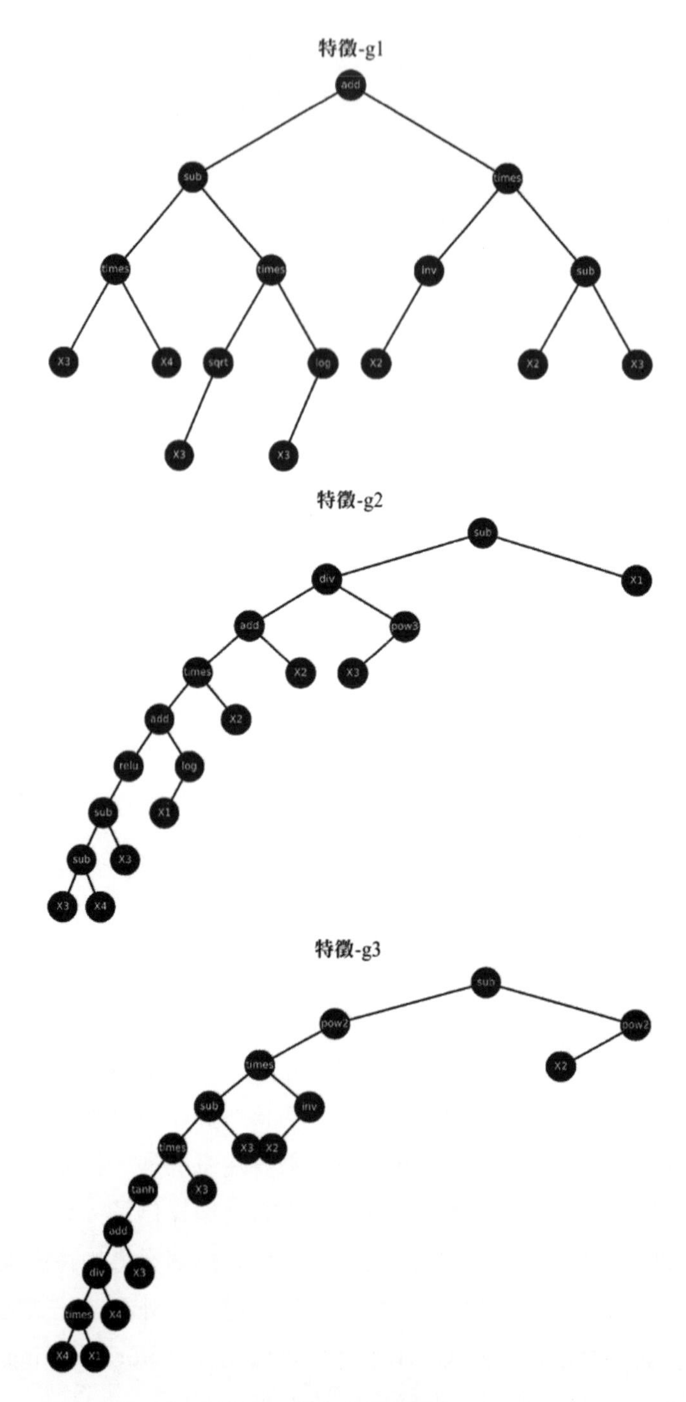

圖 4-4-12 特徵運算式對應的二元樹

05 參數最佳化

參數是指演算法中的未知數，有的需要人為指定，例如神經網路演算法中的學習效率，有的是從資料中擬合而來的，例如線性回歸中的係數，如此等等。在使用選定演算法進行建模時設定或獲得的參數很可能不是最佳或接近最佳的，這時需要對參數進行最佳化以獲得更優的預測模型。常用的參數最佳化方法主要包含交換驗證、網格搜尋、遺傳演算法、粒子群最佳化、模擬退火，下面將依次介紹。

5.1 交換驗證

交換驗證的基本思想是將資料集分割成 *N* 份，依次使用其中 1 份作為測試集，其他 *N*-1 份整合到一起作為訓練集，將訓練好的模型用於測試集中，以獲得模型好壞的判斷或估計值，可以獲得 *N* 個這樣的值。交換驗證通常用於估計模型的誤差，這裡將 *N* 個對應的誤差求平均作為對模型誤差的估計。也可以根據這 *N* 個值，選出擬合效果最好的模型，對應模型的參數也被認為是最佳或接近最佳的，因此交換驗證可以用來輔助確定參數。

這裡使用 Python 實現了分割樣本的函數 sample_split，程式如下：

```
1 import random
2 import numpy as np
3
```

```
 4 def sample_split(df, k):
 5     """
 6     本函數實現對樣本的分割
 7     df:資料框物件
 8     k:分割數量
 9     return:傳回類別陣列
10     """
11     t0 = np.array(range(df.shape[0]))%k
12     random.shuffle(t0)
13     return t0
```

為了進一步說明交換驗證確認參數的過程，這裡使用 iris 資料集，並建立 Sepal.Length、Sepal.Width、Petal.Length 對 Petal.Width 的線性回歸模型，程式如下：

```
 1 import pandas as pd
 2 from sklearn import linear_model
 3
 4 iris = pd.read_csv("iris.csv")
 5 X = iris.loc[:,['Sepal.Length','Sepal.Width','Petal.Length']]
 6 y = iris.loc[:,['Petal.Width']]
 7
 8 # 設定為 10 折交換驗證
 9 k=10
10 parts = sample_split(iris, k)
11
12 # 初始化最小均方誤差 min_error
13 min_error = 1000
14
15 # 初始化最佳擬合結果 finalfit
16 final_fit = None
17
18 for i in range(k):
19     reg = linear_model.LinearRegression()
20     X_train = X.iloc[parts!=i,:]
21     y_train = y.iloc[parts!=i,:]
22     X_test = X.iloc[parts==i,:]
23     y_test = y.iloc[parts==i,:]
```

```
24      # 擬合線性回歸模型
25      reg.fit(X_train, y_train)
26      # 計算均方誤差
27      error = np.mean((y_test.values - reg.predict(X_test))**2)
28      if error < min_error:
29          min_error = error
30          final_fit = reg
31
32 min_error
33 # 0.014153864387035597
34
35 final_fit.coef_
36 # array([[-0.20013407,  0.21165518,  0.51669477]])
37
38 # 2、使用一般方法獲得的參數
39 reg = linear_model.LinearRegression()
40 reg.fit(X, y)
41 reg.coef_
42 # array([[-0.20726607,  0.22282854,  0.52408311]])
```

從執行結果可知，使用交換驗證獲得的係數與一般方法獲得的係數還是有差別的，是比一般方法求解係數更最佳化的設定值。

5.2 網格搜尋

網格搜尋的基本原理是將各參數變數值的區間劃分為一系列的小區間，並按順序計算出對應各參數變數值組合所確定的目標值（通常是誤差），並逐一擇優，以獲得該區間內最小目標值及其對應的最佳參數值。該方法可確保所得的搜尋解是全域最佳或接近最佳的，可避免產生重大的誤差。示意圖如圖 5-2-1 所示。

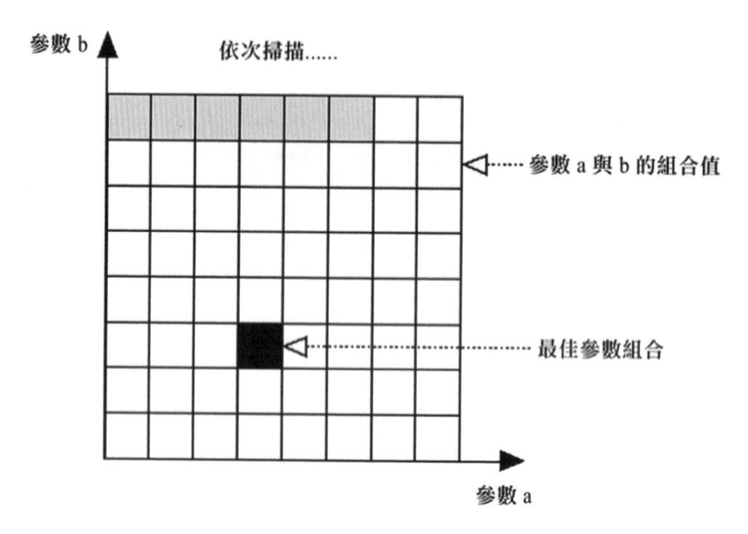

圖 5-2-1 網格搜尋示意圖

對於 Sepal.Length、Sepal.Width、Petal.Length 對 Petal.Width 的線性回歸模型，除了使用交換驗證的方法，還可以在有限的實數域內進行網格搜尋，以均方誤差最小為標準，選取最佳或接近的參數。對分析的線性回歸模型，設參數 a、b、c、d 分別表示截距、Sepal.Length、Sepal.Width、Petal.Length 的係數，將參數值範圍設定在[-1，1]內，進行網格搜尋，程式如下：

```
1 import pandas as pd
2 import numpy as np
3
4 iris = pd.read_csv("iris.csv")
5 x1 = iris.loc[:,['Sepal.Length']].values
6 x2 = iris.loc[:,['Sepal.Width']].values
7 x3 = iris.loc[:,['Petal.Length']].values
8 y = iris.loc[:,['Petal.Width']].values
9
10 minMSE=1000
11 k=55
12 for a in range(k+1):
13     for b in range(k+1):
14         for c in range(k+1):
15             for d in range(k+1):
16                 a0 = 2.0*a/k -1
17                 b0 = 2.0*b/k -1
```

```
18            c0 = 2.0*c/k -1
19            d0 = 2.0*d/k -1
20            y0 = a0 + b0*x1 + c0*x2 + d0*x3
21            mse = np.mean((y-y0)**2)
22            if mse < minMSE:
23              minMSE = mse
24              f_a0 = a0
25              f_b0 = b0
26              f_c0 = c0
27              f_d0 = d0
28
29 minMSE
30 # 0.03607966942148759
31
32 f_a0,f_b0,f_c0,f_d0
33 # (-0.34545454545454546, -0.19999999999999996, 0.23636363636363633,
   0.5272727272727273)
```

從程式執行結果中可知，網格搜尋獲得的最佳參數與透過一般方法獲得的係數很接近。但是這種方法有一個很大問題就是計算成本太高，一般不建議使用。

5.3 遺傳演算法

遺傳演算法是一種常見的隨機化搜尋方法，它是由美國的 J.Holland 教授於 1975 年首先提出的，該演算法目前已被人們廣泛地應用於組合最佳化、機器學習、訊號處理、自我調整控制和人工生命等領域。本節從遺傳演算法的基本概念講起，透過介紹遺傳演算法的實現過程，結合 Python，讓讀者熟練掌握使用遺傳演算法解決工作中的切實問題的方法和基本技巧。

5.3.1 基本概念

遺傳演算法是模擬自然界遺傳選擇與淘汰的生物進化計算模型。達爾文的自然選擇學說認為，遺傳和變異是決定生物進化的內在因素。遺傳是指父代與子代之間在性狀上的相似現象，而變異是指父代與子代之間以及子代的個體之間，在性狀上或多或少地存在的差異現象，變異能夠改變生物的性狀以適應新的環境變化。而生存鬥爭是生物進化的外在因素，由於弱肉強食的生存鬥爭不斷地進行，其結果是適者生存，具有適應性變異的個體被保留下來，不具有適應性變異的個體被淘汰。更進一步，孟德爾提出了遺傳學的兩個基本規律：分離律和自由組合律，認為生物是透過基因突變與基因的不同組合和自然選擇的長期作用而進化的。由於生物進化與某些問題的最佳求解過程存在共通性，即都是在產生或尋找最佳的個體（或問題的解），這就產生了基於自然選擇、基因重組、基因突變等遺傳行為來模擬生物進化機制的演算法，通常叫作遺傳演算法，它最後發展成為一種隨機全域搜尋和最佳化的演算法。

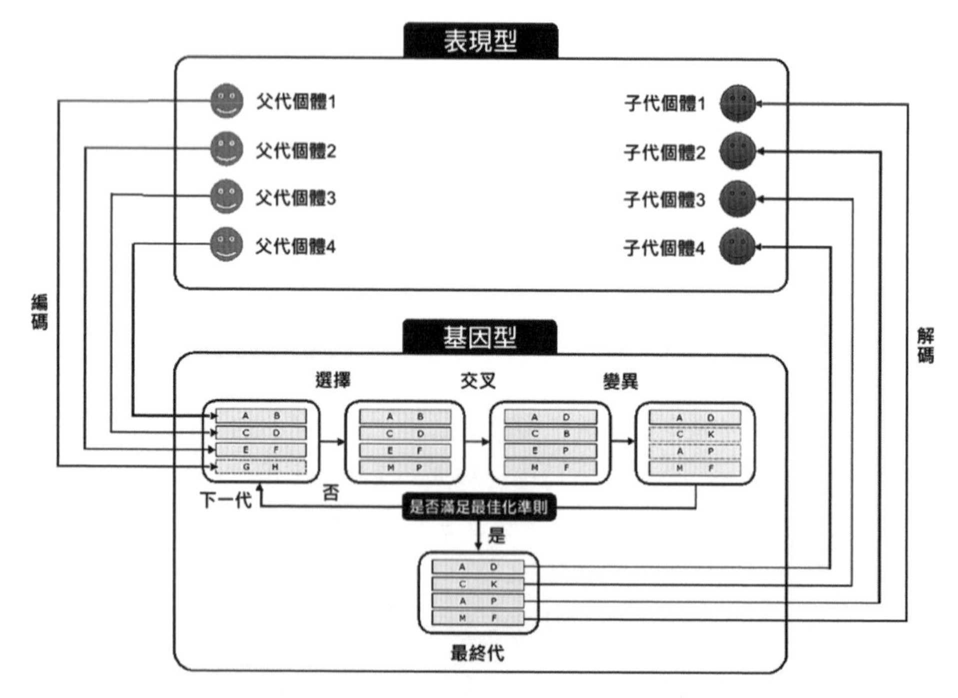

圖 5-3-1 遺傳演算法過程示意

遺傳演算法研究的物件是種群，即很多個體的集合，對應於求解的問題，這裡的個體代表一個解，種群代表這些解的集合。當然，開始時，也許所有的解都不是最佳的，經過將這些解進行編碼、選擇、交換、變異之後，逐代進化，從子代中可以找到求解問題的全域最佳解。編碼的目的是將表現型的解轉化為基因型，便於進行遺傳操作，而對應的解碼即是從基因型轉化為表現型，直觀判斷個體的表現以決定是否選擇進入下一代或直接獲得最佳解。而選擇的標準就是最佳化準則。交換也就是基因重組，即兩個個體互相交換基因型的對應片段。變異指的是基因突變，是指個體基因型中某個基因的改變。種群的每代個體經過了這幾個關鍵的步驟之後，種群得以進化，在最後的子代中找到問題的最佳解。這就是使用遺傳演算法求解最佳化問題的大致過程，如圖 5-3-1 所示。

5.3.2 遺傳演算法算例

下面我們結合一個實際的實例來說明簡單遺傳演算法的實現過程。求解函數 $f(x) = x \cdot \sin(x), x \in [0,12.55]$在指定區間的最大值。其形狀如圖 5-3-2 所示。

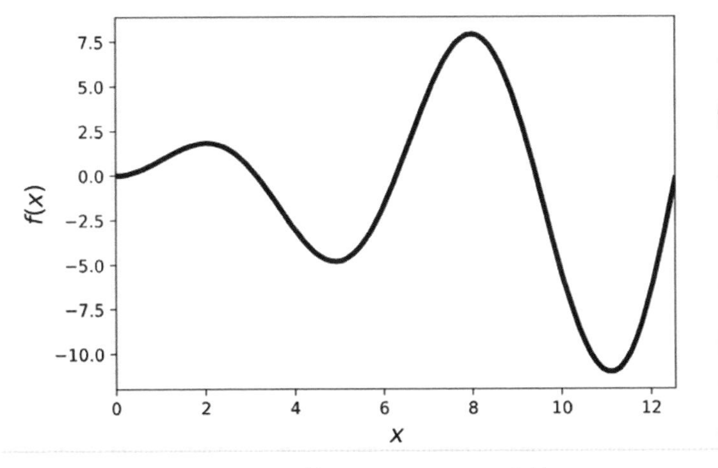

圖 5-3-2 函數$f(x) = x \cdot \sin(x)$曲線

第一步：編碼。變數x是遺傳演算法的表現型形式，從表現型到基因型的對映稱為編碼，通常採用二進位編碼形式，將某個變數值代表的個體表示一個 0（1）二進位串，串的長度取決於求解的精度。這裡設定精度求解精確到兩位元小數，即一個單位長度，劃分成10^2份，又由於區間長度為 12.55，因此需要將[0,12.55]劃分成$12.55 \times 10^2 = 1255$份。因為存在關係 $1024 = 2^{10} < 1255 <$

$2^{11}=2048$，所以編碼的二進位串長至少需要 11 位元。但是二進位數字不便於直接了解，因此有必要將其轉為對應區間[0,12.55]內的值，如對二進位串 bs0=<01110011001>，首先應將其轉為十進位數字$s_0=1\times 2^0+1\times 2^3+1\times 2^4+1\times 2^7+1\times 2^8+1\times 2^9=921$，再將$s_0$精簡到指定區間，其值為$s_1=0+921\times\frac{12.55}{2^{11}-1}$。其他值也可按這個方法進行轉換。

第二步：產生父代個體。由於明確了編碼的二進位長度，因此可以隨機產生長度為 11 的二進位串作為父代個體。由指定數目的父代個體組成初始種群，個體的數目就是種群規模。舉例來說，這裡隨機產生 20 個父代個體組成初始種群，如表 5-3-1 所示。

表 5-3-1 初始種群

初始種群（父代個體）			
10010100000	10101001001	10111000110	01001001100
11000011010	01001010100	10111011011	00011011111
10011100100	00100000100	11111011101	00001101100
01111100100	00110000001	00000010000	10001001001
01110010111	11010111101	11000100100	11101100000

第三步：選擇個體。選擇個體時需要依據，而在所有個體中，它對應函數的值越大越好，由於$f(x)$含有負值，具有最小負值-11.04，因此可以使用函數$f(s)=f(x)+12$的值來判斷個體是否合適，該值也稱為個體的適應度，獲得表 5-3-2。

表 5-3-2 父代個體及相關適應度

父代個體	適應度	父代個體	適應度	父代個體	適應度	父代個體	適應度
10010100000	18.01	10101001001	19.50	10111000110	15.22	01001001100	10.39
11000011010	10.55	01001010100	10.21	10111011011	14.14	00011011111	13.34
10011100100	19.55	00100000100	13.59	11111011101	9.25	00001101100	12.41
01111100100	10.93	00110000001	13.66	00000010000	12.01	10001001001	14.88
01110010111	8.60	11010111101	2.34	11000100100	9.96	11101100000	2.32

顯然，在 20 個父代個體中，<10011100100>對應的適應度最高為 19.55，所以它是最佳個體。下面介紹使用輪盤賭方法從 20 個父代個體中選擇部分個體，進行後面的交換操作。首先，按表 5-3-2 的適應度大小計算機率，然後按從 1 到 20 的順序計算累積機率，獲得表 5-3-3。

表 5-3-3 計算累計機率

個體編號	個體基因型	適應度	選擇機率	累積機率
1	10010100000	18.01	0.07478	0.07478
2	11000011010	10.55	0.04381	0.11860
3	10011100100	19.55	0.08119	0.19978
4	01111100100	10.93	0.04536	0.24515
5	01110010111	8.60	0.03569	0.28084
6	10101001001	19.50	0.08097	0.36180
7	01001010100	10.21	0.04238	0.40419
8	00100000100	13.59	0.05644	0.46063
9	00110000001	13.66	0.05672	0.51735
10	11010111101	2.34	0.00972	0.52707
11	10111000110	15.22	0.06319	0.59027
12	10111011011	14.14	0.05869	0.64896
13	11111011101	9.25	0.03840	0.68736
14	00000010000	12.01	0.04986	0.73722
15	11000100100	9.96	0.04136	0.77858
16	01001001100	10.39	0.04313	0.82171
17	00011011111	13.34	0.05538	0.87710
18	00001101100	12.41	0.05151	0.92861
19	10001001001	14.88	0.06178	0.99039
20	11101100000	2.32	0.00961	1.00000

將這 20 個個體按適應度大小，獲得用於選擇個體的輪盤圖，如圖 5-3-3 所示。

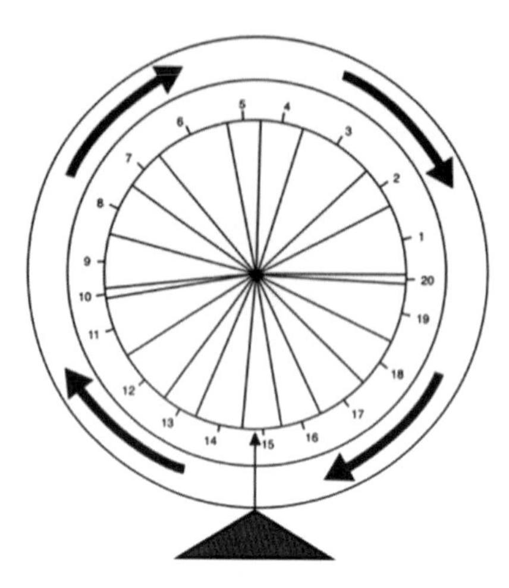

圖 5-3-3 輪盤示意圖

現在產生 20 個 0~1 的隨機序列：0.24329097，0.60423082，0.99183567，0.64807876，0.84928760，0.28326070，0.66309907，0.02911816，0.20859469，0.86725220，0.08058734，0.72069766，0.70659946，0.74418563，0.64665688，0.95456836，0.21515995，0.91879064，0.67120459，0.32835937。將該序列與累積機率比較，可獲得被選取的個體依次為 4，12，20，12，17，6，13，1，4，17，2，14，14，15，12，19，4，18，13，6。顯然，適應度高的個體被選取的機率大，而且很可能被選取；而適應度低的個體則很有可能被淘汰。這個過程模擬了隨機力道轉動輪盤選擇某個體的情況，並且進行了 20 次。可以看到，編號為 3，5，7，8，9，10，11，16 的個體被淘汰，代之以適應度高的個體 4，6，12，13，14，17，這個過程叫作再生。由於輪盤賭的方式本來也存在較大誤差，有時也會將種群中適應度高的個體剔除。因此可以將種群中適應度高的個體先選出來，使選出來的所有個體中包含目前種群最高適應度的個體。

第四步：交換。對透過輪盤賭方式選擇出來的 20 個個體，每兩個 1 一組，隨機分成 10 組，對每組的兩個個體產生一個 0~1 的亂數p_0，在指定交換機率p_c（一般設定在 0.8~1.0 之間）的情況下，若$p_0 < p_c$，則進行交換，否則將個體保留到子代中。在進行交換時，隨機選擇一個交換點（單點交換）進行基因重組。示意圖如圖 5-3-4 所示。

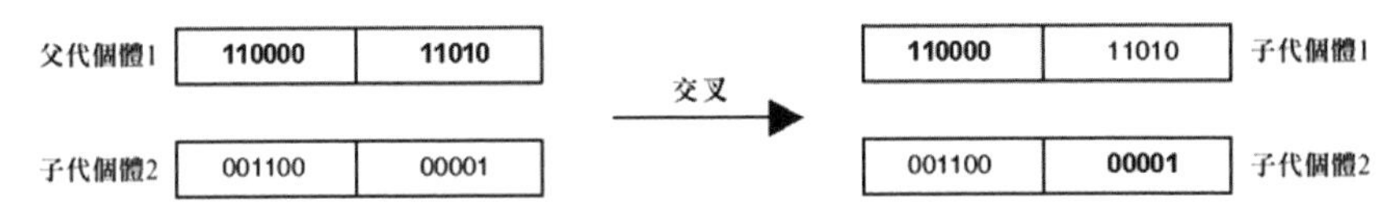

圖 5-3-4 交換示意圖

經過重組後的子代個體如表 5-3-4 所示。

表 5-3-4 重組後的子代個體

進化種群（子代個體）			
01111100100	10101001001	11000011010	10001001001
10111011011	11111011101	00000010000	01111100100
11101100000	10010100000	00000010000	00001101100
10111011011	01111100100	11000100100	11111011101
00011011111	00011011111	10111011011	10101001001

第五步：變異。如果只考慮基因重組，則源於一個較好祖先的子個體將逐漸充斥整個種群，問題會過早地收斂，容易陷入局部最佳解。因此，需要按機率對少量個體進行變異。對種群中的每個個體隨機產生一個 0~1 的數p_1，在指定變異機率p_m（一般設定在 0.01~0.1 之間）的情況下，如果$p_1 < p_m$，則進行變異操作，否則不進行變異。在進行變異時，從個體基因型中隨機找一個點，將對應的 0（1）轉為 1（0）即完成變異。此處，使個體 10001011111 的第 3 個基因發生突變，即該個體變為 10101011111。目前已進化一代，並且經過了交換和變異操作，下面對每個個體計算適應度，如表 5-3-5 所示。

表 5-3-5 計算個體適應度

子代個體	適應度	子代個體	適應度	子代個體	適應度	子代個體	適應度
10111010000	14.71	00111011011	12.66	00011001001	13.16	11000111111	8.38
00000011011	12.03	01111100101	10.96	10101011111	19.07	11101100100	2.45
11000011000	10.67	10101001000	19.52	10010101001	18.27	01111100000	10.78
00000010010	12.01	11111100100	9.76	**10101000000**	**19.63**	10111011101	14.03
10001101100	16.24	01111011101	10.68	00011000100	13.12	11111011011	9.10

由表 5-3-5 可知，經過交換和變異，整體適應度向變大的方向遷移。表中粗體字部分的適應度為 19.63，比父代個體最高適應度 19.55 還要大。對應的

$x = 8.24$。由觀察資料列舉的方法可知，函數$f(x)$的極大值在$x = 7.98$處。顯然，我們獲得的值與真實的極大值點是比較接近的。

第六步：逐代進化。種群規模為 20，設交換機率為 0.85，變異機率為 0.05，按上述過程，在執行 40 代時獲得最佳個體<10100010101>，其對應的$x = 7.976331216$，適應度為 19.91670513。由於函數$f(x)$的極大值在$x = 7.98$處，透過遺傳演算法獲得的最佳x可以作為問題的近似最佳解。表 5-3-6 列出了各代種群最佳個體的演變情況。

表 5-3-6 各代種群最佳個體

各代種群最佳個體的演變情況（40 代終止）			
世代數	個體的二進位串	x	適應度
1	10011110000	7.749487054	19.70721676
3	10100100000	8.043771373	19.8993368
8	10100011000	7.994723986	19.91567322
40	10100010101	7.976331216	19.91670513

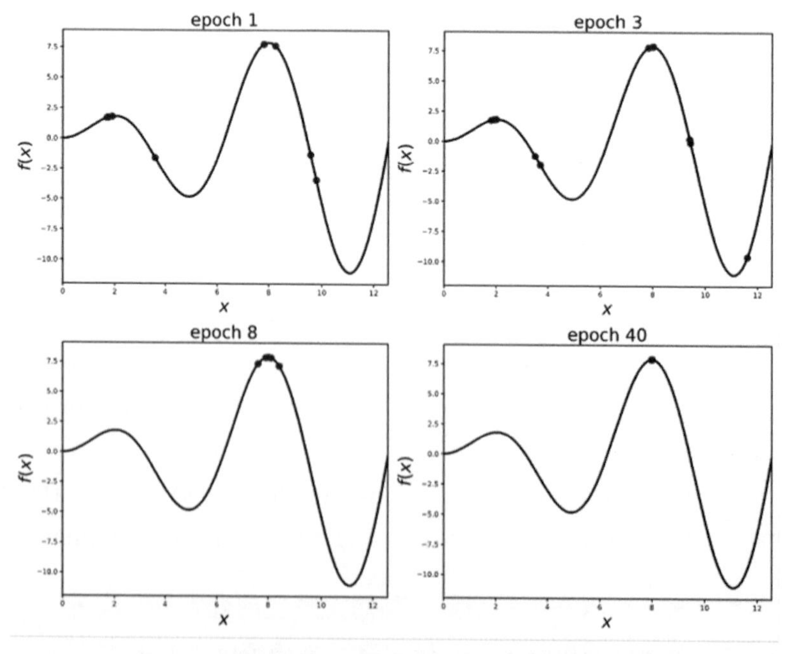

圖 5-3-5 隨著進化代數的增加，小數點趨於穩定

將每代產生的個體，經解碼獲得x，並將其與原函數圖形畫在一起，可獲得世代數為 1、3、8、40 對應的圖形，如圖 5-3-5 所示。

可以看到，隨著每代的進化，圖中小數點（與每代種群中各個個體相對應）的分佈也發生對應的變化，並且隨著世代數的增加，小數點的分佈逐漸趨於一點，即為最佳解。

5.3.3 遺傳演算法實現步驟

根據上述實例及對遺傳演算法的基本了解，整理出遺傳演算法的流程圖，如圖 5-3-6 所示。

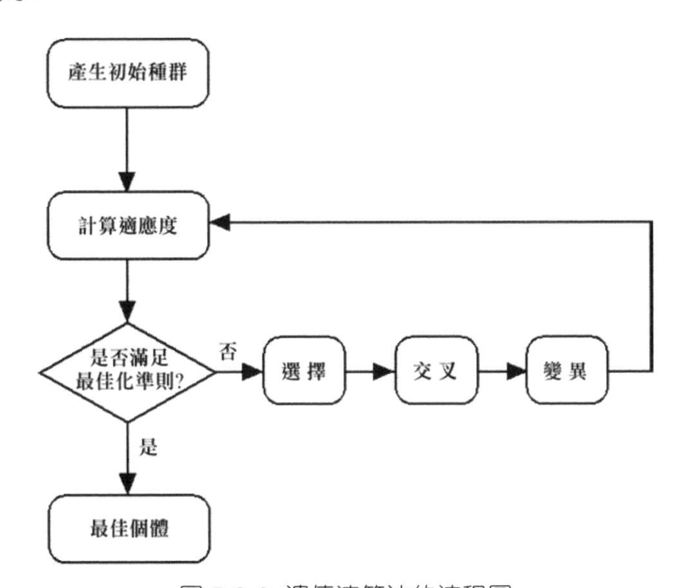

圖 5-3-6 遺傳演算法的流程圖

該流程有關的主要步驟如下。

第一步：（產生初始種群）根據種群規模，隨機產生初始種群，每個個體表示染色體的基因型。

第二步：（計算適應度）計算每個個體的適應度，並判斷是否滿足最佳化準則，若滿足，則輸出最佳個體及其代表的最佳解，並結束演算法；若不滿足，則轉入下一步。

第三步：（選擇）依據適應度選擇再生個體，適應度高的個體被選取的機率高，反之，適應度低的個體被選取的機率低，甚至有可能被淘汰。

第四步：（交換）根據一定的交換機率和交換方法產生子代個體。

第五步：（變異）根據一定的變異機率和變異方法，產生子代個體。

第六步：（循環計算適應度）由交換和變異產生新一代種群，傳回到第二步。

遺傳演算法中的最佳化準則，一般根據問題的不同有不同的確定方式。通常採取如下之一作為判斷條件。

（1）種群中個體的最大適應度超過了設定值。

（2）種群中個體的平均適應度超過了設定值。

（3）世代數超過了設定值。

（4）種群中個體的最大適應度除以平均適應度超過了設定值。

5.3.4 遺傳演算法的 Python 實現

對於以上求解函數$f(x) = x \cdot \sin(x), x \in [0,12.55]$在指定區間的最大值的實例，可以用 Python 實現遺傳演算法的程式。定義類別 GeneSolve，它包含函數 inter_cross、mutate、get_adjust、cycle_select，分別為實現交換、變異、計算適應度和以輪盤賭方式選擇的程式，函數 get_decode 對個體染色體進行解碼。實際程式如下：

```
 1 import random
 2 import numpy as np
 3
 4 def log(i,a,b):
 5     print("epoch --> ",
 6         str(i+1).rjust(5," ")," max:",
 7         str(round(a,4)).rjust(8," "),"mean:",
 8         str(round(b,4)).rjust(8," "),"alpha:",
 9         str(round(a/b,4)).rjust(8," "))
10
11 class GeneSolve:
12     def __init__(self, pop_size, epoch, cross_prob, mutate_prob, alpha,
       print_batch=10):
13         self.pop_size = pop_size
```

```
14          self.epoch = epoch
15          self.cross_prob = cross_prob
16          self.mutate_prob = mutate_prob
17          self.print_batch = print_batch
18          self.alpha = alpha
19          self.width = 11
20          self.best = None
21
22          # 產生初始種群
23          self.genes = np.array([''.join([random.choice(['0','1']) for i in
            range(self.width)]) for j in range (self.pop_size)])
24
25     def inter_cross(self):
26         """對染色體進行交換操作"""
27         ready_index = list(range(self.pop_size))
28         while len(ready_index) >= 2:
29             d1 = random.choice(ready_index)
30             ready_index.remove(d1)
31             d2 = random.choice(ready_index)
32             ready_index.remove(d2)
33             if np.random.uniform(0, 1) <= self.cross_prob:
34                 loc = random.choice(range(1,self.width-1))
35                 d1_a, d1_b = self.genes[d1][0:loc], self.genes[d1][loc:]
36                 d2_a, d2_b = self.genes[d2][0:loc], self.genes[d2][loc:]
37                 self.genes[d1] = d1_a + d2_b
38                 self.genes[d2] = d2_a + d1_b
39
40     def mutate(self):
41         """基因突變"""
42         ready_index = list(range(self.pop_size))
43         for i in ready_index:
44             if np.random.uniform(0, 1) <= self.mutate_prob:
45                 loc = random.choice(range(0,self.width))
46                 t0 = list(self.genes[i])
47                 t0[loc] = str(1 - int(self.genes[i][loc]))
48                 self.genes[i] = ''.join(t0)
49
50     def get_adjust(self):
51         """計算適應度"""
52         x = self.get_decode()
```

```
53          return x*np.sin(x)+12
54
55      def get_decode(self):
56          return np.array([int(x,2)*12.55/(2**11-1) for x in self.genes])
57
58      def cycle_select(self):
59          """透過輪盤賭來進行選擇"""
60          adjusts = self.get_adjust()
61          if self.best is None or np.max(adjusts) > self.best[1]:
62              self.best = self.genes[np.argmax(adjusts)], np.max(adjusts)
63          p = adjusts/np.sum(adjusts)
64          cu_p = []
65          for i in range(self.pop_size):
66              cu_p.append(np.sum(p[0:i]))
67          cu_p = np.array(cu_p)
68          r0 = np.random.uniform(0,1,self.pop_size)
69          sel = [max(list(np.where(r > cu_p)[0])+[0]) for r in r0]
70          # 保留最佳的個體
71          if np.max(adjusts[sel]) < self.best[1]:
72              self.genes[sel[np.argmin(adjusts[sel])]] = self.best[0]
73          self.genes = self.genes[sel]
74
75      def evolve(self):
76          for i in range(self.epoch):
77              self.cycle_select()
78              self.inter_cross()
79              self.mutate()
80              a,b=np.max(gs.get_adjust()),np.mean(gs.get_adjust())
81              if i%self.print_batch == self.print_batch - 1 or i==0:
82                  log(i,a,b)
83              if a/b < self.alpha:
84                  log(i,a,b)
85                  print("進化終止,演算法已收斂!共進化 ",i+1," 代!")
86                  break
```

如上述程式所示，函數 log 主要用於列印過程資訊，透過變數 best 保留歷史最佳個體。下面建立一個 GeneSolve 類別的實例，指定初始種群規模為 100，即 100 個個體，最大反覆運算次數 500 次，0.85 的交換機率以及 0.1 的變異機率，當種群中最大適應度與平均適應度的比值低於指定的 1.02 時，終止反覆運算。程式實現如下：

```
1 gs = GeneSolve(100, 500, 0.85, 0.1, 1.02,100)
2 gs.evolve()
3 # epoch -->       1  max:   19.915 mean:  13.2785 alpha:   1.4998
4 # epoch -->     100  max:  19.9167 mean:  19.2524 alpha:   1.0345
5 # epoch -->     136  max:  19.9167 mean:  19.6173 alpha:   1.0153
6 # 進化終止，演算法已收斂！共進化  136  代！
7
8 gs.best
9 # ('10100010101', 19.916705125479506)
```

我們獲得的最佳個體為 10100010101，對應的x為 7.976331216，非常接近最佳解 7.98。

5.4 粒子群最佳化

粒子群最佳化又被稱為微粒群演算法，是由 J.Kennedy 和 R.C.Eberhart 等於 1995 年開發的一種演化計算技術，來自對一個簡化社會模型的模擬，主要用於求解最佳化問題。本節從粒子群最佳化演算法的基本概念講起，透過介紹粒子群最佳化演算法的實現過程，結合 Python，讓讀者熟練掌握使用粒子群最佳化演算法解決工作中的切實問題的方法和基本技巧。

5.4.1 基本概念及原理

粒子群最佳化演算法是 Kennedy 和 Eberhart 受人工生命研究結果的啟發，透過模擬鳥群覓食過程中的遷徙和群聚行為而提出的一種基於群眾智慧的全域隨機搜尋演算法。與遺傳演算法一樣，它也是基於「種群」和「進化」的概念，透過個體間的協作與競爭，實現複雜空間最佳解的搜尋。但是，粒子群最佳化並不需要對個體進行選擇、交換、變異等進化操作，而是將種群中的個體看成是 D 維搜尋空間中沒有品質和體積的粒子，每個粒子以一定的速度在解空間運動，並向粒子本身歷史最佳位置和種群歷史最佳位置接近，以實現對候選解的進化。這種模型最開始來自對鳥群覓食的觀察。設想這種場景：一群鳥在隨機搜尋食物，已知在這塊區域只有一塊食物，並且這些鳥都不知道食物在哪裡，但它們能感受到食物的位置離目前有多遠，那麼找到食物的最佳策略是什麼呢？首先，搜尋目前離食物最近的鳥的周圍區域；其次，根據自己飛行的經驗判斷食物的所在。粒子群最佳化演算法正是從這種模型中獲得的啟發，如圖 5-4-1 所示。

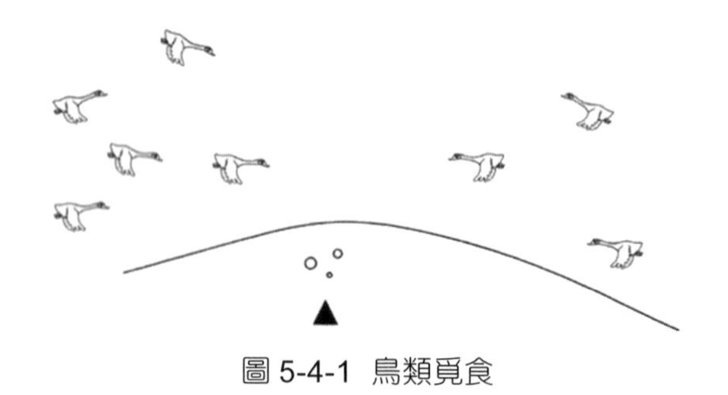

圖 5-4-1 鳥類覓食

粒子群最佳化演算法可以用數學語言更加實際地來描述。首先，根據求解的問題，在 D 維空間中，隨機產生一個粒子群，包含 N 個粒子。粒子$i(i=1,2,\cdots,N)$的位置可以表示為向量$\boldsymbol{x}_i=(x_{i1},x_{i2},\cdots,x_{iD})$，根據$\boldsymbol{x}_i$可以判斷該位置是否合適，也就是使用$\boldsymbol{x}_i$來計算適應度，用$f(\boldsymbol{x}_i)$來表示。粒子$i$的速度可以表示為向量$\boldsymbol{v}_i=(v_{i1},v_{i2},\cdots,v_{iD})$，它歷史經過的最合適的位置$\text{pbest}_i=(p_{i1},p_{i2},\cdots,p_{iD})$，種群所經歷過的最合適的位置$\text{gbest}=(g_1,g_2,\cdots,g_D)$。一般來說第$d(d\in[1,D])$維的位置變化範圍限定在$[x_{\min,d},x_{\max,d}]$內，速度變化範圍限定在$[-v_{\max,d},v_{\max,d}]$內，若超過了邊界值，則限定為邊界值。$v_{\max,d}$增大，有利於全域探索，$v_{\max,d}$減少有利於局部開發。如果$v_{\max,d}$設定得過大，則粒子的運動可能失去規律性，甚至越過最佳解所在區域，導致演算法難以收斂而陷入停滯狀態；如果$v_{\max,d}$設定得過小，由於粒子移動緩慢，那麼演算法可能陷入局部極值。根據經驗，$v_{\max,d}$通常設定為對應維度變化範圍的 10%~20%。

粒子在移動時，需要確定粒子移動的方向和長度，因此定義粒子i第d維速度和位置的更新公式如下：

$$\boldsymbol{v}_{id}^{k}=w\cdot\boldsymbol{v}_{id}^{k-1}+c_1\cdot r_1\cdot\left(\text{pbest}_{id}-\boldsymbol{x}_{id}^{k-1}\right)+c_2\cdot r_2\cdot\left(\text{gbest}_{d}-\boldsymbol{x}_{id}^{k-1}\right)$$

$$\boldsymbol{x}_{id}^{k}=\boldsymbol{x}_{id}^{k-1}+\boldsymbol{v}_{id}^{k-1}$$

其中，$\boldsymbol{v}_{id}^{k}$是第k反覆運算粒子i移動的速度向量的第d維分量，$\boldsymbol{x}_{id}^{k}$是第k反覆運算粒子i位置向量的第d維分量。c_1、c_2是加速度常數，用於調節學習最大步進值，當$c_1 = 0$時，由於沒有考慮粒子本身歷史經驗的影響，演算法會喪失群許多樣性，並且容易陷入局部最佳解而無法跳出；當$c_2 = 0$時，由於沒有考慮種群歷史經驗的影響，演算法對所有粒子並沒有資訊的共用，這將導致演算法收斂速度緩慢，通常取$c_1 = c_2 = 2$。r_1、r_2是兩個設定值範圍在 0~1 之間的亂數，用以增加搜尋的隨機性。w是慣性權重，通常取非負數，用於調節解空間的搜尋範圍；當$w = 1$時，演算法為基本粒子群演算法；當$w = 0$時，演算法將失去粒子對本身速度的記憶。 由公式可知，$\boldsymbol{v}_{id}^{k}$由三部分組成，第一部分$w \cdot \boldsymbol{v}_{id}^{k-1}$為慣性部分，它表示維持粒子已有速度的趨勢；第二部分$c_1 \cdot r_1 \cdot \left(\mathrm{pbest}_{id} - \boldsymbol{x}_{id}^{k-1}\right)$為認知部分，它表示粒子對歷史經驗的回憶，有向本身歷史最佳位置接近的趨勢；第三部分$c_2 \cdot r_2 \cdot \left(\mathrm{gbest}_{d} - \boldsymbol{x}_{id}^{k-1}\right)$為社會部分，它表示粒子間協作合作與知識共用的群眾歷史經驗，有向群眾或領域最佳位置接近的趨勢。

5.4.2 粒子群演算法的實現步驟

根據粒子群最佳化演算法的實現原理，列出粒子群最佳化的演算法流程，如圖 5-4-2 所示。

演算法的基本流程，主要分為六步。

第一步： 初始化粒子群，包含群眾規模，每個粒子的位置和速度，設定慣性權重、最大速度、加速度常數、最大反覆運算次數等初值。

第二步： 設計適應度函數，並計算每個粒子的適應度值。

第三步： 對每個粒子，用它的適應度值和該粒子歷史最佳 pbest 比較，如果前者大於後者，則更新 pbest。

第四步： 對每個粒子的 pbest，用它的最大值與種群歷史最佳 gbest 比較，如果前者大於後者，則更新 gbest。

第五步： 根據更新公式，更新每粒子的速度和位置。

第六步： 如果滿足結束條件則退出，否則轉入第二步。

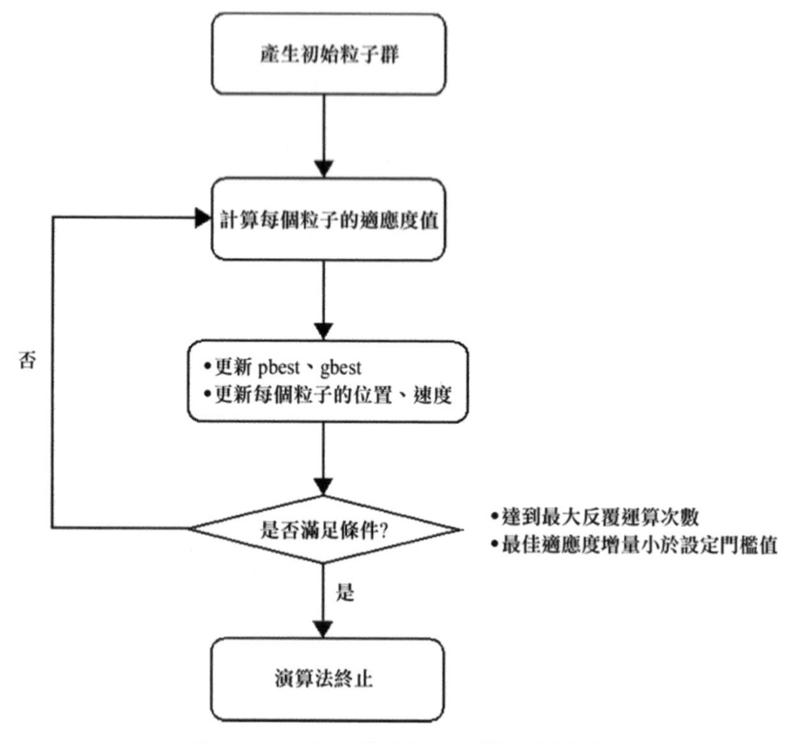

圖 5-4-2 粒子群最佳化演算法流程圖

5.4.3 粒子群演算法的 Python 實現

在了解粒子群最佳化演算法實現原理和流程的基礎上，求函數$z = x \cdot \mathrm{e}^{-x^2-y^2}, x, y \in [-2,2]$在定義域上的最小值。用 Python 撰寫程式，將曲面繪製出來，以觀察曲面的特點，程式如下：

```
 1 import numpy as np
 2 import matplotlib.pyplot as plt
 3 from mpl_toolkits.mplot 3D import Axes 3D
 4 fig = plt.figure(figsize=(10,7))
 5 ax = Axes 3D(fig)
 6 ax.set_xlabel('$x$',fontsize=16)
 7 ax.set_ylabel('$y$',fontsize=16)
 8 ax.set_zlabel('$z$',fontsize=16)
 9 x = np.linspace(-2,2,100)
10 y = np.linspace(-2,2,100)
11 # x-y 平面的網格
```

```
12 x, y = np.meshgrid(x, y)
13 z = x*np.exp(-x**2-y**2)
14 ax.plot_surface(x, y, z, rstride=1, cstride=1, cmap=plt.get_cmap('cool'))
15 plt.show()
```

效果如圖 5-4-3 所示，該函數有一個峰一個谷，在谷的最低處，z 取得最小值。此處，以求解該函數在定義域上的最小值為例，說明粒子群最佳化演算法的實現過程。主要過程如下。

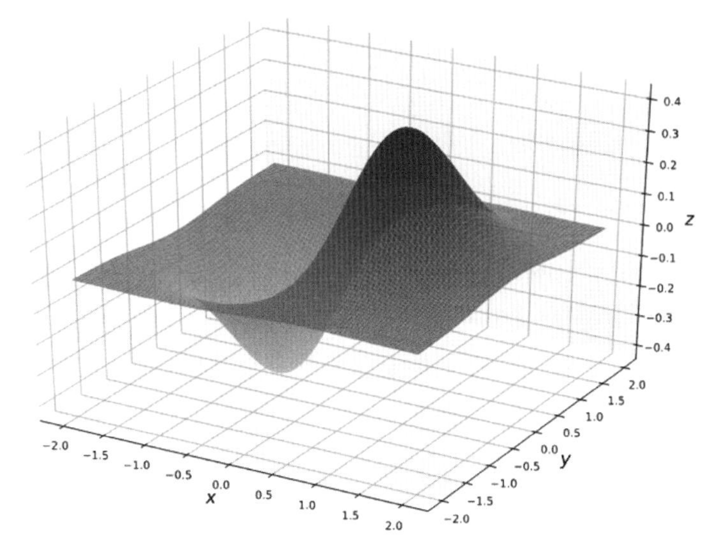

圖 5-4-3　函數$z = x \cdot e^{-x^2-y^2}$對應的曲面

第一步：由於函數 z 有 x 和 y 兩個輸入變數，因此針對的是二維空間。在指定定義域 $x, y \in [-2,2]$上隨機產生 20 個粒子，設定粒子的最大速度為$v_{\max} = 1$。程式如下：

```
1 # 初始化粒子群（包含20 個粒子）
2 vmax = 1
3 # 設定慣性權重
4 w = 0.5
5 # 設定加速度常數
6 c1,c2 = 2,2
7 # 設定最大反覆運算次數
8 iters = 1000
9 # 設定最佳適應度值的增量設定值
```

```
10 alpha = 0.000001
11 # 在指定定義域內，隨機產生位置矩陣如下
12 xMat = np.random.uniform(-2,2,(20,2))
13 # 在指定最大速度的限制下，隨機產生速度矩陣如下
14 vMat = np.random.uniform(-vmax,vmax,(20,2))
```

第二步：計算每個粒子的適應度值。這裡由於是求最小值，因此適應度函數可定義為$f(x,y)=-z$，當對應的 z 值越小時，對應的適應度值越大。對種群中所有粒子計算適應度值的程式如下：

```
1 # 計算種群中所有粒子的適應度值
2 def get_adjust(location):
3     x,y = location
4     return -x*np.exp(-x**2-y**2)
5
6 adjusts = np.array([get_adjust(loc) for loc in xMat])
```

第三步：循環更新 pbest、gbest，同時更新所有粒子的位置與速度。其中，pbest 記錄每個粒子歷史的適應度值最高的位置，而 gbest 記錄種群歷史適應度最高的位置。更新完成後，需要重新計算每個粒子的適應度值，以進入循環。當達到反覆運算次數或最佳適應度值的增量小於 0.000001 時，演算法結束。對應程式如下：

```
1 pbest = xMat, adjusts
2 gbest = xMat[np.argmax(adjusts)], np.max(adjusts)
3 gbest_add = None
4 # 更新 pbest、gbest，同時更新所有粒子的位置與速度
5 for k in range(iters):
6     # 更新 pbest，檢查 adjusts，如果對應粒子的適應度是歷史中最高的，則完成取代
7     index = np.where(adjusts > pbest[1])[0]
8     if len(index) > 0:
9         pbest[0][index] = xMat[index]
10        pbest[1][index] = adjusts[index]
11
12    # 更新 gbest
13    if np.sum(pbest[1] > gbest[1]) > 0:
14        gbest_add = np.max(adjusts) - gbest[1]
15        gbest = xMat[np.argmax(adjusts)], np.max(adjusts)
16
17   # 更新所有粒子的位置與速度
```

```
18      xMat_backup = xMat.copy()
19      xMat = xMat + vMat
20      vMat = w*vMat + c1*np.random.uniform(0,1)*(pbest[0] - xMat_backup)+
        c2*np.random. uniform(0,1)*(gbest[0] - xMat_backup)
21
22      # 如果 vMat 有值超過了邊界值，則設定為邊界值
23      xMat[xMat > 2] = 2
24      xMat[xMat < (-2)] = -2
25      vMat[vMat > vmax] = vmax
26      vMat[vMat < (-vmax)] = -vmax
27
28      # 計算更新後種群中所有粒子的適應度值
29      adjusts = np.array([get_adjust(loc) for loc in xMat])
30
31      # 檢查全域適應度值的增量，如果小於 alpha，則演算法停止
32      if gbest_add is not None and gbest_add < alpha:
33          print("k = ",k," 演算法收斂！")
34          break
35
36  gbest
37  # (array([-0.70669195,  0.00303178]), -0.42887785271504353)
```

從執行結果中可知，最佳適應度值對應的位置為(-0.70669195,0.00303178)，以該座標點為基礎，繪製一條分隔號在原圖中進行標識，獲得圖 5-4-4。

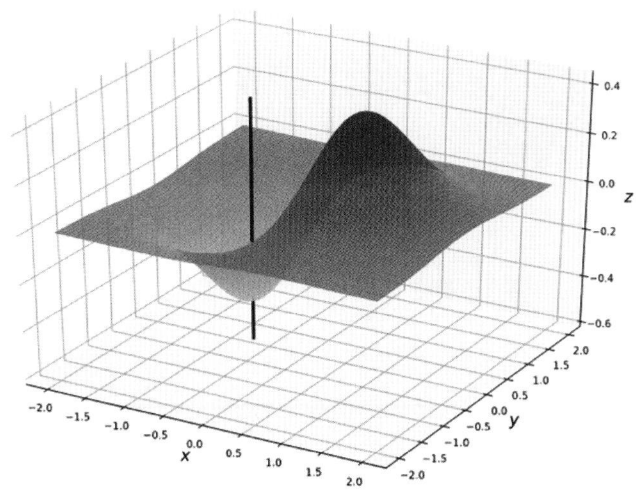

圖 5-4-4 最小值點示意圖

直觀上看，這非常接近理論最佳位置，可以作為近似最佳解。在更新過程中，將按順序間隔選取粒子位置的圖形，獲得圖 5-4-5（為展示最佳化效果，初始粒子限定在$x, y \in [1,2]$的區間內隨機產生，若粒子群最後收斂於[1,2]區間，請將w和vmax調大並進一步嘗試）。顯然，在粒子更新運動的過程中，所有粒子都在趨向於最低點，並且小數點（種群歷史最佳適應度對應的位置）也逐漸接近中心點，最後與最低點十分接近，甚至重合，即獲得最佳解（或近似解）。

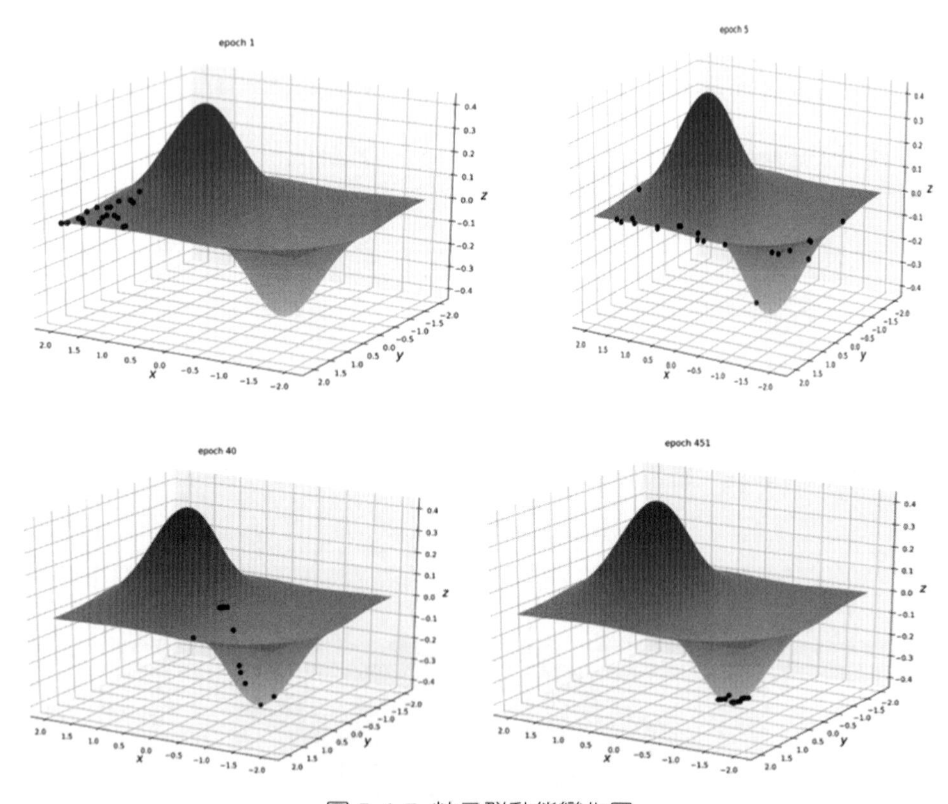

圖 5-4-5 粒子群動態變化圖

5.5 模擬退火

模擬退火是由 S.Kirkpatrick,C.D.Gelatt 和 M.P.Vecchi 在 1983 年發明的，它是解決 TSP 問題的有效方法之一。本節從模擬退火演算法的基本概念講起，透過介紹模擬退火演算法的實現過程，結合 Python，讓讀者熟練掌握使用模擬退火演算法解決工作中的切實問題的方法和基本技巧。

5.5.1 基本概念及原理

模擬退火演算法是一種通用機率演算法，用來在一個大的搜尋空間內尋找命題的最佳解，最早的思想由 Metropolis 等人於 1953 年提出，1983 年，Kirkpatrick 等人將其應用於組合最佳化。它來自固體退火原理，在物理退火過程中，將固體加熱到足夠高的溫度，使分子呈隨機排列狀態，然後逐步降溫使之冷卻，最後分子以低能狀態排列，固體達到某種穩定狀態，此時內能減為最小。要比較好地了解逐步降溫與求解最佳解的關係，得先從爬山演算法說起。爬山演算法是一種簡單的貪心搜尋演算法，該演算法每次從目前解的臨近解空間中選擇一個最佳解作為目前解，直到達到一個局部最佳解，而不一定能搜尋到全域最佳解。如圖 5-5-1 所示，假設 C 點為目前解，爬山演算法搜尋到 A 點這個局部最佳解就會停止搜尋，因為在 A 點無論向哪個方向小幅度移動都不能獲得更優的解。

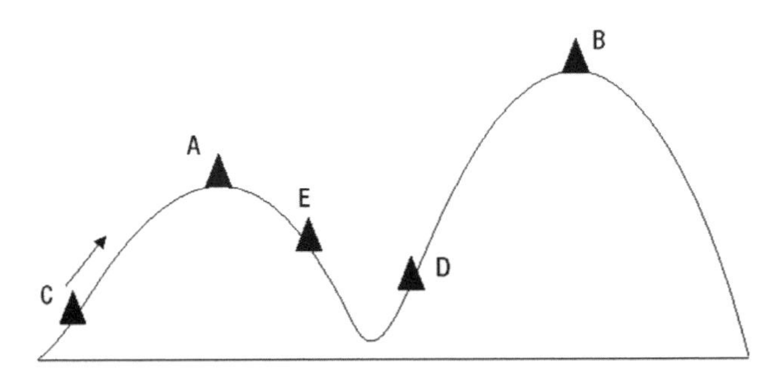

圖 5-5-1 爬山演算法與模擬退火的區別

模擬退火演算法其實也是一種貪心演算法，它與爬山演算法相比，引用了隨機因素，它能以一定的機率接受一個比目前解要差的解，因此有可能跳出這個局部的最佳解，以至達到全域最佳解。因此，在模型退火演算法搜尋到局部最佳解 A 後，會以一定的機率接收到 E 的移動，可能經過幾次這樣的移動，跳出局部最佳解，進一步到達全域最佳解 B。並且隨著反覆運算的進行，由於溫度逐漸下降，接受差解的機率越來越低，最後趨於穩定，即達到最佳解

（注意，由於演算法使用有限的隨機性，使得最後獲得的最佳解不一定是全域最佳的，但是透過這種方法可以比較快地找到問題的最佳解）。在模擬退火演算法中，這種機率突跳性透過 Metropolis 準則來表現，假設在狀態x_{old}時，系統受到某種擾動而使其狀態變為x_{new}，與此相對應，系統的能量也從$E(x_{\mathrm{old}})$變為$E(x_{\mathrm{new}})$，系統由狀態x_{old}變為狀態x_{new}的接受機率p，定義如下：

$$p = \begin{cases} 1, E(x_{\mathrm{new}}) < E(x_{\mathrm{old}}) \\ \mathrm{e}^{-\frac{E(x_{\mathrm{new}})-E(x_{\mathrm{old}})}{T}}, E(x_{\mathrm{new}}) \geqslant E(x_{\mathrm{old}}) \end{cases}$$

上式中，x是在解空間中按一定機率分佈隨機取樣而來的值，能量$E(x)$通常由目標函數來定義。由於當$E(x_{\mathrm{new}}) < E(x_{\mathrm{old}})$時，接受機率$p = 1$，所以當演算法取得最佳解時，目標函數值最小，可根據實際問題設計目標函數。隨著反覆運算的進行，如果持續有$E(x_{\mathrm{new}}) \geqslant E(x_{\mathrm{old}})$，假設$E(x_{\mathrm{new}}) - E(x_{\mathrm{old}})$為一個常數，那麼當溫度降低時，接受機率$p$將逐漸減小，這將導致演算法趨於穩定。假設初始溫度為T_0，則隨著反覆運算（t 為目前反覆運算次數）的進行，溫度更新通常用如下關係來定義：

$$T_t = \frac{T_0}{\ln(1 + t)}$$

經驗表明，初始溫度T_0越大，獲得高品質解的機率就越大，但是計算成本較高。因此，選擇合適的初始溫度對求解品質和執行效率都有好處。通常使用均勻抽樣的方式，獲得區間$[a,b]$上的 n 個狀態，以各狀態目標值的方差作為初始溫度，即，

$$T_0 = \mathrm{Var}\big(E(x_i)\big), i = 1,2,\cdots,n, x \sim U[a,b]$$

5.5.2 模擬退火演算法的實現步驟

根據模擬退火演算法的原理，列出了模擬退火演算法的流程圖，如圖 5-5-2 所示。

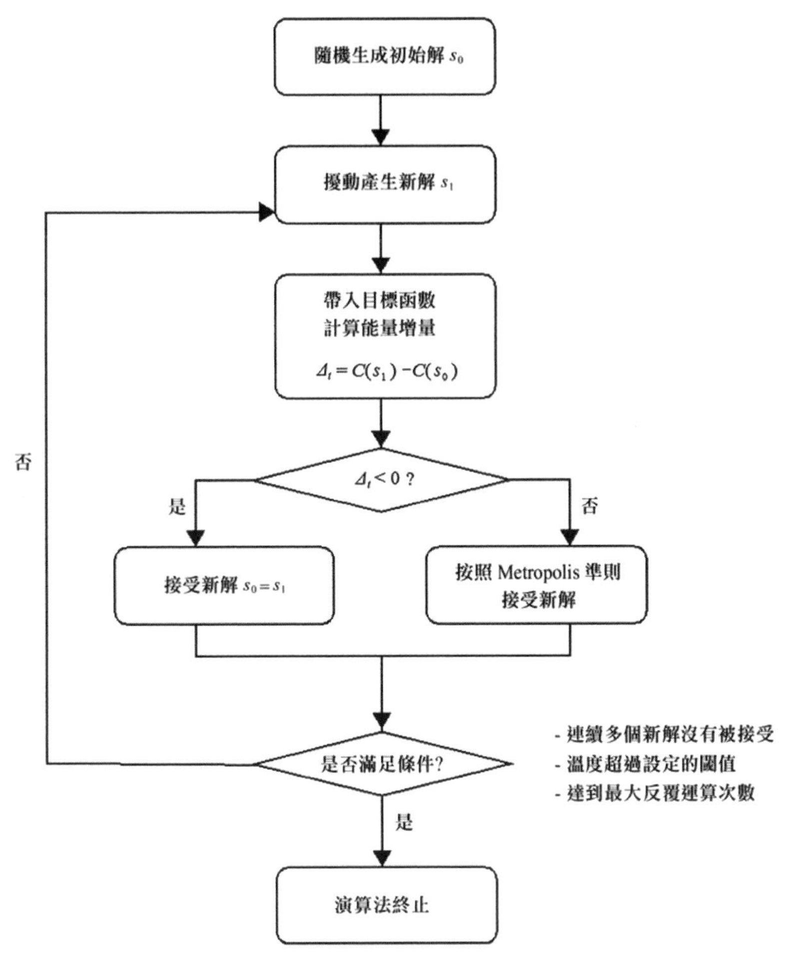

圖 5-5-2 模擬退火演算法的流程

演算法的流程主要分為六步。

第一步： 初始化解狀態s_0（演算法反覆運算的起點）、溫度t_0、最大反覆運算次數等參量。

第二步： 產生新解s_1。

第三步： 根據自訂的目標函數，計算能量增量$\Delta_t = C(s_1) - C(s_0)$。

第四步： 如果Δ_t小於 0，則接受s_1作為新的目前解；否則以機率$e^{-\frac{\Delta_t}{t_0}}$接受$s_1$作為新的目前解。每次更新目前解時，與歷史最佳解比較，如果有比歷史最佳解更好的，則對應更新。

第五步： 按$T_t = \frac{T_0}{\ln(1+t)}$更新溫度，其中 t 指反覆運算次數。

第六步： 判斷是否滿足終止條件，如果滿足，則輸出歷史最佳解，結束演算法；不然傳回第二步，重新尋找候選解。常見的終止條件有如下幾個。

（1）連續許多個新解都沒有被接受；

（2）溫度超過設定的設定值；

（3）到達最大反覆運算次數。

5.5.3 模擬退火演算法的 Python 實現

根據如上所述原理和流程，使用 Python 撰寫程式，實現模擬退火演算法，求解函數$f(x) = x \cdot \sin(x), x \in [0,12.55]$在指定區間的最大值。圖 5-5-3 為函數$f(x)$在定義域上的圖形，可知函數在定義域上，既存在局部最大值，也存在全域最大值。

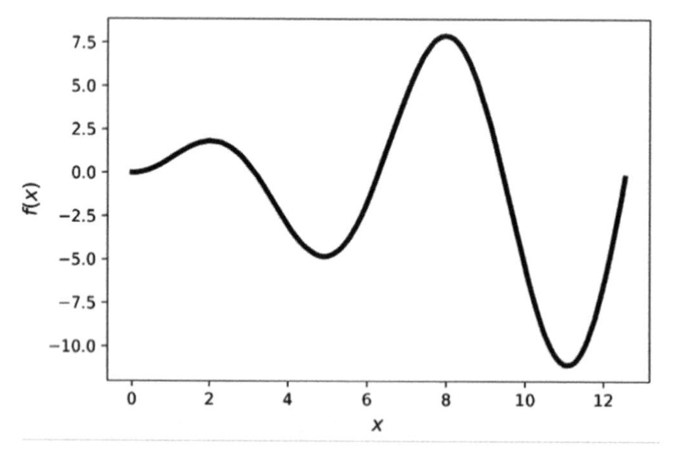

圖 5-5-3 函數$f(x) = x \cdot \sin(x)$的形狀

求解最佳解的程式如下：

```
1 # 自訂目標函數C
2 def C(s):
3     return 1/(s*np.sin(s)+12)
4
5 # 初始化
```

```
 6 # 設定初始溫度
 7 t0 = np.var(np.random.uniform(0,12.55,100))
 8
 9 # 設定初始解
10 s0 = np.random.uniform(0,12.55,1)
11
12 # 設定反覆運算次數
13 iters = 3000
14
15 # 設定終止條件，連續 ct 個新解都沒有接受時終止演算法
16 ct = 200
17 ct_array = []
18
19 # 儲存歷史最好的狀態，預設取上邊界值
20 best = 12.55
21
22 for t in range(1,iters+1):
23     # 在 s0 附近產生新解，但又能包含定義內的所有值
24     s1 = np.random.normal(s0,2,1)
25     while s1 < 0 or s1 > 12.55:
26         s1 = np.random.normal(s0,2,1)
27     # 計算能量增量
28     delta_t = C(s1) - C(s0)
29     if delta_t < 0:
30         s0 = s1
31         ct_array.append(1)
32     else:
33         p = np.exp(-delta_t/t0)
34         if np.random.uniform(0,1) < p:
35             s0 = s1
36             ct_array.append(1)
37         else:
38             ct_array.append(0)
39
40     best = s0 if C(s0) < C(best) else best
41
42     # 更新溫度
43     t0 = t0/np.log(1+t)
44
45     # 檢查終止條件
```

```
46     if len(ct_array) > ct and np.sum(ct_array[-ct:]) == 0:
47         print("反覆運算 ",t," 次，連續 ",ct," 次沒有接受新解，演算法終止！")
48         break
49
50 # 狀態最後停留位置
51 s0
52 # array([7.98092592])
53
54 # 最佳狀態，即對應最佳解的狀態
55 best
56 # 反覆運算 363 次，連續 200 次沒有接受新解，演算法終止！
57 # array([7.98092592])
```

從執行結果可知，我們求得的最佳解為 7.98，這與理論最佳解相等，當然參數設定得不好，執行結果也可能是局部極值。將每次更換新解對應狀態和目標值所在的函數影像儲存起來，並從中按順序選擇 4 張，如圖 5-5-4 所示。

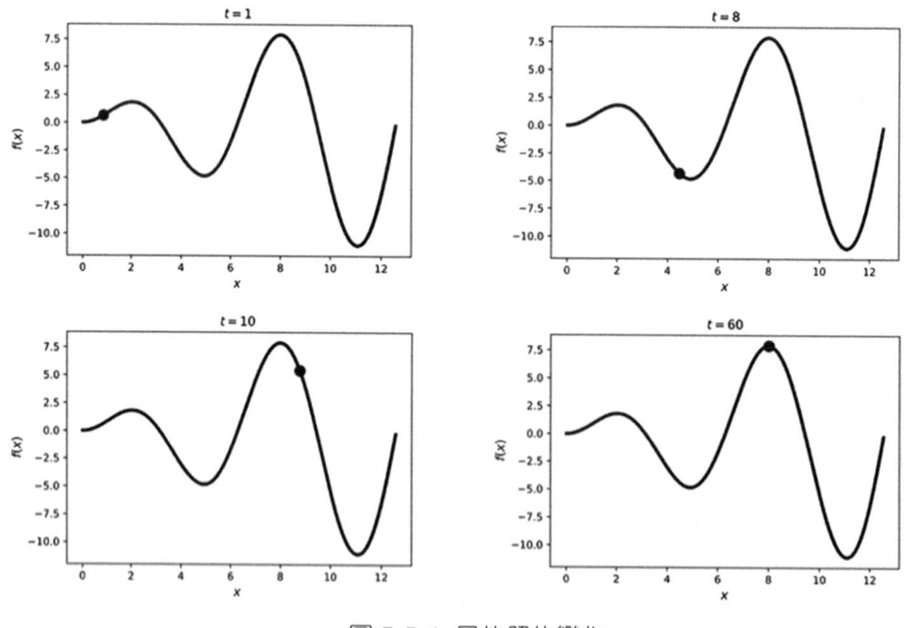

圖 5-5-4 最佳解的變化

可見，由於模擬退火可以接受差解，因此不至於陷入局部最佳，而有可能使得結果向全域最佳方向發展。

06

線性回歸及其最佳化

多元回歸是指有兩個或以上引數的回歸分析，如果處理的是線性問題，則是多元線性回歸。它比一元線性回歸更複雜，不僅考慮的引數更多，同時計算更複雜，分析也更細緻。本節主要介紹多元線性回歸的求解方法，以及經常出現的多重共線性問題，另外提出了多種最佳化方法，它們會從不同角度對最佳化條件進行改進，旨在讓模型更穩定穩固。

6.1 多元線性回歸

多元線性回歸包含兩個基本問題：一是多元線性模型的設定及其顯著性檢驗；二是多元線性模型的參數求解及其顯著性檢驗。本節從回歸模型和基本假設講起，透過介紹最小平方估計，讓讀者了解這個最基本的參數求解方法，進一步介紹回歸方法和回歸係數的檢驗方法，最後介紹多重共線性問題。

6.1.1 回歸模型與基本假設

對於引數$x_1, x_2, \cdots, x_m$，在研究它們對因變數y的多元線性回歸時，$x_1 \sim x_m$ 對y具有線性相關關係。例如研究身高、年齡對體重的影響，通常來說，身高越高的人體重越重，年齡越大體重越重，身高和年齡對體重是正相關關係，這樣便可以用一個多元線性回歸模型來表示。對於引數為$x_1, x_2, \cdots, x_m$，且$x_1 \sim x_m$是可以精確測量並可控制的一般變數，對應的因變數為y，則該多元線性回歸模型可表示為：

$$y = \beta_0 + \beta_1 x_1 + \beta_2 x_2 + \cdots + \beta_m x_m + \varepsilon \quad (6.1)$$

其中，$\beta_1, \beta_2, \cdots, \beta_m$是未知參數，$\varepsilon$是隨機誤差。為了求出式（6.1）的方程式，我們需要估計出$\beta_0, \beta_1, \cdots, \beta_m$以及$\sigma^2$。透過 n 次觀察，我們獲得 n 組資料如下：

$$(y_i, x_{i1}, x_{i2}, \cdots, x_{im}), i = 1,2, \cdots, n(n > m)$$

結合式（6.1）的方程式，寫入成如下方程組的形式：

$$\begin{cases} y_1 = \beta_0 + \beta_1 x_{11} + \beta_2 x_{12} + \cdots + \beta_m x_{1m} + \varepsilon_1 \\ y_2 = \beta_0 + \beta_1 x_{21} + \beta_2 x_{22} + \cdots + \beta_m x_{2m} + \varepsilon_2 \\ \vdots \\ y_n = \beta_0 + \beta_1 x_{n1} + \beta_2 x_{n2} + \cdots + \beta_m x_{nm} + \varepsilon_n \end{cases} \quad (6.2)$$

其中，$\varepsilon_1, \varepsilon_2, \cdots, \varepsilon_n$獨立同分佈，均值為零，方差為$\sigma^2$。

可用矩陣表示如下：

$$\boldsymbol{y} = \begin{pmatrix} y_1 \\ y_2 \\ \vdots \\ y_n \end{pmatrix}, \boldsymbol{X} = \begin{pmatrix} 1 & x_{11} & x_{12} & \dots & x_{1m} \\ 1 & x_{21} & x_{22} & \dots & x_{2m} \\ \vdots & \vdots & \vdots & \vdots & \vdots \\ 1 & x_{n1} & x_{n2} & \dots & x_{nm} \end{pmatrix}, \boldsymbol{\beta} = \begin{pmatrix} \beta_0 \\ \beta_1 \\ \vdots \\ \beta_m \end{pmatrix}, \boldsymbol{\varepsilon} = \begin{pmatrix} \varepsilon_1 \\ \varepsilon_2 \\ \dots \\ \varepsilon_n \end{pmatrix} \Rightarrow \boldsymbol{y} = \boldsymbol{X\beta} + \boldsymbol{\varepsilon}$$

此處，$\boldsymbol{y}$表示因變數的向量，$\boldsymbol{\beta}$表示整體參數的向量，$\boldsymbol{X}$ 表示由所有引數和一列常數 1 所組成的矩陣，$\boldsymbol{\varepsilon}$則表示隨機誤差變數的向量。 為方便對模型進行參數估計，現對（式 6.1）有如下一些基本假設：

（1）引數$x_1, x_2, \cdots, x_m$是確定性變數，不是隨機變數，且要求矩陣$\boldsymbol{X}$的秩為$m + 1 < n$，也就是說矩陣$\boldsymbol{X}$引數列之間是線性無關的。

（2）隨機誤差項$\boldsymbol{\varepsilon}$滿足$E(\boldsymbol{\varepsilon}) = 0$且$\text{Var}(\boldsymbol{\varepsilon}) = \sigma^2$。也就是說隨機誤差項的平均值為 0，沒有系統誤差，同時不同樣本點的隨機誤差項是不相關的，亦即在常態假設下是獨立的，不存在序列相關。

（3）假設隨機誤差項服從正態分佈，即$\boldsymbol{\varepsilon}_i \in N(0, \sigma^2), i = 1,2, \cdots, n$且$\varepsilon_1, \varepsilon_2, \cdots, \varepsilon_n$相互獨立，於是$E(\boldsymbol{y}) = \boldsymbol{X\beta}, \text{Var}(\boldsymbol{y}) = \sigma^2 \boldsymbol{I}_n$，因此$\boldsymbol{y} \in N(\boldsymbol{X\beta}, \sigma^2 \boldsymbol{I}_n)$。

6.1.2 最小平方估計

最小平方法是從誤差擬合角度對回歸模型進行參數估計的方法，它透過最小化誤差的平方和尋找資料的最佳函數比對。假設用y_i表示目標變數的第i次觀測值，$\hat{y}_i$表示對應的估計值，則最小平方法從$\min\boldsymbol{\Sigma}(y_i-\hat{y}_i)^2$出發來確定未知參數。最小平方法除了用於線性擬合之外，還可以用於曲線擬合。 對於多元線性回歸，由於$\boldsymbol{y}=\boldsymbol{X\beta}+\boldsymbol{\varepsilon}$，則誤差平方和SSE可表示如下：

$$\mathrm{SSE}=\boldsymbol{\varepsilon}'\boldsymbol{\varepsilon}=(\boldsymbol{y}-\boldsymbol{X\beta})'(\boldsymbol{y}-\boldsymbol{X\beta})=(\boldsymbol{y}'-\boldsymbol{\beta}'\boldsymbol{X}')(\boldsymbol{y}-\boldsymbol{X\beta})$$

$$=\boldsymbol{y}'\boldsymbol{y}-\boldsymbol{\beta}'\boldsymbol{X}'\boldsymbol{y}-\boldsymbol{y}'\boldsymbol{X\beta}+\boldsymbol{\beta}'\boldsymbol{X}'\boldsymbol{X\beta}$$

由$\boldsymbol{y}=\boldsymbol{X\beta}+\boldsymbol{\varepsilon}$可得$\boldsymbol{y}'=\boldsymbol{\beta}'\boldsymbol{X}'+\boldsymbol{\varepsilon}'$，且$\boldsymbol{y}'\boldsymbol{\varepsilon}=\boldsymbol{\varepsilon}'\boldsymbol{y}$，所以$\boldsymbol{y}'\boldsymbol{X\beta}=\boldsymbol{\beta}'\boldsymbol{X}'\boldsymbol{y}=\boldsymbol{y}'\boldsymbol{y}-\boldsymbol{\varepsilon}'\boldsymbol{y}=\boldsymbol{y}'\boldsymbol{y}-\boldsymbol{y}'\boldsymbol{\varepsilon}$，進一步可得$\mathrm{SSE}=\boldsymbol{y}'\boldsymbol{y}-2\boldsymbol{y}'\boldsymbol{X\beta}+\boldsymbol{\beta}'\boldsymbol{X}'\boldsymbol{X\beta}$。這裡$\boldsymbol{\beta}$是待估計的參數。求$\boldsymbol{\beta}$的 1 階導數並令其為 0，可得：

$$\frac{\partial(\mathrm{SSE})}{\partial(\boldsymbol{\beta})}=-2\boldsymbol{X}'\boldsymbol{y}+2\boldsymbol{X}'\boldsymbol{X\beta}=0$$

於是，可獲得$\boldsymbol{\beta}$的最小平方估計量為：$\hat{\boldsymbol{\beta}}=(\boldsymbol{X}'\boldsymbol{X})^{-1}\boldsymbol{X}'\boldsymbol{y}$，代入$\boldsymbol{y}=\boldsymbol{X\beta}+\boldsymbol{\varepsilon}$，可得$\boldsymbol{\varepsilon}$的估計量為：

$$\hat{\boldsymbol{\varepsilon}}=\boldsymbol{y}-\boldsymbol{X}\hat{\boldsymbol{\beta}}=\boldsymbol{y}-\boldsymbol{X}(\boldsymbol{X}'\boldsymbol{X})^{-1}\boldsymbol{X}'\boldsymbol{y}=[\boldsymbol{I}-\boldsymbol{X}(\boldsymbol{X}'\boldsymbol{X})^{-1}\boldsymbol{X}']\boldsymbol{y}$$

由於：

$$E(\hat{\boldsymbol{\beta}})=E((\boldsymbol{X}'\boldsymbol{X})^{-1}\boldsymbol{X}'\boldsymbol{y})=(\boldsymbol{X}'\boldsymbol{X})^{-1}\boldsymbol{X}'\boldsymbol{E}(\boldsymbol{y})=(\boldsymbol{X}'\boldsymbol{X})^{-1}\boldsymbol{X}'\boldsymbol{E}(\boldsymbol{X\beta}+\boldsymbol{\varepsilon})=(\boldsymbol{X}'\boldsymbol{X})^{-1}\boldsymbol{X}'\boldsymbol{X\beta}=\boldsymbol{\beta}$$

所以$\hat{\boldsymbol{\beta}}$是$\boldsymbol{\beta}$的無偏估計。進一步，我們可以估計誤差項的方差。假設整體誤差項的方差為σ^2，是不可觀測的。我們可以用樣本中的$\boldsymbol{\varepsilon}$的方差對σ^2進行估計，其無偏估計如下：

$$S_{\varepsilon}^2=\frac{\hat{\boldsymbol{\varepsilon}}'\hat{\boldsymbol{\varepsilon}}}{n-m-1}$$

其中，$n-m-1$是用於估計整體誤差項的自由度。

6.1.3 回歸方程式和回歸係數的顯著性檢驗

在建立多元線性回歸模型時，我們並不能事先斷定引數$x_1, x_2, \cdots, x_m$與因變數y之間確實有線性關係。用多元線性回歸方程式去擬合隨機變數y與引數$x_1, x_2, \cdots, x_m$之間的關係，只是根據定性分析列出的一處假設。因此，當求出線性回歸方程式後，需要對回歸方程式進行顯著性檢驗。在回歸方程式顯著的情況下，進一步對回歸係數進行檢驗，以檢查那些對回歸方程式影響顯著的變數。

（1）回歸方程式的F檢驗

對於多元線性回歸方程式的顯著性檢驗就是要看引數$x_1, x_2, \cdots, x_m$從整體上對隨機變數的影響是否顯著。在此提出原假設$H_0: \beta_1 = \beta_2 = \cdots = \beta_m = 0$。如果$H_0$被接受，則表示隨機變數$y$與$x_1, x_2, \cdots, x_m$之間的關係由多元線性回歸模型表示並不妥。參考「4.3.2 影響評價 > 3。單因素方差分析」，為了建立對H_0進行檢驗的F統計量，使用總離差平方和的分解式，即：

$$\sum_{i=1}^{n}(y_i - \bar{y})^2 = \sum_{i=1}^{n}(y_i - \hat{y}_i + \hat{y}_i - \bar{y})^2 = \sum_{i=1}^{n}(\hat{y}_i - \bar{y})^2 + \sum_{i=1}^{n}(y_i - \hat{y}_i)^2$$

上式可簡記為$\text{SST} = \text{SSR} + \text{SSE}$，於是建置$F$統計量如下：

$$F = \frac{\frac{\text{SSR}}{m}}{\frac{\text{SSE}}{n-m-1}}$$

其中，SSR 的自由度為 m，SSE 的自由度為 $n\text{–}m\text{–}1$。在常態假設下，當原假設$H_0: \beta_1 = \beta_2 = \cdots = \beta_m = 0$成立時，$F$ 值服從自由度為$(m,n\text{–}m\text{–}1)$的F分佈。於是，可以利用F統計量對回歸方程式的整體顯著性進行檢驗。對指定的資料計算出 SSR 和 SSE，進而獲得F值，根據指定的顯示水準α，檢視F分佈表，可獲得臨界值$F_\alpha(m, n-m-1)$。當$F > F_\alpha(m, n-m-1)$時，拒絕原假設H_0，認為在顯示水準α下，回歸方程式是顯著的；不然認為回歸方程式不顯著。

(2) 回歸係數的 t 檢驗

當回歸方程式顯著時，並不表示參與回歸的每個引數對因變數y的影響都是顯著的。因此我們總是從回歸方程式中剔除那些次要的、可有可無的變數，以建立更為簡單的回歸方程式。這就需要對每個引數進行顯著性檢驗。注意到，當某個引數x_i對y的影響不顯著時，在回歸方程式中，它的係數β_i就取 0。因此，要檢驗變數是否顯著，可提出原假設H_{0i}: $\beta_i = 0, i = 1,2,\cdots,m$。考慮到$\boldsymbol{y} = \boldsymbol{X}\widehat{\boldsymbol{\beta}}, \boldsymbol{y} \sim N(\boldsymbol{X\beta}, \sigma^2\boldsymbol{I}_\mathbf{n})$，於是$\widehat{\boldsymbol{\beta}} \sim N(\boldsymbol{\beta}, \sigma^2(\boldsymbol{X}'\boldsymbol{X})^{-1})$。記$(\boldsymbol{X}'\boldsymbol{X})^{-1} = (c_{ij}), i, j = 1,2,\cdots,m$，則$\widehat{\boldsymbol{\beta}}_i \sim N(\boldsymbol{\beta}_i, c_{ii}\sigma^2)$。據此可建置 t 統計量如下：

$$t_i = \frac{\widehat{\boldsymbol{\beta}}_i}{\sqrt{c_{ii}}\sigma}$$

其中，

$$\hat{\sigma} = \sqrt{\frac{1}{n-m-1}\sum_{i=1}^{n}\varepsilon_i^2} = \sqrt{\frac{1}{n-m-1}\sum_{i=1}^{n}(y_i - \hat{y}_i)^2}$$

是回歸標準差。當原假設H_{0i}成立時，t_i統計量服從自由度為$n-m-1$的 t 分佈。指定顯示水準α，查出雙側檢驗的臨界值$t_{\alpha/2}$。當$|t_i| \geqslant t_{\frac{\alpha}{2}}$時，拒絕原假設$H_{0i}$，認為$\boldsymbol{\beta}_i$顯著不為 0，對應的引數$x_i$對$y$的線性效果顯著。不然認為$\boldsymbol{\beta}_i$顯著為 0，對應的引數$x_i$對$\boldsymbol{\beta}$的線性效果不顯著。

6.1.4 多重共線性

在多元線性回歸的過程中，當引數彼此相關時，回歸模型可能並不穩定。估計的效果會由於模型中的其他引數而改變數值，甚至符號。這一問題，通常稱為多重共線性問題。

對於回歸模型$y = \boldsymbol{\beta}_0 + \boldsymbol{\beta}_1 x_1 + \boldsymbol{\beta}_2 x_2 + \cdots + \boldsymbol{\beta}_m x_m + \boldsymbol{\varepsilon}$，當矩陣$\boldsymbol{X}$的列向量存在不全為零的一組數$c_0, c_1, c_2, \cdots c_m$，使得$c_0 + c_1 x_{i1} + c_2 x_{i2} + \cdots + c_m x_{im} = 0, i = 1,2,\cdots,n$時，即存在完全的多重共線性。此時，矩陣$\boldsymbol{X}$的秩小於$m+1$，且$|\boldsymbol{X}'\boldsymbol{X}| = 0$，$(\boldsymbol{X}'\boldsymbol{X})^{-1}$不存在，$\boldsymbol{\beta}$的無偏估計無解。在實際問題中，經常見到的

是近似多重共線性的情況，即存在不全為零的一組數$c_0, c_1, c_2, \cdots, c_m$，使得$c_0 + c_1 x_{i1} + c_2 x_{i2} + \cdots + c_m x_{im} \approx 0, i = 1,2, \ldots, n$。此時矩陣$\boldsymbol{X}$的秩等於$m+1$仍然成立，但是其行列式的值$|\boldsymbol{X}'\boldsymbol{X}| \approx 0$，$(\boldsymbol{X}'\boldsymbol{X})^{-1}$ 的對角元素值很大。由於$\widehat{\boldsymbol{\beta}} \sim N(\boldsymbol{\beta}, \sigma^2(\boldsymbol{X}'\boldsymbol{X})^{-1})$，所以$\mathrm{Cov}(\widehat{\boldsymbol{\beta}}) = \sigma^2(\boldsymbol{X}'\boldsymbol{X})^{-1}$，於是$\mathrm{Cov}(\widehat{\boldsymbol{\beta}})$的對角元素值也很大。又因為$\mathrm{Cov}(\widehat{\boldsymbol{\beta}})$的對角元素為$\mathrm{Var}(\hat{\beta}_0), \mathrm{Var}(\hat{\beta}_1), \mathrm{Var}(\hat{\beta}_2), \cdots, \mathrm{Var}(\hat{\beta}_m)$，這會導致$\beta_0, \beta_1, \beta_2, \cdots, \beta_m$的估計值波動較大，精度很低，甚至對估值量無法解釋。

Hocking 和 Pendleton 於 1983 發表的尖樁籬笆可以極佳地來刻畫多重共線性問題，如圖 6-1-1 所示。該圖表示由兩個共線性引數x_1和x_2對應的點組成的可能結構。對指定的x_1和x_2，每根尖樁的長度列出了回應變數y的值。擬合一個多元線性回歸模型就像是在該尖樁上試著平衡一個擬合平面。在垂直於尖樁的方向上，平面將是不穩定的，如果尖樁的位置剛好在一條直線上（x_1與x_2完全相關），那麼平面的傾斜將是任意的。也就是說籬笆兩旁的預測將有很大波動，它將導致不穩定的估計。

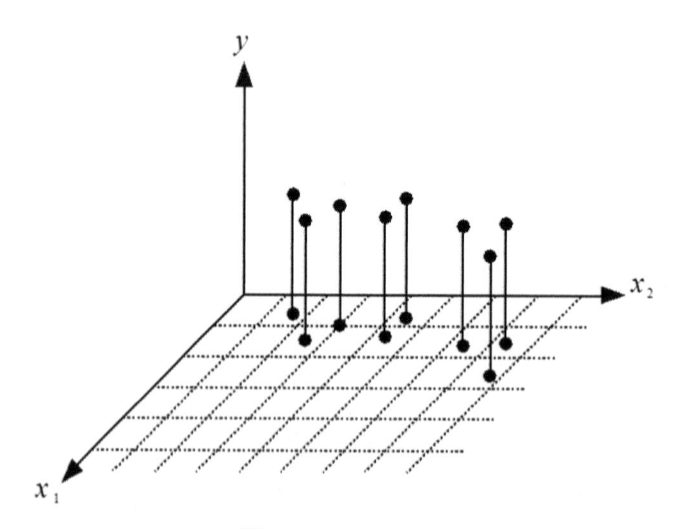

圖 6-1-1 尖樁籬笆

關於y對於x_1和x_2的二元線性回歸，假設y與x_1、x_2已經透過中心化處理，此時回歸常數項為零，回歸方程式表示為：

$$\hat{y} = \hat{\beta}_1 x_1 + \hat{\beta}_2 x_2$$

記為：

$$S_{11}=\sum_{i=1}^{n}x_{i1}^2\,,\ S_{12}=\sum_{i=1}^{n}x_{i1}\,x_{i2},\ S_{22}=\sum_{i=1}^{n}x_{i2}^2$$

則x_1與x_2之間的相關係數為：$r_{12}=\frac{S_{12}}{\sqrt{S_{11}S_{22}}}$

$\widehat{\boldsymbol{\beta}}$的協方差矩陣為$\mathrm{Cov}(\widehat{\boldsymbol{\beta}})=\sigma^2(\boldsymbol{X}'\boldsymbol{X})^{-1}$，其中，

$$\boldsymbol{X}'\boldsymbol{X}=\begin{pmatrix}S_{11} & S_{12}\\ S_{12} & S_{22}\end{pmatrix}$$

$$(\boldsymbol{X}'\boldsymbol{X})^{-1}=\frac{1}{|\boldsymbol{X}'\boldsymbol{X}|}\begin{pmatrix}S_{22} & -S_{12}\\ -S_{12} & S_{11}\end{pmatrix}=\frac{1}{S_{11}S_{22}-S_{12}^2}\begin{pmatrix}S_{22} & -S_{12}\\ -S_{12} & S_{11}\end{pmatrix}$$

$$=\frac{1}{S_{11}S_{22}\left(1-r_{12}^2\right)}\begin{pmatrix}S_{22} & -S_{12}\\ -S_{12} & S_{11}\end{pmatrix}$$

由此可得：

$$\mathrm{Var}\left(\hat{\beta}_1\right)=\frac{\sigma^2}{S_{11}(1-r_{12}^2)}$$

$$\mathrm{Var}\left(\hat{\beta}_2\right)=\frac{\sigma^2}{S_{22}(1-r_{12}^2)}$$

可見，隨著引數x_1與x_2相關性增強，$\hat{\beta}_1$和$\hat{\beta}_2$的方差將逐漸增大,當x_1與x_2完全相關時，相關係數$r_{12}=1$，方差將變為無限大。$m>2$ 時的情況與$m=2$時類似，對引數做中心標準化（和為 0，平方和為 1 的標準化），則$\boldsymbol{X}^{*'}\boldsymbol{X}^{*}=\left(r_{ij}\right)$為引數的相關矩陣，記$C=(c_{ji})=(\boldsymbol{X}^{*'}\boldsymbol{X}^{*})^{-1}$稱為其主對角線元素，$\mathrm{VIF}_i=c_{ii}$為引數的方差擴大因數，這裡不加證明地列出第$i$個係數的方差如下：

$$\mathrm{Var}\left(\hat{\beta}_i\right)=\frac{\sigma^2}{S_{ii}(1-R_i^2)}i=1,2,\cdots,m$$

其中，$\frac{1}{1-R_i^2}$稱為第i個方差擴大因數，記為VIF_i。由於R_i^2度量了引數x_i與其餘$m-1$個引數的線性相關程度，這種相關程度越強，說明引數之間的多重共線

性越嚴重，R_i^2也就越接近於 1，VIF_i也就越大。反之，x_i與其餘$m-1$個引數線性相關程度越弱，引數間的多重共線性也就越弱，R_i^2就越接近於零，VIF_i也就越接近於 1。VIF_i的大小反映了引數之間是否存在多重共線性，因此可以用來度量多重共線性的嚴重程度。經驗表明，當$0<\mathrm{VIF}<10$時，不存在多重共線性；當$10\leqslant\mathrm{VIF}_i\leqslant100$時，說明引數$x_i$與其餘引數之間具有較強的多重共線性，且這種多重共線性可能會過度地影響最小平方估計值；當$\mathrm{VIF}>100$時，多重共線性問題非常嚴重。另外，可以用 m 個引數所對應的方差擴大因數的平均數來度量多重共線性，即：

$$\overline{\mathrm{VIF}}=\frac{\sum_{i=1}^{m}\mathrm{VIF}_i}{m}$$

當其遠遠大於 1 時，就表示多重共線性問題嚴重。假設我們已知 x_1、x_2 與y的關係服從模型$y=10+2x_1+3x_2+\boldsymbol{\varepsilon}$，做了 10 次實驗，得觀察值，組成$M$資料集如表 6-1-1 所示。

表 6-1-1 回歸分析基礎資料

y	x_1	x_2
16.3	1.1	1.1
16.8	1.4	1.5
19.2	1.7	1.8
18.0	1.7	1.7
19.5	1.8	1.9
20.9	1.8	1.8
21.1	1.9	1.8
20.9	2.0	2.1
20.3	2.3	2.4
22.0	2.4	2.5

於是，可得：

$$\boldsymbol{X}=\begin{bmatrix}1 & 1.1 & 1.1\\ 1 & 1.4 & 1.5\\ \vdots & \vdots & \vdots\\ 1 & 2.4 & 2.5\end{bmatrix}$$

使用最小平方可能要出$\boldsymbol{\beta}$的估計值：

$$\widehat{\boldsymbol{\beta}} = (\boldsymbol{X}'\boldsymbol{X})^{-1}\boldsymbol{X}'\boldsymbol{y} = \begin{pmatrix} \hat{\beta}_0 \\ \hat{\beta}_1 \\ \hat{\beta}_2 \end{pmatrix} = \begin{pmatrix} 11.292 \\ 11.307 \\ -6.591 \end{pmatrix}$$

這和原模型$\beta_0 = 10, \beta_1 = 2, \beta_3 = 3$相差很遠。進一步計算$x_1$和$x_2$的樣本相關矩陣得 $\begin{pmatrix} 1 & 0.986 \\ 0.986 & 1 \end{pmatrix}$。

它接近退化（不滿秩），其原因是係數矩陣$\boldsymbol{X}$的第二列和第三列的對應值相關不大，也即$\boldsymbol{X}$的列向量接近線性相關，這是多重共線性問題，它是我們求出的回歸係數與原模型的回歸係數差距很遠的主要原因。這與我們得出的相關係數較大會增大回歸係數估計值的方差，進一步降低估計精度的推斷相符。進一步，求得$\overline{\mathrm{VIF}} = 35.963$，其值遠大於 10，説明多重共線性問題嚴重。

在 Python 中，我們可以使用 statsmodels 函數庫中的 ols 函數建立一個模型，透過計算其R^2來推導出VIF，這裡基於M資料集來計算線性模型的方差膨脹因數，實際程式如下：

```
 1 import pandas as pd
 2 from statsmodels.formula.api import ols
 3 out = pd.read_csv("demo.614.csv")
 4 out.head()
 5 #       y     x1   x2
 6 #0  16.3     1.1 1.1
 7 #1  16.8     1.4 1.5
 8 #2  19.2     1.7 1.8
 9 #3  18.0     1.7 1.7
10 #4  19.5     1.8 1.9
11
12 r_squared_i = ols("x1~x2",data=out).fit().rsquared
13 vif = 1. / (1. - r_squared_i)
14 vif
15 # 35.962864339690476
```

從程式結果可知，M 資料集的方差膨脹因數為 35.96，與我們之前手動計算的值一致，注意，若有多個引數，應採用類似 "$x_i \sim x_1 + \cdots + x_{i-1} + x_{i+1} + \cdots +$

$x_n, i \in [1, n]$" 這樣的方式建立模型，去獲得關於x_i的方差膨脹因數。針對多重共線性問題，除了剔除一些不重要的解釋變數、增大樣本容量等方法，還可以改進正常最小平方法，採用有偏估計為代價來加強估計量穩定性的方法。這些內容都會在後續章節中詳細介紹。

6.2 Ridge 回歸

在進行多元線性回歸時，有時會因為變數間存在共線性，而導致最小平方回歸獲得的係數不穩定，方差較大。根本原因是係數矩陣與它的轉置矩陣相乘獲得的矩陣不能求逆。這個問題可以透過本節介紹的 Ridge 回歸獲得解決。

6.2.1 基本概念

Ridge 回歸也被稱為嶺回歸，它是霍爾（Hoerl）和克納德（Ken-nard）於 1970 年提出來的，是一種專用於共線性資料分析的有偏估計回歸方法。Ridge 回歸對最小平方法進行了改良，透過放棄最小平方法的無偏性，以損失部分資訊、降低精度為代價來獲得回歸係數更為符合實際情況、更為可靠的回歸方法，對病態資料的擬合效果要強於最小平方法。

當$\boldsymbol{X'X}$接近奇異時，我們可以在$\boldsymbol{X'X}$基礎上再加上一個正常數矩陣$k\boldsymbol{I}(k > 0)$，那麼$\boldsymbol{X'X} + k\boldsymbol{I}_n$接近奇異的可能性就會比$\boldsymbol{X'X}$接近奇異的可能性大幅減少。因此可用

$$\widehat{\boldsymbol{\beta}}(k) = (\boldsymbol{X'X} + k\boldsymbol{I})^{-1}\boldsymbol{X'y} \tag{6.3}$$

作為$\boldsymbol{\beta}$的估計，應該比最小平方估計$\widehat{\boldsymbol{\beta}}$更穩定。我們稱（式 6.3）為$\boldsymbol{\beta}$的嶺回歸估計，$k$為嶺參數。可以想到，當$k \to 0$時，$\widehat{\boldsymbol{\beta}}(0)$就變為原來的最小平方估計。

6.2.2 嶺跡曲線

當嶺參數k在$(0,+\infty)$內變化時，$\hat{\beta}_j(k)$是k的函數。在平面座標系上，把函數$\hat{\beta}_j(k)$的影像描繪出來，獲得的曲線就是嶺跡曲線，或叫作嶺跡。在實際應用中，可根據嶺跡曲線的變化形狀來確定適當的值，並進行引數的選擇。

那麼，對於（式 6.3），k該如何設定值呢？我們從 M 資料集出發，依次讓 k 取 0，0.05，0.1，0.15，⋯，3.0，可獲得k在取不同值時計算的兩個回歸係數，如表 6-2-1 所示。

表 6-2-1 不同嶺參數對應不同的回歸係數

k	0.00	0.05	0.10	0.15	0.20	0.25	0.30	0.35	0.40	…	2.95	3.00
β_1	11.31	5.19	4.34	4.06	3.96	3.92	3.91	3.91	3.92	…	4.18	4.18
β_2	-6.59	-0.26	1.00	1.63	2.03	2.32	2.54	2.72	2.86	…	4.10	4.11

以k為水平座標，$\hat{\beta}_i(k), i \in [1,2]$為垂直座標，繪製關係圖如圖 6-2-1 所示。

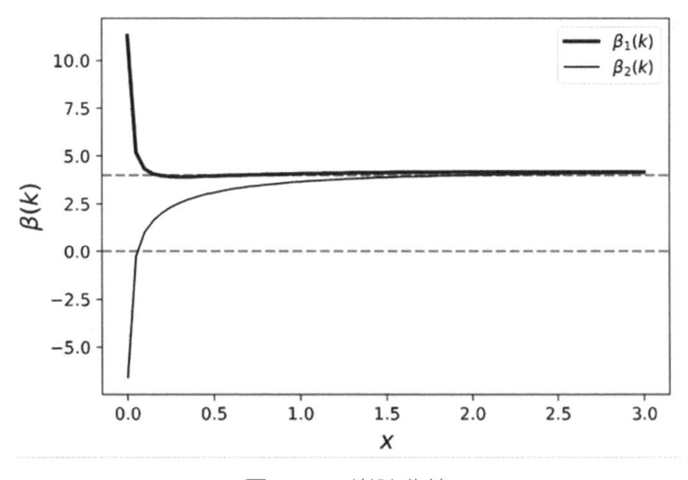

圖 6-2-1 嶺跡曲線

如圖 6-2-1 所示，這兩條曲線是根據不同的k值繪製的，又叫嶺跡或嶺跡曲線，通常觀察嶺跡可大致列出k的設定值。由圖 6-2-1 可知，當k較小時，$\hat{\beta}_i(k)$很不穩定，當k逐漸增大時，$\hat{\beta}_i(k)$趨於穩定，因此k可取 0.5，進一步$\hat{\beta}_1 = 3.95, \hat{\beta}_2 = 3.05$。$\hat{\beta}_2$相當接近於$\beta_2(=3)$，但$\hat{\beta}_1$與$\beta_1(=2)$就相差較大。

為便於根據嶺參數的範圍獲得對應的嶺跡曲線（每個回歸係數對應一條曲線），現用 Python 撰寫函數 plot_ridge_curve 實現嶺跡曲線的繪製功能，程式如下：

```
1 import matplotlib.pyplot as plt
2 import numpy as np
3
4 def plot_ridge_curve(X,y,plist,kmax=1,qnum=10,intercept=True):
5     """
6     繪製嶺跡曲線
7     X : 引數的資料矩陣
8     y : 回應變數向量或矩陣
9     plist : 選擇顯示的係數清單
10    kmax : 嶺參數的最大值
11    qnum : 將 0~kmax 的區間分成 qnum 等距
12    intercept : 是否計算截距
13    """
14    if intercept:
15        X = np.c_[X,[1]*X.shape[0]]
16
17   coefs = []
18   for k in np.linspace(0,kmax,qnum+1):
19       coefs.append(np.matmul(np.matmul(np.linalg.inv(np.matmul(X.T,X)+
         k*np.identity(X.shape[1])),X.T),y))
20
21   coefs = np.array(coefs)
22   plt.axhline(0,0,kmax,linestyle='--',c='gray')
23   plt.axhline(np.mean(coefs[:,plist]),0,kmax,linestyle='--',c='gray')
24
25   for p in plist:
26   plt.plot(np.linspace(0,kmax,qnum+1),coefs[:,p],'-',label=r"$\beta_"+
     str(p+1)+"(k)$",color='black',linewidth=p+1)
27   plt.xlabel(r"$x$",fontsize=14)
28   plt.ylabel(r"$\beta(k)$",fontsize=14)
29   plt.legend()
30   plt.show()
31
32 import pandas as pd
33 out = pd.read_csv("demo.614.csv")
34 X = out.drop(columns='y').values
```

```
35 y = out.y.values
36 plot_ridge_curve(X,y,[0,1],kmax=1,qnum=100)
```

效果如圖 6-2-2 所示，在 M 資料集上，呼叫 plot_ridge_curve 函數繪製的嶺跡曲線，可透過設定 kmax 和 qnum 來獲得不同的嶺跡曲線，實際的參數根據需要做出調整。

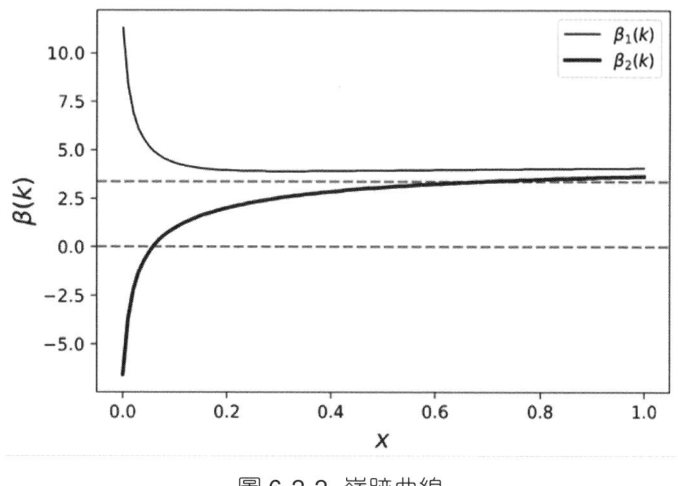

圖 6-2-2 嶺跡曲線

6.2.3 基於 GCV 準則確定嶺參數

除了使用嶺跡曲線透過直觀的方式來確定k值，還可用GCV（generalized cross validation，廣義交換驗證）方法來選取k值，通常認為可以獲得最佳嶺回歸參數。對於嶺回歸估計 $\widehat{\boldsymbol{\beta}}(k) = (\boldsymbol{X}'\boldsymbol{X} + kI)^{-1}\boldsymbol{X}'\boldsymbol{y}$，可獲得的估計值為 $\widehat{\boldsymbol{y}}(k) = \boldsymbol{X}\widehat{\boldsymbol{\beta}}(k) = \boldsymbol{X}(\boldsymbol{X}'\boldsymbol{X} + kI)^{-1}\boldsymbol{X}'\boldsymbol{y}$。記矩陣$\boldsymbol{M}(k) = \boldsymbol{X}(\boldsymbol{X}'\boldsymbol{X} + k\boldsymbol{I})^{-1}\boldsymbol{X}'$，可將嶺回歸寫成$\widehat{\boldsymbol{y}}(k) = \boldsymbol{M}(k)\boldsymbol{y}$形式，那麼GCV定義如下：

$$\mathrm{GCV}(k) = \frac{\parallel \boldsymbol{y} - \widehat{\boldsymbol{y}}(k) \parallel^2}{n\left(1 - n^{-1}\mathrm{tr}\boldsymbol{M}(k)\right)^2}$$

為計算的tr$\boldsymbol{M}(k)$值，即是求矩陣$\boldsymbol{M}(k)$的跡，其值等於$\boldsymbol{M}(k)$對應特徵值的總和，也等於$\boldsymbol{M}(k)$對角線上的元素之和。使得該式獲得最小值，即被認為是k最佳嶺回歸參數。

現使用 Python 撰寫 get_best_k 函數，實現選取最佳嶺參數的功能，並基於 iris 資料集，求解建立 Ridge 回歸的最佳嶺參數 k，程式如下：

```
1 def get_best_k(X,y,kmax=1,qnum=10,intercept=True):
2     """
3     根據 GCV 方法，獲得最佳嶺參數 k
4     X : 引數的資料矩陣
5     y : 回應變數向量或矩陣
6     kmax : 嶺參數的最大值
7     qnum : 將 0~kmax 的區間分成 qnum 等距
8     intercept : 是否計算截距
9     """
10    n = X.shape[0]
11    if intercept:
12        X = np.c_[X,[1]*n]
13
14    gcv_list = []
15    kvalues = np.linspace(0,kmax,qnum+1)
16    for k in kvalues:
17        mk = np.matmul(np.matmul(X,np.linalg.inv(np.matmul(X.T,X)+
          k*np.identity(X.shape[1]))),X.T)
18        yk = np.matmul(mk,y)
19        trmk = np.trace(mk)
20        gcv = np.sum((y - yk)**2)/(n*(1-trmk/n)**2)
21        gcv_list.append(gcv)
22
23    return kvalues[np.argmin(gcv_list)], np.min(gcv_list)
24
25 import pandas as pd
26 iris=pd.read_csv("iris.csv")
27 x = iris.iloc[:,[0,1,2]].values
28 y = iris.iloc[:,3].values
29 get_best_k(x, y, qnum = 100)
30 # (0.59, 0.037738709088905156)
```

由程式結果可知，最佳嶺參數$k = 0.59$，對應的 GCV 值為 0.0377。

6.2.4 Ridge 回歸的 Python 實現

Python 中的 sklearn 函數庫裡有一個 RidgeCV 類別，它可以基於交換驗證實現 Ridge 回歸，現基於 iris 資料集，對該類別的使用方法說明，程式如下：

```
1 from sklearn.linear_model import RidgeCV
2 import pandas as pd
3 iris=pd.read_csv("iris.csv")
4 x = iris.iloc[:,[0,1,2]].values
5 y = iris.iloc[:,3].values
6
7 # 透過 RidgeCV 可以設定多個參數值，演算法使用交換驗證取得最佳參數值
8 model = RidgeCV(alphas=[0.1, 10, 10000])
9
10 # 線性回歸建模
11 model.fit(x, y)
12
13 print('係數:',model.coef_)
14 # 係數: [-0.20370879  0.21952122  0.52216614]
15
16 model.intercept_
17 # -0.24377819461092076
```

由上述程式可知，Ridge 回歸的帶截距的回歸係數為$\hat{\boldsymbol{\beta}} = (-0.2037, 0.2195, 0.5222)$，截距為–0.2438。

6.3 Lasso 回歸

最小平方估計雖有很多好的性質，但仍存在一些不足，特別是在進行大量預測時，我們希望$\boldsymbol{\beta}$中非零分量少一些，同時每個分量對回應變數的影響要相對大一些。為了預測準確，我們希望使某些回歸係數減小到 0，不僅可以減小預測方差，還可以減少變數。但是最小平方法做不到這點。Lasso 回歸可以將某些回歸係數置為 0，可基於此特性進行特徵選擇。本節主要介紹 Lasso 回歸相關的內容。

6.3.1 基本概念

Lasso 回歸又叫套索回歸，是 Robert Tibshirani 於 1996 年提出的一種新的變數選擇技術 Lasso，即 Least Absolute Shrinkageand Selection Operator。它是一種收縮估計方法，其基本思想是在回歸係數的絕對值之和小於一個常數

的限制條件下，使殘差平方和最小化，進一步能夠產生某些嚴格等於 0 的回歸係數，進一步獲得可以解釋的模型。Lasso 回歸最佳化問題可表示為：

$$\text{argmin}_{\boldsymbol{\beta}} \parallel \boldsymbol{y} - \boldsymbol{X\beta} \parallel^2 \text{，并且} \parallel \boldsymbol{\beta} \parallel \leqslant s$$

對應的拉格朗日運算式為：

$$\text{argmin}_{\boldsymbol{\beta}} \parallel \boldsymbol{y} - \boldsymbol{X\beta} \parallel^2 + \lambda \parallel \boldsymbol{\beta} \parallel$$

其中$\boldsymbol{y}$為目標變數或回應變數，$\boldsymbol{\beta}$為回歸係數向量，$\boldsymbol{X}$為解釋變數對應的資料矩陣，λ為懲罰參數，s為某一大於 0 的常數，並且λ與s存在某種對應關係。

6.3.2 使用 LAR 演算法求解 Lasso

Lasso 回歸是一個二次規劃問題，求解演算法很多，常用的有射擊演算法、同倫演算法、LAR（最小角度回歸）演算法、隨機模擬等。其中，LAR 演算法是對傳統的逐步向前選擇方法加以改進而獲得的有效精確方法，並且在計算上也比逐步向前,選擇方法簡單,它最多只需要透過 m 步(m 為引數個數)，就能獲得擬合解。LAR 與最小平方計算複雜度差不多，可極佳地解決 Lasso 回歸的計算問題。

LAR 演算法的計算過程大致是這樣的，首先需要對資料進行中心標準化處理，即使資料滿足以下條件：

$$\sum_{i=1}^{n} y = 0, \sum_{i=1}^{n} x_{ij} = 0, \sum_{i=1}^{n} x_{ij}^2 = 1 j = 1,2, \cdots, m$$

假設目前擬合向量為$\boldsymbol{\mu}$，則有：

$$\boldsymbol{\mu} = \boldsymbol{X}\widehat{\boldsymbol{\beta}} = \sum_{j=1}^{m} \boldsymbol{x}_j \beta_j$$

進一步，$\boldsymbol{x}_i$與殘差$y - \boldsymbol{\mu}$的相關係數為$c_i = \boldsymbol{x}_i'(y - \boldsymbol{\mu})$。剛開始時，相關係數都為 0，殘差為$y$，計算每引數與$y$的相關係數，並選取相關係數最大的變數，

假設是x_{j1}，並將其對應的引數序號或索引加入活動集合 A 中。此時，在x_{j1}的方向上找到一個最長的步進值$\hat{r}_1$，直到出現下一個變數，假設是x_{j2}與殘差的相關係數和x_{j1}與殘差的相關係數相等，此時把x_{j2}加入活動集合裡。LAR 繼續在這兩個變數等角度的方向進行擬合，找到第 3 個變數x_{j3}，使該變數、活動集中變數跟殘差的相關係數相等，隨後 LAR 繼續找尋下一個變數，直到使殘差減小到一定範圍內為止。LAR 選擇示意圖如圖 6-3-1 所示。

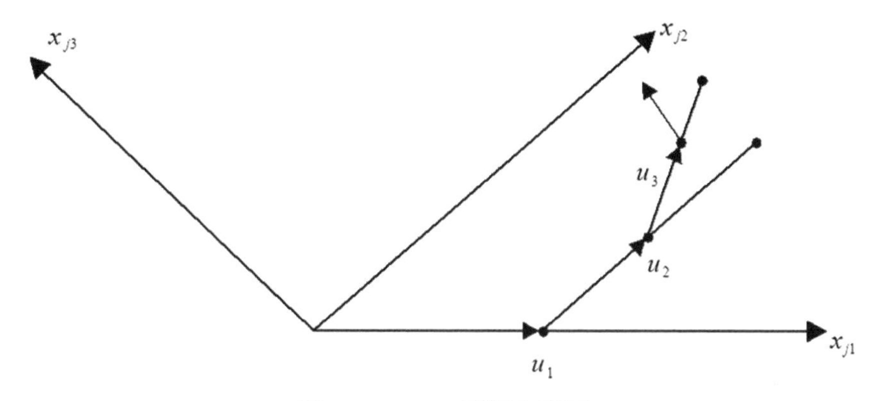

圖 6-3-1 LAR 選擇示意圖

用A表示活動集，B表示非活動集，預設包含所有引數的索引，$\boldsymbol{s}$表示 A 中變數對應相關係數的符號向量，$\boldsymbol{X}_A$表示活動集對應的原始資料矩陣$\boldsymbol{X}$與$\boldsymbol{s}$的乘積，可表示為：

$$\boldsymbol{X}_A = \left(\dots s_j \boldsymbol{x}_j \dots\right)_{j \in A}$$

此外，用$\boldsymbol{X}_B$表示非活動集對應的原始資料矩陣，k表示反覆運算次數，則使用 LAR 方法求解 Lasso 演算法的主要步驟如下。

（1）求解殘差$y - \boldsymbol{\mu}$與原始資料$\boldsymbol{X}$間的相關係數，獲得相關向量$\boldsymbol{c}$，表示為$\boldsymbol{c} = (y - \boldsymbol{\mu})'\boldsymbol{X}$ 其中，初始$\boldsymbol{\mu} = \boldsymbol{0}$。選取$\boldsymbol{c}$中絕對值最大的相關係數cMax，其對應引數的索引為j，當變數x_j與A中變數組成矩陣的秩大於A集合的模$|A|$時，將索引j加入活動集A，$\text{sign}(c_j)$增加到$\boldsymbol{s}$中，並從非活動集B中移除，否則忽略該變數。

（2）確定最小角方向$\boldsymbol{u}_A$。設單位列向量$\boldsymbol{l}_A = (1,1,\cdots,1)'$，其長度等於$|A|$。令

$$\boldsymbol{G}_A = \boldsymbol{X}_A'\boldsymbol{X}_A, A_A = (\boldsymbol{l}_A'\boldsymbol{G}_A^{-1}\boldsymbol{l}_A)^{-\frac{1}{2}}, \boldsymbol{w}_A = A_A\boldsymbol{G}_A^{-1}\boldsymbol{l}_A$$

則$\boldsymbol{u}_A = \boldsymbol{X}_A\boldsymbol{w}_A$，且$\boldsymbol{X}_A'\boldsymbol{u}_A = A_A\boldsymbol{l}_A, \|\boldsymbol{u}_A\|^2 = 1$。可知，活動變數集$A$中的所有變數與最小角方向的相關係數相等，即$\boldsymbol{u}_A$是等角的單位微量。與$\boldsymbol{\mu} = \boldsymbol{X}\widehat{\boldsymbol{\beta}}$比較可知，$\boldsymbol{w}_A$表示回歸係數$\widehat{\boldsymbol{\beta}}$的分量。令$\boldsymbol{a} = \boldsymbol{X'}_B\boldsymbol{u}_\mathbf{A}$，則$\boldsymbol{a}$表示非活動集中變數與最小角方向的相關係數。

（3）計算步進值$\hat{\gamma}$。如果活動集合A的模達到了所有引數的個數，即$|A| = m$，則

$$\hat{\gamma} = \min{}^{+}\left\{\frac{\text{cMax}}{A_A}, -\frac{\widehat{\boldsymbol{\beta}}_A}{\boldsymbol{w}_A \cdot \boldsymbol{s}}\right\}$$

其中$\min^{+}$表示取最小正數。如果$|A| < m$，則

$$\hat{\gamma} = \min{}^{+}\left\{\frac{\text{cMax} - \boldsymbol{c}_B}{A_A - \boldsymbol{a}}, \frac{\text{cMax} + \boldsymbol{c}_B}{A_A + \boldsymbol{a}}, -\frac{\widehat{\boldsymbol{\beta}}_A}{\boldsymbol{w}_A \cdot \boldsymbol{s}}\right\}$$

上式中，$\boldsymbol{c}_B$表示非活動集B對應的相關係數，$\widehat{\boldsymbol{\beta}}_A$表示活動集$A$對應引數的回歸係數。

（4）更新$\widehat{\boldsymbol{\beta}}$及$\boldsymbol{c}$。$\widehat{\boldsymbol{\beta}}$表示回歸係數，每次反覆運算由權重向量$\boldsymbol{w}_A$和步進值$\hat{\gamma}$來更新，表示如下：

$$\widehat{\boldsymbol{\beta}}_A(k+1) = \widehat{\boldsymbol{\beta}}_A(k) + \hat{\gamma} \cdot \boldsymbol{w}_A \cdot \boldsymbol{s}$$

由於擬合向量$\widehat{\boldsymbol{\mu}}_\mathbf{A}$的更新公式為：

$$\widehat{\boldsymbol{\mu}}(k+1) = \widehat{\boldsymbol{\mu}}(k) + \hat{\gamma} \cdot \boldsymbol{u}_A$$

則由$\boldsymbol{c} = (\boldsymbol{y} - \boldsymbol{\mu})\boldsymbol{X}'$可得：

$$\begin{aligned}
\boldsymbol{c}(k+1) &= \big(y - \boldsymbol{\mu}(k+1)\big)'\boldsymbol{X} \\
&= \Big(y - \boldsymbol{\mu}(k) - \big(\boldsymbol{\mu}(k+1) - \boldsymbol{\mu}(k)\big)\Big)'\boldsymbol{X} \\
&= \big(y - \boldsymbol{\mu}(k)\big)'\boldsymbol{X} - \big(\boldsymbol{\mu}(k+1) - \boldsymbol{\mu}(k)\big)'\boldsymbol{X} \\
&= \boldsymbol{c}(k) - \hat{\gamma} \cdot \boldsymbol{u}_A'\boldsymbol{X}
\end{aligned}$$

即$\boldsymbol{c}$的更新公式為：

$$\boldsymbol{c}(k+1)=\boldsymbol{c}(k)-\hat{\gamma}\cdot\boldsymbol{u}_A'\boldsymbol{X}$$

（5）當k達到最大反覆運算次數或$|A|=m$時，終止演算法。

6.3.3 Lasso 演算法的 Python 實現

現使用 iris 資料集，建立變數 Sepal.Length、Sepal.Width、Petal.Length 對變數 Petal.Width 的 Lasso 回歸模型，並手動撰寫 Python 對 Lasso 演算法進行實現。首先對資料進行預測處理，程式如下：

```
1 import pandas as pd
2 import numpy as np
3 iris=pd.read_csv("iris.csv")
4 x = iris.iloc[:,[0,1,2]]
5 y = iris.iloc[:,3]
6 x = x.apply(lambda x:(x - np.mean(x))/np.sqrt(np.sum((x - np.mean(x))**2))).
  values
7 y = (y - np.mean(y)).values
```

如上述程式所示，首先對引數資料矩陣 x 進行中心標準化處理，對目標變數 y 進行去中心化處理。然後宣告 Lasso 演算法需要用到的變數，並進行初始化處理，程式如下：

```
1 # 活動變數索引集合
2 m = x.shape[1]
3 active = []
4 max_steps = m + 1
5
6 # 初始化回歸係數矩陣
7 beta = np.zeros((max_steps, m))
8 eps = 2.220446e-16
9
10 # 非活動變數與殘差的相關係數
11 C = []
12 Sign = []
13
14 # 非活動變數索引集合
```

```
15 im = range(m)
16 inactive = range(m)
17 k = 0
18
19 # 計算 y 與 x 的相關性
20 Cvec = np.matmul(y.T,x)
21
22 # 被忽略的變數索引集合
23 ignores = []
```

如上述程式所示，eps 大於 0，且非常接近於 0 的實數，數量級為10^{-16}。接著程式進入主體循環，當達到最大反覆運算次數或活動變數集 A 中的元素個數達到最大引數個數的時候退出循環。另外，當發現候選變數中的最佳相關係數接近於 0 時，也可退出循環。程式如下所示：

```
1 while k < max_steps and len(active) < m:
2     C = Cvec[inactive]
3     Cmax = np.max(np.abs(C))
4     if Cmax < eps*100:
5         print("最大的相關係數為 0，退出循環\n")
6         break
7     new = np.abs(C) >= Cmax - eps
8     C = C[np.logical_not(new)]
9     new = np.array(inactive)[new]
10    for inew in new:
11        if np.linalg.matrix_rank(x[:,active+[inew]]) == len(active):
12            ignores.append(inew)
13        else:
14            active.append(inew)
15            Sign.append(np.sign(Cvec[inew]))
16
17    active_len = len(active)
18    exclude = active + ignores
19    inactive=[]
20    t0 = [inactive.append(v) if i not in exclude else None for i,v in
      enumerate(im)]
21    xa = x[:,active]*Sign
22    oneA = [1]*active_len
23    A = np.matmul(np.matmul(oneA,np.linalg.inv(np.matmul(xa.T,xa))),oneA)**
      (-0.5)
```

```
24     w = np.matmul(A*np.linalg.inv(np.matmul(xa.T,xa)),oneA)
25     if active_len >= m:
26         gamhat = Cmax/A
27     else:
28         a = np.matmul(np.matmul(x[:,inactive].T,xa),w)
29         gam = np.array([(Cmax - C)/(A - a), (Cmax + C)/(A + a)])
30         gamhat = np.min([np.min(gam[gam > eps]),Cmax/A])
31
32     b1 = beta[k, active]
33     z1 = np.array(-b1/(w*Sign))
34     zmin = np.min(z1[z1 > eps].tolist()+[gamhat])
35     gamhat = zmin if zmin < gamhat else gamhat
36     beta[k + 1, active] = beta[k, active] + gamhat*w*Sign
37     Cvec = Cvec - gamhat*np.matmul(np.matmul(xa,w).T,x)
38     k=k+1
```

執行該程式，可獲得回歸係數的估計矩陣 beta，結果如下：

```
1 beta
2 #array([[ 0.        ,  0.        ,  0.        ],
3 #       [ 0.        ,  0.        ,  8.65652655],
4 #       [ 0.        ,  0.27627203,  8.93279858],
5 #       [-2.09501133,  1.18554279, 11.29305357]])
```

可知，演算法最多經過m步，即完成了回歸係數的估計。最後獲得的回歸係數為$\hat{\beta}_1 = -2.095, \hat{\beta}_2 = 1.1855, \hat{\beta}_3 = 11.293$。

6.4 分位數回歸

分位數回歸是用解釋變數$\boldsymbol{X}$估計回應變數$\boldsymbol{y}$的條件分位數的基本方法，它利用解釋變數的多個分位數（例如四分位、十分位、百分位等）來得到回應變數的條件分佈的對應的分位數方程式。分位數回歸相對於最小平方回歸應用的條件更為寬鬆，採擷的資訊更豐富，它不僅可以度量回歸變數在分佈中心的影響，而且還可以捕捉整個條件分佈的特徵。特別當誤差為非正態分佈時，分位數回歸估計量比最小平方估計量更有效。

6.4.1 基本概念

假設隨機變數$\boldsymbol{X}$的分佈函數為$F(x) = P(\boldsymbol{X} \leqslant x)$，對任意的$0 < \tau < 1$，稱

$$F^{-1}(\tau) = \inf\{x: F(x) \geqslant \tau\}$$

為$\boldsymbol{X}$的τ分位數，其中inf表示下確界。人們常用$Q(\tau)$表示$\boldsymbol{X}$的τ分位數。當$\tau = 0.5$時，即中位數，記作$Q(0.5)$。在實際問題分析中，中位數比均值更不易受極值的影響。如果對於樣本$x_i, i = 1,2, \varpi \cdots, n$，假設經驗分佈函數：

$$F_n(x) = \frac{\sum_{i=1}^{n} I\,(x_i \leqslant x)}{n}$$

則獲得樣本分位數：

$$F_n^{-1}(\tau) = \inf\{x: F_n(x) \geqslant \tau\}$$

其中，函數$I(u < 0)$為示性函數，其定義為：

$$I(u < 0) = \begin{cases} 1, u < 0 \\ 0, u \geqslant 0 \end{cases}$$

可知，樣本分位數$F_n^{-1}(\tau)$是使得$F_n(x) \geqslant \tau$的最小的x。在決策理論中，稱函數$\rho_\tau(u) = u(\tau - I(u < 0))$為損失函數，其中$0 < \tau < 1$。進一步展開，可得：

$$\begin{aligned} \rho_{\tau(u)} &= u\tau \cdot 1 - uI(u < 0) \\ &= u\tau \cdot \big(I(u < 0) + I(u \geqslant 0)\big) - uI(u < 0) \\ &= u\tau I\big(I(u \geqslant 0) + (\tau - 1)uI(u < 0)\big) \\ &= \begin{cases} u\tau, u \geqslant 0 \\ (\tau - 1)u, u < 0 \end{cases} \end{aligned}$$

從形式上看，$\rho_\tau(u)$是分段函數，並且$\rho_\tau(u) \geqslant 0$，其函數影像如圖 6-4-1 所示。

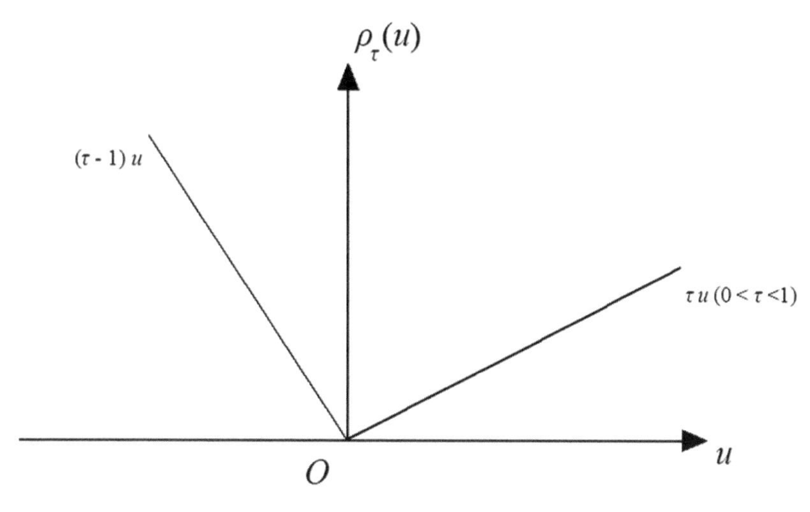

圖 6-4-1 $\rho_\tau(u)$的函數影像

對損失函數$\rho_\tau(u)$關於變數x求期望的最小值，可得：

$$\begin{aligned}E\big(\rho_\tau(\boldsymbol{X}-\hat{x})\big) &= \int_{-\infty}^{\infty}(x-\hat{x})\big(\tau - I(x<\hat{x})\big)\mathrm{d}F(x)\\ &= \int_{-\infty}^{\infty}(x-\hat{x})\big(\tau - I(x<\hat{x})\big)\mathrm{d}F(x)\\ &\quad+\int_{-\infty}^{\infty}(x-\hat{x})\big(\tau - I(x<\hat{x})\big)\mathrm{d}F(x)\\ &= (\tau-1)\int_{-\infty}^{\infty}(x-\hat{x})\mathrm{d}F(x)+\tau\int_{\hat{x}}^{\infty}(x-\hat{x})\mathrm{d}F(x)\end{aligned}$$

要使取$E(\rho_\tau(\boldsymbol{X}-\hat{x}))$最小值，需要$E\big(\rho_\tau(\boldsymbol{X}-\hat{x})\big)$對$\hat{x}$求導，並令導數為 0，即：

$$\begin{aligned}\frac{\partial E\big(\rho_\tau(\boldsymbol{X}-\hat{x})\big)}{\partial\hat{x}} &= (1-\tau)\int_{-\infty}^{\hat{x}}\mathrm{d}F(x)-\tau\int_{\hat{x}}^{\infty}\mathrm{d}F(x)\\ &= \int_{-\infty}^{\hat{x}}\mathrm{d}F(x)-\tau\left(\int_{-\infty}^{\hat{x}}\mathrm{d}F(x)+\int_{\hat{x}}^{\infty}\mathrm{d}F(x)\right)\\ &= F(\hat{x})-\tau = 0\end{aligned}$$

所以，若$\hat{x}$的解唯一，那麼$\hat{x}=F^{-1}(\tau)$，這正是分佈F的τ分位數。將其中的分佈函數F用經驗分佈函數$F_n(x)$替代之後，問題$\min_{\hat{x}}E\big(\rho_\tau(\boldsymbol{X}-\hat{x})\big)$就轉化為$\min_{\hat{x}}\int_{-\infty}^{+\infty}\rho_\tau\,(x-\hat{x})\mathrm{d}F_n(x)$，將$F_n(x)$的運算式代入再化簡之後就獲得：

$$\min_{\hat{x}} \frac{\sum_{i=1}^{n} \rho_\tau (x - \hat{x})}{n}$$

其中，n是常數可以去掉。因此，最佳化問題變為：

$$\min_{\hat{x}} \sum_{i=1}^{n} \rho_\tau (x - \hat{x})$$

指定一個樣本$\{y_i, i = 1,2,3 \cdots, n\}$，求解$\min_u \sum_{i=1}^{n}(y_i - u)^2$獲得的是樣本均值，而求解$\min_u \sum_{i=1}^{n} \rho_\tau (y_i - u)$獲得的是$\tau$樣本分位數。它們十分類似，只是將$(y_i - u)^2$取代成$\rho_\tau(y_i - u)$。　對於線性回歸問題，假設回應變數為$y_i, i = 1,2,3, \cdots, n$，解釋變數$\boldsymbol{X} = (\boldsymbol{X}_1, \boldsymbol{X}_2, \cdots, \boldsymbol{X}_n)'$，對模型係數$\boldsymbol{\beta}$（假設有$m$個引數）的估計，最常用的是最小平方法，其最佳化目標是：

$$\min_{\hat{\boldsymbol{\beta}} \in \boldsymbol{R}^m} \sum_{i=1}^{n} \left(y_i - \boldsymbol{X}_i \hat{\boldsymbol{\beta}}\right)^2$$

這其實就是將$\min_u \sum_{i=1}^{n}(y_i - u)^2$中的$u$取代成$\boldsymbol{X}_i \hat{\boldsymbol{\beta}}$，也就是最小化殘差平方和。換個說法：最小平方法就是使殘差平方和最小的估計量。分位數回歸的基本想法模仿了這一做法，將$\min_u \sum_{i=1}^{n} \rho_\tau (y_i - u)$中的$u$也用$\boldsymbol{X}_i \hat{\boldsymbol{\beta}}$取代，將殘差換成$\rho_\tau(y_i - \boldsymbol{X}_i \hat{\boldsymbol{\beta}})$，即獲得分位數回位元的最佳化目標，如下式所示：

$$\min_{\hat{\boldsymbol{\beta}} \in \boldsymbol{R}^m} \sum_{i=1}^{n} \rho_\tau \left(y_i - \boldsymbol{X}_i \hat{\boldsymbol{\beta}}\right)$$

對應的最佳解叫作「回歸分位數」，記作：

$$\hat{\boldsymbol{\beta}}(\tau) = \operatorname{argmin}_{\boldsymbol{\beta} \in \boldsymbol{R}^m} \sum_{i=1}^{n} \rho_\tau \left(y_i - \boldsymbol{X}_i \hat{\boldsymbol{\beta}}\right)$$

進一步寫入成：

$$\hat{\boldsymbol{\beta}}(\tau) = \operatorname{argmin}_{\hat{\boldsymbol{\beta}} \in \boldsymbol{R}^m} \left(\sum_{y_i \geqslant \boldsymbol{X}_i \hat{\boldsymbol{\beta}}} \tau \left| y_i - \boldsymbol{X}_i \hat{\boldsymbol{\beta}} \right| + \sum_{y_i < \boldsymbol{X}_i \hat{\boldsymbol{\beta}}} (1 - \tau) \left| y_i - \boldsymbol{X}_i \hat{\boldsymbol{\beta}} \right| \right)$$

分位數回歸是使加權殘差絕對值之和達到最小的參數估計方法，其優點主要表現在如下幾個方面。

（1）分位數回歸對模型中的隨機誤差項的分佈不做任何假設。由於該分佈可以是任何一個機率分佈，這就使得整個模型具有很強的穩健性。
（2）分位數回歸是對所有的分位數進行回歸，因此對資料中的異數不敏感。
（3）分位數回歸對於因變數具有單調不變性。
（4）分位數回歸估計出來的參數具有大樣本理論下的漸進優良性。

6.4.2 分位數回歸的計算

在計算分位數回歸問題中，需要求解一個不可微分或說是非光滑的最佳化問題，計算上較為困難，也十分複雜。在研究計算方法時，人們通常將偏差部分分為正部和負部的形式，將最佳化問題轉化為線性規劃問題，再用單純形法來處理，這也是一種基本解法。除此之外，還有內點法、平滑法、MM 演算法等也可用於分位數回歸的計算。此處，我們首先將最佳化問題轉化為線性規則問題。假設用$\boldsymbol{u}$和$\boldsymbol{v}$分別表示回歸模型$\boldsymbol{y}=\boldsymbol{X}\widehat{\boldsymbol{\beta}}+\boldsymbol{\varepsilon}$中殘差$\boldsymbol{\varepsilon}$的正部和負部，則有：

$$\varepsilon_{i(1\leqslant i\leqslant n)}=u_i-v_i=\begin{cases}u_i, y_i>\boldsymbol{X}_i\widehat{\boldsymbol{\beta}}\\ -v_i, y_i<\boldsymbol{X}_i\widehat{\boldsymbol{\beta}}\\ 0, y_i=\boldsymbol{X}_i\widehat{\boldsymbol{\beta}}\end{cases}$$

其中$\boldsymbol{u}>0$且$\boldsymbol{v}>0$。那麼，最佳化問題變為：

$$\min_{(\boldsymbol{u},\boldsymbol{v},\widehat{\boldsymbol{\beta}}\in\boldsymbol{R}_+^{2n}\times\boldsymbol{R}^m)}\left\{\tau\boldsymbol{e}'\boldsymbol{u}+(1-\tau)\boldsymbol{e}'\boldsymbol{v}|\boldsymbol{X}\widehat{\boldsymbol{\beta}}+\boldsymbol{u}-\boldsymbol{v}=\boldsymbol{y}\right\}$$

其中$\boldsymbol{e}=(1,1,\cdots,1)'$，長度為$n$。也寫入成：

$$\min\{\tau\boldsymbol{e}'\boldsymbol{u}+(1-\tau)\boldsymbol{e}'\boldsymbol{v}\}$$
$$\text{S.t.}\begin{cases}\boldsymbol{X}\widehat{\boldsymbol{\beta}}+\boldsymbol{u}-\boldsymbol{v}=\boldsymbol{y}\\ \boldsymbol{u}>\boldsymbol{0}\\ \boldsymbol{v}>\boldsymbol{0}\end{cases}$$

令

$$\boldsymbol{C}=(\boldsymbol{0}^m,\tau\boldsymbol{e}',(1-\tau)\boldsymbol{e}'),\boldsymbol{w}=(\widehat{\boldsymbol{\beta}},\boldsymbol{u},\boldsymbol{v})',\boldsymbol{A}=(\boldsymbol{X},\boldsymbol{I},-\boldsymbol{I})$$

則最佳化問題進一步寫成：

$$\min \boldsymbol{Cw}$$
$$w.t.\begin{cases} \boldsymbol{Aw} = \boldsymbol{y} \\ w_i > 0, i = m+1, \cdots, m+2n \end{cases}$$

該 LP（線性最佳化）問題的對偶問題，可表示為：

$$\max\{\boldsymbol{y}'\boldsymbol{d}|\boldsymbol{X}'\boldsymbol{d} = 0, \boldsymbol{d} \in [\tau-1, \tau]^n\}$$

令$\boldsymbol{a} = \boldsymbol{d} + 1 - \tau$，可簡化為：

$$\max\{\boldsymbol{y}'\ \boldsymbol{a}\ |\boldsymbol{X}'\boldsymbol{a} = (1-\tau)\boldsymbol{X}'\boldsymbol{e}, \boldsymbol{a} \in [0,1]^n\}$$

隨著分位數回歸理論的不斷增強，對於分位數回歸新的、有效的演算法也在不斷發展中，通常使用如下 3 種方法。

（1）單純形法

任選一個頂點，然後沿著可行解圍成的多邊形的邊界搜尋，直到找到最佳點，這種演算法的特點決定其適合於樣本數不大且變數不多的情況。Koenker 和 Orey（1993 年）將分兩步解決最佳化問題的單純形法擴充到所有回歸分位數中。該演算法估計獲得的參數具有很好的穩定性，但是在處理大類型資料時運算的速度會顯著降低。

（2）內點法

從可行解圍成的多邊形中的內點出發，但不出邊界，直到找到最佳點，它對於處理大樣本問題時效率比較高。內點法從理論上證明是多項式時間演算法，不需判別哪些約束集在有作用，因而對不等式約束的處理能力較強。內點法的反覆運算次數和計算時間對問題規模的敏感度較小，隨著系統規模的增大變化不大，適合大規模系統的求解。考慮到單純形法在處理大類型資料時效率不佳，Portony 和 Koenker（1997 年）嘗試把內點法使用在分位數回歸中，得出在處理大類型資料時內點法的運算速度遠快於單純形法。通常將 Portony 和 Koenker（1997 年）提出的 Frisch-Newton 演算法應用在分位數回歸中。

（3）平滑法

即用一個平滑函數來逼近 $\widehat{\boldsymbol{\beta}}(\tau) = {}_{\text{argmin}\widehat{\boldsymbol{\beta}}\in \boldsymbol{R}^m} \sum_{i=1}^{n} \rho_\tau \left(\boldsymbol{y}_i - \boldsymbol{X}_i\widehat{\boldsymbol{\beta}}\right)$，經過有限步以後就能獲得參數解，它同時兼顧運算效率以及運算速度。這種演算法後又被擴充到計算回歸分位數中。平滑法在理論上比較簡單，它適合處理具有大量觀察值以及很多變數的資料集。

6.4.3 用單純形法求解分位數回歸及 Python 實現

對於如下 LP 最佳化問題：

$$\min\{\tau\boldsymbol{e}'\boldsymbol{u} + (1-\tau)\boldsymbol{e}'\boldsymbol{v}\}$$
$$\text{s.t.} \begin{cases} \boldsymbol{X}\widehat{\boldsymbol{\beta}} + \boldsymbol{u} - \boldsymbol{v} = \boldsymbol{y} \\ \boldsymbol{u} > \boldsymbol{0} \\ \boldsymbol{v} > \boldsymbol{0} \end{cases}$$

由於$\widehat{\boldsymbol{\beta}}$無約束，不能直接用單純形法求解，需要如下轉換：

$$\widehat{\boldsymbol{\beta}} \to \widehat{\boldsymbol{\beta}}_{,} - \widehat{\boldsymbol{\beta}}_{,,}\text{其中}\widehat{\boldsymbol{\beta}}_{,} > 0 \text{ 且}\widehat{\boldsymbol{\beta}}_{,,} > 0$$

於是可得：

$$\min\{\tau\boldsymbol{e}'\boldsymbol{u} + (1-\tau)\boldsymbol{e}'\boldsymbol{v}\}$$

$$\text{s.t.} \begin{cases} \boldsymbol{X}\left(\widehat{\boldsymbol{\beta}}_{,} - \widehat{\boldsymbol{\beta}}_{,,}\right) + \boldsymbol{u} - \boldsymbol{v} = \boldsymbol{y} \\ \boldsymbol{u} > \boldsymbol{0} \\ \boldsymbol{v} > \boldsymbol{0} \\ \widehat{\boldsymbol{\beta}}_{,} > \boldsymbol{0} \\ \widehat{\boldsymbol{\beta}}_{,,} > \boldsymbol{0} \end{cases}$$

令

$$\boldsymbol{C} = (\boldsymbol{0}^{2m}, \tau\boldsymbol{e}', (1-\tau)\boldsymbol{e}'), \boldsymbol{w} = (\widehat{\boldsymbol{\beta}}_{,,}, \widehat{\boldsymbol{\beta}}_{,,,}, \boldsymbol{u}, \boldsymbol{v})', \boldsymbol{A} = (\boldsymbol{X}, -\boldsymbol{X}, \boldsymbol{I}, -\boldsymbol{I})$$

則該最佳化問題可進一步簡化為：

$$\min\{\boldsymbol{C}\boldsymbol{w}\}$$
$$\text{S.t.} \begin{cases} \boldsymbol{A}\boldsymbol{w} = \boldsymbol{y} \\ \boldsymbol{w} > 0 \end{cases}$$

其中，$\boldsymbol{y}$通常可以調整為非負向量。由此該最佳化問題可直接用單純形法求解，基於 Python 我們可以使用 scipy.optimize 模組下的 linprog 函數來實現。該函數可以對指定線性依賴條件下的線性最小化問題實現線性規劃求解，其遵循的範式如下：

$$\min_{\boldsymbol{x}} \boldsymbol{c}^{\mathrm{T}}\boldsymbol{x}$$

$$\text{such that } \boldsymbol{A}_{ub}\boldsymbol{x} \leqslant \boldsymbol{b}_{ub}$$

$$\boldsymbol{A}_{eq}\boldsymbol{x} \leqslant \boldsymbol{b}_{eq},$$

$$\boldsymbol{l} \leqslant \boldsymbol{x} \leqslant \boldsymbol{u}$$

其中，$\boldsymbol{x}$表示輸入向量，代表基礎輸入資料，$\boldsymbol{c}, \boldsymbol{b}_{ub}, \boldsymbol{b}_{eq}, \boldsymbol{l}, \boldsymbol{u}$表示向量，$\boldsymbol{A}_{ub}, \boldsymbol{A}_{eq}$表示矩陣。linprog 函數的定義及參數說明如表 6-4-1 所示。

表 6-4-1 linprog 函數的定義及參數說明

函數定義	
linprog(c,A_ub=None,b_ub=None,A_eq=None,b_eq=None,bounds=None,method='simplex')	
參數說明	
c	一維陣列，表示最小化線性目標函數的係數
A_ub	二維陣列，可選。線性不等式約束對應的係數矩陣
b_ub	一維陣列，可選。線性不等式約束對應的上界陣列
A_eq	二維陣列，可選。線性等式約束對應的係數矩陣
b_eq	一維陣列，可選。線性等式約束對應的值陣列
bounds	序列值，可選。它表示(min,max)這樣的元組對。使用 None 來表示沒有界限，預設使用(0,None)表示大於或等於 0
method	求解演算法，預設是單純形法，即 simplex，還可以使用內點法，interior-point

現基於 iris 資料集，使用函數，建立 Sepal.Length、Sepal.Width、Petal.Length 對 Petal.Width 的分位數回歸模型，設定$\tau = 0.35$，則使用單純形法求解分位數回歸係數的程式如下：

```
1 import pandas as pd
2 import numpy as np
3 from scipy.optimize import linprog
4
5 iris=pd.read_csv("iris.csv")
6 x = iris.iloc[:,[0,1,2]]
```

```
 7 y = iris.iloc[:,3]
 8 tau = 0.35
 9 n,m = x.shape
10 c = [0]*2*m + [tau]*n + [1-tau]*n
11 A_eq = np.c_[x,-x,np.identity(n),-np.identity(n)]
12 b_eq = y
13 r=linprog(c,A_eq=A_eq,b_eq=b_eq,method='simplex')
14 # 求解的回歸係數
15 r.x[0:3]-r.x[3:6]
16 # array([-0.18543956,  0.125,  0.48076923])
```

如上述程式所示，最後獲得回歸係數-0.1854，0.125，0.4808。據此建立的回歸模型即為分位數回歸模型，預測結果是對應分佈的 0.35 分位數。特殊情況下，若設$\tau = 0.5$，可即獲得對應分佈的中位數，它比均值而言，由於對極值不敏感，因此具有更好的穩健性。

6.5 穩健回歸

在回歸分析中，通常使用普通最小平方法來確定回歸係數，而普通最小平方法估計參數時一般要求資料滿足一些性質，如常態性等。然而，現實中的資料常常不能滿足這些性質，這便使得基於普通最小平方法的回歸模型難以達到滿意的預測精度。此外，資料中的異數，引起資料分佈的偏離，特別對線性回歸的擬合形成槓桿效應，最後使預測結果與真實值偏離較遠。本節介紹的穩健回歸就可以解決這些問題。最小平方回歸與穩健回歸對例如圖 6-5-1 所示。

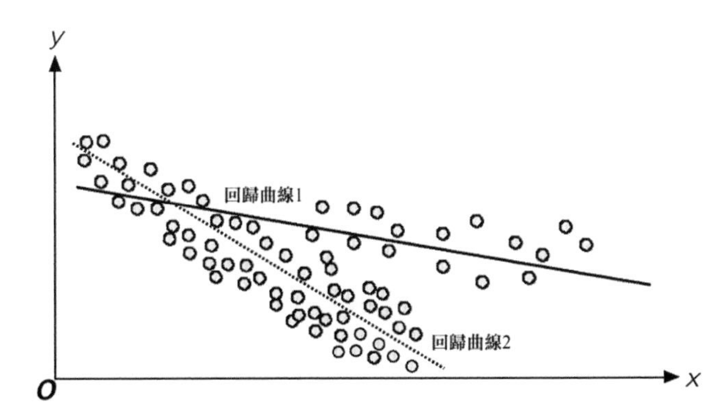

圖 6-5-1 最小平方回歸與穩健回歸比較

如圖 6-5-1 所示，回歸曲線 1 為透過普通最小平方法獲得的回歸曲線，回歸曲線 2 是透過穩健方法獲得的回歸曲線。

6.5.1 基本概念

穩健回歸是統計學回歸分析中穩健估計的一種方法，其主要想法是修改例外值十分敏感的普通最小平方回歸中的目標函數，使其更穩健。由於最小平方回歸使用誤差平方和達到最小來估計回歸係數，同時方差是不穩健的統計量，這就使得最小平方回歸是一種不穩健的方法。而方差的不穩健，通常是由於異數造成的，常見的做法是去除異數，再基於剩餘的資料使用經典回歸方法建立模型。然而，這樣操作難免有些草率，因為有些強影響點數據並不是因為某些錯誤造成的,而是固有的資料變異性結果,所以簡單地進行刪除，會遺失重要的隱藏資訊。我們需要建置一種參數估計方法,使得當理想模型正確時，它是最佳或接近最佳的，當實際資料與理論資料偏離較小時，其效能變化也較小，當實際資料與理論資料偏離較大時，不會造成嚴重影響，那麼這種方法被稱為穩健方法。

使用不同的目標函數可以定義不同的穩健回歸方法。常見的穩健回歸估計方法有：M 估計法、最小中位方差估計（LMS）、最小修剪方差估計（LTS）、S 估計、YohaiMM 估計、L 估計、R 估計等等。這些穩健估計方法能充分利用觀測值中的有效資訊來排除或抵抗有害資訊的影響，進一步確保了所求參數不受或少受粗差的影響。最常用的穩健估計方法是 M 估計，它透過反覆運算加權來消除或減弱離群值對參數估計的影響，進一步確保結果的可用性。

6.5.2 M 估計法及 Python 實現

M 估計是極大似然估計（Maximum Likelihood Estimator）的簡稱，其主要想法與最小平方估計用殘差平方和作為目標函數不同，它是重新定義了一個殘差的偶函數作為目標函數，其定義如下：

$$\min\sum_{i=1}^{n}\rho\left(\varepsilon_i\right)=\min\sum_{i=1}^{n}\rho\left(y_i-\boldsymbol{X}_i\widehat{\boldsymbol{\beta}}\right) \tag{6.4}$$

其中，要求ρ是滿足以下條件的函數：

$$\rho(\varepsilon)\geqslant 0, \rho(\varepsilon) = -\rho(\varepsilon)$$

當引數$\varepsilon = 0$時，它有唯一的最小值。即要求ρ是關於殘差的偶函數，且是非負。對於式（6.4）關於回歸係數$\widehat{\boldsymbol{\beta}}$求導可得：

$$\sum_{i=1}^{n} \psi\left(\frac{\varepsilon_i}{\hat{\sigma}}\right) \boldsymbol{X}_i' = 0$$

函數ψ是ρ關於$\widehat{\boldsymbol{\beta}}$的導數，$\hat{\sigma}$是殘差$\varepsilon_i$的標準差，用於標準化殘差，使得回歸係數$\widehat{\boldsymbol{\beta}}$的估計值與因變數無關。如果選$\rho(\varepsilon_i) = 1/2 \cdot \varepsilon_i^2$，則 M 估計就變成了最小平方估計。不同的 M 估計具有不同的ψ函數，Andrews 定義的ψ函數如下：

$$\psi(z) = \begin{cases} \sin\left(\frac{z}{c}\right), |z|\leqslant c \\ 0, |z| > c \end{cases}$$

其中，c 是控制穩健性的常數，通常設定值在 0.7 到 2 之間。當$c = 1$時，繪製$\psi(z)$的函數影像如圖 6-5-2 所示。

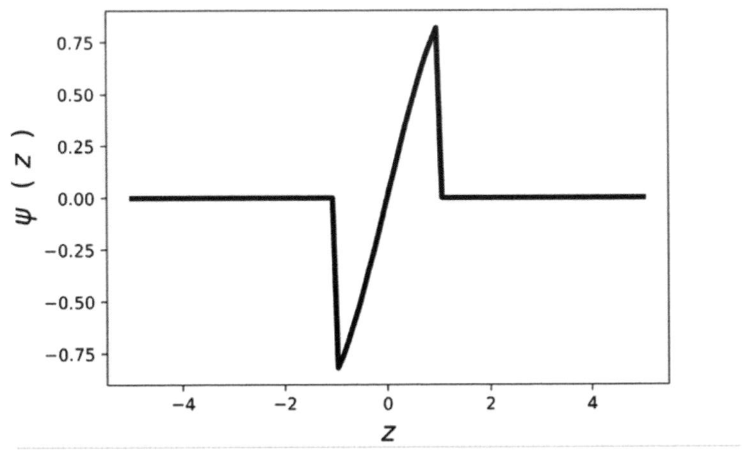

圖 6-5-2　$\psi(z)$的函數影像

為求解穩健回歸係數$\widehat{\boldsymbol{\beta}}$，可使用反覆運算法，其簡單反覆運算步驟大致是這樣的，首先假設目前反覆運算為第 k 次，則根據目前值$\widehat{\boldsymbol{\beta}}(k)$和$b$按$\widehat{\boldsymbol{\beta}}(k+1)=\widehat{\boldsymbol{\beta}}(k)-b$對$\widehat{\boldsymbol{\beta}}$進行更新，其中$b$為改變量，由下式列出：

$$b=\frac{\sum_{i=1}^{n}\psi\left(\frac{(y_i-\boldsymbol{X}_i\widehat{\boldsymbol{\beta}})}{\hat{\sigma}}\right)\boldsymbol{X}_i'}{\sum_{i=1}^{n}\psi'\left(\frac{(y_i-\boldsymbol{X}_i\widehat{\boldsymbol{\beta}})}{\hat{\sigma}}\right)\otimes\boldsymbol{X}_i'}$$

$$\psi'\left(\frac{y_i-\boldsymbol{X}_i\boldsymbol{\beta}}{\hat{\sigma}}\right)=\begin{cases}-\frac{1}{\hat{\sigma}\cdot c}\cdot\cos\left(\frac{y_i-\boldsymbol{X}_i\widehat{\boldsymbol{\beta}}}{\hat{\sigma}\cdot c}\right)\cdot\boldsymbol{X}_i', \left|\frac{y_i-\boldsymbol{X}_i\widehat{\boldsymbol{\beta}}}{\hat{\sigma}}\right|\leqslant c\\ 0, \left|\frac{y_i-\boldsymbol{X}_i\widehat{\boldsymbol{\beta}}}{\hat{\sigma}}\right|>c\end{cases}$$

當 b 小於某個預先指定的精度時，終止反覆運算。初始的$\widehat{\boldsymbol{\beta}}(0)$一般選用最小平方估計的$\widehat{\boldsymbol{\beta}}$。

現基於 iris 資料集，使用估計法，建立 Sepal.Length、Sepal.Width、Petal.Length 對 Petal.Width 的穩健回歸模型。考慮到 iris 較標準，資料中幾乎沒有出現太大的異數，為了突出穩健回歸的效果，隨機選擇一些值，對其取代成較大值，再建立基於 M 估計法的穩健回歸模型。程式如下：

```
 1 import pandas as pd
 2 import numpy as np
 3 from sklearn import linear_model
 4 import random
 5 iris=pd.read_csv("iris.csv")
 6 x = iris.iloc[:,[0,1,2]].values
 7 y = iris.iloc[:,3].values
 8
 9 # 對 x 中的每個變數，隨機取代 5 個較大值
10 row, col = x.shape
11 for k in range(col):
12     x[random.sample(range(row),5),k] = np.random.uniform(10,30,5)
13
14 clf = linear_model.LinearRegression()
15 clf.fit(x,y)
```

```
16 x_input = np.c_[x,[1]*row]
17 col = col + 1
18 beta = list(clf.coef_) + [clf.intercept_]
19 c = 0.8
20 k = 0
```

如上述程式所示，我們使用簡單線性回歸建模的參數對 beta 變數進行初始化，c 取 0.8，然後進行反覆運算求解，程式如下：

```
1 # 反覆運算法求解
2 while k < 100:
3     y0 = np.matmul(x_input,beta)
4     epsilon = y - y0
5     delta = np.std(epsilon)
6     epsilon = epsilon/delta
7     faik = [0]*col
8     faikD = np.zeros((col,col))
9     for i in range(row):
10         if np.abs(epsilon[i]) <= c:
11             xi = x_input[i,:]
12             faik = faik + np.sin(epsilon[i]/c)*xi
13             faikD = faikD - np.cos(epsilon[i]/c)*np.array([h*xi for h in xi])
              /(delta*c)
14
15     b = np.matmul(np.linalg.inv(faikD),faik)
16     beta = beta - b
17     print(np.max(np.abs(b)))
18     if np.max(np.abs(b)) < 1e-15:
19         print("演算法收斂，退出循環！")
20         break
21
22     k = k + 1
23
24 # 0.32420863302317215
25 # 0.10076592577534327
26 # 0.34463605932944774
27 # 0.002844992435885897
28 # 3.149072360695391e-06
29 # 3.9248910208582647e-10
30 # 2.5256493241063437e-13
31 # 1.72077131679486le-16
```

```
32 # 演算法收斂，退出循環！
33
34 np.mean(np.abs(y - np.matmul(x_input,beta)))
35 # 0.34227957292615147
36
37 beta
38 # array([-0.00282362, -0.00279034,  0.41039862, -0.32295107])
```

如上述程式所示，經過 8 次反覆運算，演算法收斂，並計算平均絕對誤差 MAE = 0.3423，求得穩健回歸係數：

$$\widehat{\boldsymbol{\beta}} = (-0.00282362, -0.00279034, 0.41039862, -0.32295107)$$

其中，最後一個值為截距。現使用普通最小平方法擬合回歸係數，基於x（已經過隨機取代）與y建立線性回歸模型，程式如下：

```
1 clf.fit(x,y)
2 list(clf.coef_) + [clf.intercept_]
3 # [0.0194587459398201, -0.021165276875958147, 0.1151460137114351,
  0.6648607142724917]
4 np.mean(np.abs(clf.predict(x) - y))
5 # 0.5064579193197599
```

如上述程式所示，我們可以獲得基於普通最小平方回歸的平均絕對誤差 MAE = 0.5065，明顯大於穩健回歸的 MAE 值 0.3423。可見，經過穩健回歸可以有效降低 MAE。透過比較穩健回歸與普通最小平方回歸的係數，可以知道，此處普通最小平方回歸的權重主要在截距上，透過穩健方法處理，將權重分配給了其他變數。

07 複雜回歸分析

對於簡單的回歸問題，例如滿足引數獨立、資料服從正態分佈、線性或簡單非線性關係的情況，通常採用多元線性回歸及其最佳化方法即可有效處理。然而，現實世界中遇到的多數問題並不都滿足以上條件，甚至出現高維度、小樣本、非線性等複雜的回歸問題，這就需要建立針對複雜回歸問題的分析系統。本章著眼於複雜回歸，介紹 GBDT 回歸方法、神經網路、支援向量回歸以及高斯過程回歸等內容。

7.1 梯度提升回歸樹（GBRT）

GBRT（Gradient Boosting Regression Tree，梯度提升回歸樹）是一種反覆運算的回歸樹演算法，該演算法由多棵回歸樹組成，所有樹的結論累加起來獲得最後結果。它在被提出之初與 SVM 一起被認為是泛化能力較強的演算法。此外，GBRT 有一些其他的名字，例如 GBDT（Gradient Boosting Decision Tree）、MART（Multiple Additive Regression Tree）、TreeNet、Treelink 等。

7.1.1 Boosting 方法簡介

Boosting（提升）是一種加強任意指定學習演算法準確度的方法，它的思想起源於 Valiant 提出的 PAC 學習模型，其中 PAC（Probably Approximately Correct）模型是由統計模式辨識、決策理論提出的一些簡單概念結合計算複雜理論的方法而提出的學習模型，它是研究學習及泛化問題的機率架構，通常用於神經網路問題和人工智慧的學習問題。在 PAC 學習的架構中列出了弱可學習定理。

弱可學習定理：如果一個概念是弱可學習的，則其是強可學習的。其中概念可指分類問題中的類別。該定理也可以描述為：如果能夠找到一個函數空間，這個函數空間Ω裡有一個函數可以弱分類某個問題，那麼在Ω的 Convex|Hull（由Ω中有限個函數的加權平均組成的集合）$C(\Omega)$中，就存在一個函數，這個函數能以任意精度分類這個問題。

對於準確率很高的學習演算法，我們叫作強學習演算法；而對於準確率不高，僅比隨機猜測略好的演算法，我們叫作弱學習演算法。在 PAC 模型中，已經證明，只要資料足夠多，就可以將弱學習演算法透過整合的方式加強到任意精度，進一步提升為強學習演算法。實際上，在 1989 年，Schapire 建置出了一種多項式級的演算法，將弱學習演算法提升為強學習演算法，這就是最初的 Boosting 演算法。1995 年，Freund 和 Schapire 改進了 Boosting 演算法，提出了 AdaBoost 演算法，即 Adaptive Boosting，它是針對解決二分類問題而提出來的演算法，旨在透過在訓練集上帶權的取樣來訓練不同的弱分類器，根據弱學習的結果回饋適應地調整假設的錯誤率，所以它並不需要預測先知道假設的錯誤率下限，進一步不需要任何關於弱分類器效能的先驗知識，因而它比 Boosting 更容易應用到實際問題中。

7.1.2 AdaBoost 演算法

AdaBoost 是一種反覆運算演算法，初始時，所有訓練樣本的權重都預設相等，在此樣本分佈下訓練獲得一個弱分類器。在第m（$m = 1,2,\cdots,M$，其中 M為反覆運算次數）次反覆運算中，樣本的權重由第$m-1$次反覆運算的結果而定。在每次反覆運算的最後，都有一個調整權重的過程，被錯分的樣本將獲得更高的權重。這樣就會獲得一個新的樣本分佈。在新的樣本分佈下，再次對弱分類器進行訓練，獲得新的弱分類器。經過M次循環，獲得M個弱分類器，把這M個弱分類器按照一定的權重疊加起來，就獲得最後的強分類器。

假設T表示二分類的訓練資料集且$T = (\boldsymbol{x}_1, y_1), (\boldsymbol{x}_2, y_2), \cdots, (\boldsymbol{x}_N, y_N)$，其中每個樣本點由實例與標記組成。實例$\boldsymbol{x}_i \in X \subseteq \mathbf{R}^n$，標記$y_i \in Y = \{-1, +1\}$，$X$是實例空間，$Y$是標記集合。並用$G(\boldsymbol{x})$表示最後分類器，則 AdaBoost 的演算法過程如下：

（1）初始化訓練資料的權重分佈：

$$\boldsymbol{D}_1 = (w_{11}, w_{12}, \cdots, w_{1i}, \cdots, w_{1N}), w_{1i} = \frac{1}{N}, i = 1,2, \cdots, N$$

（2）對$m = 1,2, \cdots, M$，首先使用具有權重分佈D_m的訓練資料集進行學習，獲得基本分類器：

$$G_m(\boldsymbol{x}): X \to \{-1, +1\}$$

計算$G_m(\boldsymbol{x})$在訓練資料集上的分類誤差率：

$$e_m = P(G_m(\boldsymbol{x}_i) \neq y_i) = \sum_{G_m(\boldsymbol{x}_i) \neq y_i} w_{mi}$$

這裡w_{mi}表示第m輪中第i個實例的權重，且滿足$\sum_{i=1}^{N} w_{mi} = 1$。計算$G_m(\boldsymbol{x})$的係數，公式如下：

$$\alpha_m = \frac{1}{2} \log \frac{1 - e_m}{e_m}$$

其中，log取自然對數，且當$e_m \leqslant \frac{1}{2}$時，$\alpha_m \geqslant 0$，並且$\alpha_m$隨著$e_m$的減小而增大，所以分類誤差率越小的基本分類器在最後分類器中的作用越大。然後對訓練資料集的權重分佈進行更新：

$$D_{m+1} = \left(w_{m+1,1}, w_{m+1,2}, \cdots, w_{m+1,i}, \cdots, w_{m+1,N}\right)$$

$$w_{m+1,i} = \frac{w_{mi}}{Z_m} \mathrm{e}^{-\alpha_m y_i G_m(\boldsymbol{x}_i)}, i = 1,2, \cdots, N$$

此處的Z_m是規範化因數，其定義如下：

$$Z_m = \sum_{i=1}^{N} w_{mi}\, \mathrm{e}^{-\alpha_m y_i G_m(\boldsymbol{x}_i)}$$

它使得$\boldsymbol{D}_{m+1}$成為一個機率分佈。注意到，當$G_m(\boldsymbol{x}_i) = y_i$時，

$$w_{m+1,i} = \frac{w_{mi}}{Z_m}\mathrm{e}^{-\alpha_m}$$

而當$G_m(\boldsymbol{x}_i) \neq y_i$時，

$$w_{m+1,i} = \frac{w_{mi}}{Z_m}\mathrm{e}^{\alpha_m}$$

由此可知，被基本分類器$G_m(\boldsymbol{x})$誤分類的樣本，其權重得以擴大，而被正確分類的樣本，其權重卻得以縮小。因此，誤分類樣本在下一輪學習中起更大作用。

（3）建置基本分類器的線性組合：

$$f(\boldsymbol{x}) = \textstyle\sum_{m=1}^{M} \alpha_m\, G_m(\boldsymbol{x}) \qquad (7.1)$$

它實現了M個分類器的加權表決，係數α_m表示了基本分類器$G_m(\boldsymbol{x})$的重要性，但所有α_m之和並不為 1。$f(\boldsymbol{x})$的符號決定實例$\boldsymbol{x}$的分類，$f(\boldsymbol{x})$的絕對值表示分類的確信程度。

進一步可獲得最後分類器：

$$G(\boldsymbol{x}) = \mathrm{sign}(f(\boldsymbol{x})) = \mathrm{sign}\left(\sum_{m=1}^{M} \alpha_m\, G_m(\boldsymbol{x})\right)$$

AdaBoost 演算法最基本的性質是它能在學習過程中不斷減少訓練誤差，即在訓練資料集上的分類誤差率，通常 AdaBoost 的訓練誤差率滿足下式：

$$\frac{1}{N}\sum_{G_m(\boldsymbol{x}_i)\neq y_i} 1 \leqslant \frac{1}{N}\sum_{i=1}^{N} \mathrm{e}^{-y_i f(\boldsymbol{x}_i)} = \prod_{m=1}^{M} Z_m$$

上式說明，可以在每一輪選取適當的G_m使得Z_m最小，進一步使訓練誤差降低最快。AdaBoost 演算法還可以將模型了解為加法模型、損失函數為指數函數、學習演算法為正向分步演算法的二分類學習方法。對於加法模型：

$$f(\boldsymbol{x}) = \sum_{m=1}^{M} \beta_m \, b(\boldsymbol{x}; \gamma_m)$$

其中，$b(\boldsymbol{x}; \gamma_m)$為基函數，$\gamma_m$為基函數的參數，$\beta_m$為其函數的係數，顯然式（7.1）是一個加法模型。在指定訓練資料及損失函數$L(y, f(\boldsymbol{x}))$的條件下，學習加法模型$f(\boldsymbol{x})$成為經驗風險最小化即損失函數最小化問題：

$$\min_{\beta_m \gamma_m} \sum_{i=1}^{N} L\left(y_i, \sum_{m=1}^{M} \beta_m \, b(\boldsymbol{x}_i; \gamma_m) \right)$$

這是一個最佳化問題，正向分步演算法求解該最佳化問題是透過從前向後，每步只學習一個基函數及其係數，以逐步逼近最佳化目標函數的方式實現的。每步需最佳化的損失函數如下：

$$\min_{\beta,\gamma} \sum_{i=1}^{N} L\left(y_i, \beta b(\boldsymbol{x}_i; \gamma) \right)$$

進一步，整理正向分步演算法的過程如下。

（1）初始化$f_0(\boldsymbol{x}) = 0$。

（2）對$m = 1,2,\cdots,M$，最小化損失函數$(\beta_m, \gamma_m) = {}_{\mathrm{argmin}\beta,\gamma} \sum_{i=1}^{N} L\left(y_i, f_{m-1}(\boldsymbol{x}_i) + \beta b(\boldsymbol{x}_i; \gamma) \right)$可獲得參數$\beta_m, \gamma_m$。更新下式：

$$f_m(\boldsymbol{x}) = f_{m-1}(\boldsymbol{x}) + \beta_m b(\boldsymbol{x}_i; \gamma_m)$$

（3）獲得加法模型：

$$f(\boldsymbol{x}) = f_M(\boldsymbol{x}) = \sum_{m=1}^{M} \beta_m \, b(\boldsymbol{x}_i; \gamma_m)$$

這樣，正向分步演算法將同時求解從 m=1 到 M 所有參數β_m, γ_m的最佳化問題簡化為逐次求解各個β_m, γ_m的最佳化問題。AdaBoost 演算法是正向分步加法演算法的特例，模型是由基本分類器組成的加法模型，而損失函數是指數函數。

7.1.3 提升回歸樹演算法

提升樹（Boosting Tree）演算法實際上是指採用加法模型（即以決策樹為基函數的線性組合）與正向分步演算法的 Boosting 方法。對於回歸問題，通常使用二叉回歸樹，對應的提升樹演算法又叫提升回歸樹演算法，並可將提升回歸樹模型表示為決策樹（二叉回歸樹）的加法模型，如下：

$$f_M(\boldsymbol{x}) = \sum_{m=1}^{M} T(\boldsymbol{x}; \Theta_m)$$

其中，$T(\boldsymbol{x}; \Theta_m)$ 表示決策樹，Θ_m為決策樹的參數，M為決策樹的個數。提升樹演算法採用正向分步演算法，首先確定初始提升樹$f_0(\boldsymbol{x}) = 0$，第m步的模型是：

$$f_m(\boldsymbol{x}) = f_{m-1}(\boldsymbol{x}) + T(\boldsymbol{x}; \Theta_m)$$

其中，$f_{m-1}(\boldsymbol{x})$為目前模型，透過經驗最小化確定下一棵決策樹的參數Θ_m為：

$$\hat{\Theta}_m = \mathrm{argmin}_{\Theta_m} \sum_{i=1}^{N} L\left(y_i, f_{m-1}(x_i) + T(x_i; \Theta_m)\right)$$

由於樹的線性組合可以極佳地擬合訓練資料，即使資料中的輸入與輸出之間的關係複雜也是如此，所以提升樹是一個高功能的學習演算法。

假設T表示訓練資料集且$T = \{(\boldsymbol{x}_1, y_1), (\boldsymbol{x}_2, y_2), \cdots, (\boldsymbol{x}_N, y_N)\}$，其中每個樣本點由輸入與輸出組成。輸入$\boldsymbol{x}_i \in X \subseteq \mathbf{R}^n$，輸出$y_i \in Y \subseteq \mathbf{R}$，$X$是輸入空間，$Y$是輸出空間。如果將輸入空間$X$劃分為$J$個互不相交的區域$R_1, R_2, \cdots, R_J$，並且在每個區域上確定輸出的常數$c_j$，那麼樹可表示為：

$$T(\boldsymbol{x};\Theta)=\sum_{x\in R_j}c_j$$

其中，參數$\Theta=\{(R_1,c_1),(R_2,c_2),\cdots,(R_J,c_J)\}$表示樹的區域劃分和各區域上的常數，$J$表示回歸樹葉節點的個數。對於提升樹演算法，當使用平方誤差作為損失函數時，即，

$$L(y,f(\boldsymbol{x}))=(y-f(\boldsymbol{x}))^2$$

其損失可表示為：

$$L(y,f_m(\boldsymbol{x}))=L(y,f_{m-1}(\boldsymbol{x})+T(\boldsymbol{x};\Theta_m))=[y-f_{m-1}(\boldsymbol{x})-T(\boldsymbol{x};\Theta_m)]^2$$
$$=[r-T(\boldsymbol{x};\Theta_m)]^2$$

這裡$r=y-f_{m-1}(\boldsymbol{x})$，它是目前模型擬合數據的殘差。我們希望損失的大小趨近於 0，亦即$T(\boldsymbol{x};\Theta_m)\to r$，也就是說我們可以使用目前模型的殘差來建立決策樹，當損失趨近於 0 時，可獲得最佳化結果。基於此想法，整理提升回歸樹演算法的步驟如下。

（1） 初始化$f_0(\boldsymbol{x})=0$。

（2） 對$m=1,2,\cdots,M$，計算殘差 $r_{mi}=y_i-f_{m-1}(\boldsymbol{x}_i), i=1,2,\cdots,N$。
根據殘差r_{mi}學習一棵回歸樹，獲得$T(\boldsymbol{x};\Theta_m)$，更新$f_m(\boldsymbol{x})=f_{m-1}(\boldsymbol{x})+T(\boldsymbol{x};\Theta_m)$

（3） 獲得回歸問題的提升樹：

$$f_M(\boldsymbol{x})=\sum_{m=1}^{M}T(\boldsymbol{x};\Theta_m)。$$

7.1.4 梯度提升

對於回歸問題的提升樹，利用加法模型與正向分步演算法實現了學習的最佳化過程。當損失函數是平方損失時，每一步最佳化是很簡單的，然而，對一般函數而言，每一步的最佳化顯得並不那麼容易。針對這一問題，Freidman 提出了梯度提升（Gradient Boosting）演算法，該演算法是最速下降法的近

似方法，其關鍵是利用損失函數的負梯度產生回歸問題提升樹演算法中殘差的近似值，並擬合一棵回歸樹。其演算法過程如下。

（1）初始化

$$f_0(\boldsymbol{x}) = \text{argmin}_c \sum_{i=1}^{N} L\left(y_i, c\right)$$

用來估計使損失函數最小化的常數值，它是只有一個節點的樹。

（2）對$m = 1,2,\cdots,M$，設$i = 1,2,\cdots,N$，計算：

$$r_{mi} = -\left[\frac{\partial L\left(y_i, f(\boldsymbol{x}_i)\right)}{\partial f(\boldsymbol{x}_i)}\right]_{f(\boldsymbol{x})=f_{m-1}(\boldsymbol{x})}$$

這裡計算損失函數的負梯度在目前模型的值，並將它作為殘差的估計，對於平方損失函數，它就是通常所說的殘差，而對於一般的損失函數，它是殘差的近似值。進一步，根據r_{mi}學習一棵回歸樹，並獲得第m棵樹的葉節點區域$R_{mj}, j = 1,2,\cdots,J$，以擬合殘差的近似值。對每個j計算：

$$c_{mj} = \text{argmin}_c \sum_{\boldsymbol{x}_i \in R_{mj}} L\left(y_i, f_{m-1}(\boldsymbol{x}_i) + c\right)$$

此處，利用線性搜尋估計葉節點區域的值，使損失函數最小化。更新回歸樹：

$$f_m(\boldsymbol{x}) = f_{m-1}(\boldsymbol{x}) + \sum_{x_i \in R_{mj}} c_{mj}$$

（3）獲得最後的回歸樹模型：

$$\hat{f}(\boldsymbol{x}) = f_M(\boldsymbol{x}) = \sum_{m=1}^{M} \sum_{\boldsymbol{x}_i \in R_{mj}} c_{mj}$$

梯度提升演算法中常用的損失函數及其負梯度如表 7-1-1 所示。

表 7-1-1 梯度提升演算法中常用的損失函數及其負梯度

序號	損失函數 $L(y, f(\boldsymbol{x}))$	$-\frac{\partial L(y_i, f(\boldsymbol{x}_i))}{\partial f(\boldsymbol{x}_i)}$
1	$\frac{1}{2}[y_i - f(\boldsymbol{x}_i)]^2$	$y_i - f(\boldsymbol{x}_i)$
2	$\|y_i - f(\boldsymbol{x}_i)\|$	$\mathrm{sign}[y_i - f(\boldsymbol{x}_i)]$
3	$\begin{cases} \frac{1}{2}[y_i - f(\boldsymbol{x}_i)]^2 & \|y_i - f(\boldsymbol{x}_i)\| \leqslant \delta \\ \delta\|y_i - f(\boldsymbol{x}_i)\| & \|y_i - f(\boldsymbol{x}_i)\| > \delta \end{cases}$	在 $\|y_i - f(\boldsymbol{x}_i)\| \leqslant \delta$ 條件下的值為 $y_i - f(\boldsymbol{x}_i)$；而在 $\|y_i - f(\boldsymbol{x}_i)\| > \delta$ 的條件下的值為 $\delta\mathrm{sign}[y_i - f(\boldsymbol{x}_i)]$

可見，Huber 損失函數綜合了平方損失函數和絕對值損失函數的優點，變得更加靈活、適用。在同一座標系中繪製以上 3 個損失函數，獲得圖 7-1-1。

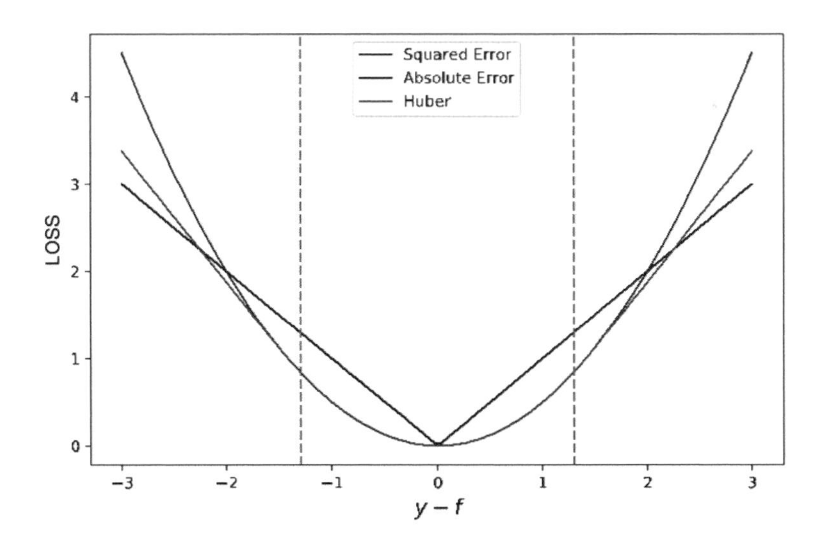

圖 7-1-1 損失函數曲線

如圖 7-1-1 所示，Huber 低於某個值時表現為 Squared Error（均方誤差），高於某個值時表現為線性。

此外，在上述梯度演算法中，我們是直接對決策樹（二叉回歸樹）的估計結果進行疊加的，其實為了有效地避免過擬合問題，通常引用一個參數

Shrinkage，它是縮減的意思，即認為在每次疊加時，它並不完全信任每一棵殘差樹，它認為每棵樹只學到了關於整體知識的一小部分，累加的時候也只累加一小部分，透過學習更多的殘差樹來彌補不足，通常 Shrinkage 取介於 0.01~0.001 之間的值。假設用λ表示 Shrinkage 參數，則對應的回歸樹更新公式變為：

$$f_m(\boldsymbol{x}) = f_{m-1}(\boldsymbol{x}) + \lambda \cdot \sum_{x_i \in R_{mj}} c_{mj}$$

7.1.5 GBRT 演算法的 Python 實現

為說明GBRT演算法的實現過程，此處令損失函數$L(y, f(\boldsymbol{x})) = \frac{1}{2}[y_i - f(\boldsymbol{x}_i)]^2$，則對應的負梯度為$y_i - f(\boldsymbol{x}_i)$，而滿足$f_0(\boldsymbol{x}) = \arg_{\min c} \sum_{i=1}^{n} L\,(y_i, c) f_0(\boldsymbol{x})$的均值，同時$c_{mj}$也是對應均值的估計。

現基於 iris 資料集作為基礎資料，嘗試使用 GBRT 演算法建立 Sepal.Length、Sepal.Width、Petal.Length 對 Petal.Width 的回歸模型。建立函數 gbrt_build，使用訓練資料以建置 GBRT 模型，對應程式如下：

```
1 from sklearn import tree
2 import numpy as np
3
4 def gbrt_build(x,y,consame=5,maxiter=10000,shrinkage=0.0005):
5     """
6     建立函數建置 GBRT 模型
7     x : 輸入資料，解釋變數
8     y : 輸出資料，回應變數
9     consame : 當連續 consame 次獲得的殘差平方和相等時演算法終止
10    maxiter : 反覆運算次數的上限
11    shrinkage : 縮放因數
12    """
13    # 使平方損失函數最小化的常數值為對應資料的平均值，即以均值初始化 f0
14    f0 = np.mean(y)
15    #初始化變數
16    rss = []
17    model_list = [f0]
18    # 進入循環，當連續 consame 次，獲得的殘差平方和相等或超過最大反覆運算次數時，
```

```
    終止演算法
19      for i in range(maxiter):
20          # 計算負梯度，當損失函數為平方損失函數時，負梯度即為殘差
21          revals = y - f0
22          # 根據殘差學習一棵回歸樹，設定分割點滿足的最小樣本數為 30
23          clf = tree.DecisionTreeRegressor(min_samples_leaf=30)
24          clf = clf.fit(x, revals)
25          # 更新回歸樹，並產生估計結果
26          model_list.append(clf)
27          f0 = f0 + shrinkage*clf.predict(x)
28          # 統計殘差平方和
29          rss.append(np.sum((f0 - y)**2))
30          # 判斷是否滿足終止條件
31         if len(rss) >= consame and np.std(rss[(len(rss)-consame+1):len(rss)])
          == 0 :
32              print("共反覆運算",m+1,"次，滿足終止條件退出反覆運算！")
33              break
34      return rss,model_list
```

在使用 iris 資料集建立 GBRT 模型之前，需要簡單處理，然後呼叫函數 gbrt_build，完成模型的訓練，程式如下：

```
 1 import pandas as pd
 2 from sklearn.model_selection import train_test_split
 3 iris = pd.read_csv("iris.csv")
 4 x,y = iris.drop(columns=['Species','Petal.Width']),iris['Petal.Width']
 5 x_train, x_test, y_train, y_test = train_test_split(x, y, test_size=0.33,
   random_state=1)
 6 rss,model_list = gbrt_build(x_train,y_train)
 7 # 檢視 rss 的統計資訊
 8 pd.Series(rss).describe()
 9 # count    10000.000000
10 # mean         9.443136
11 # std         11.613604
12 # min          2.954312
13 # 25%          3.230344
14 # 50%          3.919855
15 # 75%          9.398138
16 # max         59.853140
17 # dtype: float64
```

從輸出結果可知，每次反覆運算產生的殘差平方和組成的向量，其最小值為 2.95，最大值為 59.85，可見，使用 GBRT 演算法，使得擬合的殘差平方和減小了很多。為進一步直觀呈現每次反覆運算殘差平方和的變化，現繪製二維圖形，程式如下：

```
1 # 根據 rss 繪製曲線，以直觀觀察殘差平方和的變化趨勢
2 import matplotlib
3 matplotlib.rcParams['font.family'] = 'SimHei'
4 plt.plot(range(10000),rss[0:10000],'-',c='black',linewidth=3)
5 plt.xlabel("反覆運算次數",fontsize=15)
6 plt.ylabel("RSS",fontsize=15)
7 plt.show()
```

效果如圖 7-1-2 所示。

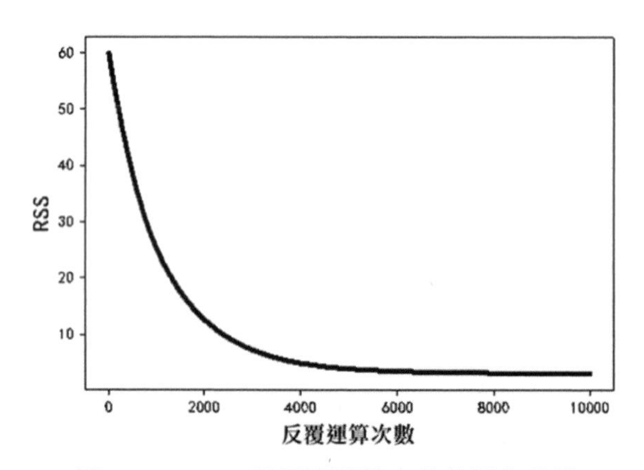

圖 7-1-2 RSS 隨反覆運算次數的變化曲線

如圖 7-1-2 所示，隨著反覆運算次數的增加，殘差平方和 RSS 快速減小，並趨於平穩，且接近於 0。現使用 Python 實現預測函數 gbrt_predict，即可對新資料進行預測，程式如下：

```
1 def gbrt_predict(x,gml_list,shrinkage):
2     """
3     建立預測函數，對新資料進行預測
4     x : 進行預測的新資料
5     gml_list : 即 GBRT 的模型清單
6     shrinkage : 訓練模型時，指定的 shrinkage 參數
7     """
```

```
 8     f0 = gml_list[0]
 9     for i in range(1,len(gml_list)):
10         f0 = f0 + shrinkage*gml_list[i].predict(x)
11     return f0
```

對測試資料集 x_test 呼叫預測函數 gbrt_predict，根據預測結果和真實結果分析預測效果，程式如下：

```
1 np.sum((y_test - gbrt_predict(x_test,model_list,0.0005))**2)
2 # 1.3384897597030645
```

為說明該方法對預測建模提升的效果，現直接使用回歸決策樹基於訓練集 x_train,y_train 建模，並對測試資料集 x_test 進行預測，同分時析預測效果，程式如下：

```
1 clf = tree.DecisionTreeRegressor(min_samples_leaf=30)
2 clf = clf.fit(x_train, y_train)
3 np.sum((y_test - clf.predict(x_test))**2)
4 # 1.5676935145052517
```

從輸出結果中可知，使用 GBRT 演算法最後獲得的殘差平方和為 1.3385，這個結果明顯優於直接使用回歸決策樹的建模效果。

7.2 深度神經網路

神經網路是一種高度綜合的交換學科，它的研究和發展有關神經生理科學、數理科學、資訊科學和電腦科學等許多學科領域。它在訊號處理、模式辦識、目標追蹤、機器人控制、專家系統、組合最佳化等領域的應用中獲得了引人注目的成果。1987 年，Lapedes 和 Farber 首先應用神經網路進行預測，開創了神經網路預測的先河。使用神經網路進行預測的基本想法為透過收集資料來訓練網路，使用神經網路演算法建立數學模型，並根據模型進行預測。與傳統的預測方法相比，神經網路預測不需要預先確定樣本資料的數學模型，僅透過學習樣本資料即可以進行相當精確的預測，因此具有很多優越性。

2016 年 3 月，李世石與 Google 研發的 AlphaGo 機器人進行圍棋比賽，最後以 1:4 落敗，隨著 AI 在競技領域碾壓人類，深度學習也越來越被人們所關注。

這裡的深度學習，實際上就是指深度神經網路，與傳統的神經網路相比，深度神經網路的層次更深，進而具有更強的特徵表達能力，同時伴隨著最佳化演算法的進步及 GPU 等硬體的普及，使得深度神經網路可以用於巨量資料的訓練，進一步在某些方面的能力遠超人類的智慧應用，服務於各個企業和領域。本節從基本概念講起，依次介紹最簡單的神經網路預測模型——線性回歸，進一步增加層次，到淺層神經網路，再到深度神經網路，並結合 Python 進行案例實現。

7.2.1 基本概念

神經網路全稱為類神經網路（Artificial Neural Networks，ANN）。它是由大量類似生物神經元的處理單元相互連接而組成的非線性複雜網路系統。它用一定的簡單數學模型來對生物神經網路結構進行描述，並在一定的演算法指導下，使其能夠在某種程度上模擬生物神經網路所具有的智慧行為，解決傳統演算法所不能勝任的智慧資訊處理問題。ANN 演算法起源於生物體的神經系統，生物神經元是由細胞體、樹突和軸突組成的，如圖 7-2-1 所示。

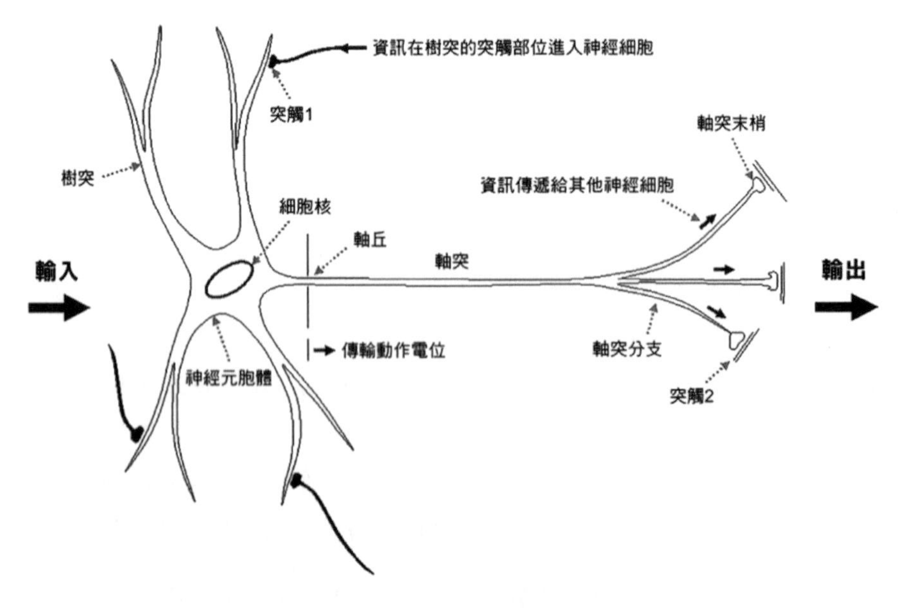

圖 7-2-1 生物神經元結構

其中，樹突和軸突負責傳入和傳出資訊，興奮性的衝動沿樹突抵達細胞體，在細胞膜上累積形成興奮性電位；相反，抑制性衝動到達細胞膜則形成抑制性電位。兩種電位進行累加，若代數和超過某個設定值，那麼神經元將產生衝動。神經細胞處理資訊的過程可表示為圖 7-2-2。

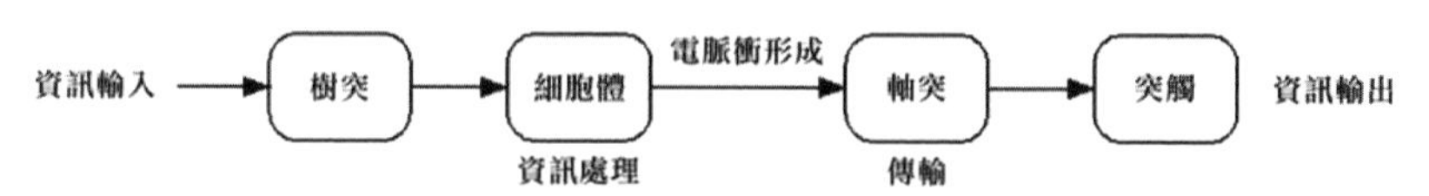

圖 7-2-2 神經細胞處理資訊的過程

如圖 7-2-2 所示，突觸是一個神經元的衝動傳到另一個神經元或傳到另一細胞間的相互接觸的結構。透過「軸突突觸樹突」這樣的路徑，某一神經元就有可能和數百個以至更多的神經元溝通資訊。模仿生物神經元產生衝動的過程，可以建立一個典型的神經元數學模型，如圖 7-2-3 所示。

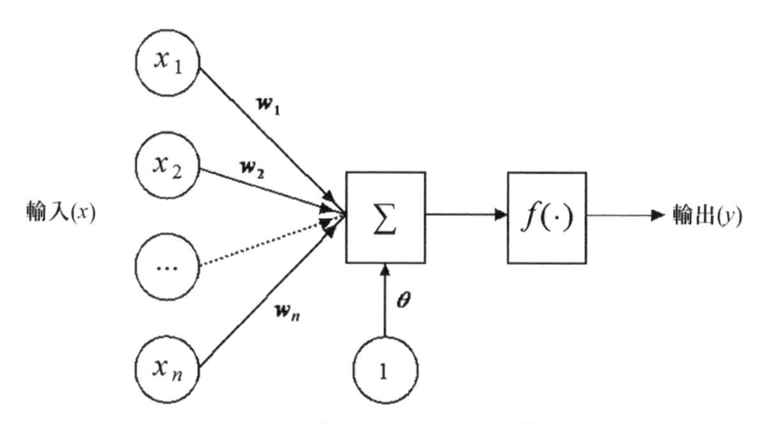

圖 7-2-3 典型的神經元數學模型

其中，θ是截距項，也可以將其放在輸入側，那麼此時對應的輸入值為 1 時，權重為θ。該數學模型對應的運算式為：

$$y = f\left(\sum_{i=1}^{n} x_i w_i + \theta\right)$$

函數$f(\cdot)$是啟動函數，也被稱為回應函數、傳輸函數，它是神經網路的重要組成部分，它表達了神經元的輸入/輸出特性。透過建置不同的啟動函數，可以向網路中引用非線性因素，解決線性模型所不能解決的複雜問題。常見的啟動函數如下所示。

1. Hardlim 函數

硬極限函數，函數定義如下：

$$f(x) = \begin{cases} 0, x < 0 \\ 1, x \geqslant 0 \end{cases}$$

對應的函數影像如圖 7-2-4 所示。

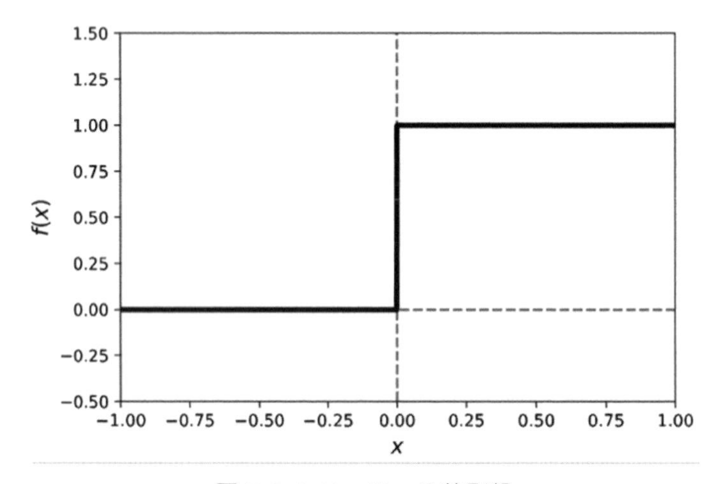

圖 7-2-4 Hardlim 函數影像

該函數模仿了生物神經元要麼全有要麼全無的屬性。它無法應用於神經網路，因為除了零點導數無定義，其他導數都是 0，這表示基於梯度的最佳化方法並不可行。

2. Hardlims 函數

對稱硬極限函數，函數定義如下：

$$f(x) = \begin{cases} -1, x < 0 \\ 1, x \geqslant 0 \end{cases}$$

對應的函數影像如圖 7-2-5 所示。

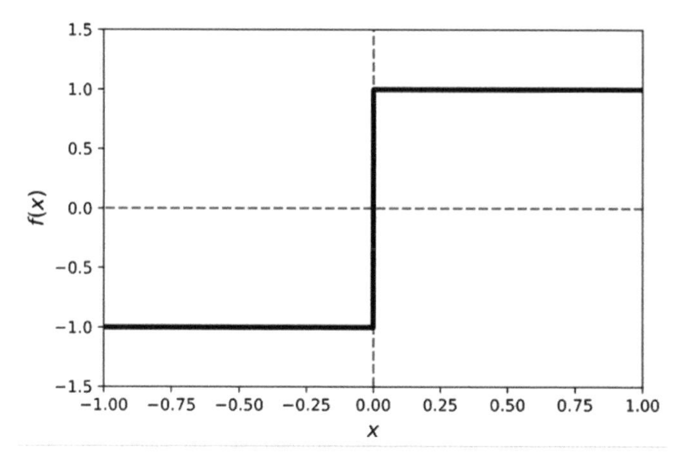

圖 7-2-5 Hardlims 函數影像

該函數與 Hardlim 函數類似，只不過在設定值上更為對稱，同樣無法用於神經網路的梯度最佳化。

3. Purelin 函數

線性函數，函數定義為$f(x) = x$，其函數影像如圖 7-2-6 所示。

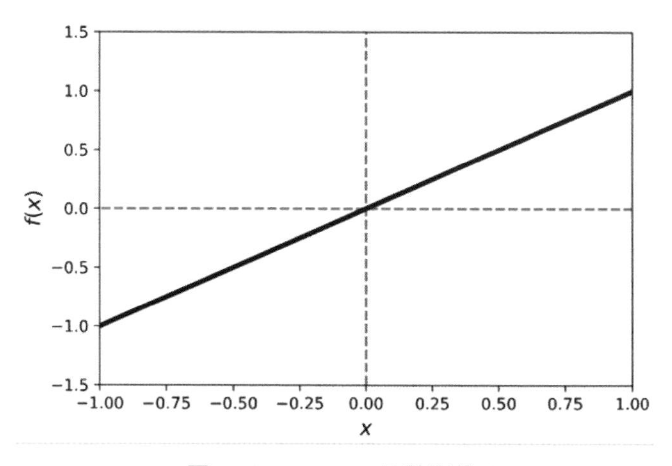

圖 7-2-6 Purelin 函數影像

透過該啟動函數，節點的輸入等於輸出。它非常適應線性工作。當存在非線性時，單獨使用該啟動函數是不夠的，但它依然可以在最後輸出節點上作為啟動函數用於回歸工作。

4. Sigmoid 函數

對數 S 形函數，其定義為$f(x)=\frac{1}{1+e^{-x}}$，函數影像如圖 7-2-7 所示。

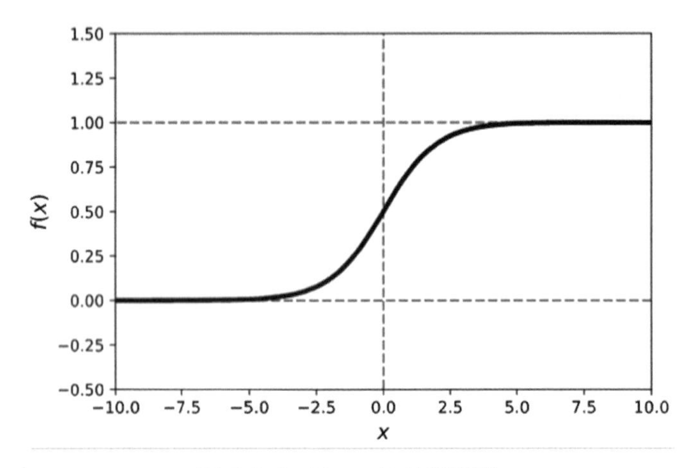

圖 7-2-7 Sigmoid 函數影像

Sigmoid 函數因其在 logistic 回歸中的重要地位而被人熟知，其值域在 0 到 1 之間，可用來表示機率。

5. Tanh 函數

雙曲正切 S 形函數，其定義為$f(x)=\frac{e^{x}-e^{-x}}{e^{x}+e^{-x}}$，函數影像如圖 7-2-8 所示。

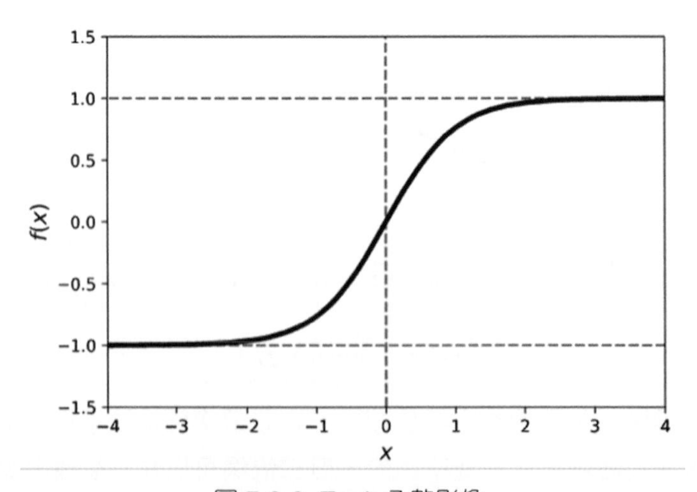

圖 7-2-8 Tanh 函數影像

該函數是關於原點對稱的奇函數，且是完全可微分的，它解決了 Sigmoid 函數的不是零中心的輸出問題。

6. ReLU 函數

修正線性單元（Rectified Linear Unit，ReLU）是神經網路中最常用的啟動函數，其定義為$f(x) = \max(0, x)$，對應的函數影像如圖 7-2-9 所示。

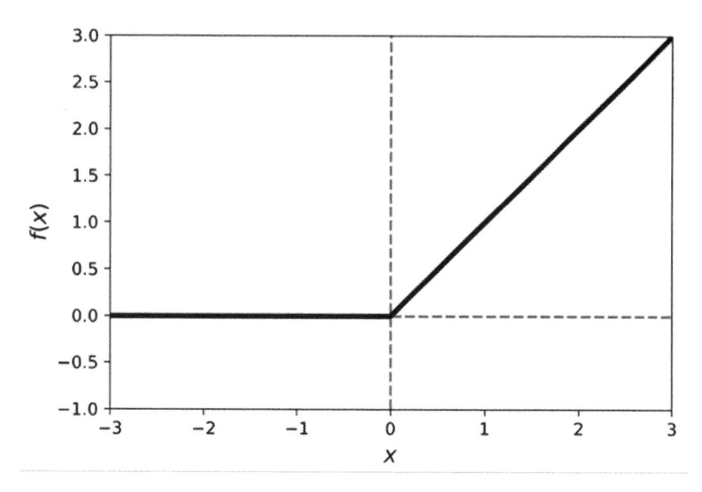

圖 7-2-9 ReLU 函數影像

該函數保留了 Hardlim 函數的生物學啟發，即只有輸入超出設定值時神經元才啟動。當輸入為正時，該函數導數恆為 1，進一步支援基於梯度的學習。

進一步，由許多這樣的神經元連接在一起便組成了神經網路。

7.2.2 從線性回歸說起

對於引數$x_1, x_2, \cdots, x_m$，在研究它們對因變數 y 的多元線性回歸時，我們通常用一個多元線性回歸模型來表示，即：

$$y = \beta_0 + \beta_1 x_1 + \beta_2 x_2 + \cdots + \beta_n x_n + \varepsilon$$

其中，$\beta_1, \beta_2, \cdots, \beta_n$是未知參數，$\varepsilon$是隨機誤差。為了求出該方程式，我們需要估計出$\beta_0, \beta_1, \cdots, \beta_n$的值。 這是多元線性回歸的基本問題，當然，我們可以使用最小平方法來直接求取未知係數的值，然而，我們仔細觀察一下，發現這實際上是一個神經元，回顧一下 7.1 節介紹的神經元數學模型，這裡的β_0對應θ，$\beta_1 \sim \beta_n$對應$w_1 \sim w_n$，該方程式可以表示啟動函數為線性函數的神經元模型，即：

$$y = f\left(\sum_{i=1}^{n} x_i w_i + \theta\right) = \sum_{i=1}^{n} x_i w_i + \theta$$

這實際是一個單層感知機模型（只有一個輸入層和一個輸出層，沒有隱藏層），假設$\boldsymbol{W}$為網路的權向量，$\boldsymbol{X}$為輸入向量，即：

$$\boldsymbol{W} = (\theta, w_1, w_2, \cdots, w_n)$$

$$\boldsymbol{X} = (1, x_1, x_2, \cdots., x_n)$$

那麼單層感知機處理線性回歸問題的數學運算式可簡化為：$\boldsymbol{y} = \boldsymbol{XW'}$，單層感知機的作用就是列出擬合的權重向量$\boldsymbol{W}$，並且$\boldsymbol{W}$中的第一個值即為截距。

感知機的學習是有監督學習，感知機的訓練演算法的基本原理來自著名的 Hebb 學習律，它的基本思想是逐步地將樣本集中的樣本輸入到網路中，根據輸出結果和理想輸出之間的差別來調整網路中的權矩陣。下面列出連續輸出單層感知機學習演算法的基本步驟。

（1）標準化輸入向量$\boldsymbol{X}$。

（2）用適當小的亂數初始化權向量$\boldsymbol{W}$，並初始化精度控制參數ε、學習效率α，精度控制變數d，可用$\varepsilon + 1$進行初始化，即$d = \varepsilon + 1$。

（3）當$d \geqslant \varepsilon$時，進入循環，再次初始化$d = 0$並依次帶入樣本。

$$\boldsymbol{x}_j = (1, x_{j1}, x_{j2}, \cdots, x_{jn}), j = 1,2, \cdots, m$$

計算輸出$o_j = \boldsymbol{x}_j \boldsymbol{W'}$和誤差$\delta = o_j - y_j$，並用下式更新權向量$\boldsymbol{W}$，即：

$$\boldsymbol{W}(k+1) = \boldsymbol{W}(k) - a \cdot \delta \cdot \boldsymbol{x}_j$$

其中，k為反覆運算次數，並按如下公式計算累計誤差d，即 $d = d + \delta^2$。

（4）當累計誤差$d < \varepsilon$時，退出循環，演算法結束。

現以 iris 資料集為例，使用單層感知機學習演算法，建立 Sepal.Length、Sepal.Width、Petal.Length 對 Petal.Width 回歸問題的簡單神經網路，程式如下：

```
 1 import pandas as pd
 2 import numpy as np
 3 from sklearn.model_selection import train_test_split
 4
 5 # 準備基礎資料
 6 iris = pd.read_csv("iris.csv")
 7 x,y = iris.drop(columns=['Species','Petal.Width']),iris['Petal.Width']
 8
 9 # 標準化處理
10 x = x.apply(lambda v:(v-np.mean(v))/np.std(v))
11 x = np.c_[[1]*x.shape[0],x]
12 x_train, x_test, y_train, y_test = train_test_split(x, y, test_size=0.33, r
andom_state=1)
13
14 # 初始化精度控制參數 ε
15 epsilon = 4.0
16
17 # 初始化學習效率 α
18 alpha = 0.005
19
20 # 精度控制變數 d
21 d = epsilon + 1
22
23 # 用適當小的亂數初始化權向量 W
24 w = np.random.uniform(0,1,4)
25
26 while d >= epsilon:
27     d = 0
28     for i in range(x_train.shape[0]):
29         xi = x_train[i,:]
30         delta = np.sum(w*xi) - y_train.values[i]
31         w = w - alpha*delta*xi
32         d = d + delta**2
33
```

```
34    print(d)
35 # 66.86549781394255
36 # 26.873553725350185
37 # ......
38 # 4.024101039810085
39 # 3.9844824194932182
```

從輸出結果可以看到，累積誤差從 66.865 逐漸減小到 3.984，小於設定設定值 4.0，跳出循環，結束演算法。進一步檢視求出的權向量，並計算殘差平方和，程式如下：

```
1 w
2 # array([ 1.19918387, -0.05429913,  0.06292586,  0.80169231])
3
4 np.sum((y_test - np.sum(x_test*w,axis=1))**2)
5 # 1.8217475510303391
```

我們求得截距為 1.19918387，x_1 到 x_3 的係數依次為-0.05429913、0.06292586、0.80169231，且獲得的殘差平方和為 1.82175。可見，透過單層感知機已經具備了學習能力。然而該感知機又有不足，特別表現在分類方面，即不能處理線性不可分問題，需要進一步建立多層感知機網路，才能有效地處理非線性分類的情況。另外，可以透過引用不同的啟動函數調整學習效率，對神經網路進行最佳化，以獲得效果更好的模型。

7.2.3 淺層神經網路

單層感知機雖然可以實現簡單的線性回歸建模，某些情況下，效果也還不錯，但對於一些複雜的非線性回歸預測，就顯得無能為力，同時對於分類，由於單層感知機相當於擬合一個平面，無法處理複雜的多分類問題。這種情況下，就需要考慮增加神經網路的層次。其中，最為經典的是 1986 年由以 Rinehart 和 McClelland 為首的科學家團隊提出來的 BP 神經網路。它是一種按誤差反向傳播演算法訓練的多層感知機網路，是目前應用最廣泛的神經網路模型之一。BP 神經網路由 1 個輸入層、至少 1 個隱藏層、1 個輸出層組成。通常設計 1 個隱藏層，在此條件下，只要隱藏層神經元數足夠多，就具有模擬任意複雜非線性對映的能力。當第 1 個隱藏層有很多神經元但仍不能改善網路的效能時，才考慮增加新的隱藏層。通常建置的 BP 神經網路是 3 層的網路，針對數值預測時，輸出層通常只有一個神經元，示意圖參見圖 7-2-10。

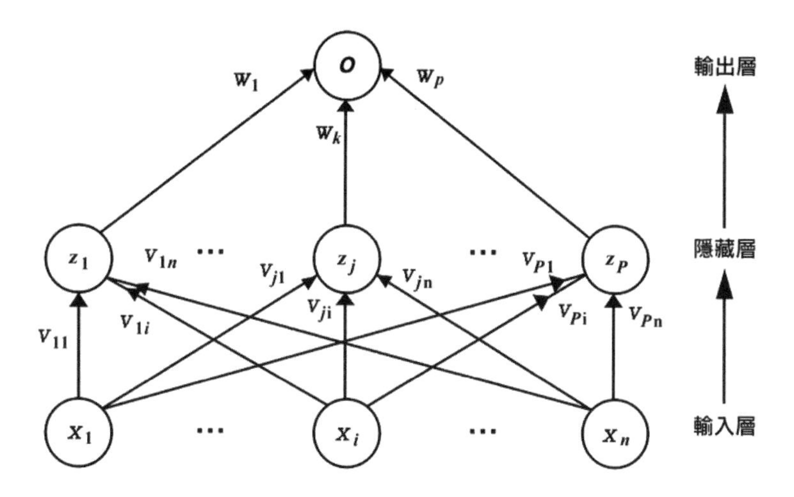

圖 7-2-10 BP 神經網路結構

BP 演算法的基本思想是，學習過程由訊號的正向傳播與誤差的反向傳播兩個過程組成。正向傳播時，輸入樣本從輸入層傳入，經過各隱藏層逐層處理後，傳向輸出層。若輸出層的實際輸出值與期望的輸出值不相等，則轉到誤差的反向傳播階段。誤差反向傳播將輸出誤差以某種形式透過隱藏層逐層反傳，並將誤差分攤給各層的所有神經元，進一步獲得各層神經元的誤差訊號，此誤差訊號即作為修正各神經元權重的依據。而且這種訊號正向傳播與誤差反向傳播的各層權重調整過程是周而復始地進行的，權重不斷調整的過程也是神經網路的學習過程。此過程一直進行到網路輸出的誤差減小到可接受的程度，或進行到預先設定的學習時間，或進行到預先設定的學習次數為止。

在圖 7-2-10 中，輸入向量$\boldsymbol{X} = (X_1, X_2, \cdots, X_n)$，對於任一訓練樣本$\boldsymbol{X}_i = (x_1, x_2, \cdots, x_n)$，隱藏層輸出向量為$\boldsymbol{Y}_i = \left(z_1, z_2, \cdots, z_p\right)$，輸出層輸出值為 O_i，期望輸出為y_i。輸入層到隱藏層的權重矩陣用$\boldsymbol{V}$表示，則$\boldsymbol{V} = \left(\boldsymbol{V}_1, \boldsymbol{V}_2, \cdots, \boldsymbol{V}_p\right)$，其中列向量$\boldsymbol{V}_j$為隱藏層第$j$個神經元對應的權向量，隱藏層到輸出層之間的權向量用$\boldsymbol{W}$表示，則$\boldsymbol{W} = \left(w_1, w_2, \cdots, w_p\right)$，其中$w_k$為隱藏層第$k$個神經元對應輸出層神經元的權重。

（1）正向傳播過程：輸入訊號從輸入層經隱藏層神經元傳向輸出層，在輸出端產生輸出訊號，若輸出訊號滿足指定的輸出要求，則計算結束；若輸出訊號不滿足指定的輸出要求，則轉入資訊反向傳播。對於輸出層，有：

$$O_i = f_2\left(\sum_{j=1}^{p} z_j\, w_{ij} + \theta_i\right)$$

對於隱藏層，有：

$$z_j = f_1\left(\sum_{k=1}^{n} V_{jk}\, x_k + \theta_j\right), j = 1,2,\cdots,p$$

其中，$f_1(\cdot)$和$f_2(\cdot)$都是啟動函數。考慮到此處做回歸預測，因此$f_1(\cdot)$可取 Tanh 函數，即：

$$z_j = f_1(d_j) = \frac{\mathrm{e}^{d_j} - \mathrm{e}^{-d_j}}{\mathrm{e}^{d_j} + \mathrm{e}^{-d_j}}, d_j = \sum_{k=1}^{n} V_{jk}\, x_k + \theta_j$$

函數$f_2(\cdot)$可取 purelin 函數，即：

$$O_i = f_2\left(\sum_{j=1}^{p} z_j\, w_{ij} + \theta_i\right) = \sum_{j=1}^{p} z_j\, w_{ij} + \theta_i$$

當網路輸出與期望輸出存在輸出誤差e_i時，定義如下：

$$e_i = \frac{1}{2}(O_i - y_i)^2$$

將誤差展開至隱藏層，有：

$$e_i = \frac{1}{2}\left(\sum_{j=1}^{p} z_j\, w_{ij} + \theta_i - y_i\right)^2$$

進一步，將誤差展開至輸入層，有：

$$e_i = \frac{1}{2}\left(\sum_{j=1}^{p} f_1\left(d_j\right) w_{ij} + \theta_i - y_i\right)^2, d_j = \sum_{k=1}^{n} V_{jk}\, x_k + \theta_j$$

由上式可看出，網路誤差是各層權重V_{jk}、w_j的函數，因此調整權重，可以改變誤差e_i的大小。當$e_i > \varepsilon$（ε為計算期望精度）時，進行反向傳播計算。

（2）反向傳播過程：調整權重的原則是使誤差不斷地減小，因此應沿著權重的負梯度方向進行調整，也就是使權重的調整量與誤差的梯度下降成正比，即：

$$\Delta w_{ij} = -\alpha \frac{\partial e_i}{\partial w_{ij}} = -\alpha \frac{\partial e_i}{\partial O_i} \cdot \frac{\partial O_i}{\partial w_{ij}} = -\alpha (O_i - y_i) f_1\left(d_j\right)$$

$$\Delta V_{jk} = -\alpha \frac{\partial e_i}{\partial V_{jk}} = -\alpha \frac{\partial e_i}{\partial O_i} \cdot \frac{\partial O_i}{\partial z_j} \cdot \frac{\partial z_j}{\partial d_j} \cdot \frac{\partial d_j}{\partial V_{jk}} = -\alpha (O_i - y_i) w_{ij} f_1'\left(d_j\right) x_k$$

上式中，α是學習效率，且$\alpha \in (0,1)$，它是提前指定的常數。進一步可獲得網路權重的更新公式，如下：

$$w_{ij}(t+1) = w_{ij}(t) - \alpha (O_i - y_i) f_1\left(d_j\right)$$

$$V_{jk}(t+1) = V_{jk}(t) - \alpha (O_i - y_i) w_{ij} f_1'\left(d_j\right) x_k$$

其中，$f_1'(d_j)$是z_j對d_j的導數，可求得：

$$f_1'\left(d_j\right) = \frac{4\mathrm{e}^{2d_j}}{\left(\mathrm{e}^{2d_j} + 1\right)^2}$$

當求出各層新的權重後再轉向正向傳播過程。

對於一個三層 BP 神經網路，其輸入層神經元數和輸出層神經元數可由實際問題本身來決定，而隱藏層神經元數的確定尚缺乏嚴格的理論依據指導。隱藏層神經元數過少，學習可能不收斂，網路的預測能力、泛化能力降低；隱藏層神經元數過多，導致網路訓練長時間不收斂、容錯效能下降。假設 M 表示隱藏層神經元數，表示 l 輸出層神經元數，n 表示輸入層神經元數，則可用如下 4 個經驗公式來估計隱藏層神經元的個數，公式如下：

$$
\begin{aligned}
m &= \sqrt{0.43\ln + 0.12l^2 + 2.54n + 0.77l + 0.35} + 0.51 \\
m &= \sqrt{n+l} + \alpha, \alpha \in [1,10] \\
m &= \log_2 n \\
m &= \sqrt{nl}
\end{aligned}
$$

需要注意的是，計算m需要用四捨五入法進行調整。另外，一般的工程實作中確定隱藏層神經元數的基本原則是在滿足精度要求的前提下，選擇盡可能少的隱藏層神經元數。

根據上述正向及反向傳播過程，基於 iris 資料集，嘗試使用 BP 神經網路學習演算法建立 Sepal.Length、Sepal.Width、Petal.Length 對 Petal.Width 回歸問題的神經網路模型，首先進行資料準備和初始化，程式如下：

```
 1 import pandas as pd
 2 import numpy as np
 3 from sklearn.model_selection import train_test_split
 4
 5 # 準備基礎資料
 6 iris = pd.read_csv("iris.csv")
 7 x,y = iris.drop(columns=['Species','Petal.Width']),iris['Petal.Width']
 8
 9 # 標準化處理
10 x = x.apply(lambda v:(v-np.mean(v))/np.std(v))
11 x = np.c_[[1]*x.shape[0],x]
12 x_train, x_test, y_train, y_test = train_test_split(x, y, test_size=0.33,
   random_state=1)
13
14 # 設定學習效率 alpha
15 alpha = 0.01
16
17 # 評估隱藏層神經元個數
18 m = int(np.round(np.sqrt(0.43*1*4+0.12+2.54*4+0.77+0.35)+0.51,0))
19
20 # 初始化輸入向量的權重矩陣
21 wInput = np.random.uniform(-1,1,(m,4))
```

```
22
23 # 初始化隱藏層到輸出的權重向量
24 wHide = np.random.uniform(-1,1,m)
25 epsilon = 1e-3
26 errorList = []
```

如上述程式所示，參數 epsilon 用來控制精度，當某樣本的目標估計值與真實值的差距小於 epsilon 時，該樣本不用進行誤差反向傳播，不然需要進行反向傳播，以進一步調整權重。對於整個建模過程而言，當兩次殘差平方和之差小於 epsilon 時，可以認為是收斂的，沒有進行反覆運算的必要，因此可以跳出反覆運算，結束演算法。權重矩陣 wInput 的行表示隱藏層每個神經元對應輸入的權重向量，而列表示輸入層的每個神經元對應隱藏層的權重向量。反覆運算過程的程式如下所示：

```
1 # 進入反覆運算
2 for p in range(1000):
3     error = 0
4     for i in range(x_train.shape[0]):
5         # 正向傳播過程
6         xInput = x_train[i,:]
7         d = np.matmul(wInput,xInput)
8         z = (np.exp(d)-np.exp(-d))/(np.exp(d)+np.exp(-d))
9         o = np.matmul(wHide,z)
10        e = o - y_train.values[i]
11        error = error + e**2
12
13        # 若 e>epsilon，則進入反向傳播過程
14        if np.abs(e) > epsilon:
15            wHide = wHide - alpha*z*e
16            a = (4*np.exp(2*d)/((np.exp(2*d)+1)**2))*wHide*alpha*e
17            wInput = wInput - [x*xInput for x in a]
18
19    errorList.append(error)
20    print("iter:",p,"error:",error)
21    # 當連續兩次殘差平方和的差小於 epsilon 時，退出循環
22    if len(errorList) > 2 and errorList[-2] - errorList[-1] < epsilon:
23        break
24
25 # iter: 0 error: 155.54395018394294
```

```
26 # iter: 1 error: 56.16645418105049
27 # iter: 2 error: 28.788174184286994
28 # ......
29 # iter: 141 error: 2.8748747912336405
30 # iter: 142 error: 2.873880717019784
```

可以看到，經過 143 次反覆運算，演算法結束，並且每次反覆運算，殘差平方和都是遞減的。進一步檢視最後的殘差平方和，以及從輸入層到隱藏層和從隱藏層到輸出層的權重向量，程式如下：

```
 1 error
 2 # 2.873880717019784
 3
 4 wInput
 5 # array([[ 1.42771077, -0.20451346, -0.11610576,  0.54878999],
 6 #        [ 0.40080947,  0.67893308,  0.15667116, -0.56050505],
 7 #        [ 0.15342243, -0.01495382,  0.19293603, -0.88798248],
 8 #        [-0.52516692,  0.81847855, -0.46910003, -0.34153195]])
 9
10 wHide
11 # array([ 0.91786267,  0.521612  , -1.32963221, -0.67729756])
```

其中，權重矩陣 wInput 和權向量 wHide 是神經網路的結果。在預測階段，可基於擬合出來的結果對目標值進行預測。現基於學習出來的權重參數對 x_test 資料集進行預測，並計算殘差平方和，程式如下：

```
 1 y_pred = []
 2 for i in range(x_test.shape[0]):
 3     # 正向傳播過程
 4     xInput = x_test[i,:]
 5     d = np.matmul(wInput,xInput)
 6     z = (np.exp(d)-np.exp(-d))/(np.exp(d)+np.exp(-d))
 7     o = np.matmul(wHide,z)
 8     y_pred.append(o)
 9
10 np.sum((y_test.values - y_pred)**2)
11 # 2.125832275861781
```

由上述程式可知，最後在測試集上進行預測，獲得的殘差平方和為 2.1258。

7.2.4 深層次擬合問題

在建置神經網路的過程中，淺層神經網路應對某些場景，效果可能還不夠好，這時我們就會嘗試增加神經網路的層次。一般將隱藏層次超過 3 層的神經網路叫作深度神經網路。隨著神經網路層次的加深，理論上神經網路的表達抽象能力也越強，特別是用於影像分類、語音辨識等方面，常常具有很好的效果。然而，層次加深以後，對神經網路的最佳化和訓練容易過早地結束，有時甚至很難將訓練進行下去。這是因為在訓練的過程中，發生了梯度消失或梯度爆炸的現象，使得權重係數不能有效地往更最佳化的方向調整。圖 7-2-11 所示為一個常見的深層次神經網路結構示意圖。

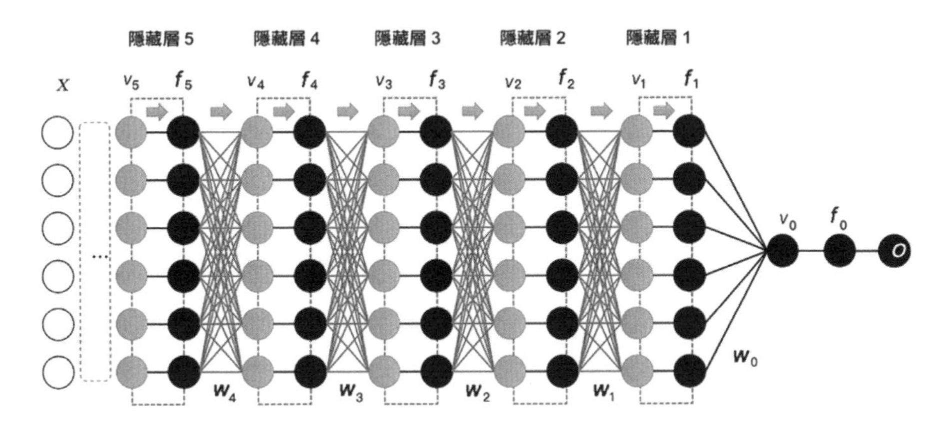

圖 7-2-11 常見的深層次神經網路結構示意圖

圖 7-2-11 中，X為輸入層，$v_1, f_1 \sim v_5, f_5$為隱藏層，v_0, f_0為輸出層。根據「7.2.3 淺層神經網路」的推導過程，不難得到如下關於權重矩陣$\boldsymbol{w}$的遞推公式（假設深度神經網路封包含m個隱藏層），即：

$$\Delta \boldsymbol{w}_k = -\alpha(O - \mathrm{y}) \cdot \prod_{i=0}^{k-1} \boldsymbol{w}_i \, f_i'(v_i) \cdot f_i'(v_k) \cdot g(k)$$

$$g(k) = \begin{cases} f_{k+1}(v_{k+1}), k < m \\ x, k = m \end{cases}$$

上式中，$f_i'(v_i)$和$f_k'(v_k)$表示對應啟動函數（$f_0 \sim f_k$）的導數，α為學習率。

我們知道 Sigmoid 函數或 Tanh 函數的導數在其輸入值較大或較小時，非常接近 0（可參考「7.2.1 基本概念」對應函數影像），例如其導數為 0.1，則 10 個 0.1 相乘就是 e_{-10}，幾乎和 0 相等，這最後會使得$\Delta w_k \approx 0$，也就是神經網路的權重矩陣沒有獲得有效的更新，那麼這一層也就無法學到什麼東西。這就是梯度消失問題，有的地方也叫作樣式度彌散問題。那麼，該如何解決呢？我們可以嘗試將w的值調大，使Δw即使在啟動函數導數很少的情況下也能取得大一點的值。然而，當w中的值大於 1 時，這會使得w的遍乘結果值很大，若取 2.5，10 個 2.5 相乘就是 9536.743，這種情況下，即使給一個很小的學習率，權重調整量也會很大，最後導致無法收斂，這種現象叫作梯度爆炸或梯度膨脹。所以，該方法宣告失敗。那還有別的方法嗎？我們可以透過選擇合適的啟動函數來解決該問題。

ReLU 是目前用於神經網路學習常用的啟動函數，其函數影像如圖 7-2-12 所示。

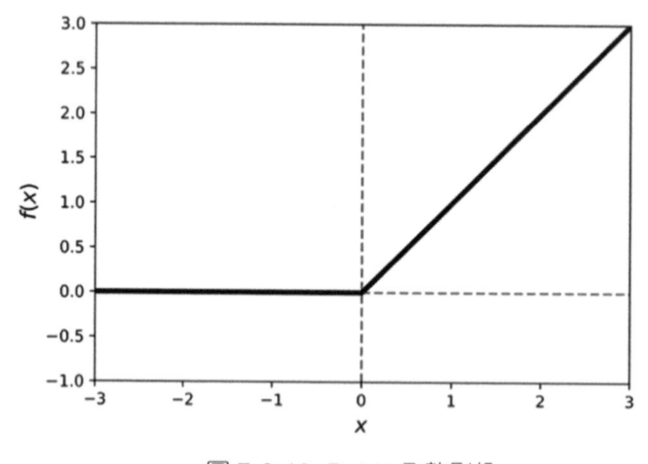

圖 7-2-12 ReLU 函數影像

如圖 7-2-12 所示，當 $x<0$ 時，啟動函數取 0；當 $x>0$ 時，啟動函數設定值為 x，此時對應的導數為 1。因此，在進行權重更新時，並不會因為較小的導數連乘而使得$\Delta w_k \to 0$，也就解決了梯度消失的問題，這個特性非常好。現在的工程師們在訓練神經網路時都在廣泛使用 ReLU 函數。

7.2.5 DNN 的 Python 實現

下面，我們使用 DNN（Deep Neural Networks，深度神經網路）演算法，基於 iris 資料集，嘗試建立 Sepal.Length、Sepal.Width、Petal.Length 對 Petal.Width 回歸問題的深度神經網路預測模型，首先進行資料準備和初始化，程式如下：

```
 1 import pandas as pd
 2 import numpy as np
 3 from sklearn.model_selection import train_test_split
 4 import keras
 5
 6 # 準備基礎資料
 7 iris = pd.read_csv("iris.csv")
 8 x,y = iris.drop(columns=['Species','Petal.Width']),iris['Petal.Width']
 9
10 # 標準化處理
11 x = x.apply(lambda v:(v-np.mean(v))/np.std(v))
12 x_train, x_test, y_train, y_test = train_test_split(x, y, test_size=0.33, r
andom_state=1)
```

如上述程式所示，這裡使用 Keras 完成神經網路的訓練和預測。首先，我們載入了 iris 資料集，分別分析了對應的 x,y，接著使用 train_test_split 函數對樣本進行分割，分別獲得訓練集和測試集的輸入與輸出。在使用深度神經網路進行建模之前，要設計神經網路的結構，即包含多少個隱藏層，各隱藏層對應的神經中繼資料，以及使用到的啟動函數都要明確下來。這裡我們只有 3 個變數作為輸入變數，因此，輸入層有 3 個神經元，我們可以嘗試建置 4 個隱藏層，在設計神經元數量時最好能設定為2^n個，按經驗其最佳化效果會更好。因此，我們分別增加 8、16、8、4 個神經元作為這 4 個隱藏層，由於預測變數只有 1 個，因此輸出神經元也只有 1 個，我們設計的神經網路結構如圖 7-2-13 所示。

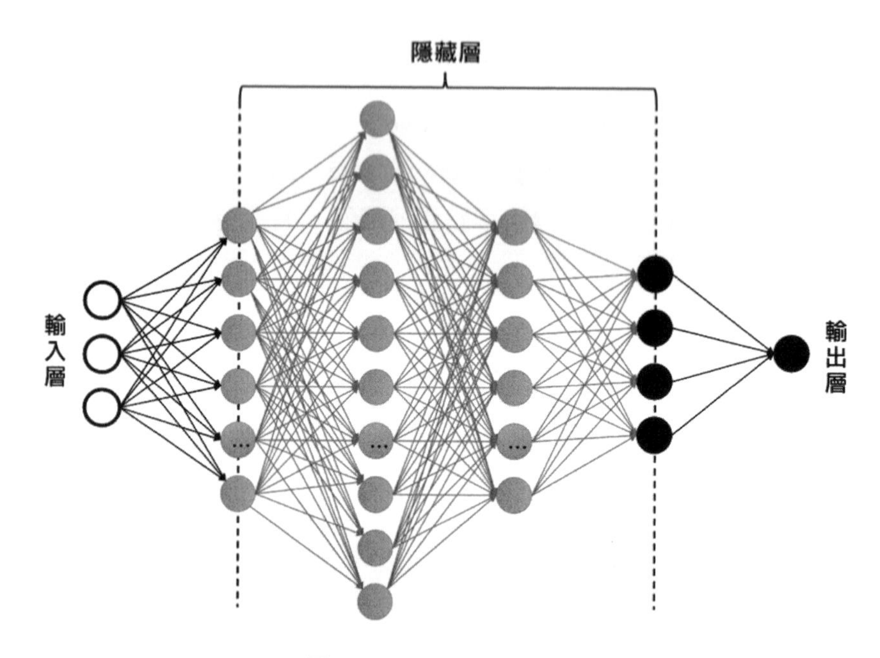

圖 7-2-13 DNN 結構設計

進一步，撰寫 Python 程式，定義網路結構，程式如下：

```
 1 # 定義模型
 2 init = keras.initializers.glorot_uniform(seed=1)
 3 simple_adam = keras.optimizers.Adam(lr=0.0001)
 4 model = keras.models.Sequential()
 5 model.add(keras.layers.Dense(units=8, input_dim=3, kernel_initializer=init,
   activation='relu'))
 6 model.add(keras.layers.Dense(units=16, kernel_initializer=init, activation
   ='relu'))
 7 model.add(keras.layers.Dense(units=8, kernel_initializer=init, activation
   ='relu'))
 8 model.add(keras.layers.Dense(units=4, kernel_initializer=init, activation
   ='relu'))
 9 model.add(keras.layers.Dense(units=1, kernel_initializer=init, activation
   ='relu'))
10 model.compile(loss='mean_squared_error', optimizer=simple_adam)
```

由於該神經網路用於回歸，因此損失函數使用均方誤差 mean_squared_error，最佳化器使用 Adam 演算法，並指定學習率為 0.0001，考慮到層次較深，這裡使用的是 ReLU 啟動函數。基於 x_train 和 y_train 對神經網路進行訓練，Python 程式如下：

```
1 # 訓練模型
2 b_size = 2
3 max_epochs = 100
4 print("Starting training ")
5 h = model.fit(x_train, y_train, batch_size=b_size, epochs=max_epochs,
  shuffle=True, verbose=1)
6 print("Training finished \n")
7
8 # Starting training
9 # Epoch 1/100
10 # 100/100 [==============================] - 2s 20ms/step - loss: 2.0479
11 # ......
12 # Epoch 99/100
13 # 100/100 [==============================] - 0s 1ms/step - loss: 0.0429
14 # Epoch 100/100
15 # 100/100 [==============================] - 0s 1ms/step - loss: 0.0428
16 # Training finished
```

如上述程式所示，指定每批次處理兩筆樣本，共進行 100 次反覆運算，透過列印的資料，我們知道，損失從 2.0479 經過反覆運算，一直降到了 0.0428。進一步對 x_test 進行預測，並與 y_test 進行比較，計算殘差平方和，程式如下：

```
1 # 評估模型
2 out = model.evaluate(x_test, y_test, verbose=0)
3 print("Evaluation on test data: loss = %0.6f \n" % (out*len(y_test)))
4 # Evaluation on test data: loss = 1.869615
```

最後模型預測的殘差平方和為 1.869615，比 BP 神經網路的 2.1258（參見「7.2.3 淺層神經網路」），值更小，效果更好。

7.3 支援向量機回歸

支援向量機回歸是用於解決回歸問題的支援向量機演算法，它是支援向量機在回歸估計問題中的擴充和應用。如果我們把支援向量機針對分類問題中獲得的結論推廣到回歸函數中，就變成了支援向量機回歸，通常用於時間序列預測、非線性建模與預測、最佳化控制等方面。本節主要介紹支援向量機回歸的基本問題，以及在此基礎上研究的 LS-SVMR 演算法，並基於 Python 語言實現。

7.3.1 基本問題

支援向量機最初是用來解決模式辨識問題的，它也可以極佳地應用於回歸問題，其想法與模式辨識十分相似。假設指定訓練樣本集$\{(x_1, y_1), (x_2, y_2), \cdots, (x_n, y_n)\}$，$\boldsymbol{x}_i, y_i \in \mathbf{R}$，資料集$x = (x_1, x_2, \cdots, x_n)'$，且向量都預設表示列向量，$\boldsymbol{x}_1 \sim \boldsymbol{x}_n$可以視為從列向量轉置後的行向量，設$\boldsymbol{I} = (1,1, \cdots, 1)'$，且$\boldsymbol{I}$的長度為 n。首先定義用來估計的線性回歸函數：$f(\boldsymbol{x}) = \boldsymbol{x}\boldsymbol{w} + b$。

由於支援向量機回歸的目標函數在尋找最佳超平面的過程中讓所有樣本點逼近超平面，使得樣本點離超平面的總偏差達到最小。因此建置支援向量機回歸時，需要引用一個損失函數來計算總偏差。假設存在一個足夠小的正數，對於所有樣本的預測結果與真實結果偏差的絕對值之和小於或等於ε時，可以認為獲得的$\boldsymbol{w}$和b確定一個最佳超平面，即滿足條件：

$$\sum_{i=1}^{n} |f(x_i) - y_i| \leqslant \varepsilon$$

而實際上，殘差絕對值之和會受$\boldsymbol{w}$和b的影響，由點$(\boldsymbol{x}_i, y_i)$到超平面的距離公式對以上條件進行修正，獲得：

$$\sum_{i=1}^{n} \frac{|\boldsymbol{x}_i \boldsymbol{w} + b\boldsymbol{I} - y_i|}{\sqrt{1 + \|\boldsymbol{w}\|^2}} \leqslant \sum_{i=1}^{n} |f(\boldsymbol{x}_i) - y_i| \leqslant \varepsilon \rightarrow \sum_{i=1}^{n} |f(\boldsymbol{x}_i) - y_i| \in \left[0, \varepsilon \cdot \sqrt{1 + \|\boldsymbol{w}\|^2}\right]$$

可知，在指定ε的情況下，$||\boldsymbol{w}||^2$越小，求得的超平面越接近最佳超平面。於是，支援向量機回歸要解決的基本最佳化問題如下：

$$\min \frac{1}{2} \| \boldsymbol{w} \|^2$$

$$\text{s.t. } |\boldsymbol{x}\boldsymbol{w} + b\boldsymbol{I} - y| \leqslant \varepsilon$$

考慮到允許擬合誤差的情況，引用鬆弛因數ξ和ξ^*，則回歸估計問題轉化為：

$$\min \frac{1}{2} \| \boldsymbol{w} \|^2 + C(\xi^* + \xi)'\boldsymbol{I}$$

$$\text{s.t. } \begin{cases} \boldsymbol{x}\boldsymbol{w} + b\boldsymbol{I} - y \leqslant \boldsymbol{\varepsilon} + \boldsymbol{\xi}^* \\ y - \boldsymbol{x}\boldsymbol{w} - b\boldsymbol{I} \leqslant \boldsymbol{\varepsilon} + \boldsymbol{\xi} \\ \boldsymbol{\xi}, \boldsymbol{\xi}^* \geqslant 0 \end{cases}$$

其中，常數$C > 0$，用來平衡回歸函數f的平坦程度和偏差大於樣本點的個數。在樣本數較小時，求解該最佳化問題一般採用對偶理論，把它轉化成二次規則問題，並建立 Lagrange 方程式，如下：

$$\begin{aligned} \mathcal{L}(\boldsymbol{w}, b, \boldsymbol{\xi}, \boldsymbol{\xi}^*) = \ & \frac{1}{2}\boldsymbol{w}'\boldsymbol{w} + C(\boldsymbol{\xi}^* + \boldsymbol{\xi})'\boldsymbol{I} - (\boldsymbol{\alpha}^*)'(\boldsymbol{\varepsilon} + \boldsymbol{\xi}^* + \boldsymbol{y} - \boldsymbol{x}\boldsymbol{w} - b\boldsymbol{I}) - \\ & \boldsymbol{\alpha}'(\boldsymbol{\varepsilon} + \boldsymbol{\xi} - \boldsymbol{y} + \boldsymbol{x}\boldsymbol{w} + b\boldsymbol{I}) - \boldsymbol{\eta}'\boldsymbol{\xi} - (\boldsymbol{\eta}^*)'\boldsymbol{\xi}^* \end{aligned} \quad (7.2)$$

其中$\boldsymbol{\alpha}, \boldsymbol{\alpha}^*, \boldsymbol{\eta}, \boldsymbol{\eta}^* \geqslant \boldsymbol{0}$，為 Lagrange 乘子，且$\mathcal{L}(\boldsymbol{w}, b, \boldsymbol{\xi}, \boldsymbol{\xi}^*)$對$\mathbf{w}, b, \boldsymbol{\xi}, \boldsymbol{\xi}^*$的偏導應等於零，獲得：

$$\frac{\partial \mathcal{L}(\boldsymbol{w}, b, \boldsymbol{\xi}, \boldsymbol{\xi}^*)}{\partial \boldsymbol{w}} = \boldsymbol{0} \rightarrow \boldsymbol{w} = \boldsymbol{x}'(\boldsymbol{\alpha} - \boldsymbol{\alpha}^*)$$

$$\frac{\partial \mathcal{L}(\boldsymbol{w}, b, \boldsymbol{\xi}, \boldsymbol{\xi}^*)}{\partial b} = \boldsymbol{0} \rightarrow (\boldsymbol{\alpha} - \boldsymbol{\alpha}^*)' \cdot \boldsymbol{I} = 0$$

$$\frac{\partial \mathcal{L}(\boldsymbol{w}, b, \boldsymbol{\xi}, \boldsymbol{\xi}^*)}{\partial \xi} = \boldsymbol{0} \rightarrow C\boldsymbol{I} - \boldsymbol{\alpha} - \boldsymbol{\eta} = \boldsymbol{0}$$

$$\frac{\partial \mathcal{L}(\boldsymbol{w}, b, \boldsymbol{\xi}, \boldsymbol{\xi}^*)}{\partial \boldsymbol{\xi}^*} = \boldsymbol{0} \rightarrow C\boldsymbol{I} - \boldsymbol{\alpha}^* - \boldsymbol{\eta}^* = \boldsymbol{0}$$

將其代入式（7.2），可得對偶最佳化問題：

$$\max_{\alpha,\alpha^*}\left\{-\frac{1}{2}\sum_{i=1}^{n}\sum_{j=1}^{n}(\boldsymbol{\alpha}_i-\boldsymbol{\alpha}_i^*)\left(\boldsymbol{\alpha}_j-\boldsymbol{\alpha}_j^*\right)x_i'x_j-\varepsilon\sum_{i=1}^{n}(\boldsymbol{\alpha}_i+\boldsymbol{\alpha}_i^*)+\sum_{i=1}^{n}y_i\,(\boldsymbol{\alpha}_i-\boldsymbol{\alpha}_i^*)\right\}$$

$$\text{s.t.}\begin{cases}\sum_{i=1}^{n}(\boldsymbol{\alpha}_i-\boldsymbol{\alpha}_i^*)=0\\ 0\leqslant\boldsymbol{\alpha}_i,\boldsymbol{\alpha}_i^*\leqslant C\end{cases}$$

根據 KKT 條件，在最佳點，Lagrange 乘子與約束的乘積為 0，即：

$$\boldsymbol{\alpha}'(\boldsymbol{\varepsilon}+\boldsymbol{\xi}-\boldsymbol{y}+\boldsymbol{xw}+b\boldsymbol{I})\quad=0$$

$$(\boldsymbol{\alpha}^*)'(\boldsymbol{\varepsilon}+\boldsymbol{\xi}^*+\boldsymbol{y}-\boldsymbol{xw}-b\boldsymbol{I})\quad=0$$

$$\boldsymbol{\eta}'\boldsymbol{\xi}=0\rightarrow(CI-\boldsymbol{\alpha})'\boldsymbol{\xi}\quad=0$$

$$(\boldsymbol{\eta}^*)'\boldsymbol{\xi}^*=0\rightarrow(CI-\boldsymbol{\alpha}^*)'\boldsymbol{\xi}^*\quad=0$$

當$\boldsymbol{\alpha}_i\boldsymbol{\alpha}_i^*\neq 0$時，由於$0\leqslant\boldsymbol{\alpha}_i,\boldsymbol{\alpha}_i^*\leqslant C$，所以$\boldsymbol{\alpha}^*\neq\boldsymbol{0}$且$\boldsymbol{\alpha}\neq\boldsymbol{0}$，於是，

$$(\boldsymbol{\alpha}^*)'\cdot\boldsymbol{\alpha}'(\boldsymbol{\varepsilon}+\boldsymbol{\xi}-\boldsymbol{y}+\boldsymbol{xw}+b\boldsymbol{I})=0$$

$$\boldsymbol{\alpha}'\cdot(\boldsymbol{\alpha}^*)'(\boldsymbol{\varepsilon}+\boldsymbol{\xi}^*+\boldsymbol{y}-\boldsymbol{xw}-b\boldsymbol{I})=0$$

其中$(\boldsymbol{\alpha}^*)'\cdot\boldsymbol{\alpha}'$和$\boldsymbol{\alpha}'\cdot(\boldsymbol{\alpha}^*)'$表示對應元素的數乘，所以其結果仍然為向量，由於，

$$(\boldsymbol{\alpha}^*)'\cdot\boldsymbol{\alpha}'=\boldsymbol{\alpha}'\cdot(\boldsymbol{\alpha}^*)'$$

將兩式加在一起，可得

$$\boldsymbol{\alpha}'\cdot(\boldsymbol{\alpha}^*)'(2\boldsymbol{\varepsilon}+\boldsymbol{\xi}+\boldsymbol{\xi}^*)=0$$

又因為向量$\boldsymbol{2\varepsilon}+\boldsymbol{\xi}+\boldsymbol{\xi}$大於 0，並且$\boldsymbol{0}\leqslant\boldsymbol{\alpha},\boldsymbol{\alpha}^*\leqslant C\boldsymbol{I}$，所以只可能$\boldsymbol{\alpha}_i\boldsymbol{\alpha}_i^*=0$。這裡$\boldsymbol{\alpha}_i\boldsymbol{\alpha}_i^*$的設定值有 3 種情況，分別如下：

① $\boldsymbol{\alpha}_i=0,\boldsymbol{\alpha}_i^*=0$，對應的$\boldsymbol{x}_i$為非支援向量，對權重沒有貢獻。

② $0<\boldsymbol{\alpha}_i\leqslant C,\boldsymbol{\alpha}_i^*=0$，對應的$\boldsymbol{x}_i$為支援向量，對權重有貢獻，當$0<\boldsymbol{\alpha}_i<C$時，有$\boldsymbol{\xi}_i=0$並且$\boldsymbol{\varepsilon}-\boldsymbol{y}_i+\boldsymbol{x}_i\boldsymbol{w}+b=0$。

③ $\boldsymbol{\alpha}_i = 0, 0 < \boldsymbol{\alpha}_i^* \leqslant C$，對應的$\boldsymbol{x}_i$為支援向量，對權重有貢獻，對求得對偶問題最大化所得參數$\boldsymbol{\alpha}.\boldsymbol{\alpha}^*$，根據$\boldsymbol{w} = \boldsymbol{x}'(\boldsymbol{\alpha} - \boldsymbol{\alpha}^*)$可得回歸函數：

$$f(\boldsymbol{x}_i) = \sum_{j=1}^{n} (\boldsymbol{\alpha}_j - \boldsymbol{\alpha}_j^*) \boldsymbol{x}_i \boldsymbol{x}_j' + b$$

其中，參數b可按下式求出：

$$b = \boldsymbol{y}_i - \sum_{j=1}^{n} (\boldsymbol{\alpha}_j - \boldsymbol{\alpha}_j^*) \boldsymbol{x}_i \boldsymbol{x}_j' - \boldsymbol{\varepsilon}$$

對於非線性支援向量機回歸，其基本思想是透過一個非線性對映$\boldsymbol{\Phi}$將資料$\boldsymbol{x}$對映到高維特徵空間即 Hilbert 空間中，並在這個空間進行線性回歸，如此，在高維特徵空間的線性回歸就對應於低維輸入空間的非線性回歸。其實作方式是透過核心函數$k(\boldsymbol{x}_i, \boldsymbol{x}_j) = \Phi(\boldsymbol{x}_i) \cdot \Phi(\boldsymbol{x}_j)$來實現的。

常見的核心函數如下。

① 多項式（Polynomial）核心函數：

$$k(\boldsymbol{x}_i, \boldsymbol{x}_j) = (\boldsymbol{x}_i \boldsymbol{x}_j' + c)^p, p \in N, c \geqslant 0$$

② Gauss 徑向基（RBF）核心函數：

$$k(\boldsymbol{x}_i, \boldsymbol{x}_j) = \mathrm{e}^{-\frac{\|x_i - x_j\|^2}{\sigma^2}}$$

③ Sigmoid 核心函數：

$$k(\boldsymbol{x}_i, \boldsymbol{x}_j) = \tanh(v(\boldsymbol{x}_i, \boldsymbol{x}_j) + c)$$

基於核心函數的思想，最佳化問題變為：

$$\max_{\alpha, \alpha^*} \left\{ -\frac{1}{2} \sum_{i=1}^{n} \sum_{j=1}^{n} (\boldsymbol{\alpha}_i - \boldsymbol{\alpha}_i^*)(\boldsymbol{\alpha}_j - \boldsymbol{\alpha}_j^*) k(\boldsymbol{x}_i, \boldsymbol{x}_j) - \varepsilon \sum_{i=1}^{n} (\boldsymbol{\alpha}_i + \boldsymbol{\alpha}_i^*) + \sum_{i=1}^{n} \boldsymbol{y}_i (\boldsymbol{\alpha}_i - \boldsymbol{\alpha}_i^*) \right\}$$

其中，

$$\boldsymbol{w} = \sum_{i=1}^{n} (\boldsymbol{\alpha}_i - \boldsymbol{\alpha}_i^*)\, \Phi(\boldsymbol{x}_i)$$

進一步，$f(x)$可表示為：

$$f(x) = \sum_{i=1}^{n} (\boldsymbol{\alpha}_i - \boldsymbol{\alpha}_i^*)\,(\Phi(x_i) \cdot \Phi(x)) + b = \sum_{i=1}^{n} (\boldsymbol{\alpha}_i - \boldsymbol{\alpha}_i^*)\, k(\boldsymbol{x}_i, \boldsymbol{x}) + b$$

求解 b 的參數，可表示為：

$$b = \boldsymbol{y}_i - \sum_{j=1}^{n} \left(\boldsymbol{\alpha}_j - \boldsymbol{\alpha}_j^*\right) k\left(\boldsymbol{x}_j, \boldsymbol{x}_i\right) - \varepsilon$$

因此，當基於對偶問題，求出最佳的參數$\boldsymbol{\alpha}$，$\boldsymbol{\alpha}^*$，即可得出對應線性或非線性問題的支援向量回歸數學模型，並可在此基礎上實施預測。

7.3.2 LS-SVMR 演算法

LS-SVMR 即最小平方支援向量機回歸，是由 J.A.K Suykens 提出的，它是為了便於求解而對 SVM 進行的一種改進。與標準 SVM 相比，LS-SVMR 用等式約束代替 SVM 中的不等式約束，求解過程變成解一組等式方程式，避免了求解耗時的二次規劃問題，求解速度相對加快。

與 7.3.1 節介紹的邏輯類似，此處先介紹線性情況下的 LS-SVMR 演算法。由於將不等式約束變成了等式約束，因此最佳化的目標函數為：

$$\min_{\boldsymbol{w},b,\xi} \frac{1}{2}\boldsymbol{w}'\boldsymbol{w} + \frac{1}{2}\gamma\boldsymbol{\xi}'\boldsymbol{\xi} \text{ s.t. } y - xw - b\boldsymbol{I} = \boldsymbol{\xi}$$

建置 Lagrange 函數如下：

$$\mathcal{L}(\boldsymbol{w}, b, \boldsymbol{\xi}, \boldsymbol{\alpha}) = \frac{1}{2}\boldsymbol{w}'\boldsymbol{w} + \frac{1}{2}\gamma\boldsymbol{\xi}'\boldsymbol{\xi} + \boldsymbol{\alpha}'(\boldsymbol{y} - \boldsymbol{x}\boldsymbol{w} - b\boldsymbol{I} - \boldsymbol{\xi})$$

求$\mathcal{L}(\boldsymbol{w},b,\boldsymbol{\xi},\boldsymbol{\alpha})$分別對$\boldsymbol{w},\boldsymbol{b},\boldsymbol{\xi},\boldsymbol{\alpha}$的偏導，並令其等於 0，可得：

$$\begin{aligned}
\frac{\partial\mathcal{L}(\boldsymbol{w},b,\boldsymbol{\xi},\boldsymbol{\xi}^*)}{\partial\boldsymbol{w}} &= \mathbf{0}\rightarrow\boldsymbol{w}-\boldsymbol{x}'\boldsymbol{\alpha}=\mathbf{0}\\
\frac{\partial\mathcal{L}(\boldsymbol{w},b,\boldsymbol{\xi},\boldsymbol{\xi}^*)}{\partial b} &= 0\rightarrow\boldsymbol{\alpha}'\boldsymbol{I}=0\\
\frac{\partial\mathcal{L}(\boldsymbol{w},b,\boldsymbol{\xi},\boldsymbol{\xi}^*)}{\partial\boldsymbol{\xi}} &= \mathbf{0}\rightarrow\boldsymbol{\alpha}-\gamma\boldsymbol{\xi}=\mathbf{0}\\
\frac{\partial\mathcal{L}(\boldsymbol{w},b,\boldsymbol{\xi},\boldsymbol{\xi}^*)}{\partial\boldsymbol{\alpha}} &= \mathbf{0}\rightarrow\boldsymbol{y}-\boldsymbol{x}\boldsymbol{w}-b\boldsymbol{I}=\boldsymbol{\xi}
\end{aligned}$$

以上等式消去$\boldsymbol{w}$和$\boldsymbol{\xi}$，可獲得下面的矩陣方程式：

$$\begin{bmatrix}0 & \boldsymbol{I}'\\ \boldsymbol{I} & \boldsymbol{\Omega}+\frac{1}{\gamma}\boldsymbol{\Lambda}\end{bmatrix}\begin{bmatrix}b\\ \alpha\end{bmatrix}=\begin{bmatrix}0\\ \boldsymbol{y}\end{bmatrix}$$

其中，$\boldsymbol{\Omega}=\left(x_i x_j'\right), i,j=1,2\cdots,n, \boldsymbol{\Lambda}$為$n\times n$的單位矩陣。解該矩陣方程式獲得$\alpha$和$b$，則最小平方支援向量機的估計函數為：

$$f(x_i)=\sum_{j=1}^{n}\alpha_j\left(x_i x_j'\right)+b$$

同理，對於非線性情形，根據核心函數思想，$\boldsymbol{\Omega}=k\left(x_{\mathrm{i}},x_{\mathrm{j}}\right), i,j=1,2$，可得估計函數為：

$$f(x_i)=\sum_{j=1}^{n}\alpha_j\,k\left(x_i,x_j\right)+b$$

7.3.3 LS-SVMR 演算法的 Python 實現

根據 LS-SVMR 的演算法過程，基於 iris 資料集，嘗試使用 LS-SVMR 演算法建立 Sepal.Length、Sepal.Width、Petal.Length 對 Petal.Width 回歸問題的支援向量機回歸模型，首先進行資料準備和初始化，程式如下：

```
1 import pandas as pd
2 import numpy as np
```

```
 3 from sklearn.model_selection import train_test_split
 4
 5 # 準備基礎資料
 6 iris = pd.read_csv("iris.csv")
 7 x,y = iris.drop(columns=['Species','Petal.Width']),iris['Petal.Width']
 8
 9 # 標準化處理
10 x = x.apply(lambda v:(v-np.mean(v))/np.std(v))
11 x_train, x_test, y_train, y_test = train_test_split(x, y, test_size=0.33,
   random_state=1)
12 N = x_train.shape[0]
13 y_train = np.array([0]+list(y_train.values))
14
15 # 設定參數 sigma
16 sigma = 10
17 omiga = np.zeros((N,N))
18 for i in range(N):
19     xi = x_train.iloc[i,:]
20     omiga[i,:] = np.exp(-np.sum((x_train - xi)**2,axis=1)/sigma**2)
21
22 # 設定平衡參數 gama
23 gama = 10
24
25 # 建置矩陣 A
26 A = (omiga+(1/gama)*np.identity(N))
27 A = np.c_[[1]*N,A]
28 A = np.r_[np.array([[0]+[1]*N]),A]
```

如上述程式所示，首先對資料進行標準化處理（需要注意的是，由於此處使用的是 RBF 徑向基核心，所以要計算高維空間中兩點的距離，故需要先標準化資料，以避免量綱對計算距離的影響），接著設定參數 sigma 和 gama，其中 sigma 表示高維空間中的點分佈的離散程度，gama 對目標函數的兩項之間進行平衡，通常使用交換驗證的方式列出合適的 sigma 值和 gama 值。此處，根據經驗對這兩個參數進行了設定。獲得矩陣 A 後，即可透過最小平方法，估計參數 b 和alpha，並根據估計的參數進行預測，進一步獲得殘差平方和，程式如下：

```
1 # 求b和alpha參數
2 b_alpha = np.matmul(np.linalg.inv(A),y_train)
3 b = b_alpha[0]
4 alpha = b_alpha[1:]
5
6 # 基於 x_test 進行預測
7 ypred = []
8 for i in range(x_test.shape[0]):
9     xi = x_test.iloc[i,:]
10    t0 = np.exp(-np.sum((x_train - xi)**2,axis=1)/sigma**2)
11    ypred.append(np.matmul(t0,alpha)+b)
12
13 # 誤差平方和
14 np.sum((ypred - y_test)**2)
15 # 1.7705611499526264
```

從程式執行結果中可知，最後在測試資料集上獲得的殘差平方和為 1.77。需要注意的是，使用 LS-SVMR 演算法建立支援向量機回歸模型時，設定 sigma 和 gama 這兩個參數很重要，一般來説，對於標準化後的資料，sigma 可取 1，而參數 gama1~10 的數較為合適。然而，這也不是一定的，為了更進一步獲得可靠的參數，讀者可以使用交換驗證、貝氏學習、遺傳演算法等方法進行嘗試驗證。

7.4 高斯過程回歸

高斯過程回歸（Gaussian Process Regression，GPR）是近年發展起來的一種機器學習回歸方法，具有嚴格的統計學習理論基礎，對處理高維數、小樣本、非線性等複雜問題具有很好的適應性，且泛化能力強。與神經網路、支援向量機相比，該方法具有容易實現、超參數自我調整取得以及輸出具有機率意義等優點，方便與預測控制、自我調整控制、貝氏濾波技術等相結合來使用。本節主要介紹 GPR 演算法，考慮該演算法的計算量大，將介紹使用 SD 近似法降低計算量的改進方法，最後基於 Python 對 GPR 演算法進行實現。

7.4.1 GPR 演算法

對於高斯過程回歸，假設有訓練集$D = \{(\boldsymbol{x}_i, y_i)|i = 1,2,\cdots,n\} = (\boldsymbol{X}, \boldsymbol{y})$。其中$\boldsymbol{x}_i \in \mathbf{R}^d$為 d 維輸入向量，$\boldsymbol{y}$為輸出向量，$\boldsymbol{X} = (\boldsymbol{x}_1, \boldsymbol{x}_2, \cdots, \boldsymbol{x}_n)'$為$n \times d$的矩陣。回歸的工作就是根據訓練集$D$學習輸入$\boldsymbol{X}$與輸出$\boldsymbol{y}$之間的對映關係$f(\cdot) = \mathbf{R}^d \to \mathbf{R}$，預測出與新測試點$\boldsymbol{x}^*$對應的最可能輸出值$f(\boldsymbol{x}^*)$。高斯過程回歸直接從函數空間角度出發，定義一個高斯過程來描述函數分佈，並在函數空間進行貝氏推理。高斯過程是任意有限個隨機變數均具有聯合高斯分佈的集合，其性質完全由均值函數和協方差函數確定，即：

$$\begin{cases} m(\boldsymbol{x}) = E\big(f(\boldsymbol{x})\big) \\ k(\boldsymbol{x}, \boldsymbol{z}) = E(f(\boldsymbol{x}) - m(\boldsymbol{x}))(f(\boldsymbol{z}) - m(\boldsymbol{z}))) \end{cases}$$

其中$\boldsymbol{x}, \boldsymbol{z} \in \mathbf{R}^d$為任意隨機變數，則高斯程序定義為：

$$f(\boldsymbol{x}) \sim \mathrm{GP}\big(m(\boldsymbol{x}), k(\boldsymbol{x}, \boldsymbol{z})\big)$$

通常為了方便會將資料做前置處理，使其均值函數等於 0。對於回歸問題$y = f(\boldsymbol{x}) + \varepsilon$，其中$y$為受加性雜訊污染的觀測值，進一步假設雜訊$\varepsilon \sim N(0, \sigma^2)$，可以獲得觀測值$\boldsymbol{y}$的先驗分佈為 $y \sim N(0, \boldsymbol{K}(\boldsymbol{X}, \boldsymbol{X}) + \sigma^2\boldsymbol{I}), \boldsymbol{I}$**為單位矩陣**，觀測值$\boldsymbol{y}$和$f^*$預測值的聯合先驗分佈為：

$$\begin{bmatrix} \boldsymbol{y} \\ f^* \end{bmatrix} \sim N\left(0, \begin{bmatrix} \boldsymbol{K}(\boldsymbol{X}, \boldsymbol{X}) + \sigma^2\boldsymbol{I} & \boldsymbol{K}(\boldsymbol{X}, \boldsymbol{x}^*) \\ \boldsymbol{K}(\boldsymbol{x}^*, \boldsymbol{X}) & k(\boldsymbol{x}^*, \boldsymbol{x}^*) \end{bmatrix}\right)$$

其中，$\boldsymbol{K}(\boldsymbol{X}, \boldsymbol{X}) = (k_{ij}), i, j = 1,2,\cdots,n$，為$n \times n$正定的協方差矩陣，矩陣元素$k_{ij} = k(\boldsymbol{x}_i, \boldsymbol{x}_j)$用來度量$\boldsymbol{x}_i$和$\boldsymbol{x}_j$之間的相關性；$\boldsymbol{K}(\boldsymbol{x}^*, \boldsymbol{X}) = \boldsymbol{K}(\boldsymbol{X}, \boldsymbol{x}^*)'$為測試點$\boldsymbol{x}^*$與$\boldsymbol{X}$之間的協方差矩陣，$k(\boldsymbol{x}^*, \boldsymbol{x}^*)$為測試點$\boldsymbol{x}^*$本身的協方差。由此可以計算出預測值$f^*$的後驗分佈為：

$$f^*|\boldsymbol{X}, \boldsymbol{y}, \boldsymbol{x}^* \sim N\left(\overline{f^*}, \mathrm{cov}(f^*)\right)$$

其中，

$$\overline{f^*} = \boldsymbol{K}(\boldsymbol{x}^*, \boldsymbol{X})[\boldsymbol{K}(\boldsymbol{X}, \boldsymbol{X}) + \sigma^2\boldsymbol{I}]^{-1}\boldsymbol{y}$$

並且，

$$\mathrm{cov}(f^*) = k(\boldsymbol{x}^*, \boldsymbol{x}^*) - \boldsymbol{K}(\boldsymbol{x}^*, \boldsymbol{X}) \times [\boldsymbol{K}(\boldsymbol{X}, \boldsymbol{X}) + \sigma^2 \boldsymbol{I}]^{-1} \boldsymbol{K}(\boldsymbol{X}, \boldsymbol{x}^*)$$

則$\hat{u}_* = \overline{f^*}$, $\hat{\sigma}_{f^*}^2 = {}_{\mathrm{cov}}(f^*)$即為新測試點$\boldsymbol{x}^*$對應預測值$f^*$的均值和方差。GPR 可以選取不同的協方差函數，常用的協方差函數有平方指數協方差，即：

$$k(\boldsymbol{x}, \boldsymbol{z}) = \sigma_f^2 \exp\left(-\frac{\| \boldsymbol{x} - \boldsymbol{z} \|^2}{2l^2}\right)$$

其中，l^2為方差尺度，σ_f^2為訊號方差。參數集合$\theta = \{l^2, \sigma_f^2, \sigma^2\}$即為超參數，通常由極大似然法求得。為了數值計算的方便，並且確保$\theta > 0$始終成立，我們將協方差函數改寫為：

$$k(\boldsymbol{x}, \boldsymbol{z}) = \exp(2\theta_2)\exp\left(-\frac{\| \boldsymbol{x} - \boldsymbol{z} \|^2}{2\exp(2\theta_1)}\right)$$

同時改寫σ^2，如下：

$$\sigma^2 = \exp(2\theta_3)$$

首先，建立訓練樣本條件機率的對數似然函數$L(\theta) = \log p(\boldsymbol{y}|\boldsymbol{X}, \theta)$，然後使用極大似然法來估計參數。這裡，對數似然函數$L(\theta)$及其關於超參數θ的偏導數如下：

$$L(\theta) = -\frac{1}{2}\left(\boldsymbol{y}'\boldsymbol{C}^{-1}\boldsymbol{y} + \frac{1}{2}\log|\boldsymbol{C}| + n\log 2\pi\right)$$
$$\frac{\partial L(\theta)}{\partial \theta_i} = -\frac{1}{2}\left(\mathrm{tr}\left(\boldsymbol{C}^{-1}\frac{\partial \boldsymbol{C}}{\partial \theta_i}\right) - \boldsymbol{y}'\boldsymbol{C}^{-1}\frac{\partial \boldsymbol{C}}{\partial \theta_i}\boldsymbol{C}^{-1}\boldsymbol{y}\right), i = 1,2,3$$
$$\boldsymbol{C} = \boldsymbol{K}(\boldsymbol{X}, \boldsymbol{X}) + \exp(2\theta_3)\boldsymbol{I}$$
$$\boldsymbol{\alpha} = \boldsymbol{C}^{-1}\boldsymbol{y}$$

其中，$\mathrm{tr}(\cdot)$表示矩陣的跡。進一步求解$\boldsymbol{C}$對θ_1、θ_2、θ_3的偏導數，可得：

$$\frac{\partial \boldsymbol{C}}{\partial \theta_1} = \exp(2\theta_2)\boldsymbol{K}(\boldsymbol{X}, \boldsymbol{X}) \odot \boldsymbol{A}$$
$$\frac{\partial \boldsymbol{C}}{\partial \theta_2} = 2\exp(2\theta_2)\boldsymbol{K}(\boldsymbol{X}, \boldsymbol{X})$$
$$\frac{\partial \boldsymbol{C}}{\partial \theta_3} = 2\exp(2\theta_2)\boldsymbol{I}$$

矩陣$\boldsymbol{A}$可表示為：

$$\boldsymbol{A} = \left(\frac{\|x_i - x_j\|^2}{2\exp(2\theta_1)}\right), i, j = 1,2,\cdots,n$$

運算子號⊙表示相同結構的矩陣對應元素相乘。接著需要求解對數似然函數$L(\theta)$取極大值時對應的參數，此處可對該問題進行一個轉換，即由求解$L(\theta)$的極大值變為求解$-L(\theta)$的極小值，然後使用梯度下降法、共軛梯度法、牛頓法等最佳化方法對偏導數進行最小化以獲得超參數的最佳解。這裡使用梯度下降法來求取最佳超參數，則超參數θ_1、θ_2、θ_3的更新公式為：

$$\theta_1(k+1) = \theta_1(k) + \eta\frac{\partial L(\theta)}{\partial \theta_1}$$

$$\theta_2(k+1) = \theta_2(k) + \eta\frac{\partial L(\theta)}{\partial \theta_2}$$

$$\theta_3(k+1) = \theta_3(k) + \eta\frac{\partial L(\theta)}{\partial \theta_3}$$

根據該更新公式，直到演算法收斂，可獲得擬合好的超參數θ，然後計算$\hat{u}_*$和$\hat{\sigma}_{f^*}^2$來估計新資料的預測值。儘管 GPR 演算法具有容易實現、超參數自我調整取得以及預測輸出具有機率意義等優點，但是它目前仍存在一些問題，主要有兩個方面：一是計算量大；二是侷限於高斯雜訊分佈假設。對於計算量大的問題，透過使用資料子集近似法，從原始訓練集中選擇一個子集作為新的訓練集，進行建模，並用於 GPR 預測。此外，還有降秩近似法、稀疏虛擬輸入法等也可以有效降低計算量。而對局限於高斯雜訊分佈假設的問題，一般做法是先對數 log 轉換處理，然後假設轉換後的資料受高斯雜訊干擾，此時 GPR 方法能獲得較好的效果。

7.4.2 GPR 演算法的 Python 實現

根據 GPR 演算法的實現想法，基於 iris 資料集，嘗試使用 GPR 演算法建立 Sepal.Length、Sepal.Width、Petal.Length 對 Petal.Width 回歸問題的高斯過

程回歸模型，首先進行資料準備和初始化，程式如下：

```
 1 import pandas as pd
 2 import numpy as np
 3 from sklearn.model_selection import train_test_split
 4
 5 # 準備基礎資料
 6 iris = pd.read_csv("iris.csv")
 7 x,y = iris.drop(columns=['Species','Petal.Width']),iris['Petal.Width']
 8
 9 # 標準化處理
10 x = x.apply(lambda v:(v-np.mean(v))/np.std(v))
11 x_train, x_test, y_train, y_test = train_test_split(x, y, test_size=0.33, r
andom_state=1)
12
13 # 初始化參數
14 n = x_train.shape[0]
15 epsilon = 1e-3
16 theta1 = 1
17 theta2 = 1
18 theta3 = 1
19 learnRate = 0.005
```

上述程式第 15 行的 epsilon 為控制精度，通常可設為 1e-3 或 1e-5 等，超參數 theta1（θ_1）、theta2（θ_2）、theta3（θ_3）均初始化為 1（由於基於指數建置，設定值太大，容易造成矩陣不可逆，同時很難完成收斂），學習效率 learnRate 設定為 0.005，通常可設定在 0.001~0.01 之間。接著，進入循環，開始進行反覆運算求取最佳超參數，程式如下：

```
 1 def delta(bgc,delta,y):
 2     bgc_inv = np.linalg.inv(bgc)
 3     a = np.sum(np.diag(np.matmul(bgc_inv,delta)))
 4     b = np.matmul(np.matmul(y,np.matmul(np.matmul(bgc_inv,delta),bgc_inv)),y)
 5     return 0.5*(a - b)
 6
 7 def bigc(data,t1,t2,t3):
 8     rows = data.shape[0]
 9     tmp = np.zeros((rows,rows))
10     for e in range(rows):
11         x_tmp = data.iloc[e,:]
```

```
12         tmp[e,:] = np.exp(2*t2)*np.exp(-np.sum((data - x_tmp)**2,axis=1)/
           (2*np.exp(2*t1)))
13     return tmp + np.identity(rows)*np.exp(2*t3)
14
15 for i in range(1000):
16     bigC = bigc(x_train, theta1, theta2, theta3)
17     # 更新 theta1
18     delta1 = np.zeros((n,n))
19     for j in range(n):
20         xi = x_train.iloc[j,:]
21         deltaX = (x_train - xi)**2
22         rsobj = np.sum(deltaX,axis=1)
23         delta1[j,:]=np.exp(2*theta2)*np.exp(2*theta2)*np.exp(-rsobj/
           (2*np.exp(2*theta1)))*rsobj/(2*np.exp(2*theta1))
24
25     delta1 = delta(bigC,delta1,y_train)
26     theta1=theta1-learnRate*delta1
27
28     # 更新 theta2
29     delta2 = np.zeros((n,n))
30     for j in range(n):
31         xi = x_train.iloc[j,:]
32         deltaX = (x_train - xi)**2
33         delta2[j,:] = 2*np.exp(2*theta2)*np.exp(2*theta2)*np.exp
           (-np.sum(deltaX,axis=1) /(2*np.exp(2*theta1)))
34
35     delta2 = delta(bigC,delta2,y_train)
36     theta2=theta2-learnRate*delta2
37
38     # 更新 theta3
39     delta3 = np.identity(n)*np.exp(2*theta3)
40     delta3 = delta(bigC,delta3,y_train)
41     theta3=theta3-learnRate*delta3
42     print(i,"---delta1:",delta1,"delta2:",delta2,"delta3:",delta3)
43
44     # 當超參數的變化量絕對值的最大值小於指定精度時，退出循環
45     if np.max(np.abs([delta1,delta2,delta3])) < epsilon :
46         break
47 # 0 ---delta1: -15.435977359055135 delta2: 28.942308902124964 delta3:
   47.0407871507001
```

```
48 # 1 ---delta1: -11.20212191847591 delta2: 20.269730245089818 delta3:
   46.90575619288189
49 # 2 ---delta1: -9.326096699821793 delta2: 15.67459048871474 delta3:
   46.59119394310448
50 # 3 ---delta1: -8.217168550831616 delta2: 12.588401264999455 delta3:
   46.12465918227182
51 # ......
52 # 138 ---delta1: -0.0006823077050732707 delta2: -0.0009742826717165087
   delta3: -2.6515727903131392e-05
53
54 # 求得的 3 個超參數分別為
55 theta1,theta2,theta3
56 #(1.4767280756916963, 0.5247171125067923, -1.7670980634788505)
```

如上述程式所示，經過 139 次反覆運算，演算法收斂，求得的最佳超參數 $\theta_1 = 1.4767, \theta_2 = 0.5247, \theta_3 = -1.7671$。然後，基於這些超參數，進行 GPR 預測，程式如下：

```
1 # 進行預測並計算殘差平方和
2 bigC = bigc(x_train, theta1, theta2, theta3)
3 alpha = np.matmul(np.linalg.inv(bigC),y_train)
4 ypred = []
5 ysigma = []
6 tn = x_test.shape[0]
7 for j in range(tn):
8     xi = x_test.iloc[j,:]
9     deltaX = (x_train - xi)**2
10    t0 = np.exp(2*theta2)*np.exp(-np.sum(deltaX,axis=1)/(2*np.exp(2*theta1)))
11    ypred.append(np.matmul(t0,alpha))
12    ysigma.append(np.sqrt(np.exp(2*theta2) - np.matmul(np.matmul
      (t0,np.linalg.inv(bigC)),t0)))
13
14 # 最後獲得的殘差平方和為
15 np.sum((y_test.values - ypred)**2)
16 # 2.081954371791342
17
18 pd.DataFrame({'y_test':y_test,'ypred':ypred,'sigma':ysigma}).head()
19 #      y_test     ypred      sigma
20 # 14      0.2  0.170740   0.114043
21 # 98      1.1  0.820464   0.048525
```

```
22 # 75    1.4  1.410814    0.047854
23 # 16    0.4  0.201179    0.067488
24 # 131   2.0  2.145182    0.151244
```

可見，最後求得的殘差平方和為 2.08195。透過觀察預測結果的前 5 行資料，可以發現變數 ypred 與真實值 y_test 非常接近，同時標準差 ysigma 也在很小的範圍，說明結果比較精確。

08

時間序列分析

時間序列就是按照時間順序取得的一系列觀測值。很多資料都是以時間序列的形式出現的，例如股票市場的每日波動、科學實驗、工廠裝船貨物數量的月度序列、公路事故數量的周度序列，以及某化工生產過程按小時觀測的產量等。時間序列典型的本質特徵就是相鄰觀測值的依賴性。身為機率統計學科，時間序列分析的應用性較強，在金融經濟、氣象天文、訊號處理、機械震動等許多領域具有廣泛的應用。使用時間序列方法進行預測就是透過編制和分析時間序列，根據時間序列所反映出來的發展過程、方向和趨勢，進行類推或延伸，藉以預測下一段時間或以後許多年內可能達到的水準。本章主要介紹時間序列分析的主要方法，並結合 Python 進行預測實現。

8.1 Box-Jenkins 方法

Box-Jenkins 方法是美國學者 Box 和英國學者 Jenkins 於 20 世紀 70 年代提出的關於時間序列、預測及控制的一整套方法，也稱作傳統的時間序列建模方法，Box-Jenkins 方法在各個領域的應用都十分廣泛。它屬於回歸分析方法，是時間序列分析預測的基本方法，也被稱為 ARIMA（Auto Regressive Integrated Moving Average）模型，ARIMA 屬於線性模型，可以對平穩隨機序列和非平穩隨機序列進行描述。本節依次介紹 AR、MA、ARMA、ARIMA 模型以及擴充的 ARFIMA 模型，並結合 Python 進行實現。

8.1.1 p 階自回歸模型

時間序列分析最重要的應用就是分析代表觀察值之間的相互依賴性與相關性，若對這種相關性進行量化處理，就可以方便地從系統的過去值預測將來的值。傳統的線性回歸模型可以極佳地表示因變數的觀測值與各引數觀測值的相關性，但對於一組隨機觀測資料，卻不能直接地描述出資料內部之間的相互相依關係。這就產生了分析資料內部相關關係的方法，即自回歸（Auto Regression）模型。假設存在時間序列$x_1, x_2, \cdots, x_t, \cdots$，則定義 p 階自回歸模型，簡稱為AR(p)，如下：

$$x_t = \phi_0 + \phi_1 x_{t-1} + \phi_2 x_{t-2} + \cdots + \phi_p x_{t-p} + \varepsilon_t$$

其中，為了確保最高階數為p，需要滿足$\phi_p \neq 0$，有時稱ϕ_0，ϕ_1，ϕ_2，$\cdots$，ϕ_p為自回歸係數。另外，隨機干擾ε_t滿足$E(\varepsilon_t) = 0, \mathrm{Var}(\varepsilon_t) = \sigma_\varepsilon^2$，且對於任意的$s \neq t, E(\varepsilon_s \varepsilon_t) = 0$，要求隨機干擾序列$\{\varepsilon_t\}$為零均值白雜訊序列。對於$\forall s < t, E(\varepsilon_t \varepsilon_s) = 0$，説明當期的隨機干擾與過去的值無關。特別是當$\phi_0 = 0$時，該模型又稱為中心化的AR($p$)模型。對於$\phi_0 \neq 0$的情形，可透過下式進行中心化轉換：

$$x_t - \mu = \phi_1(x_{t-1} - \mu) + \phi_2(x_{t-2} - \mu) + \cdots + \phi_p(x_{t-p} - \mu) + \varepsilon_t$$

$$\mu = \frac{\phi_0}{1 - \phi_1 - \phi_2 - \cdots - \phi_p}$$

$\{x_t - \mu\}$為中心化序列。中心化轉換實際上就是非中心化的序列整個平移了一個常數位移，這個整體移動對序列值之間的相關關係沒有任何影響。引用延遲運算元，中心化AR(p)模型又可以簡記為$\Phi(B)x_t = \varepsilon_t$，式中$\Phi(B) = 1 - \phi_1 B - \phi_2 B^2 - \cdots - \phi_p B^p$，稱為$p$階自回歸係數多項式。在指定最高階數$p$的情況下，可基於訓練資料，使用最小平方法求解自回歸係數。但是對於自回歸模型來説，並不都是平穩的，對於不平穩的自回歸模型，預測結果通常會出錯，或與真實值差別較大，為確保模型是可用的，需要確保自回歸模型是平穩的。下面介紹一下如何透過特徵根來判別自回歸模型的平穩性。對於任意一個中心化的AR(p)模型都可以視為一個非齊次線性差分方程式：

$$x_t - \phi_1 x_{t-1} - \phi_2 x_{t-2} - \cdots - \phi_p x_{t-p} = \varepsilon_{t^*}$$

對應的齊次線性差分方程式為：

$$x_t - \phi_1 x_{t-1} - \phi_2 x_{t-2} - \cdots - \phi_p x_{t-p} = 0$$

令形式解$x_t = \lambda^t$，代入方程式，獲得特徵方程式：

$$\lambda^p - \phi_1 \lambda^{p-1} - \phi_2 \lambda^{p-2} - \cdots - \phi_p = 0 \quad (8.1)$$

假設$\lambda_1, \lambda_2, \cdots, \lambda_p$是該特徵方程式的$p$個特徵根，為了有代表性，不妨設這$p$個特徵根設定值如下：$\lambda_1 = \lambda_2 = \cdots = \lambda_d$為$d$個相等實根，$\lambda_{d+1}, \lambda_{d+2}, \cdots, \lambda_{p-2m}$為$p-d-2m$個互不相等的實根，$\lambda_{j1} = r_j \mathrm{e}^{\mathrm{i}w_j}, \lambda_{j2} = r_j \mathrm{e}^{-\mathrm{i}w_j}, j = 1,2,\cdots,m$為 m 對共軛複根。那麼該齊次線性差分方程式的通解可表示為：

$$x_t' = \sum_{j=1}^{d} c_j\, t^{j-1} \lambda_1^t + \sum_{j=d+1}^{p-2m} c_j\, \lambda_j^t + \sum_{j=1}^{m} r_j^t \left(c_{1j} \cos t w_j + c_{2j} \sin t w_j\right)$$

而對於以上非齊次線性差分方程式，它還會有一個特解x_t''，比較$\Phi(B)$與式（8.1）可知，當$u_i = \frac{1}{\lambda_i}, i = 1,2,\cdots,p$時，有：

$$\Phi(u_i) = 1 - \phi_1 \frac{1}{\lambda_i} - \phi_2 \left(\frac{1}{\lambda_i}\right)^2 - \cdots - \phi_p \left(\frac{1}{\lambda_i}\right)^p = \frac{1}{\lambda_i^p}\left(\lambda_i^p - \phi_1 \lambda_i^{p-1} - \phi_2 \lambda_i^{p-2} - \cdots - \phi_p\right) = 0$$

所以，$\frac{1}{\lambda}$是自回歸係數多項式方程式$\Phi(u) = 0$的根，於是$\Phi(B)$可分解為：

$$\Phi(B) = \prod_{i=1}^{p} (1 - \lambda_i B)$$

進一步獲得特解x_t''的值，可表示為：

$$x_t'' = \frac{\varepsilon_t}{\Phi(B)} = \frac{\varepsilon_t}{\prod_{i=1}^{p} (1 - \lambda_i B)}$$

於是，對於以上非齊次線性差分方程式的通解x_t可表示為：

$$x_t = x_t' + x_t'' = \sum_{j=1}^{d} c_j\, t^{j-1}\lambda_1^t + \sum_{j=d+1}^{p-2m} c_j\, \lambda_j^t + \sum_{j=1}^{m} r_j^t \left(c_{1j}\cos tw_j + c_{2j}\sin tw_j\right) + \frac{\varepsilon_t}{\prod_{i=1}^{p}(1-\lambda_i B)}$$

要使得中心化AR(p)模型平穩，即要求對任意實數$c_1, \cdots, c_{p-2m}, c_{1j}, c_{2j}(j = 1,2,\cdots,m)$，有 $\lim_{t\to\infty} x_t = 0$。

其成立的充要條件是：

$$|\lambda_i| < 1,\quad i = 1,2,\cdots,p-2m$$
$$|r_i| < 1,\quad i = 1,2,\cdots,m$$

這實際上就要求AR(p)模型的p個特徵根都在單位圓內。根據特徵根和自回歸係數多項式的根成倒數的性質，AR(p)模型平穩的相等差別條件是該AR(p)模型的自回歸係數多項式的根，即$\Phi(u) = 0$的根，都在單位圓以外。對於高階自回歸過程，其平穩性條件用其模型參數表示比較複雜，但可結合如下自回歸過程平穩的必要條件進行輔助判斷。$\phi_1 + \phi_2 + \cdots + \phi_p < 1$對於平穩的自回歸模型，其自相關係數滿足如下的遞推關係：

$$\rho_k = \phi_1\rho_{k-1} + \phi_2\rho_{k-2} + \cdots + \phi_p\rho_{k-p} \qquad (8.2)$$

很顯然，當$p = 1$時，$\rho_k = \phi_1^k, k\geqslant 0$，當$p = 2$時，自相關係數的遞推公式為：

$$\rho_k = \begin{cases} 1, & k = 0 \\ \dfrac{\phi_1}{1-\phi_2}, & k = 1 \\ \phi_1\rho_{k-1} + \phi_2\rho_{k-2}, & k\geqslant 2 \end{cases}$$

平穩AR(p)模型的自相關係數具有兩個顯著的性質，即拖尾性和負指數衰減性。由於是平穩的，所以ρ_k始終有非零設定值，不會在k大於某個常數後就恆等於 0，這個性質就是拖尾性。實際上x_t之前的每個序列值$x_{t-1}, x_{t-2}, \cdots$都會對x_t組成影響，自回歸的這種特徵表現在自相關係數上就是自相關係數的拖尾性。另外，（式 8.2）是一個 p 階齊次差分方程式，那麼落後任意 k 階的自相關係數的通解為：

$$\rho_k = \sum_{i=1}^{p} c_i \lambda_i^k$$

前面的$|\lambda_i| < 1, i = 1,2,\cdots,p$為該方程式的特徵根，$c_1, c_2, \cdots, c_p$為任意常數。可以看到，隨著時間的演進，$\rho_k$會迅速衰減，因為$|\lambda_i| < 1$，所以$k \to \infty$時，$\lambda_i^k \to 0, i = 1,2,\cdots,p$，繼而導致：

$$\rho_k = \sum_{i=1}^{p} c_i \lambda_i^k \to 0$$

這種影響以負指數λ^k的速度減小。這種性質就是負指數衰減性，也可以視為短期相關性。它是平穩序列的重要特徵，這個特徵表明對平穩序列而言通常只有近期的序列值對當期值的影響比較明顯，間隔越遠的過去值對現時值的影響越小。對於平穩的自回歸模型，其偏自相關係數具有截尾性，即對於任意大於 p 的階數 k，其對應的偏自相關係數均為 0。該性質和前面的自相關係數拖尾性是AR(p)模型重要的辨識依據。

8.1.2 q 階移動平均模型

假設對於時間序列$x_1, x_2, \cdots, x_t, \cdots$，存在擾動項$\varepsilon_1, \varepsilon_2, \cdots, \varepsilon_t, \cdots$，如果時刻$t$對應的值$x_t$與它以前的時刻$t-1, t-2, \cdots$對應的值$x_{t-1}, x_{t-2}, \cdots$都無直接關係，而與以前時刻對應的擾動$\varepsilon_{t-1}, \varepsilon_{t-2}, \cdots$存在一定的相關關係，那麼滿足這種情況的模型，叫作移動平均（Moving Average）模型，如果最高階數為q，又叫q階移動平均模型，簡記為MA(q)，它的結構如下：

$$x_t = \mu + \varepsilon_t - \theta_1 \varepsilon_{t-1} - \theta_2 \varepsilon_{t-2} - \cdots - \theta_q \varepsilon_{t-q}$$

其中，為了確保最高階數為q，需要滿足$\theta_q \neq 0$，有時稱$\theta_1, \theta_2, \cdots, \theta_q$為移動係數。另外，隨機干擾項$\varepsilon_t$滿足$E(\varepsilon_t) = 0, \mathrm{Var}(\varepsilon_t) = \sigma_\varepsilon^2$，且對於任意的$s \neq t, E(\varepsilon_t \varepsilon_s) = 0$。特別是當$\mu = 0$時，稱為中心化。對非中心化MA($q$)模型只要做一個簡單的位移$y_t = x_t - \mu$，就可以轉化為中心化MA($q$)模型。這種中心化運算不會影響序列值之間的相關關係。使用延遲運算元，中心化MA(q)模

型又可簡記為：

$$x_t = \Theta(B)\varepsilon_t, \Theta(B) = 1 - \theta_1 B - \theta_2 B^2 - \cdots - \theta_q B^q$$

其中，$\Theta(B)$稱為q階移動平均係數多項式。與AR(p)模型有所不同，MA(q)模型一定是平穩的，其自相關係數具有q階截尾的性質，即滿足：

$$\rho_k = \begin{cases} 1 & ,k = 0 \\ \dfrac{-\theta_k + \sum_{i=1}^{q-k} \theta_i \theta_{k+i}}{1 + \theta_1^2 + \theta_2^2 + \cdots + \theta_q^2} & ,1 \leqslant k \leqslant q \\ 0 & ,k > q \end{cases}$$

其偏自相關係數具有拖尾性質。MA模型的這兩個性質和AR模型的兩個性質正好呈對偶關係。此外，MA模型還具有可逆性，即確保一個指定的自相關係數能夠對應唯一的MA模型。容易驗證當兩個MA(1)模型具有如下結構時，它們的自相關係數正好相等：

$$\text{模型 1：} x_t = \varepsilon_t - \theta \varepsilon_{t-1}$$

$$\text{模型 2：} x_t = \varepsilon_t - \frac{1}{\theta} \varepsilon_{t-1}$$

把這兩個MA(1)模型寫成兩個自相關模型形式，如下：

$$\text{模型 1：} \frac{x_t}{1 - \theta B} = \varepsilon_t$$

$$\text{模型 2：} \frac{x_t}{1 - \frac{1}{\theta} B} = \varepsilon_t$$

顯然，當$|\theta| < 1$時，模型 1 收斂，模型 2 不收斂；當$|\theta| > 1$時，模型 2 收斂，而模型 1 不收斂。若一個MA模型能夠表示成收斂的AR模型形式，那麼該MA模型稱為可逆模型。在此情況下，一個自相關係數唯一對應一個可逆的MA模型。對於MA(q)模型，由於$\Theta(B) = 1 - \theta_1 B - \theta_2 B^2 - \cdots - \theta_q B^q$為移動平均係數多項式。假設$\frac{1}{\lambda_1}, \frac{1}{\lambda_2}, \cdots, \frac{1}{\lambda_q}$是該多項式的$q$個根，則$\Theta(B)$可以分解成：

$$\Theta(B)=\prod_{k=1}^{q}(1-\lambda_k B)$$

則ε_t可表示如下：

$$\varepsilon_t=\frac{x_t}{\prod_{k=1}^{q}(1-\lambda_k B)}$$

該式收斂的充分條件是$|\lambda_i|<1, i=1,2,\cdots,p$，相等於MA模型的係數多項式的根都在單位圓外，即$\frac{1}{|\lambda_i|}>1$。這個條件也稱為MA模型的可逆性條件。

8.1.3 自回歸移動平均模型

假設對於時間序列$x_1,x_2,\cdots,x_t,\cdots$，存在擾動項$\varepsilon_1,\varepsilon_2,\cdots,\varepsilon_t,\cdots$，如果時刻$t$對應的值$x_t$不僅與它以前的時刻$t-1,t-2,\cdots$對應的值$x_{t-1},x_{t-2},\cdots$相關，而且還與以前時刻對應的擾動項$\varepsilon_{t-1},\varepsilon_{t-2},\cdots$存在一定的相關關係，那麼滿足這種情況的模型，叫作自回歸移動平均（Auto Regression Moving Average）模型，它具有如下結構：

$$x_t=\phi_0+\phi_1x_{t-1}+\phi_2x_{t-2}+\cdots+\phi_px_{t-p}+\varepsilon_t-\theta_1\varepsilon_{t-1}-\theta_2\varepsilon_{t-2}-\cdots-\theta_q\varepsilon_{t-q}$$

其中，為了確保最高階數為p和q，需要滿足$\phi_p\neq 0$，並且$\theta_q\neq 0$。對於隨機干擾項ε_t滿足$E(\varepsilon_t)=0,\mathrm{Var}(\varepsilon_t)=\sigma_\varepsilon^2$，且對於任意的$s\neq t,E(\varepsilon_s\varepsilon_t)=0$，對於$\forall s<t,E(\varepsilon_s\varepsilon_t)=0$，則說明當期的隨機干擾項與過去的值無關，該模型可簡記為$\mathrm{ARMA}(p,q)$。

特別是當$\phi_0=0$時，該模型又稱為中心化的$\mathrm{ARMA}(p,q)$的模型。當$q=0$時，$\mathrm{ARMA}(p,q)$模型就退化成了$\mathrm{AR}(p)$模型，當$p=0$時，$\mathrm{ARMA}(p,q)$模型就退化成了$\mathrm{MA}(q)$模型。所以AR模型和MA模型實際上是ARMA模型的特例，它們都統稱為ARMA模型，而ARMA模型的統計性質也正是AR模型和MA模型統計性質的有機組合。由於MA一定平穩，所以ARMA模型的平穩完全由自回歸部分的平穩性決定。也就是說其自回歸部分的係數多項式對應方程式$\Phi(u)=0$的根在單位圓內時，ARMA模型是平穩的。綜合考慮AR模型、MA模型和ARMA模型自相關係數和偏自相關係數的性質，我們可以歸納出如表 8-1-1 所示的規律。

表 8-1-1　模型與相關係數的規律

模型	自相關係數	偏自相關係數
AR(p)	拖尾	階截尾
MA(q)	階截尾	拖尾
ARMA(p,q)	拖尾	拖尾

假如某個觀察值序列透過序列前置處理，可以判斷為平穩非白雜訊序列，我們就可以利用 ARMA 模型對該序列建模，其基本流程如圖 8-1-1 所示。

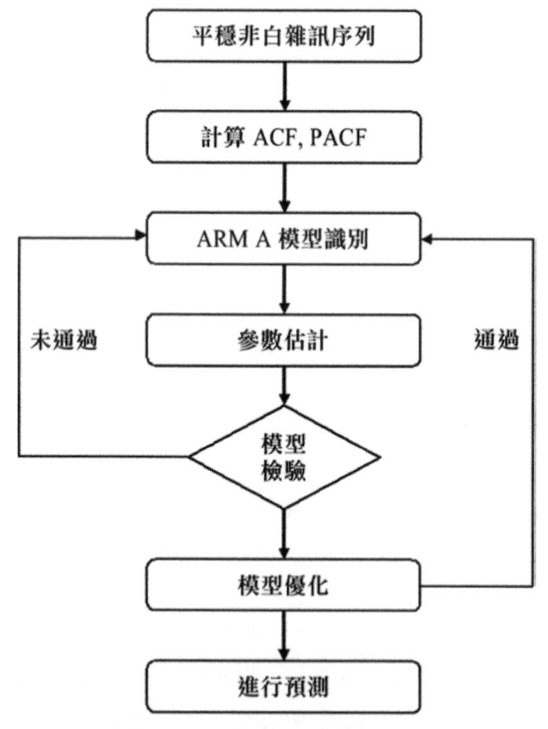

圖 8-1-1　ARMA 模型流程圖

與以上流程對應的步驟如下。

第一步：求出該觀測值序列的樣本自相關係數（ACF）值和樣本偏自相關係數（PACF）值。ACF 值可透過以下公式求得：

$$\hat{\rho}_k = \frac{\sum_{t=1}^{n-k}(x_t - \overline{x})(x_{t+k} - \overline{x})}{\sum_{t=1}^{n}(x_t - \overline{x})^2}, \forall 0 < k < n$$

PACF 值可以利用 ACF 值，根據以下公式求得：

$$\hat{\phi}_{kk} = \frac{\widehat{D}_k}{\widehat{D}}, \forall 0 < k < n$$

$$\widehat{D} = \begin{vmatrix} 1 & \hat{\rho}_1 & \cdots & \hat{\rho}_{k-1} \\ \hat{\rho}_1 & 1 & \cdots & \hat{\rho}_{k-2} \\ \vdots & \vdots & \vdots & \vdots \\ \hat{\rho}_{k-1} & \hat{\rho}_{k-2} & \cdots & 1 \end{vmatrix}, \widehat{D}_k = \begin{vmatrix} 1 & \hat{\rho}_1 & \cdots & \hat{\rho}_1 \\ \hat{\rho}_1 & 1 & \cdots & \hat{\rho}_2 \\ \vdots & \vdots & \vdots & \vdots \\ \hat{\rho}_{k-1} & \hat{\rho}_{k-2} & \cdots & 1 \end{vmatrix}$$

第二步：根據樣本自相關係數和偏自相關係數的性質，選擇階數適當的 ARMA(p,q)模型進行擬合。這個過程實際上就是要根據 PACF 和 ACF 的性質估計自相關階數$\hat{p}$和移動平均階數$\hat{q}$，因此，模型辨識過程也被稱為模型定階過程。

第三步：估計模型中未知參數的值。對於一個非中心化ARMA(p,q)模型，有：

$$x_t = \mu + \frac{\Theta_q(B)}{\Phi_p(B)}\varepsilon_t$$

參數μ是序列均值，通常採用矩估計方法，用樣本均值估計整體均值即可獲得它的估計值：

$$\hat{\mu} = \overline{x} = \frac{\sum_{i=1}^{n} x_i}{n}$$

對原序列進行中心化，有：

$$y_t = x_t - \mu$$

現在的待估計參數為$\phi_1, \phi_2, \cdots, \phi_p, \theta_1, \theta_2, \cdots, \theta_q, \sigma_\varepsilon^2$，共$p + q + 1$個參數。對這些參數的估計通常有 3 種方法：矩估計、最大似然估計、最小平方法。

第四步：檢驗模型的有效性。如果擬合模型通不過檢驗，則轉向第二步，重新選擇模型再擬合。對擬合模型進行的檢驗主要分為模型的顯著性檢驗和參數的顯著性檢驗。一個模型是否顯著有效主要看它分析的資訊是否充分，好的擬合模型應該能夠分析觀測值序列中幾乎所有的樣本相關資訊，換言之，擬合殘差項將不再蘊含任何相關資訊，即殘差序列應該為白雜訊，這樣的模型才能稱之為顯著有效的模型。反之，如果殘差序列為非白雜訊序列，那就表示殘差序列中還殘留著相關資訊未被分析，這就說明模型擬合得還不夠，還需要選擇其他模型，重新進行擬合。

所以，模型的顯著性檢驗即為殘差序列的白雜訊檢驗。原假設和備擇假設分別為：H_0: $\rho_1 = \rho_2 = \cdots = \rho_m, \forall m \geqslant 1$，$H_1$:至少存在某個$\rho_k \neq 0, \forall m \geqslant 1, k \leqslant m$，檢驗統計量為 LB（Ljung-Box）檢驗統計量：

$$\text{LB} = n(n+2)\sum_{k=1}^{m}\left(\frac{\hat{\rho}_k^2}{n-k}\right) \sim \chi^2(m), \forall m > 0$$

如果拒絕原假設，就說明殘差序列中還殘留著相關資訊，擬合模型不顯著。如果不能拒絕原假設，就認為擬合模型顯著有效。

參數的顯著性檢驗就是要檢驗每一個未知參數是否顯著非零，這個檢驗的目的是為了使模型最精簡。如果某個參數不顯著，則表示該參數所對應的那個引數對因變數的影響不明顯，該引數可以從擬合模型中刪除。最後模型將由一系列參數顯著非零的引數表示。

第五步：模型最佳化，如果擬合模型透過檢驗，則仍然轉向第二步，充分考慮各種可能，建立多個擬合模型，從所有透過檢驗的擬合模型中選擇最佳模型，通常使用 AIC 準則來判斷模型的好壞。AIC 準則是由日本統計學家 Akaike 於 1973 年提出的，它的全稱是最小資訊量準則，該準則從兩方面來檢查，似然函數值和模型中未知參數的個數。通常似然函數值越大說明模型的擬合效果越好，模型中未知參數個數越多，說明模型中包含的引數越多，模型變化越靈活，模型擬合的準確度就會越高，但同時引數越多，未知的風險也就越多，同時參數估計的難度也會變大。所以一個好的擬合模型應該是一個擬合精度和未知參數個數的綜合最佳設定。

AIC 準則被定義為擬合精度和參數個數的加權函數，如下所示：

$$\mathrm{AIC} = -2\ln(\text{模型的極大似然函數值}) + 2(\text{模型中未知參數的個數})$$

使 AIC 函數達到最小的模型通常被認為是最佳模型。這裡不加導地直接列出中心化ARMA(p,q)模型的 AIC 函數為：

$$\mathrm{AIC} = n\ln(\hat{\sigma}_\varepsilon^2) + 2(p+q+1)$$

非中心化ARMA(p,q)模型的 AIC 函數為：

$$\mathrm{AIC} = n\ln(\hat{\sigma}_\varepsilon^2) + 2(p+q+2)$$

第六步：利用擬合模型，預測序列將來的走勢。

8.1.4 ARIMA 模型

ARIMA 模型又叫求和自回歸移動平均（Auto Regression Integrated Moving Average）模型，簡記為ARIMA(p,d,q)模型，它具有如下結構：

$$\Phi(\mathrm{B})\nabla^d x_t = \Theta(B)\varepsilon_t \qquad (8.3)$$

其中，隨機干擾項ε_t滿足$E(\varepsilon_t)=0, \mathrm{Var}(\varepsilon_t)=\sigma_{\varepsilon_t}^2$，且對於任意的$s \neq t, E(\varepsilon_s\varepsilon_t)=0$，即序列$\{\varepsilon_t\}$為零均值白雜訊序列。另外，對於$\forall s<t, E(\varepsilon_s\varepsilon_t)=0$。式中$\nabla^d=(1-B)^d$，表示進行$d$階差分運算，$\Phi(B)$為平衡可逆ARMA$(p,q)$的自回歸係數多項式，$\Theta(B)$為對應的移動平均係數多項式。式（8.3）可簡記為：

$$\nabla^d x_t = \frac{\Theta(B)}{\Phi(B)}\varepsilon_t$$

即ARIMA模型的實質就是差分運算與ARMA模型的組合。這說明任何非平穩序列只要透過適當階數的差分後平穩，就可以對差分後的序列進行 ARMA 模型擬合了。對原序列進行差分運算可以用公式表示為：

$$\nabla^d x_t = \sum_{i=0}^{d}(-1)^i \mathrm{C}_d^i x_{t-i}$$

$$C_d^i = \frac{d!}{i!\,(d-i)!}$$

即差分後序列等於原序列的許多序列值的加權和，相對於 ARMA 模型，由於有這個加權求和進行差分運算的過程，所以 ARIMA 叫作求和自回歸移動平均模型。

使用 ARIMA 模型建模的基本流程如圖 8-1-2 所示。

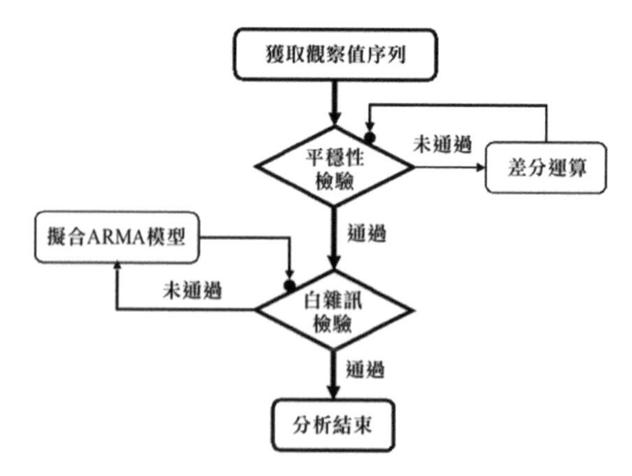

圖 8-1-2 ARIMA 建模的基本流程

與以上流程對應的步驟如下。

第一步：取得觀察值序列，進行平穩性檢驗，如果序列是平穩的，就進入第二步，否則需要進行差分運算，使差分運算後的序列變得平穩。相比 ARMA 模型，ARIMA 模型更適合處理非平穩的序列。

第二步：對平穩序列進行白雜訊檢驗，若是非白雜訊的序列則進入第三步，如果發現原序列是白雜訊，則這種情況是無法預測的，直接結束分析。

第三步：對平穩非白雜訊序列擬合 ARMA 模型，可參考 8.1.3 節 ARMA 模型的建模流程。

第四步：檢驗 ARMA 模型的殘差序列，如果該序列不是白雜訊，則傳回第三步，重新選擇參數或定階，使得殘差序列的結果滿足白雜訊的假設，不然這個模型的資訊分析是不充分的。當殘差序列是白雜訊時，分析結束。

8.1.5 ARIMA 模型的 Python 實現

由於 ARIMA 模型可以處理非平穩的序列，而現實生活中的很多資料其實都是非平穩的，正是因為這個特點，它比 ARMA 模型更加通用。這裡，以 1952—1988 年中國農業實際國民收入指數序列作為基礎資料，使用 Python 建立 ARIMA 模型，並就其實現過程進行逐步説明。基礎序列資料如表 8-1-2 所示。

表 8-1-2 時間序列建模基礎資料

年份	農業	年份	農業	年份	農業
1952	100	1965	122.9	1978	161.2
1953	101.6	1966	131.9	1979	171.5
1954	103.3	1967	134.2	1980	168.4
1955	111.5	1968	131.6	1981	180.4
1956	116.5	1969	132.2	1982	201.6
1957	120.1	1970	139.8	1983	218.7
1958	120.3	1971	142	1984	247
1959	100.6	1972	140.5	1985	253.7
1960	83.6	1973	153.1	1986	261.4
1961	84.7	1974	159.2	1987	273.2
1962	88.7	1975	162.3	1988	279.4
1963	98.9	1976	159.1		
1964	111.9	1977	155.1		

首先，載入資料集，並繪製時序圖，程式如下：

```
 1 import matplotlib.pyplot as plt
 2 import pandas as pd
 3 import numpy as np
 4 
 5 # 載入基礎資料
 6 ts_data = pd.read_csv("agr_index.csv")
 7 rows = ts_data.shape[0]
 8 plt.figure(figsize=(10,6))
 9 plt.plot(range(rows),ts_data.agr_index,'-',c='black',linewidth=3)
10 plt.xticks(range(rows)[::3],ts_data.year[::3],rotation=50)
```

```
11 plt.xlabel("$year$",fontsize=15)
12 plt.ylabel("$agr\_index$",fontsize=15)
13 plt.show()
```

效果如圖 8-1-3 所示，資料呈現明顯的增長趨勢，是不平穩的，更不是白雜訊。

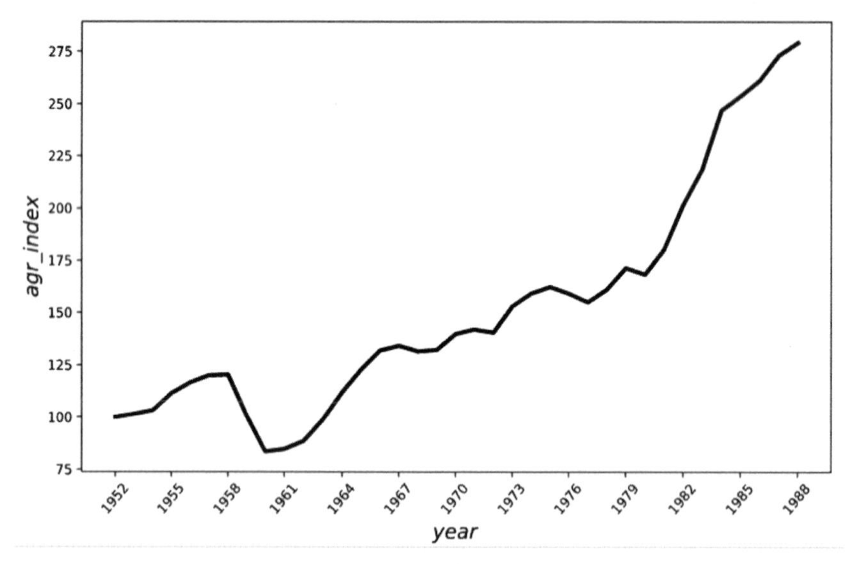

圖 8-1-3 時序圖

進一步，需要對資料進行差分運算，使差分後的資料變得平穩，程式如下：

```
1 # 此處預留 10 年的資料進行驗證
2 test_data = ts_data[(rows - 10):rows]
3 train_data = ts_data[0:(rows - 10)]
4
5 # 進行 d 階差分運算
6 d = 1
7 z = []
8 for t in range(d,train_data.shape[0]):
9     tmp = 0
10    for i in range(0,d+1):
11     tmp = tmp + (-1)**i*(np.math.factorial(d)/(np.math.factorial (i)
       *np.math.factorial(d-i)))*train_data.iloc [t-i,1]
12    z.append(tmp)
13
```

```
14 # 使用單位根檢驗差分後序列的平穩性
15 import statsmodels.tsa.stattools as stat
16 stat.adfuller(z, 1)
17 #(-3.315665263756724,
18 # 0.014192594291845282,
19 # 1,
20 # 24,
21 # {'1%': -3.7377092158564813,
22 #  '5%': -2.9922162731481485,
23 #  '10%': -2.635746736111111},
24 # 161.9148847383757)
```

由於檢驗結果的 P 值為 0.0142，小於 0.05，所以拒絕原假設，認為差分後的序列是平穩的。進一步編碼 Ljung_Box 檢驗，程式如下：

```
1 from statsmodels.stats.diagnostic import acorr_ljungbox as lb_test
2 import matplotlib
3 matplotlib.rcParams['font.family'] = 'SimHei'
4 plt.plot(lb_test(z,boxpierce=True)[1],'o-',c='black',label="LB-p 值")
5 plt.plot(lb_test(z,boxpierce=True)[3],'o--',c='black',label="BP-p 值")
6 plt.legend()
7 plt.show()
```

效果如圖 8-1-4 所示。

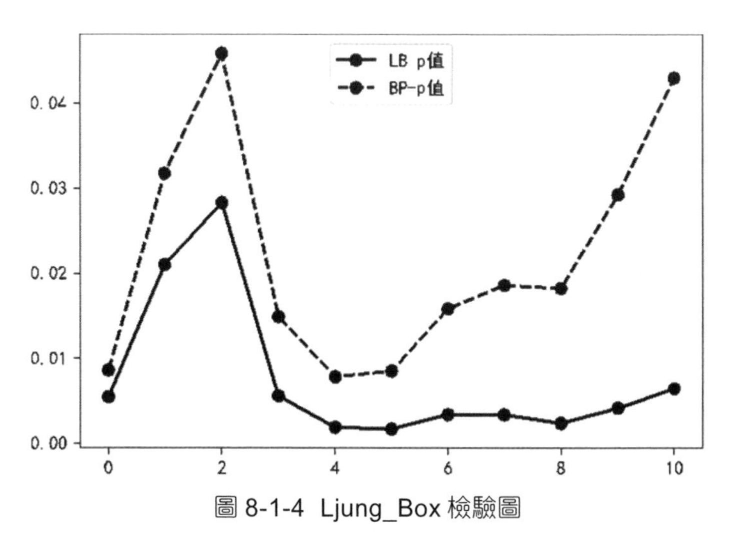

圖 8-1-4 Ljung_Box 檢驗圖

由於Ljung-Box檢驗的P值都小於0.05，所以差分後的序列不能視為白雜訊。因此，經過1階差分，我們獲得的序列是一個平穩非白雜訊的序列。接著，需要對該模型定階，程式如下：

```
1 from statsmodels.graphics.tsaplots import plot_acf, plot_pacf
2 plt.rcParams['font.sans-serif']=['SimHei']
3 plt.rcParams['axes.unicode_minus']=False
4 fig, axes = plt.subplots(nrows=1, ncols=2,figsize=(14,5))
5 ax0, ax1 = axes.flatten()
6 plot_acf(z, ax=ax0, lags=5, alpha=0.05)
7 plot_pacf(z, ax=ax1, lags=5, alpha=0.05)
8 plt.show()
```

效果如圖8-1-5所示，自相關圖在1階處截尾，偏相關圖沒有顯示出截尾性，因為可以考慮MA(1)模型，即$x_t = \mu + \varepsilon_t - \theta_1\varepsilon_{t-1}$。

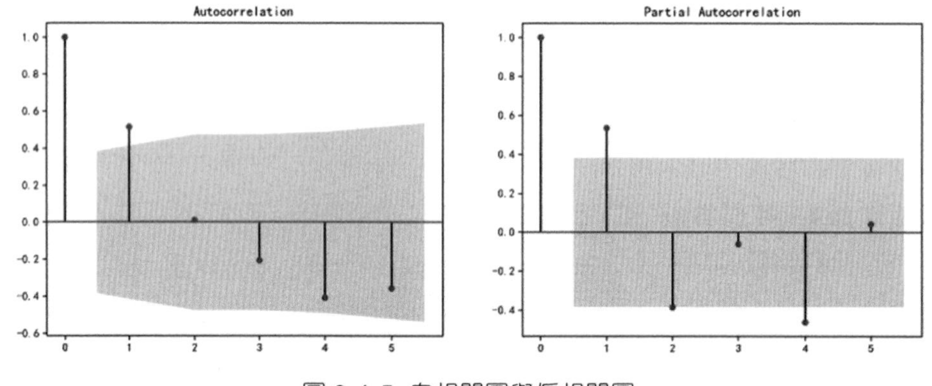

圖 8-1-5 自相關圖與偏相關圖

假設$\boldsymbol{\varepsilon}_0 = 0$，對於$\boldsymbol{\varepsilon}_i$有$\boldsymbol{\varepsilon}_i = \boldsymbol{x}_i - \mu + \boldsymbol{\theta}_1\boldsymbol{\varepsilon}_{i-1}$，在要求所有殘差平方和最小的前提下，求得$\varepsilon_i^2$對$\theta_1$的導數為：

$$\begin{aligned}\frac{\partial \boldsymbol{\varepsilon}_i^2}{\partial \boldsymbol{\theta}_1} &= 2(\boldsymbol{x}_i - \mu + \boldsymbol{\theta}_1\boldsymbol{\varepsilon}_{i-1})\frac{\partial \boldsymbol{\varepsilon}_i}{\partial \boldsymbol{\theta}_1}\\ \frac{\partial \boldsymbol{\varepsilon}_i}{\partial \boldsymbol{\theta}_1} &= \boldsymbol{\varepsilon}_{i-1} + \boldsymbol{\theta}_1\frac{\partial \boldsymbol{\varepsilon}_{i-1}}{\partial \boldsymbol{\theta}_1}\end{aligned}$$

進一步，可透過梯度下降的方式對參數$\boldsymbol{\theta}_1$進行逐步調整，更新公式為：

$$\boldsymbol{\theta}_1 = \boldsymbol{\theta}_1 - \lambda \frac{\partial \boldsymbol{\varepsilon}_i^2}{\partial \boldsymbol{\theta}_1}$$

其中，λ是學習效率，控制學習的進度，也影響收斂的效果。基於該方法，對模型進行擬合，程式如下：

```
1 # 基於最小化殘差平方和的假設，使用梯度下降法擬合未知參數
2 miu = np.mean(z)
3 miu
4 # 2.3538461538461535
5
6 theta1 = 0.5
7 alpha = 0.0001
8 epsilon_theta1 = 0
9 errorList = []
10 for k in range(60):
11     epsilon = 0
12     error = 0
13     for i in range(len(z)):
14         epsilon_theta1 = epsilon+theta1*epsilon_theta1
15         theta1 = theta1-alpha*2*(z[i]-miu+theta1*epsilon)*epsilon_theta1
16         epsilon = z[i]-miu+theta1*epsilon
17         error = error+epsilon**2
18     errorList.append(error)
19     print("iter:",k," error:",error)
20     # 當連續兩次殘差平方和的差小於 1e-5 時，退出循環
21     if len(errorList) > 2 and np.abs(errorList[-2] - errorList[-1]) < 1e-5:
22         break
23 # iter: 0  error: 2158.5528412123554
24 # iter: 1  error: 1629.117571439535
25 # iter: 2  error: 1378.697932325996
26 # ......
27 # iter: 14  error: 873.0924002584927
28 # ......
29 # iter: 37  error: 863.6232496284028
30 # iter: 38  error: 863.6232390131801
31 # iter: 39  error: 863.623233001729
32
33 theta1
34 # -0.7940837640329033
```

如上述程式所示，演算法經過 40 次反覆運算後收斂，並且過程中殘差平方和一直在減小，直到趨於穩定。最後求得的參數$\boldsymbol{\theta}_1 = -0.7940838$，均值為 2.353846。於是，模型的遞推公式可表示為：

$$\boldsymbol{x}_t = 2.353846 + \boldsymbol{\varepsilon}_t + 0.7940838\boldsymbol{\varepsilon}_{t-1}, \boldsymbol{\varepsilon}_0 = 0$$

基於該模型，分析差分後序列對應的殘差序列，檢驗是否為白雜訊序列，程式如下：

```
1 error = []
2 epsilon = 0
3 for i in range(len(z)):
4     epsilon = z[i]-miu+theta1*epsilon
5     error.append(epsilon)
6
7 # 使用 Ljung-Box 檢驗 error 序列是否為白雜訊
8 plt.plot(lb_test(error,boxpierce=True)[1],'o-',c='black',label="LB-p 值")
9 plt.plot(lb_test(error,boxpierce=True)[3],'o--',c='black',label="BP-p 值")
10 plt.legend()
11 plt.show()
```

效果如圖 8-1-6 所示，由於 Ljung-Box 檢驗的 P 值都在 0.05 以上，説明殘差序列就是白雜訊，模型對差分後序列資訊的分析比較完整。

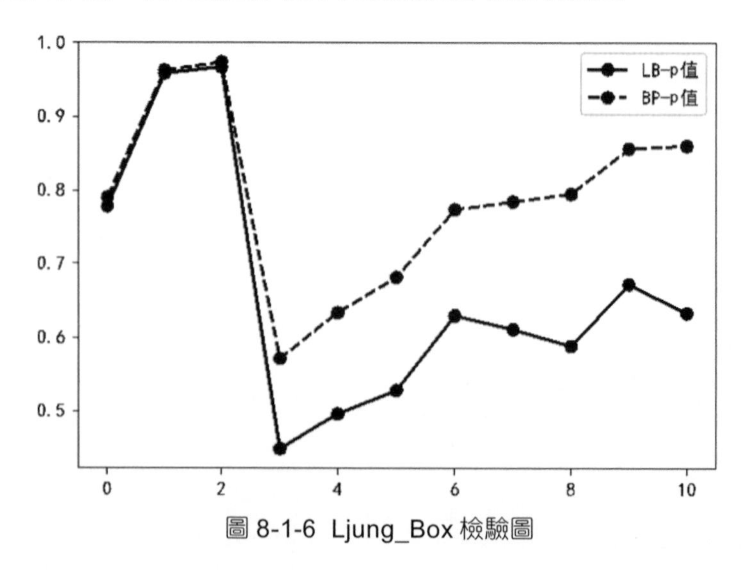

圖 8-1-6 Ljung_Box 檢驗圖

如果用$x_t = 2.353846 + \varepsilon_t + 0.7940838\varepsilon_{t-1}, \varepsilon_0 = 0$來進行預測，那麼很明顯，必須首先列出預測期的$\varepsilon_t$估計值，然後逐步反覆運算，就可以預測未來指定期數的序列值了。由MA(q)的q步截尾性可知，該模型只能預測q步之內的序列走勢，超過q步預測值恆等於序列均值。由於此處$q = 1$，所以該模型可對未來 1 年的資料進行趨勢預測，剩餘年份只能等於序列均值了，同時繪製曲線與真實資料進行比較，程式如下：

```
 1 # 基於該模型對差分後的序列進行預測
 2 predX = miu+np.mean(error)-theta1*epsilon
 3 predX
 4 # 4.745789901194965
 5
 6 # 由於經過 1 階差分的運算，所以此處需要進行差分的逆運算，以計算原始序列對應的預測值
 7 org_predX=train_data.iloc[-1,1]+predX
 8 org_predX
 9 # 165.94578990119496
10
11 # 對超過 1 期的預測值，統一為 predXt
12 predXt = org_predX+2.353846+1.7940838*np.mean(error)
13 predXt
14 # 168.3897028849476
15
16 # 繪製出原始值和預測值
17 plt.figure(figsize=(10,6))
18 plt.plot(range(rows),ts_data.agr_index,'-',c='black',linewidth=3)
19 plt.plot(range(train_data.shape[0],ts_data.shape[0]),[org_predX]+
   [predXt]*9,'o',c='gray')
20 plt.xticks(range(rows)[::3],ts_data.year[::3],rotation=50)
21 plt.xlabel("$year$",fontsize=15)
22 plt.ylabel("$agr\_index$",fontsize=15)
23 plt.show()
```

效果如圖 8-1-7 所示，從左往右第一個小數點處為向前預測 1 期的值，可見，它與真實結果十分接近。

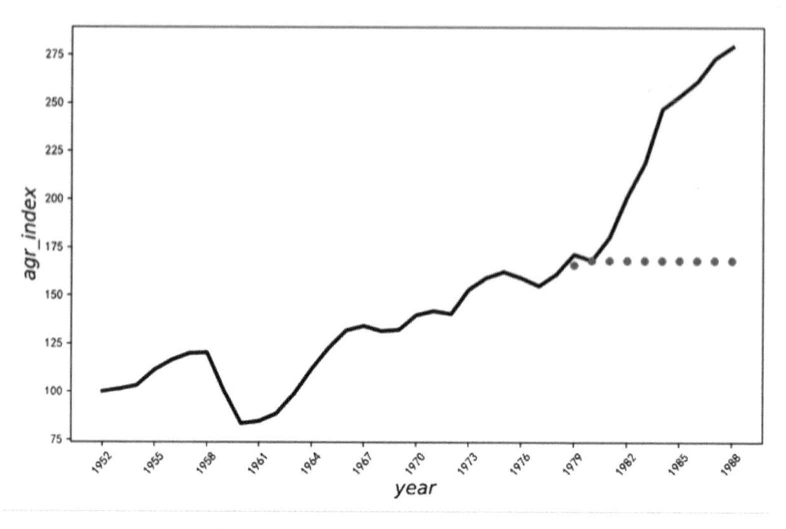

圖 8-1-7 對時間資料進行預測

由於q步截尾的關係，導致再向前的預測結果就只能是均值了，如果真實情況持續增長，那麼必然會引起較大誤差。所以在實作中，可以嘗試每預測一次就更新一下資料，使用最新的資料進行預測，這樣在下期預測時，就能獲得較好的預測結果。對以上程式進行改進，使用最新的結果修正誤差，以獲得可靠的預測結果，程式如下：

```
1 predX = []
2 for i in range(10):
3     predval = miu + np.mean(error) - theta1*epsilon
4     if i == 0:
5         org_predX = train_data.iloc[-1,1] + predval
6     else:
7         org_predX = test_data.iloc[i-1,1] + predval
8     predX.append(org_predX)
9     epsilon = test_data.iloc[i,1] - org_predX
10
11 plt.figure(figsize=(10,6))
12 plt.plot(range(rows),ts_data.agr_index,'-',c='black',linewidth=3)
13 plt.plot(range(train_data.shape[0],ts_data.shape[0]),predX,'o--',c='red')
14 plt.xticks(range(rows)[::3],ts_data.year[::3],rotation=50)
15 plt.xlabel("$year$",fontsize=15)
16 plt.ylabel("$agr\_index$",fontsize=15)
17 plt.show()
```

效果如圖 8-1-8 所示，透過不斷更新資料，我們獲得未來 10 年的預測結果已經很符合真實資料的整體趨勢變化了。為了獲得更為精確的結果，可以根據最新的資料不斷地更新預測模型。

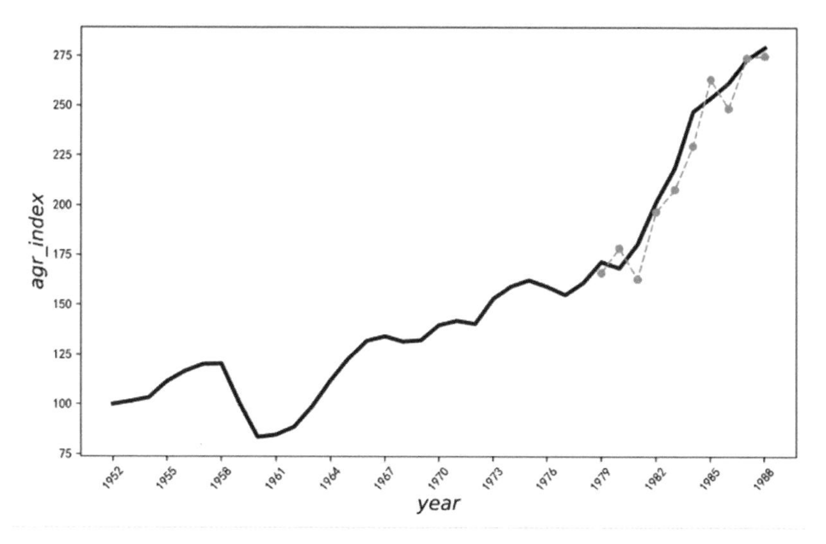

圖 8-1-8 時序資料預測情況

8.2 門檻自回歸模型

門檻自回歸（Threshold Auto Regressive，TAR）模型由 H.Tong（湯家豪）於 1980 年首先提出。該模型能有效地描述極限點、極限環、跳躍性、相關性、諧波等複雜現象的非線性時序動態系統，對於非線性、非穩定的時間序列預測，效果較好。由於門檻的控制作用，使得該模型具有很強的穩健性和廣泛的適用性。本節從門檻自回歸的基本原理出發，剖析演算法實現的步驟，並基於 Python 進行實現。

8.2.1 TAR 模型的基本原理

TAR 模型的實質是分段的 AR 模型，它的基本想法是在觀測時序$\{x_i\}$的設定值範圍內引用$k-1$個門檻值$r_i(i=1,2,\cdots,k-1)$，將該範圍分成k個區間，可用

r_0、r_k分別表示上界和下界，並根據延遲步數d將$\{x_i\}$按$\{x_{i-d}\}$值的大小分配到不同的門檻區間內，再對區間內的x_i採用不同的自回歸模型（AR 模型），進一步形成時間序列的非線性動態描述，其模型形式如下：

$$x_\mathrm{t} = \phi_0^j + \sum_{\mathrm{i}=1}^{p_j} \phi_i^j \, x_{\mathrm{t}-i} + \varepsilon_t^j, r_{j-1} < x_{t-d} \leqslant r_j, j = 1,2, \cdots, k$$

上式中ε_t^j是k個相互獨立的常態白雜訊序列，d為延遲步數（非負整數），r_j為門檻值，k為門檻區間的個數，ϕ_i^j為第j個門檻區間的自回歸係數，p_j為第j個門檻區間 AR 模型的階數。 由於 TAR 模型實質是分區間的 AR 模型，所以建模時可沿用 AR 模型的參數估計方法進行模型檢驗，其建模實質是一個對d, k, r_j, p_j, ϕ_i^j的多維尋優問題，可在指定各個參數設定值範圍的條件下，使用遺傳演算法、網路搜尋等方法來搜尋最佳參數。門檻區間個數k的選取，理論上可以選取許多個，但在實際應用中常常選擇 1 對就可滿足要求，因此通常將門檻區間個數k取為 2。假設用於訓練的資料樣本數為n，則可依次取$0.3n, 0.4n, 0.5n, 0.6n, 0.7n$的對應值作為門檻候選值。對於候選值中的任一門檻值$r$，設定最大門檻延遲量為$d_{\max}$，對於任意的$1 \leqslant d \leqslant d_{\max}$，我們可以將時序資料分成兩種，一種時序值其$d$階延遲值小於或等於$r$，另一種時序值其$d$階延遲值大於$r$。針對這兩組資料，分別建立 AR 模型，並計算出這兩個模型對應的 AIC 值，當它們的和最小時，對應的$d, r, p_1, p_2, \phi_i^1 (i = 0,1,2, \cdots, p_1), \phi_i^2 (i = 0,1,2, \cdots, p_2)$參數即為所求。其中，計算 AIC 值的公式如下：

$$\mathrm{AIC}_j = n_j \ln\left(\hat{\sigma}_j^2\right) + 2\left(p_j + 2\right), j = 1,2$$

上式中n_j為第j個門檻區間的樣本個數，$\hat{\sigma}_j^2$為第j個門檻區間的樣本殘差的方差，p_j為對應的自回歸模型階數。

8.2.2 TAR 模型的 Python 實現

TAR 模型適用於週期性波動、非線性影響等情況，如果時序圖呈現出一直增長的趨勢，那麼無異於使用後半截資料來建立 AR 模型並進行預測，在這種場景下使用 TAR 模型的意義並不大。為了說清楚 TAR 的應用情形，此處，使用 1700—2018 年的太陽黑子資料作為基礎資料集，擬透過 Python 實現 TAR 模型，並預測 1969—2018 年的值，同時驗證 TAR 模型的效果。我們可以繪製 1700—2018 年太陽黑子的變化曲線，如圖 8-2-1 所示。

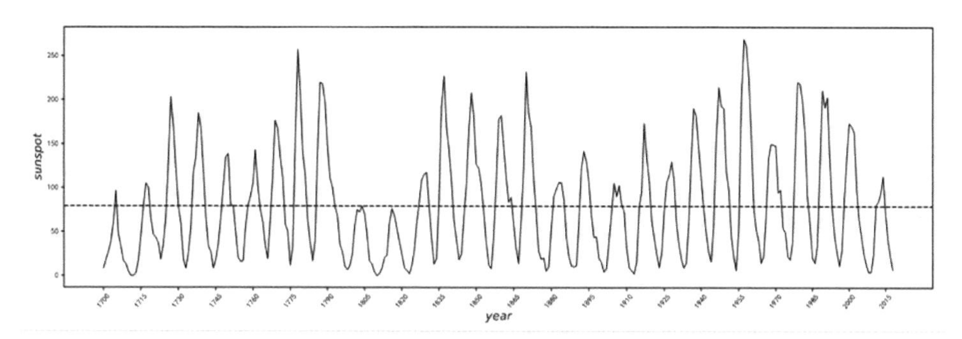

圖 8-2-1 太陽黑子的變化曲線

從圖 8-2-1 中可以看出，太陽黑子數量呈週期性變化，透過輔助虛線可以發現，在虛線以上的地方，曲線變化比較快，有很多尖銳的突起，而在虛線以下的地方則相對平緩，因此這兩部分連接在一起時，呈現出非線性的變化關係，可以考慮使用 TAR 模型進行建模。首先，載入太陽黑子資料，並分析訓練資料，同時初始化相關參數，程式如下：

```
1 import pandas as pd
2 ss_data = pd.read_csv("sunspot.csv")
3
4 # 使用後 50 年的資料進行驗證，以前的資料用於建模
5 train_data = ss_data[0:(rows - 50)]
6 n = train_data.shape[0]
7
8 # 設定候選門檻值
9 thresholdV = train_data.sunspot.sort_values().values[np.int32(np.arange
  (30,70,3)/100*n)]
10
11 # 設定最大門檻延遲量 dmax、自回歸最大階數、預設最小 AIC 值
12 dmax = 5
13 pmax = 5
14 minAIC = 1e+10
```

如上述程式所示，使用後 50 年的資料進行驗證，以前的資料用於建模，留下的資料用於預測驗證。將訓練集中的黑子資料從小到大排序，取 30%到 70%分位之間並按間隔 3%依次從排序後的向量中設定值以作為候選門檻值。這裡，設定最大門檻延遲量為 5，自回歸最高階數為 5，並設定較大的 minAIC 值，用於從後續的程式中分析出最小 minAIC 值條件下的最佳化參數。為了程式設計方便，使用 Python 撰寫函數 get_model_info，根據門檻延遲量、自回歸階數、指定門檻值以及相對於門檻值的設定值範圍（門檻值上方或下方），求得對應自回歸模型的 AIC 值和回歸係數。對應的 Python 程式如下：

```
1 # 在指定門檻延遲量、階數及門檻值的前提下，傳回對應自回歸模型 AIC 值和自回歸係數
2 def get_model_info(tsobj, d, p, r, isup=True):
3     if isup:
4         dst_set = np.where(tsobj > r)[0] + d
5     else:
6         dst_set = np.where(tsobj <= r)[0] + d
7 
8     tmpdata = None
9 
10    # 重建基礎資料集
11    # xt=a0+a1*x(t-1)+...+ap*x(t-p)
12    for i in dst_set:
13        if i>p and i < len(tsobj):
14            if tmpdata is None:
15                tmpdata = [tsobj[(i-p):(i+1)]]
16            else:
17                tmpdata = np.r_[tmpdata, [tsobj[(i-p):(i+1)]]]
18    x = np.c_[[1]*tmpdata.shape[0],tmpdata[:,0:p]]
19    coef = np.matmul(np.matmul(np.linalg.inv(np.matmul(x.T,x)),x.T),
      tmpdata[:,p])
20    epsilon = tmpdata[:,p] - np.matmul(x,coef)
21    aic = tmpdata.shape[0]*np.log(np.var(epsilon))+2*(p+2)
22    return {"aic":aic, "coef":coef}
```

在該函數中，使用最小平方法來估計 AR 模型的參數，並考慮了截距項。進一步，透過多層巢狀結構的方式，列舉d,r,p_1,p_2參數的所有設定值。並基於 AIC 值最小化，確定最佳參數（包含d,r,p_1,p_2和對應的自回歸係數$\phi_i^1(i=0,1,2,\cdots,p1),\phi_i^2(i=0,1,2,\cdots,p2)$），程式如下：

```
1 # 選擇最佳參數
2 for tsv in thresholdV:
3     for d in range(1,dmax+1):
4         for p1 in range(1,pmax+1): # <= r
5             model1 = get_model_info(train_data.sunspot.values, d, p=p1,
              r=tsv, isup=False)
6             for p2 in range(1,pmax+1): # > r
7                 model2 = get_model_info(train_data.sunspot.values, d, p=p2,
                  r=tsv, isup=True)
8                 if model1['aic']+model2['aic'] < minAIC:
9                     minAIC = model1['aic']+model2['aic']
10                    a_tsv = tsv
11                    a_d = d
12                    a_p1 = p1
13                    a_p2 = p2
14                    coef1 = model1['coef']
15                    coef2 = model2['coef']
16                    print(minAIC)
17 # 1891.4713402264924
18 # 1755.538487229318
19 # ......
20 # 1613.7875399449235
21 # 1612.4584851226264
```

由於我們分析的資料量較少，雖然有 4 層，但是運算速度還是可以接受的。此外，除了使用這種方法，還可以使用遺傳演算法，有興趣的讀者不妨嘗試一下。從上述程式中，我們可以看到 minAIC 的設定值逐漸減小，一直到這段程式執行完畢，最後獲得最小的 AIC=1612.458，同時，程式中記錄了每次更新 minAIC 時，對應的門檻值 a_tsv，門檻延遲 a_d，兩個 AR 模型的最高階數 a_p1、a_p2，以及自回歸係數 coef1、coef2。進一步，我們基於歷史資料，逐步對 1969—2018 年的黑子數量進行預測，並與真實值比較，Python 程式如下：

```
1 import matplotlib.pyplot as plt
2 import matplotlib
3 matplotlib.rcParams['font.family'] = 'SimHei'
4 # 使用求出的參數，對後 50 年的資料逐年預測
5 predsData = []
```

```
 6
 7 for i in range(rows - 50,rows):
 8     t0 = ss_data.sunspot.values[i - a_d]
 9     if t0 <= a_tsv:
10         predsData.append(np.sum(np.r_[1,ss_data.sunspot.values[(i-a_p1):i]]
           *coef1))
11     else:
12         predsData.append(np.sum(np.r_[1,ss_data.sunspot.values[(i-a_p2):i]]
           *coef2))
13
14
15 plt.figure(figsize=(10,6))
16 plt.plot(range(rows)[-100:rows],ss_data.sunspot[-100:rows],'-',c='black',
   linewidth=2,label="真實值")
17 plt.plot(range(rows)[-50:rows],predsData,'b--',label="預測值")
18 plt.xticks(range(rows)[-100:rows][::15],ss_data.year[-100:rows][::15],
   rotation=50)
19 plt.xlabel("$year$",fontsize=15)
20 plt.ylabel("$sunspot$",fontsize=15)
21 plt.legend()
22 plt.show()
```

效果如圖 8-2-2 所示，我們基於 TAR 模型進行預測，虛線為預測的曲線，對應位置的實線為真實資料曲線，這兩條曲線非常接近，並且很多地方幾乎重合，可見，在這種情形下，使用 TAR 模型進行建模預測，取得的效果較好。

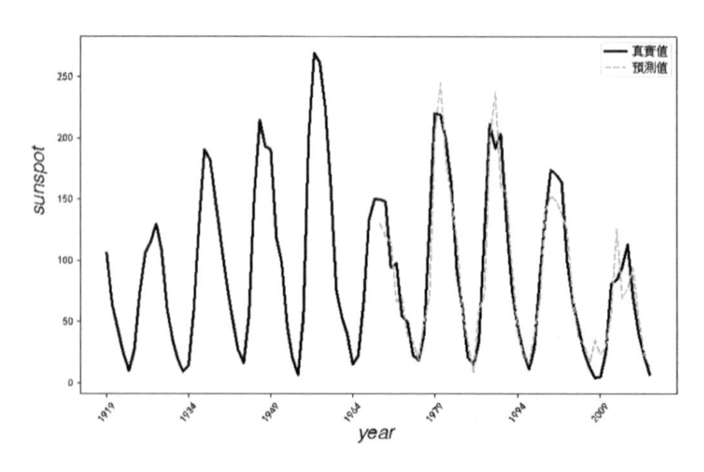

圖 8-2-2 基於 TAR 模型進行預測

8.3 GARCH 模型族

經典的回歸模型在古典假設中要求擾動項具有同方差性，而這一點在實作中經常難以滿足，通常表現為異方差性。這在某些金融時間序列分析中，時常有某種特徵性的值叢集出現。如果對股票的收益序列建立模型，那麼它的隨機干擾項會在較大幅度波動後面有很大幅度的波動，在較小幅度波動後面會有很小幅度的波動，這種特性就是波動的聚集性。為了描述這種波動規律，1982 年，由恩格爾（Engle,R.）首先提出 ARCH 模型，即自回歸條件異方差模型，後由博勒斯萊文（Bollerslev,T.）發展成為 GARCH 模型，即廣義的自回歸條件異方差模型。本節從 ARCH 模型出發，依次介紹 GRACH 模型、EGARCH 模型、TGARCH 模型以及 PARCH 模型。

8.3.1 線性 ARCH 模型

ARCH模型是特別用來建立條件方差模型並進行預測的。對於時間序列$\{x_t\}$，其 AR(d)模型的形式為$x_t=\phi_0+\phi_1 x_{t-1}+\phi_2 x_{t-2}+\cdots+\phi_p x_{t-d}+\varepsilon_t$，其中隨機干擾$\varepsilon_t$滿足項$E(\varepsilon_t)=0,\mathrm{Var}(\varepsilon_t)=\sigma_\varepsilon^2$，且對於任意的$s\neq t,E(\varepsilon_s\varepsilon_t)=0$，就要求隨機干擾序列$\{\varepsilon_t\}$為零均值白雜訊序列，且具有相同的方差。如果干擾序列$\{\varepsilon_t\}$的平方ε_t^2遵循 AR(p)過程，即滿足：

$$\varepsilon_t^2=\alpha_0+\alpha_1\varepsilon_{t-1}^2+\alpha_2\varepsilon_{t-2}^2+\cdots+\alpha_p\varepsilon_{t-p}^2+\eta_t$$

其中，η_t是獨立同分佈的，那麼有 $E(\eta_t)=0,\mathrm{Var}(\eta_t)=\lambda^2,\alpha_0>0,\alpha_i\geqslant 0(i=1,2,\cdots,p)$。干擾序列$\{\varepsilon_t\}$服從$p$階的 ARCH 過程，記為$\varepsilon_t\sim\mathrm{ARCH}(p)$。

ARCH 模型提供計算時間序列的條件方差的辦法，這是它最突出的特徵。在每一個時刻 t，ARCH 過程的條件方差可以表現為過去的各種隨機干擾的函數。用σ_t^2來表示 ARCH 過程中$\{\varepsilon_t\}$在時刻 t 的條件方差，列出隨機變數$\varepsilon_{t-1}^2,\varepsilon_{t-2}^2,\cdots,\varepsilon_{t-p}^2$ 的值，則有 $\sigma_t^2=E\left(\varepsilon_t^2|\varepsilon_{t-1}^2,\varepsilon_{t-2}^2,\cdots,\varepsilon_{t-p}^2\right)=\alpha_0+\alpha_1\varepsilon_{t-1}^2+\alpha_2\varepsilon_{t-2}^2+\cdots+\alpha_p\varepsilon_{t-p}^2$，因而知道了參數$\alpha_0,\alpha_1,\alpha_2,\cdots,\alpha_p$的值，就能在時刻$t-1$預測時刻$t$的條件方差$\sigma_t^2$。假設序列$\{v_t\}$獨立同分佈，滿足$E(v_t)=0,\mathrm{Var}(v_t)=1$，

且用h_t表示條件方差，則根據$\varepsilon_t \sim \mathrm{ARCH}(p)$，可將$\varepsilon_t$表示為：

$$\varepsilon_t = \sqrt{h_t} \cdot v_t$$

其中，$h_t = \alpha_0 + \alpha_1\varepsilon_{t-1}^2 + \alpha_2\varepsilon_{t-2}^2 + \cdots + \alpha_p\varepsilon_{t-p}^2$，則 ARCH 模型的數學運算式為：

$$\begin{cases} x_t = \phi_0 + \phi_1 x_{t-1} + \cdots + \phi_p x_{t-d} + \varepsilon_t \\ \varepsilon_t = \sqrt{h_t} \cdot v_t, v_t \in N(0,1) \\ h_t = \alpha_0 + \alpha_1\varepsilon_{t-1}^2 + \alpha_2\varepsilon_{t-2}^2 + \cdots + \alpha_p\varepsilon_{t-p}^2 \end{cases}$$

對於 ARCH 模型的參數向量$\boldsymbol{\theta} = (\phi_0, \phi_1, \cdots, \phi_d, \alpha_0, \alpha_1, \alpha_p)'$，這裡直接列出該模型的條件對數似然函數如下：

$$L(\boldsymbol{\theta}) = -\frac{T}{2}\ln(2\pi) - \frac{1}{2}\sum_{t=1}^{T}\ln(h_t) - \frac{\frac{1}{2}\sum_{t=1}^{T}(x_t - \phi_0 - \phi_1 x_{t-1} - \cdots - \phi_d x_{t-d})^2}{h_t}$$

對$L(\boldsymbol{\theta})$求關於$\boldsymbol{\theta}$的一階偏導數，參數向量$\boldsymbol{\theta}$的最大似然估計$\widehat{\boldsymbol{\theta}}$是$\frac{\partial L(\boldsymbol{\theta})}{\partial \boldsymbol{\theta}} = 0$的解。要使$L(\boldsymbol{\theta})$在$\boldsymbol{\theta} = \widehat{\boldsymbol{\theta}}$時取極大值，可透過梯度下降、牛頓法等數值計算方法來解決。

通常在使用 ARCH 模型建模前，需要分析殘差平方序列的自相關性，如果當期殘差平方與延遲 1 階及以上的殘差平方相關性接近於 0，那說明異方差函數純隨機，歷史資料對未來方差的估計一點作用都沒有。這是最難分析的一種情況，至今沒有有效的方法分析其中的異方差資訊。如果當期殘差平方與延遲 1 階及以上的某些殘差平方相關性較強，即誤差平方序列的自相關係數不恆等於 0，異方差函數存在自相關性，這使得有可能透過建置殘差平方序列的自回歸模型來擬合異方差函數，也就是可以透過建置 ARCH 模型來解決該問題。

8.3.2 GRACH 模型

雖然 ARCH 模型能較好地描述金融資料波動的集聚性特徵，但是要確保條件方差永遠為正數。然而當落後階數 p 很大時，經常就會不滿足係數為非負的限制條件。為獲得更多的靈活性，在 ARCH 模型基礎上，Bollersler（1986 年）提出了廣義自回歸條件異方差模型，簡記為 GARCH 模型。它是對 ARCH 模型的重要擴充，比 ARCH 模型需要更小的階數，並有與 ARMA 模型相類似的結構。如果引用條件方差的落後項，即可將 GRACH 模型的定義如下：

$$\begin{cases} x_t = \phi_0 + \phi_1 x_{t-1} + \cdots + \phi_d x_{t-d} + \varepsilon_t \\ \varepsilon_t = \sqrt{h_t} \cdot v_t, v_t \in N(0,1) \\ h_t = w_0 + \alpha_1 \varepsilon_{t-1}^2 + \cdots + \alpha_p \varepsilon_{t-p}^2 + \rho_1 h_{t-1} + \cdots + \rho_q h_{t-q} \end{cases}$$

其中，$w_0 > 0, \alpha_i \geqslant 0, (i = 1,2, \cdots, p), \rho_i \geqslant 0, (i = 1,2, \cdots, q)$。滿足該條件的模型稱為GRACH$(p, q)$模型，而稱$\varepsilon_t$服從GRACH$(p, q)$過程，記為$\varepsilon_t \sim$ ARCH(p, q)。很明顯，當$p = q = 0$時，ε_t為白雜訊過程，而當$q = 0$時，$\varepsilon_t \sim$ ARCH(p)。下面列出GRACH(p, q)過程是平穩過程的充分必要條件，即：

$$\alpha(1) + \rho(1) < 1$$

$$\alpha(1) = \sum_{i=1}^{p} \alpha_i$$

$$\rho(1) = \sum_{i=1}^{q} \rho_i$$

此時，$E(\varepsilon_t) = 0$,$\mathrm{Var}(\varepsilon_t) = \frac{w_0}{1-\alpha(1)-\rho(1)}$，並且對於任意的$s \neq t$,$\mathrm{Cov}(\varepsilon_s, \varepsilon_t) = 0$。特別地，當$p = q = 1$時，即獲得GRACH(1,1)模型，儘管形式簡單，但在經濟學的許多領域，尤其是在金融學中有很多的應用。GRACH(1,1)模型可以表示為：

$$\begin{cases} x_t = \phi_0 + \phi_1 x_{t-1} + \cdots + \phi_d x_{t-d} + \varepsilon_t \\ \varepsilon_t = \sqrt{h_t} \cdot v_t, v_t \in N(0,1) \\ h_t = w_0 + \alpha_1 \varepsilon_{t-1}^2 + \rho_1 h_{t-1} \end{cases}$$

其中，$\{v_t\}$獨立同分佈且$v_t \sim N(0,1)$，參數滿足$w_0 > 0, \alpha_1 \geqslant 0, \rho_1 \geqslant 0$，GRACH(1,1)過程平穩的充分必要條件是$\alpha_1 + \rho_1 < 1$。

8.3.3 EGARCH 模型

對於股票資料，人們通常認為市場價格向下的變動會比向上的變動導致更高的波動性。然而在線性 GRACH 模型中，條件方差是過去條件方差的函數，因而它的符號不能影響波動率，所以 ARCH 模型不能用來反映股票收益中的槓桿作用。1991 年 Nelson 引用了 EGARCH 模型，即指數 GARCH（Exponential GARCH）模型，模型的條件方差運算式為：

$$\ln h_t = w_0 + \sum_{i=1}^{p}\left[\alpha_i \left|\frac{\varepsilon_{t-i}}{\sqrt{h_{t-i}}}\right| + \varphi_i \frac{\varepsilon_{t-i}}{\sqrt{h_{t-i}}}\right] + \sum_{j=1}^{q}\rho_j \ln h_{t-j}$$

由於條件方差採用了自然對數形式，則表示h_t非負且槓桿效應是指數形式的。若$\varphi_i \neq 0$，則說明資訊作用非對稱，若$\varphi_i < 0$則說明槓桿效應顯著。條件方差的對數轉換能確定條件方差取正值，克服了 GARCH 模型的侷限，可以更進一步地判斷波動源的持續性。同時，EGARCH 模型不受平穩性條件的限制。

8.3.4 PowerARCH 模型

Ding、Granger 和 Engle 在 1993 年提出一種歸納性很強的 Power ARCH 模型，簡記為 PARCH 模型，它將多種 ARCH 模型和 GARCH 模型作為其特例，靈活性很強。PARCH 模型定義如下：

$$\begin{cases} x_t = \phi_0 + \phi_1 x_{t-1} + \cdots + \phi_d x_{t-d} + \varepsilon_t \\ \varepsilon_t = \sqrt{h_t} \cdot v_t, v_t \in N(0,1) \\ h_t^{\frac{r}{2}} = w_0 + \sum_{i=1}^{p} \alpha_i \left(|\varepsilon_{t-i}| - \varphi_i \varepsilon_{t-i}\right)^r + \sum_{j=1}^{q} \rho_j\, h_{t-j}^{\frac{r}{2}} \end{cases}$$

其中，$w_0 > 0, \alpha_i \geqslant 0, \rho_j \geqslant 0, -1 < \varphi_i < 1, r \geqslant 0$。$E(h_t^r)$和$E(|\varepsilon_t|^r)$存在的充要條件是：

$$\frac{1}{\sqrt{2\pi}}\sum_{i=1}^{p} \alpha_i \left[(1+\varphi_i)^r + (1-\varphi_i)^r\right] 2^{\frac{r-1}{2}} \Gamma\left(\frac{r+1}{2}\right) + \sum_{j=1}^{q} \rho_j < 1$$

由此，ε_t二階平穩的充分條件是，當$r \geqslant 2$時，滿足上式。PARCH 模型所概括的常見模型分別為以下幾種。

（1） 當$r = 2, \varphi_i = 0(i = 1,2,\cdots,p), \rho_j = 0(j = 1,2,\cdots,q)$時，PARCH 模型就是 Engle 於 1982 年提出來的經典 ARCH 模型。

（2） 當$r = 2, \varphi_i = 0(i = 1,2,\cdots,p)$時，PARCH 模型就變為 Bollersler 於 1986 年提出的 GARCH 模型。

（3） 當$\varphi_i = 0(i = 1,2,\cdots,p), \rho_j = 0(j = 1,2,\cdots,q)$時，PARCH 模型是 Higgins 與 Bera 於 1992 年提出的 NARCH 模型。

（4） 當$r = 1$時，PARCH 模型就是 Zakoian 於 1994 年提出的 TARCH 模型。

求解 PARCH 模型的關鍵，在於求出參數向量$\boldsymbol{\theta}$。在「8.3.1 線性 ARCH 模型」部分，我們列出了 ARCH 模型的條件對數似然函數$L(\boldsymbol{\theta})$的運算式。由於 PARCH 與 ARCH 的區別在於條件方差的建模方法不同，這只會影響到h_t對相關參數的求導，所以$L(\boldsymbol{\theta})$對 PARCH 仍然適用。此處定義 PARCH 模型的條件負對數似然函數為：

$$L(\boldsymbol{\theta}) = \frac{n}{2}\ln(2\pi) + \frac{1}{2}\sum_{t=1}^{n}\ln(h_t) + \frac{\frac{1}{2}\sum_{t=1}^{n}(x_t - \phi_0 - \phi_1 x_{t-1} - \cdots - \phi_d x_{t-d})^2}{h_t}$$

這裡需要求使得$L(\boldsymbol{\theta})$取得最小值所對應的參數估計值$\widehat{\boldsymbol{\theta}}$，根據 PARCH 模型的定義，$w_0, \alpha_i, \rho_j, \varphi_i, r$這些參數都是有條件限制的，為了處理程式設計處理的靈活性，透過取指數的方法來確保參數大於或等於 0（非常接近於 0），同時正餘弦函數的值在[-1,1]區間，可乘以$b(b = 0.9999)$將閉區間去掉。因此，h_t可重新定義為：

$$h_t = \left(\mathrm{e}^{w_0} + \sum_{i=1}^{p}\mathrm{e}^{\alpha_i}(|\varepsilon_{t-i}| - (\sin(\varphi_i)\cdot b)\varepsilon_{t-i})^{\mathrm{e}^r} + \sum_{j=1}^{q}\mathrm{e}^{\rho_j h_{t-j}^{\frac{\mathrm{e}^r}{2}}}\right)^{\frac{2}{\mathrm{e}^r}}$$

於是，參數向量$\boldsymbol{\theta}=\left(\phi_0,\phi_1,\cdots,\phi_d,r,w_0,\alpha_1,\cdots,\alpha_p,\varphi_1,\cdots,\varphi_p,\rho_1,\cdots,\rho_q\right)'$，且是條件無約束的。令:

$$R(t)=\frac{h_t-(x_t-\phi_0-\phi_1 x_{t-1}-\cdots-\phi_d x_{t-d})^2}{h_t^{0.5\mathrm{e}^r+1}}$$

$$D(t,i)=|\varepsilon_{t-i}|-\sin(\varphi_i)\cdot b\cdot\varepsilon_{t-i})$$

求解$L(\boldsymbol{\theta})$對$\boldsymbol{\theta}$的偏導數如下：

- 對ϕ的偏導

$$\frac{\partial L(\boldsymbol{\theta})}{\partial\phi_0}=-\sum_{t=1}^{n}(x_t-\phi_0-\phi_1 x_{t-1}-\cdots-\phi_d x_{t-d})/h_t$$

$$\frac{\partial L(\boldsymbol{\theta})}{\partial\phi_i}=-\sum_{t=1}^{n}x_{t-i}\,(x_t-\phi_0-\phi_1 x_{t-1}-\cdots-\phi_d x_{t-d})/h_t$$

- 對r的偏導

$$S(t)=\left(\sum_{i=1}^{p}\mathrm{e}^{2r+\alpha_i}D(t,i)^{\mathrm{e}^r}\ln D(t,i)+\sum_{j=1}^{q}0.25\,\mathrm{e}^{2r+\rho_j}(h_{t-j})^{\frac{\mathrm{e}^r}{2}}\ln(h_{t-j})\right)$$

$$\frac{\partial L(\boldsymbol{\theta})}{\partial r}=\frac{\partial L(\boldsymbol{\theta})}{\partial h_t}\frac{\partial h_t}{\partial r}=\frac{1}{2}\sum_{t=1}^{n}R(t)\,h_t^{\,0.5\mathrm{e}^r}(-\ln h_t+2\mathrm{e}^{-r}(h_t)^{-\frac{\mathrm{e}^r}{2}}S(t))$$

- 對w_0的偏導

$$\frac{\partial L(\boldsymbol{\theta})}{\partial w_0}=\frac{\partial L(\boldsymbol{\theta})}{\partial h_t}\frac{\partial h_t}{\partial w_0}=\sum_{t=1}^{n}R\,(t)\mathrm{e}^{w_0-r}$$

- 對α的偏導

$$\frac{\partial L(\boldsymbol{\theta})}{\partial\alpha_i}=\frac{\partial L(\boldsymbol{\theta})}{\partial h_t}\frac{\partial h_t}{\partial\alpha_i}=\sum_{t=1}^{n}R\,(t)\mathrm{e}^{\alpha_i-r}D(t,i)^{\mathrm{e}^r}$$

- 對φ的偏導

$$\frac{\partial L(\boldsymbol{\theta})}{\partial \varphi_i}=\frac{\partial L(\boldsymbol{\theta})}{\partial h_t}\frac{\partial h_t}{\partial \varphi_i}=\sum_{t=1}^{n} R\,(t)\mathrm{e}^{a_i}D(t,i)^{\mathrm{e}^{r}-1}(-b\varepsilon_{t-i})\cos\varphi_i$$

- 對ρ的偏導

$$\frac{\partial L(\boldsymbol{\theta})}{\partial \rho_j}=\frac{\partial L(\boldsymbol{\theta})}{\partial h_t}\frac{\partial h_t}{\partial \rho_j}=\sum_{t=1}^{n} R\,(t)\mathrm{e}^{\rho_j-r}h_{t-j}^{\frac{\mathrm{e}^{r}}{2}}$$

參數向量$\boldsymbol{\theta}$的更新公式為：

$$\begin{aligned}&\boldsymbol{\theta}(k+1)\\&=\boldsymbol{\theta}(k)\\&-\lambda\left(\frac{\partial L(\boldsymbol{\theta})}{\partial \phi_0},\frac{\partial L(\boldsymbol{\theta})}{\partial \phi_1},\dots,\frac{\partial L(\boldsymbol{\theta})}{\partial \phi_d},\frac{\partial L(\boldsymbol{\theta})}{\partial r},\frac{\partial L(\boldsymbol{\theta})}{\partial w_0},\frac{\partial L(\boldsymbol{\theta})}{\partial \alpha_1},\dots,\frac{\partial L(\boldsymbol{\theta})}{\partial \alpha_p},\frac{\partial L(\boldsymbol{\theta})}{\partial \varphi_p},\frac{\partial L(\boldsymbol{\theta})}{\partial \rho_1},\dots,\frac{\partial L(\boldsymbol{\theta})}{\partial \rho_q}\right)'\end{aligned}$$

其中，參數λ是學習效率。由於各參數的設定值範圍透過巧妙轉換，並沒有範圍限制。可基於歷史時序資料使用梯度下降法來求解最佳參數$\widehat{\boldsymbol{\theta}}$，使$L(\boldsymbol{\theta})$取得最小值。在編碼進行預測時，基於求解出來的參數和歷史資料，先求出$\{v_t\}$序列的值，可透過ARIMA模型對其下期資料進行預測，獲得v_{t+1}，然後求出h_{t+1}，進一步求出ε_{t+1}，結合自回歸方程式，最後求出下期的預測值x_{t+1}。該模組手動實現的 Python 程式非常繁雜，有興趣的讀者可參考本書附帶的程式。

8.4 向量自回歸模型

在時間序列預測實作中，通常使用的不止一個指標，例如電力企業的負荷預測，除了基本的電力負荷資料，還可以加入氣溫、濕度、節假日等因素。因此，針對一個指標的時間序列預測方法在這種情況下發揮空間有限。1980年，Sims 最早提出 Vector Auto Regressive Model，即向量自回歸模型，簡記為 VAR，它是目前處理多個相關時序指標分析與預測最容易操作的模型之一。本節從 VAR 模型的基本原理出發，透過撰寫 Python 程式手動實現 VAR 模型演算法，指導分析實作。

8.4.1 VAR 模型的基本原理

向量自回歸模型（VAR）就是非結構化的多方程式模型，它的核心思想是不考慮經濟理論而直接考慮經濟變數時間時序之間的關係，避開了結建置模方法中需要對系統中每個內生變數關於所有內生變數落後值函數建模的問題，通常用來預測相關時間序列系統和研究隨機擾動對變數系統的動態影響。VAR 模型類似聯立方程，將多個變數包含在一個統一的模型中，共同利用多個變數的資訊，比起僅使用單一時間序列的 ARIMA 等模型，其涵蓋的資訊更加豐富，能更進一步地模擬現實經濟體，因而用於預測時能夠提供更加接近現實的預測值。以兩變數 VAR 模型為例。模型中只含有兩個變數，變數 X 和變數 Y，兩個變數都是內生變數，模型中不含有外生變數。變數 X 由 X 的落後值和 Y 的落後值解釋，變數 Y 也由 X 的落後值和 Y 的落後值解釋。假設每個變數都落後 p 期，那麼 VAR 模型如下：

$$X_t = w_0 + \sum_{i=1}^{p} \alpha_i X_{t-i} + \sum_{i=1}^{p} \beta_i Y_{t-i} + \varepsilon_t$$

$$Y_t = w_0' + \sum_{i=1}^{p} \alpha_i' X_{t-i} + \sum_{i=1}^{p} \beta_i' Y_{t-i} + \varepsilon_t'$$

其中，w_0和w_0'為常數項，α_i、α_i'、β_i、$\beta_i'(i = 1,2,\cdots,p)$為參數，隨機擾動項$\varepsilon_t$和$\varepsilon_t'$的均值為 0，方差為常數，且不存在同期相關。將以上兩式用矩陣描述如下：

$$\begin{bmatrix} X_t \\ Y_t \end{bmatrix} = \begin{bmatrix} w_0 \\ w_0' \end{bmatrix} + \begin{bmatrix} \alpha_1 & \beta_1 \\ \alpha_1' & \beta_1' \end{bmatrix} \begin{bmatrix} X_{t-1} \\ Y_{t-1} \end{bmatrix} + \cdots + \begin{bmatrix} \alpha_p & \beta_p \\ \alpha_p' & \beta_p' \end{bmatrix} \begin{bmatrix} X_{t-p} \\ Y_{t-p} \end{bmatrix} + \begin{bmatrix} \varepsilon_t \\ \varepsilon_t' \end{bmatrix}$$

進一步可得 VAR 模型的一般形式：

$$\boldsymbol{X}_t = \boldsymbol{w} + \sum_{i=1}^{p} \boldsymbol{A}_i \boldsymbol{X}_{t-i} + \boldsymbol{\varepsilon}_t$$

上式中的$\boldsymbol{X}_t$是 n 維同方差平穩序列，$\boldsymbol{A}_i$是參數矩陣，$\boldsymbol{X}_{t-i}$是$\boldsymbol{X}_t$的 i 階落後項，$\boldsymbol{\varepsilon}_t$是誤差項，$\boldsymbol{w}$是常數項向量。由於 VAR 模型中每個方程式的右側只含有內

生變數的落後項，它們與$\boldsymbol{\varepsilon}_t$是不相關的，所以可以用最小平方法估計每一個方程式，獲得的參數估計量都具有一致性。

模型中的內生變數，有 p 階落後期，因此被稱為 VAR(p)模型。在實際應用中通常希望落後期 p 足夠大，進一步能夠完整地反映模型的動態特徵，但是落後期越長，模型中待估計的參數就越多，自由度越少，直接影響模型參數估計的是有效性；如果落後期 p 太小，那麼誤差項的自相關會很嚴重，這會導致參數的非一致性估計，因此需要在落後期和自由度之間尋求一種均衡狀態。一般透過使 AIC（赤池資訊準則）取較小值的方法來為模型定階，其定義如下：

$$\mathrm{AIC} = \log(|\hat{\Sigma}_p|) + \frac{2d^2p}{n}$$

上式中，d是向量維數，n是樣本長度，p是落後階數，$\hat{\Sigma}_p$是當落後階數為p時，殘差向量協方差矩陣的估計。選擇p的原則是在增加p值的過程中使 AIC 值達到最小。

由於只有平穩的時間序列才能夠直接建立 VAR 模型，因此在建立 VAR 模型之前，首先要對變數進行平穩性檢驗。通常可利用序列的自相關分析圖來判斷時間序列的平穩性，如果序列的自相關係數隨著落後階數的增加很快趨於 0，即落入隨機區間，則序列是平穩的，反之序列則是不平穩的。另外，也可以對序列進行 ADF 檢驗來判斷平穩性。對於不平穩的序列，需要進行差分運算，直到差分後的序列平穩後，才能建立 VAR 模型。

8.4.2 VAR 模型的 Python 實現

針對一個多元時間序列，使用 VAR 模型進行建模預測，可以獲得對應多個時序指標的預測結果，這與依次為每個指標建立一元時間序列的做法相比，不僅效率高，而且考慮了多個指標間的落後交換影響，建模使用的資訊量更大，能夠消除的誤差也會更多。為了說明 VAR 模型的建模過程，我們使用 canada 資料集作為基礎資料。該資料集包含 4 個指標（prod、e、U、rw），統計了 1980 年 Q1 到 2000 年 Q4 按季的指標值序列。其中，指標 prod 表示工作生產率，指標 e 反映了就業情況，指標 U 表示失業率，指標 rw 表示實際發的薪水。從這些資料中分析 1999 年 Q1 到 2000 年 Q4 的資料子集用於驗證模型效果，其他的資料用於建立 VAR 模型。首先，分析訓練集中這 4 個指標的平穩性，對於不平穩的要差分運算，使差分後的序列變得平穩，然後才能建立 VAR 模型，對應的 Python 程式如下：

```
1 import pandas as pd
2 import numpy as np
3 src_canada = pd.read_csv("canada.csv")
4 val_columns = ['e','prod','rw','U']
5 v_std = src_canada[val_columns].apply(lambda x:np.std(x)).values
6 v_mean = src_canada[val_columns].apply(lambda x:np.mean(x)).values
7 canada = src_canada[val_columns].apply(lambda x:(x-np.mean(x))/np.std(x))
8 train = canada.iloc[0:-8]
9
10 import statsmodels.tsa.stattools as stat
11 for col in val_columns:
12     pvalue = stat.adfuller(train[col],1)[1]
13     print("指標",col,"單位根檢驗的p值為： ",pvalue)
14
15 # 指標 e 單位根檢驗的p值為：  0.9255470701604621
16 # 指標 prod 單位根檢驗的p值為：  0.9479865217623266
17 # 指標 rw 單位根檢驗的p值為：  0.0003397509672252013
18 # 指標 U 單位根檢驗的p值為：  0.19902577436726288
```

可以看到，這 4 個指標單獨進行單位根檢驗，其 p 值有 3 個大於 0.01，因此除 rw 指標外，其他的都不平穩，需要進一步進行差分運算（為便於處理，這裡對 4 個指標同時進行差分），Python 程式如下：

```
1 # 由於這4個指標都不平穩，因此需要進行合適的差分運算
2 train_diff = train.apply(lambda x: np.diff(x),axis=0)
3
4 for col in val_columns:
5     pvalue = stat.adfuller(train_diff[col],1)[1]
6     print("指標",col,"單位根檢驗的p值為： ",pvalue)
7
8 # 指標 e 單位根檢驗的p值為：  0.0001880625826803204б
9 # 指標 prod 單位根檢驗的p值為：  7.3891405425103595e-09
```

```
10 # 指標 rw 單位根檢驗的p值為：  1.254497644415662e-06
11 # 指標 U 單位根檢驗的p值為：  7.652834648091671e-05
```

如上述程式所示，對所有指標進行了 1 階差分運算，並獲得平穩（所有指標單位根檢驗的 p 值小於 0.01）的差分結果，差分後的資料儲存在矩陣 train_diff 中。接下來，就是為 VAR 模型定階，按照 8.4.1 節所講，可以讓階數從 1 逐漸增加，當 AIC 儘量小時，可以確定最大落後期。我們使用最小平方法，求解每個方程式的係數，並透過逐漸增加階數，為模型定階，Python 程式如下：

```
 1 # 模型階數從 1 開始逐一增加
 2 rows, cols = train_diff.shape
 3 aicList = []
 4 lmList = []
 5
 6 for p in range(1,11):
 7     baseData = None
 8     for i in range(p,rows):
 9         tmp_list = list(train_diff.iloc[i]) + list(train_diff.iloc[i-p:i].
           values.flatten())
10         if baseData is None:
11             baseData = [tmp_list]
12         else:
13             baseData = np.r_[baseData, [tmp_list]]
14     X = np.c_[[1]*baseData.shape[0],baseData[:,cols:]]
15     Y = baseData[:,0:cols]
16     coefMatrix = np.matmul(np.matmul(np.linalg.inv(np.matmul(X.T,X)),X.T),Y)
17     aic = np.log(np.linalg.det(np.cov(Y - np.matmul(X,coefMatrix),rowvar=
       False))) + 2*(coefMatrix.shape[0]-1)**2* p/baseData.shape[0]
18     aicList.append(aic)
19     lmList.append(coefMatrix)
20
21 # 比較檢視階數和 AIC 值
22 pd.DataFrame({"P":range(1,11),"AIC":aicList})
23 #   P      AIC
24 #0  1   -19.996796
25 #1  2   -17.615455
26 #2  3   -9.407306
27 #3  4   6.907540
28 #4  5   34.852248
29 #5  6   77.620404
```

```
30 #6  7   138.382810
31 #7  8   220.671801
32 #8  9   328.834718
33 #9  10  466.815468
```

如上述程式所示，當 p=1 時，AIC 取得最小值為-19.996796。因此 VAR 模型定階為 1，並可從物件 lmList 中取得各指標對應的線性模型。基於該模型，對未來 8 期的資料進行預測，並與驗證資料集進行比較分析，Python 程式如下：

```
 1 p = np.argmin(aicList)+1
 2 n = rows
 3 preddf = None
 4 for i in range(8):
 5     predData = list(train_diff.iloc[n+i-p:n+i].values.flatten())
 6     predVals = np.matmul([1]+predData,lmList[p-1])
 7     # 使用逆差分運算，還原預測值
 8     predVals=train.iloc[n+i,:]+predVals
 9     if preddf is None:
10         preddf = [predVals]
11     else:
12         preddf = np.r_[preddf, [predVals]]
13
14    # 為train增加一筆新記錄
15    train = train.append(canada[n+i+1:n+i+2],ignore_index=True)
16    # 為train_diff增加一筆新記錄
17    df = pd.DataFrame(list(canada[n+i+1:n+i+2].values - canada[n+i:n+i+1].
    values), columns=canada. columns)
18    train_diff = train_diff.append(df,ignore_index=True)
19
20 preddf = preddf*v_std + v_mean
21 # 分析預測殘差情況
22 preddf - src_canada[canada.columns].iloc[-8:].values
23 # array([[ 0.20065717, -0.7208273 ,  0.08095578, -0.18725653],
24 #        [ 0.03650856, -0.08061888,  0.05900709, -0.22667618],
25 #        [ 0.03751544, -0.87174186,  0.17291551,  0.10381011],
26 #        [-0.04826459, -0.06498827,  0.45879439,  0.34885492],
27 #        [-0.15647981, -0.6096229 , -1.1219943 , -0.12520269],
28 #        [ 0.51480518, -0.51864268,  0.7123945 , -0.2760806 ],
29 #        [ 0.32312138, -0.06077591, -0.14816924, -0.39923473],
```

```
30 #        [-0.34031027,  0.78080541,  1.31294708,  0.01779691]])
31
32 # 統計預測百分誤差率分佈
33 pd.Series((np.abs(preddf - src_canada[canada.columns].iloc[-8:].values)*100
  /src_canada[canada.columns].iloc [-8:].values).flatten()).describe()
34 # count    32.000000
35 # mean      0.799252
36 # std       1.551933
37 # min       0.003811
38 # 25%       0.018936
39 # 50%       0.111144
40 # 75%       0.264179
41 # max       5.760963
42 # dtype: float64
```

如上述程式中第 23~30 行所示的預測殘差情況，殘差都在 0 附近波動，並且其絕對值大多數不超過 1，說明預測效果很好。從第 33 行程式的執行結果中可以看出最大百分誤差率為 5.761%，最小百分誤差率為 0.003811%，進一步，繪製二維圖表觀察預測資料與真實資料的逼近情況，Python 程式如下：

```
 1 import matplotlib.pyplot as plt
 2 m = 16
 3 xts = src_canada[['year','season']].iloc[-m:].apply(lambda x:str(x[0])
   +'-'+x[1],axis=1).values
 4 fig, axes = plt.subplots(2,2,figsize=(10,7))
 5 index = 0
 6 for ax in axes.flatten():
 7     ax.plot(range(m),src_canada[canada.columns].iloc[-m:,index],'-',
       c='lightgray',linewidth=2,label="real")
 8     ax.plot(range(m-8,m),preddf[:,index],'o--',c='black',linewidth=2,
       label="predict")
 9     ax.set_xticklabels(xts,rotation=50)
10     ax.set_ylabel("$"+canada.columns[index]+"$",fontsize=14)
11     ax.legend()
12     index = index + 1
13 plt.tight_layout()
14 plt.show()
```

效果如圖 8-4-1 所示。

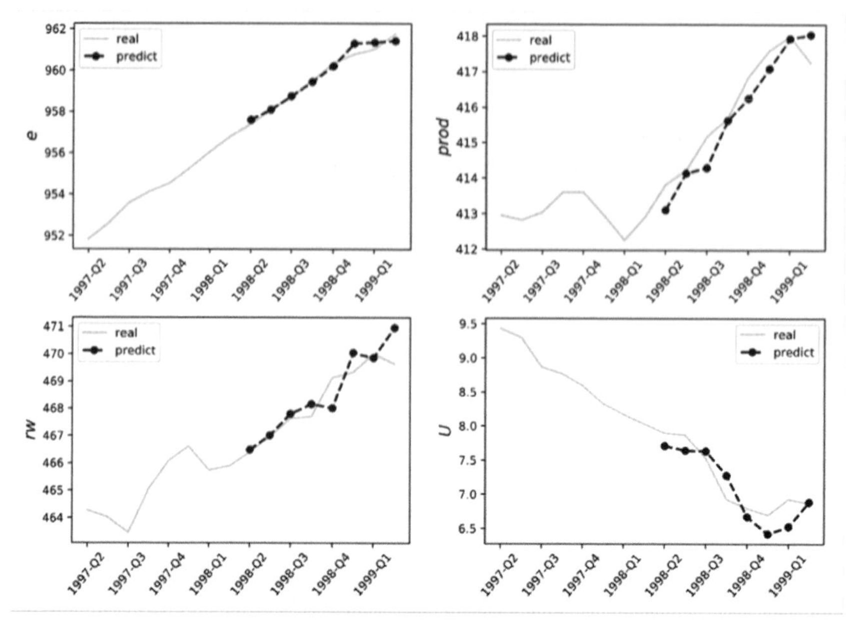

圖 8-4-1 各指標預測情況

由圖 8-4-1 可知，左側的兩個圖由於基數較大，從圖上看預測線與真實線非常接近，右側圖，特別是右側下圖，由於基數較小，也可以看到一些地方有比較明顯的差距，但是由於基數小，這點差距折算成數值也很小。整體來說，使用 VAR 模型進行預測的效果還是不錯的。特別是針對多元時間序列的情況，VAR 模型不僅考慮了其他指標的落後影響，計算效率還比較高，從以上程式可以看到，對於模型的擬合，直接使用最小平方法，更增加了該模型的適應性。

8.5 卡爾曼濾波

卡爾曼濾波器是一個以最小均方誤差為準則的最佳線性估計方法。1960 年，美籍匈牙利數學家卡爾曼（Kalman）將狀態空間分析方法引用到濾波理論中，對狀態和雜訊進行了完美的統一描述，獲得時域上的遞推濾波演算法，即卡爾曼濾波，對應的演算法公式被稱為卡爾曼濾波器。對於解決大部分問題，卡爾曼濾波器是最佳、效率最高甚至是最有效果的。其被廣泛應用已經超過

30 年，包含機器人導航、控制、感測器資料融合，甚至在軍事方面的雷達系統以及導彈追蹤等方面。近年來更被應用於電腦影像處理、臉部辨識、影像分割、影像邊緣檢測等方面。此外，它還可用於預測模型，它是用狀態空間概念來描述其數學公式的，其解經過遞迴計算，並且可以不加修改地應用於平穩和非平穩情形。其狀態的每一次更新估計都由前一次估計和新的輸入資料計算獲得，因此只需儲存前一次估計的結果。除了不需要儲存過去的所有觀測資料，卡爾曼濾波器在計算上比直接根據濾波過程中每一步的所有過去資料進行估計的方法都更加有效。本節從卡爾曼濾波的基本原理出發，結合 Python 對 Kalman 濾波進行實現。

8.5.1 卡爾曼濾波演算法介紹

卡爾曼（Kalman）濾波是根據上一狀態的估計值和目前狀態項，的觀測值推出目前狀態的估計值濾波方法，這裡的濾波其實是指透過一種演算法排除可能的隨機干擾以加強檢測精度的方法或方法。由於卡爾曼濾波是用狀態方程式和遞推方法進行估計的，因而卡爾曼濾波對訊號的平穩性和不變性不做要求。這裡不加證明地直接列出經典的離散系統卡爾曼濾波公式，包含 5 個方程式，分別如下。

① 狀態的一步預測方程式：

$$\hat{\boldsymbol{x}}_k^- = \boldsymbol{A}\hat{\boldsymbol{x}}_{k-1}^-$$

② 均方誤差的一步預測方程式：

$$\boldsymbol{P}_k^- = \boldsymbol{A}\boldsymbol{P}_{k-1}\boldsymbol{A}' + \boldsymbol{Q}$$

③ 濾波增益方程式（權重）

$$\boldsymbol{K}_k = \boldsymbol{P}_k^-\boldsymbol{H}'(\boldsymbol{H}\boldsymbol{P}_k^-\boldsymbol{H}' + \boldsymbol{R})^{-1}$$

④ 濾波估計方程式（k 時刻的最佳值）

$$\hat{\boldsymbol{x}}_k = \hat{\boldsymbol{x}}_k^- + \boldsymbol{K}_k(\boldsymbol{z}_k - \boldsymbol{H}\hat{\boldsymbol{x}}_k^-)$$

⑤ 均方誤差更新矩陣（k 時刻的最佳均方誤差）

$$P_k = (I - K_k H)P_k^-$$

式中，$\boldsymbol{x}$表示狀態向量，$\boldsymbol{A}$為狀態傳輸矩陣，$\boldsymbol{P}$為誤差協方差矩陣，$\boldsymbol{Q}$為系統雜訊協方差矩陣，$\boldsymbol{H}$為觀測協方差矩陣，$\boldsymbol{R}$為觀測雜訊協方差矩陣，$\boldsymbol{K}$為卡爾曼增益矩陣，$\boldsymbol{z}$為觀測向量。

一般來講，狀態傳輸矩陣$\boldsymbol{A}$定義了狀態向量隨時間變化的規律，在卡爾曼濾波系統中是系統動力學過程函數。系統雜訊協方差矩陣$\boldsymbol{Q}$定義了在卡爾曼濾波系統模型中噪音源的影響下，狀態估計的不確定程度隨時間的變化規律，通常可取為對角矩陣或常值。觀測雜訊協方差矩陣$\boldsymbol{R}$可假設為常數或建模為運動學或信噪比測量的函數。觀測矩陣$\boldsymbol{H}$定義了觀測向量隨之狀態的變化過程。

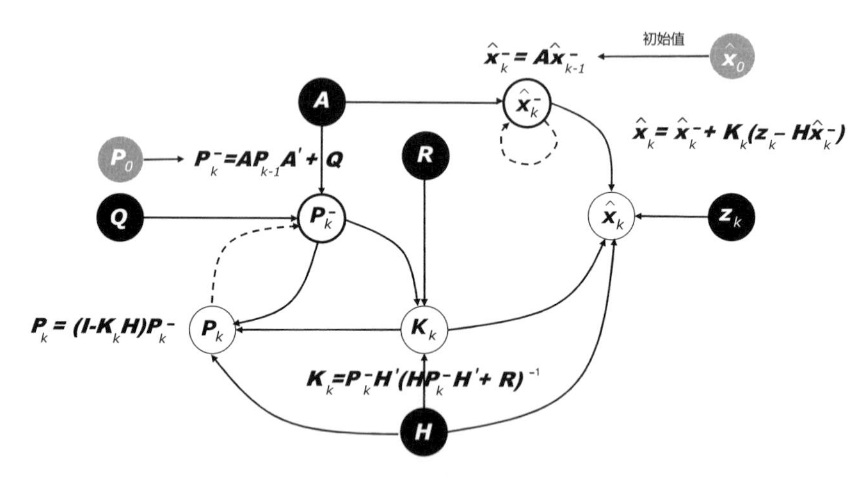

圖 8-5-1 卡爾曼濾波的計算過程

卡爾曼濾波包含兩個主要的過程：預估和校正。預估過程主要利用時間更新方程式，即使用方程式①建立對目前狀態的先驗估計$\hat{\boldsymbol{x}}_k^-$，以及使用方程式②向前推算目前狀態變數和誤差協方差估計的值$\boldsymbol{P}_k^-$。在建立了先驗估計值的前提下，利用測量值，再對目前狀態進行後驗估計。首先根據方程式③計算出目前狀態下的卡爾曼增益矩陣$\boldsymbol{K}_k$，再結合觀測值$\boldsymbol{Z}_k$，使用方程式④對先驗估計值$\hat{\boldsymbol{x}}_k^-$進行校正，獲得後驗估計值$\hat{\boldsymbol{x}}_k$，也就是最佳估計值。最後根據方程式⑤將誤差協方差矩陣$\boldsymbol{P}_k^-$更新為$\boldsymbol{P}_k$。這就是卡爾曼濾波演算法在某個狀態下的生命週期。它的計算過程如圖 8-5-1 所示。

圖 8-5-1 中灰色節點表示兩個初值，黑色節點表示輸入，其中觀測值$\boldsymbol{z}_k$每週期更新一次資料。5 個白色節點分別按照這 5 個方程式對應執行。由於$\hat{\boldsymbol{x}}_k$的值依賴$\hat{\boldsymbol{x}}_k^-$和$\boldsymbol{K}_k$，$\boldsymbol{K}_k$的值又依賴於$\boldsymbol{P}_k^-$，因此整個週期可分成 3 部分執行，第 1 部分，分別計算$\hat{\boldsymbol{x}}_k^-$和$\boldsymbol{P}_k^-$，第 2 部分首先計算$\boldsymbol{K}_k$，然後計算$\hat{\boldsymbol{x}}_k$（注意到由於$\hat{\boldsymbol{x}}_k$是根據觀測值$\boldsymbol{z}_k$進行的評估，它的值可以作為觀測值下一期的預測值），第 3 部分更新$\boldsymbol{P}_k$。

8.5.2 卡爾曼濾波的 Python 實現

基於卡爾曼濾波的基本原理，以及 8.4 節提出的 5 個方程式，嘗試使用 Python 實現卡爾曼濾波演算法，並基於 canada 資料集進行建模預測。需要注意的是，卡爾曼濾波演算法既可以針對一元序列進行建模，也可以針對多元時間序列進行建模，在這種情況下，演算法將同時列出所有多元時序指標的預測結果。canada 資料集包含 4 個指標（prod、e、U、rw），統計了 1980 年 Q1 到 2000 年 Q4 按季的指標值序列。因此，可以基於該資料實現多元時間序列的卡爾曼濾波演算法，透過每期的擬合情況分析預測效果。首先，根據 5 個輸入單元及兩個初值建置卡爾曼函數，對卡爾曼濾波演算法進行實現，程式如下：

```
1 def kalman(Z,A=None,H=None,Q=None,R=None,X0=None,P0=None):
2     """
3     該函數對 Kalman 濾波演算法進行實現
4     Z:觀測量
5     A:狀態傳輸矩陣，預設初始化為 diag(ncol(Z))
6     H:觀測協方差矩陣，預設初始化為 diag(ncol(Z))
7     Q:系統雜訊協方差矩陣，預設初始化為 diag(ncol(Z))
8     R:觀測雜訊協方差矩陣，預設初始化為 diag(ncol(Z))
9     X0:狀態量初值，預設初始化為 diag(ncol(Z))
10    P0:誤差協方差矩陣，預設初始化為 diag(ncol(Z))
11    """
12    dmt = np.identity(Z.shape[1])
```

```
13     A,H,Q,R,X0,P0 = [e if e is not None else dmt for e in [A,H,Q,R,X0,P0]]
14     X = [X0]
15     P = [P0]
16     N = Z.shape[0]
17     I = np.identity(A.shape[0])
18     for i in range(N):
19         # 均方誤差的一步預測方程式
20         Pp = np.matmul(np.matmul(A,P[i]),A.T)+Q
21         # 濾波增益方程式（權重）
22         K = np.matmul(np.matmul(Pp,H.T),np.linalg.inv(np.matmul(np.matmul
           (H,Pp),H.T)+R))
23         # 狀態的一步預測方程式
24         Xp = np.matmul(A,X[i])
25         # 濾波估計方程式（k時刻的最佳值）
26       X.append(Xp+np.matmul(K,np.identity(Z.shape[1])*Z[i,:]-np.matmul(H,Xp)))
27         # 均方誤差更新矩陣（k時刻的最佳均方誤差）
28         P.append(np.matmul(I - np.matmul(K,H),Pp))
29     return X
```

進一步，呼叫 kalman 函數，對 canada 資料集的全部資料逐期進行卡爾曼濾波，並產生每期的擬合值序列，最後將擬合值序列與真實值序列進行比較，以分析預測效果，Python 程式如下：

```
 1 import pandas as pd
 2 import numpy as np
 3 src_canada = pd.read_csv("canada.csv")
 4 val_columns = ['e','prod','rw','U']
 5 Z = src_canada[val_columns].values
 6 X = kalman(Z)
 7 out = []
 8 [out.append(np.diag(e)) for e in X[1::]]
 9 out = np.array(out)
10
11 import matplotlib.pyplot as plt
12 xts = src_canada[['year','season']].apply(lambda x:str(x[0])+'-'+x[1],axis=
1).values
13 fig, axes = plt.subplots(2,2,figsize=(10,7))
14 index = 0
15 for ax in axes.flatten():
```

```
16        ax.plot(range(out.shape[0]),src_canada[val_columns[index]],'-',
          c='lightgray',linewidth=2,label="real")
17        ax.set_xticks(range(out.shape[0])[::10])
18        ax.set_xticklabels(xts[::10],rotation=50)
19        ax.plot(range(5,out.shape[0]),out[5:,index],'--',c='black',linewidth=2,
          label="predict")
20        ax.set_ylabel("$"+canada.columns[index]+"$",fontsize=14)
21        ax.legend()
22        index = index + 1
23 plt.tight_layout()
24 plt.show()
```

效果如圖 8-5-2 所示，每個圖對應一個時序指標，可以看到，在剛開始的時候，擬合得並不好，隨著反覆運算次數的增加，擬合得越來越好。

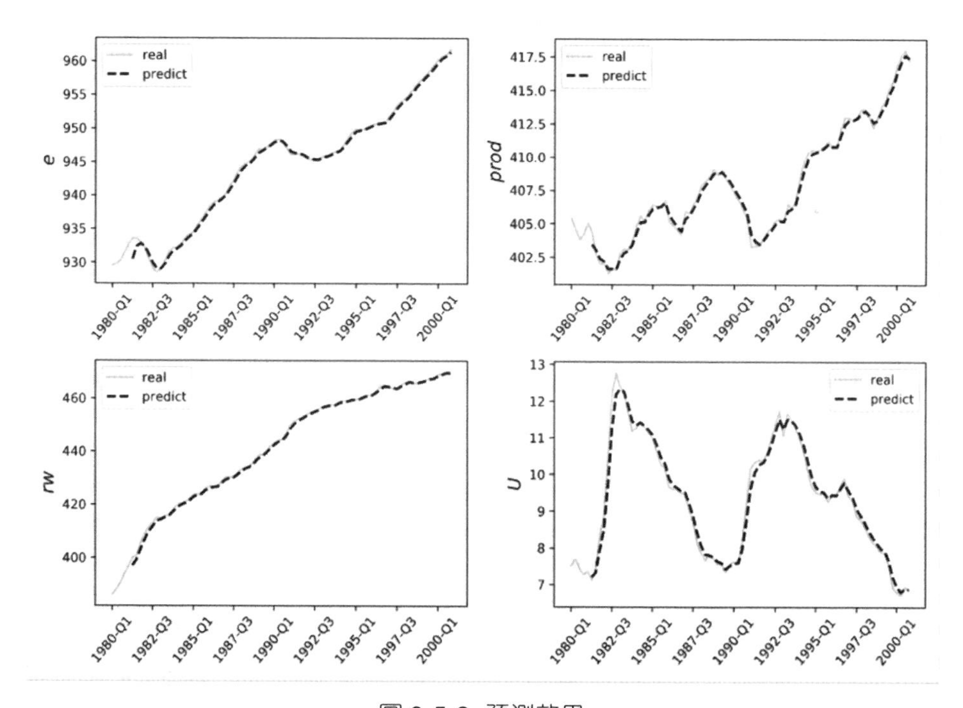

圖 8-5-2 預測效果

由於卡爾曼濾波演算法基於上期的真實資料和擬合數據對當期進行估計，所以每當更新一個資料時，就可以獲得一個合理的預測值，對於該例的多元時間序列情況，則一次列出每個序列指標的預測值。隨著資料增多，中間的權重矩陣、方差估計矩陣都獲得了充分的學習，進一步具有長期的記憶性。該演算法不僅佔用儲存空間小，執行效率也很快，非常適用於線上預測的情況。

8.6 循環神經網路

循環神經網路（Recurrent Neural Network，RNN）是一種非常強大的對序列資料進行建模和預測的神經網路，並且是深度學習領域中非常重要的模型。它克服了傳統機器學習方法對建模資料的諸多限制，廣泛應用於多種工作當中，例如語音辨識、語言模型、機器翻譯、資訊檢索、詞向量、文字分類、時序預測等資料中存在序列相依關係的場景。循環神經網路非常擅長處理序列資料，它可以將神經元某時刻的輸出再次作為神經元的輸入，由於網路結構中的參數是共用的，這也大幅加強了訓練的效能，同時使模型可以應用到不同長度的資料中。

8.6.1 RNN 的基本原理

RNN 是深度學習領域中內部存在自連接的神經網路，這種內部自連接的性質可以極佳地對音訊、視訊、文字等序列資料進行建模，相比傳統的前饋神經網路相互獨立地處理觀測值，RNN 可以基於含有大量上下文資訊的資料，建置神經網路，學習到複雜的向量到向量的對映。RNN 最早是由 Hopfield 提出的 Hopfield 網路模型，該模型具有強大的運算能力，同時具有聯想記憶的特點。然而，其實現較為困難，後面逐漸被其他神經網路模型和傳統機器學習演算法所代替。Jordan 和 Elman 分別於 1986 年和 1990 年提出循環神經網路架構，被稱為簡單循環網路，之後不斷出現的更加複雜的結構可以認為是其衍生的。目前 RNN 演算法已經廣泛應用於各種序列資料相關的場景中。

1. RNN 的結構

圖 8-6-1 展示了 RNN 的網路結構，在隱藏層展開前，透過隱藏層上的迴路連接，可以使目前時刻取得前一時刻的網路狀態，同時也可將目前的網路狀態

傳遞給下一時刻。我們可以把 RNN 看作是所有層共用權重的深度前饋神經網路，透過連接兩個時間步擴充。當序列資料中存在較長的依賴，且這種依賴不確定時，RNN 可能是較好的解決方案。

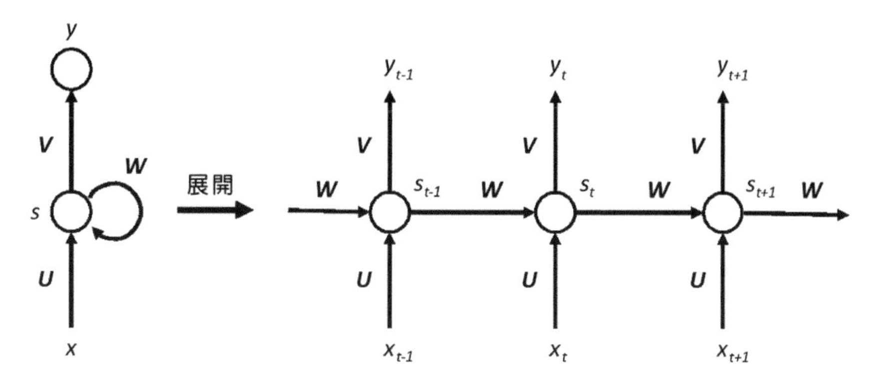

圖 8-6-1 RNN 結構及隱藏層展開圖

根據 RNN 的結構圖，我們知道$\{\cdots,x_{t-1},x_t,x_{t+1},\cdots\}$表示時間序列資料，$s_t$表示樣本在時刻$t$處的記憶，可表示為$s_t=f(Ws_{t-1}+Ux_t)$，其中$W$表示隱藏層單元間的連接權重，$U$表示輸入樣本的權重，$V$表示輸出樣本的權重。在$t=1$時刻，初始化狀態$s_0=0$，隨機初始化$W,U,V$，按如下公式進行計算：

$$\begin{aligned} h_1 =& \quad Ux_1+Ws_0 \\ s_1 =& \quad f(h_1) \\ y_1 =& \quad g(Vs_1) \end{aligned}$$

其中，f、g均為啟動函數，若時刻再向前推進，則此時的s_1作為時刻$t=1$的記憶狀態參與到下一時刻的預測過程，獲得如下的計算公式：

$$\begin{aligned} h_2 =& \quad Ux_2+Ws_1 \\ s_2 =& \quad f(h_2) \\ y_2 =& \quad g(Vs_2) \end{aligned}$$

依此類推，可以獲得 RNN 向前傳播的公式：

$$\begin{aligned} h_t =& \quad Ux_t+Ws_{t-1} \\ s_t =& \quad f(h_t) \\ y_t =& \quad g(Vs_t) \end{aligned}$$

計算過程中所需要的參數是共用的，因此理論上 RNN 可以處理任意長度的序列資料。RNN 能夠將序列資料對映為序列資料輸出，但是輸出序列的長度並不一定與輸入序列長度一致，根據不同的工作要求，可以有多種對應關係。

2. BPTT 演算法

RNN 的訓練目前最常用的是基於時間的反向傳播（Back Propagation Through Time，BPTT）演算法，這是 BP 演算法的改版，不僅考慮了目前步的網路，還考慮了前許多步網路的狀態，它可以對網路中的W、U、V參數進行更新。每一步預測的輸出值都存在一定的誤差，我們記為e_t，則整體誤差可表示為：

$$E = \sum_t e_t$$

對應的損失函數L可選擇交叉熵損失函數（用於分類問題）或平方誤差損失函數（用於回歸問題）。我們基於 BPTT 演算法將輸出端的誤差值反向傳遞，使用梯度下降法對網路參數進行更新。也就是要先求出參數的梯度值：

$$\begin{aligned} \nabla U &= \frac{\partial E}{\partial U} = \sum\nolimits_t \frac{\partial e_t}{\partial U} \\ \nabla V &= \frac{\partial E}{\partial V} = \sum\nolimits_t \frac{\partial e_t}{\partial V} \\ \nabla W &= \frac{\partial E}{\partial W} = \sum\nolimits_t \frac{\partial e_t}{\partial W} \end{aligned} \tag{8.4}$$

首先，探討參數W的更新方法，由式（8.4）可以看出整體誤差E對參數W的梯度值是每個時刻偏差e_t對W的偏導數之和。這裡為方便起見，以$t = 3$的時刻為例，說明∇W的推導過程。在$t = 3$時刻，可以獲得偏導數：

$$\frac{\partial e_3}{\partial W} = \frac{\partial e_3}{\partial y_3}\frac{\partial y_3}{\partial s_3}\frac{\partial s_3}{\partial W}$$

根據公式$s_t = f(Ws_{t-1} + Ux_t)$，我們發現s_3除了與W有關，還與前一時刻s_2有關。s_3對W的偏導可展開為下式：

$$\frac{\partial s_3}{\partial W} = \frac{\partial s_3}{\partial s_3} \cdot \frac{\partial s_3^*}{\partial W} + \frac{\partial s_3}{\partial s_2} \cdot \frac{\partial s_2}{\partial W}$$

其中，$\frac{\partial s_k^*}{\partial W}$表示$s_k$對$W$直接求導，不考慮對$s_{k-1}$的影響。進一步，$s_2$對$W$的偏導可展開為下式：

$$\frac{\partial s_2}{\partial W} = \frac{\partial s_2}{\partial s_2} \cdot \frac{\partial s_2^*}{\partial W} + \frac{\partial s_2}{\partial s_1} \cdot \frac{\partial s_1}{\partial W}$$

接著，s_1對W的偏導可進一步展開，如下：

$$\frac{\partial s_1}{\partial W} = \frac{\partial s_1}{\partial s_1} \cdot \frac{\partial s_1^*}{\partial W} + \frac{\partial s_1}{\partial s_0} \cdot \frac{\partial s_0}{\partial W}$$

將整個過程進行合併，可獲得下式：

$$\frac{\partial s_3}{\partial W} = \sum_{k=0}^{3} \frac{\partial s_3}{\partial s_k} \cdot \frac{\partial s_k^*}{\partial W} \Rightarrow \frac{\partial e_3}{W} = \sum_{k=0}^{3} \frac{\partial e_3}{\partial y_3} \frac{\partial y_3}{\partial s_3} \frac{\partial s_3}{\partial s_k} \frac{\partial s_k^*}{\partial W} \Rightarrow \nabla W$$
$$= \sum_t \sum_{k=0}^{t} \frac{\partial e_t}{\partial y_t} \frac{\partial y_t}{\partial s_t} \frac{\partial s_t}{\partial s_k} \frac{\partial s_k^*}{\partial W}$$

其中，$\frac{\partial s_t}{\partial s_k}$是一個連結法則，例如$\frac{\partial s_3}{\partial s_1} = \frac{\partial s_3}{\partial s_2} \cdot \frac{\partial s_2}{\partial s_1}$。因此，可以將$\nabla W$重新定義為：

$$\nabla W = \sum_t \sum_{k=0}^{t} \frac{\partial e_t}{\partial y_t} \frac{\partial y_t}{\partial s_t} \left(\prod_{j=k+1}^{t} \frac{\partial s_j}{\partial s_{j-1}} \right) \frac{\partial s_k^*}{\partial W}$$

同理，可獲得參數U和V的梯度，如下：

$$\nabla U = \sum_t \sum_{k=0}^{t} \frac{\partial e_t}{\partial y_t} \frac{\partial y_t}{\partial s_t} \frac{\partial s_t}{\partial U}, \nabla V = \sum_t \frac{\partial e_t}{\partial y_t} \frac{\partial y_t}{\partial V}$$

進一步，可按如下公式對參數U、V、W進行更新：

$$U := U - \alpha\nabla U$$
$$V := V - \alpha\nabla V$$
$$W := W - \alpha\nabla W$$

其中α為學習率。

3. 梯度消失和梯度爆炸

在實際應用中，RNN 常常面臨訓練方面的難題；尤其隨著模型深度的不斷增加，使得 RNN 並不可極佳地處理長距離的依賴。通常使用 BPTT 演算法來訓練 RNN，對於基於梯度的學習需要模型參數和損失函數之間存在閉式解，根據估計值和實際值之間的誤差來最小化損失函數，那麼在損失函數上計算獲得的梯度資訊可以傳回給模型參數並進行對應修改。假設對於序列$x_1, x_2, \cdots, x_t$，透過$s_t = f(Ws_{t-1} + Ux_t)$將上一時刻的狀態s_{t-1}對映到下一時刻的狀態s_t。T時刻損失函數L_T關於參數$\boldsymbol{\theta}$的梯度為：

$$\nabla_{\boldsymbol{\theta}} L_T = \frac{\partial L_T}{\partial \theta} = \sum_{t \leqslant T} \frac{\partial L_T}{\partial s_T} \frac{\partial s_T}{\partial s_t} \frac{\partial s_t}{\partial \theta}$$

根據鏈式法則，將矩陣$\frac{\partial s_T}{\partial s_t}$進行分解，如下所示：

$$\frac{\partial s_T}{\partial s_t} = \frac{\partial s_T}{\partial s_{T-1}} \frac{\partial s_{T-1}}{\partial s_{T-2}} \cdots \frac{\partial s_{t+1}}{\partial s_t} = f'_T f'_{T-1} \cdots f'_{t+1}$$

RNN 若想可靠地儲存資訊，則必有$|f'_t| < 1$，也就是說當模型能夠保持長距離依賴時，其本身存在梯度消失的情況。隨著時間跨度的增加，梯度$\nabla_{\boldsymbol{\theta}} L_T$也會以指數級收斂於 0。當$|f'_t| > 1$時，發生梯度爆炸的現象，網路也會陷入局部不穩定。

8.6.2 RNN 演算法的 Python 實現

對於多元時間序列，可使用 RNN 演算法進行建模預測，獲得對應多個時序指標的預測結果。為了說明 RNN 演算法的建模過程，我們使用 canada 資料集作為基礎資料。該資料集包含 4 個指標（prod、*e*、*U*、rw），統計了 1980 年 Q1 到 2000 年 Q4 按季的指標值序列。其中，指標 prod 表示工作生產率，指標 *e* 反映了就業情況，指標 *U* 表示失業率，指標 rw 表示實際發的薪水。從這些資料中分析 1999 年 Q1 到 2000 年 Q4 的資料子集用於驗證模型效果，其他的資料用於建立 RNN 模型。首先，載入 canada 資料集，建置 RNN 建模的基礎資料集，提煉訓練集與測試集，Python 程式如下：

```
1 import pandas as pd
2 import numpy as np
3 src_canada = pd.read_csv("canada.csv")
4 tmp = src_canada.drop(columns=['year','season'])
5
6 # 計算標準化操作對應的均值向量與標準差向量
7 vmean = tmp.apply(lambda x:np.mean(x))
8 vstd = tmp.apply(lambda x:np.std(x))
9
10 # 對基礎資料進行標準化處理
11 t0 = tmp.apply(lambda x:(x-np.mean(x))/np.std(x)).values
12
13 # 定義輸入序列長度、輸入與輸出的維度
14 SEQLEN = 6
15 dim_in = 4
16 dim_out = 4
17
18 # 定義訓練集與測試集的基礎資料，並完成建置。這裡使用最後 8 筆資料進行測試
19 X_train = np.zeros((t0.shape[0]-SEQLEN-8, SEQLEN, dim_in))
20 Y_train = np.zeros((t0.shape[0]-SEQLEN-8, dim_out),)
21 X_test = np.zeros((8, SEQLEN, dim_in))
22 Y_test = np.zeros((8, dim_out),)
23 for i in range(SEQLEN, t0.shape[0]-8):
24     Y_train[i-SEQLEN] = t0[i]
25     X_train[i-SEQLEN] = t0[(i-SEQLEN):i]
26 for i in range(t0.shape[0]-8,t0.shape[0]):
27     Y_test[i-t0.shape[0]+8] = t0[i]
28     X_test[i-t0.shape[0]+8] = t0[(i-SEQLEN):i
```

如上述程式第 19 行所示，用於 RNN 建模的輸入資料需要整理成 3D 結構，第一個維度資料表示對應樣本，第二個維度資料表示該樣本所擷取的序列資

料（指定序列長度），例如這裡使用近 6 筆資料作為該樣本的序列資料，第三個維度資料表示對應的特徵維度，例如這裡的輸入特徵包含 4 個，即設定為 4。程式第 20 行表示 RNN 建模的輸出資料，這裡是二維的，第一個維度資料表示樣本，第二個維度資料表示預測指標。由於本案例對時間序列進行建模預測，因此，使用了指定特徵的前 6 條序列資料作為輸入，對目前指標進行預測，我們設計的 RNN 神經網路結構如圖 8-6-2 所示。

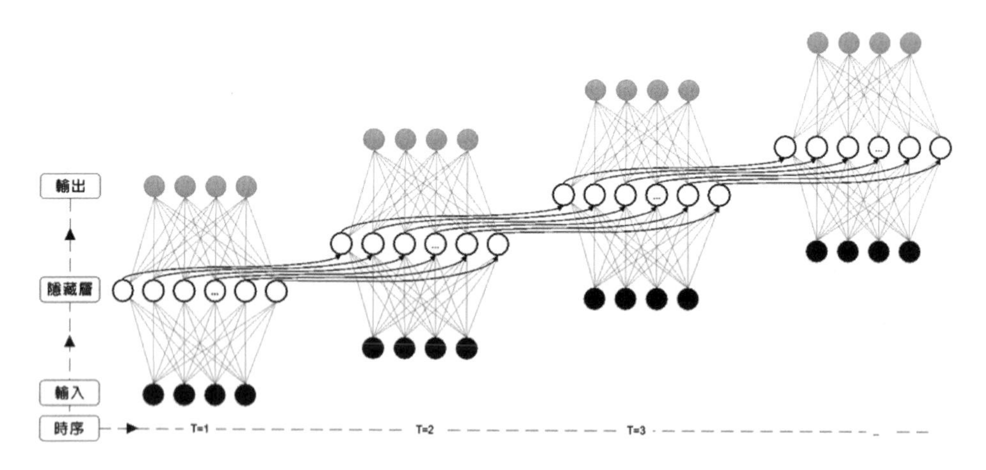

圖 8-6-2 RNN 神經網路結構設計

進一步，基於 Keras 建置 RNN 的網路結構，Python 程式如下：

```
 1 from keras.layers import SimpleRNN, Dense
 2 from keras.models import Sequential
 3 model = Sequential()
 4 model.add(SimpleRNN(128, input_shape=(SEQLEN, dim_in),activation='relu',
   recurrent_dropout=0.01))
 5 model.add(Dense(dim_out,activation='linear'))
 6 model.compile(loss = 'mean_squared_error', optimizer = 'rmsprop')
 7 history = model.fit(X_train, Y_train, epochs=1000, batch_size=2,
   validation_split=0)
 8 # Epoch 1/1000
 9 # 70/70 [==============================] - 0s 6ms/step - loss: 0.2661
10 # Epoch 2/1000
11 # 70/70 [==============================] - 0s 729us/step - loss: 0.0568
12 # Epoch 3/1000
13 # 70/70 [==============================] - 0s 729us/step - loss: 0.0431
```

```
14 # ......
15 # Epoch 999/1000
16 # 70/70 [==============================] - 0s 972us/step - loss: 7.9727e-04
17 # Epoch 1000/1000
18 # 70/70 [==============================] - 0s 915us/step - loss: 7.6667e-04
```

如上述程式所示，第 4 行程式中的參數 128 表示隱藏層神經元數量，第 7 行程式設定反覆運算次數為 1000 次，每批次處理兩筆樣本。根據訓練列印資訊可知 loss 從 0.2661 逐漸降到了 7.6667e-04，越到後面降低得越慢，直到收斂。進一步，對後面 8 筆測試資料進行預測，並繪製比較圖表，Python 程式如下：

```
1 import matplotlib.pyplot as plt
2 preddf=model.predict(X_test)*vstd.values+vmean.values
3 m = 16
4 xts = src_canada[['year','season']].iloc[-m:].apply(lambda x:str(x[0])+'-'
  +x[1],axis=1).values
5 cols = src_canada.drop(columns=['year','season']).columns
6 fig, axes = plt.subplots(2,2,figsize=(10,7))
7 index = 0
8 for ax in axes.flatten():
9     ax.plot(range(m),src_canada[cols].iloc[-m:,index],'-',c='lightgray',
      linewidth=2,label="real")
10    ax.plot(range(m-8,m),preddf[:,index],'o--',c='black',linewidth=2,
      label="predict")
11    ax.set_xticklabels(xts,rotation=50)
12    ax.set_ylabel("$"+cols[index]+"$",fontsize=14)
13    ax.legend()
14    index = index + 1
15 plt.tight_layout()
16 plt.show()
```

效果如圖 8-6-3 所示，前幾個預測點的效果較好，後面幾個預測點的預測效果較差一些。我們基於歷史資料建立的 RNN 模型，並沒有根據新的資料更新。可以嘗試在預測之前重新根據最新的樣本建立模型來提升預測效果。

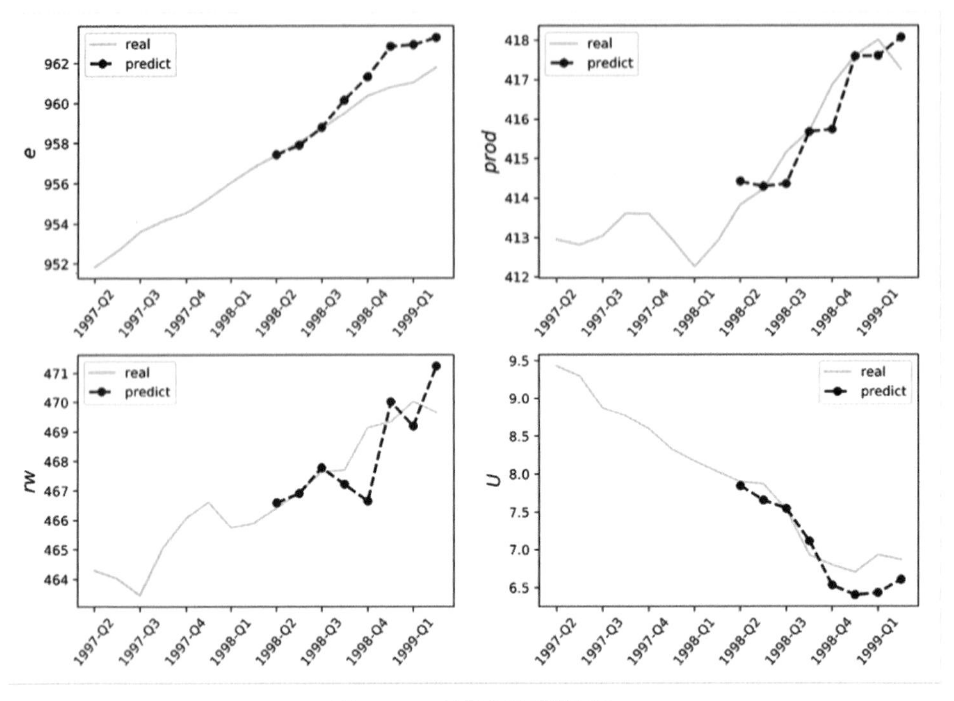

圖 8-6-3 各指標預測情況

8.7 長短期記憶網路

循環神經網路由於存在梯度消失和梯度爆炸的問題，使得其難以訓練，這就會限制該演算法的普及應用。針對循環神經網路在實際應用中的問題，長短期記憶網路（Long Short Term Memory Network，LSTM）被提出，它能夠讓資訊長期儲存，成功地解決了循環神經網路的缺陷問題，而成為目前最為流行的 RNN，特別是在語音辨識、圖片描述、NLP（自然語言處理）等工作中廣泛應用。

LSTM 包含一個結構可以用來判斷資訊的價值，以此來選擇遺忘或記憶，它可以儲存一些長期記憶並聚焦一些短期記憶，進一步能夠有效地根據場景的變化重新學習相關資訊，在解決長序依賴問題方面，具有非常重要的價值。

8.7.1 LSTM 模型的基本原理

Hochreiter 等人提出的 LSTM 模型（無遺忘門）在實際應用中使用得最為廣泛，其在梯度反向傳播過程中不會再受到梯度消失問題的困擾，可以對存在短期或長期依賴的資料進行建模。該模型不僅能夠克服 RNN 中存在的梯度消失問題，在長距離依賴工作中的表現也遠遠優於 RNN。LSTM 模型的工作方式與 RNN 大致相同，但是 LSTM 模型實現了更為複雜的內部處理單元來處理上下文資訊的儲存與更新。Hochreiter 等人主要引用了記憶單元和門控單元實現對歷史資訊和長期狀態的儲存，透過門控邏輯來控制資訊的流動。後來 Graves 等人對 LSTM 單元進行了增強，引用了遺忘門，使得 LSTM 模型能夠學習連續工作，並能對內部狀態進行重置。

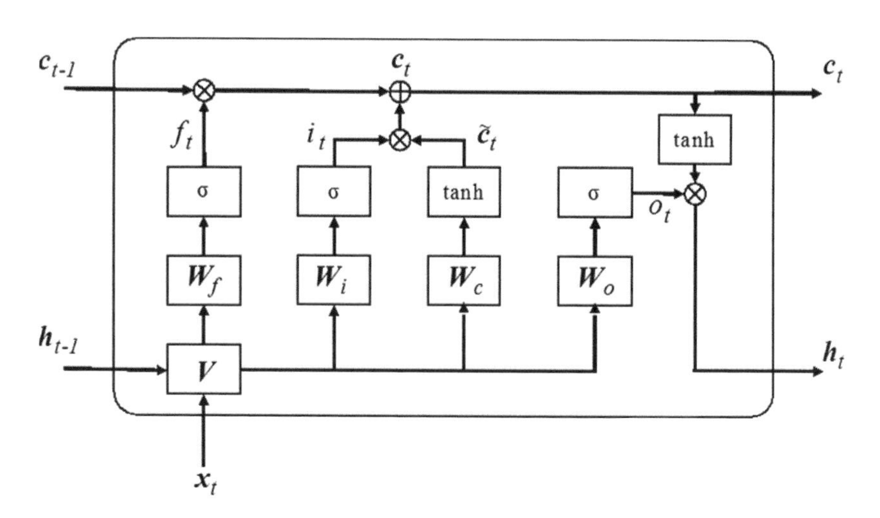

圖 8-7-1 LSTM 單元結構

LSTM 單元中有 3 種類型的門控，分別為輸入門、遺忘門和輸出門，如圖 8-7-1 所示。門控可以看作一層全連接層，LSTM 對資訊的儲存和更新正是由這些門控來實現的。更具體地說，門控由 Sigmoid 函數和點乘運算實現，但並不會提供額外的資訊，其一般形式可以表示為：

$$g(\boldsymbol{x}) = \sigma(\boldsymbol{W}\boldsymbol{x} + \boldsymbol{b}), \sigma(x) = \frac{1}{1 + \mathrm{e}^{-x}}$$

其中，$\sigma(x)$是 Sigmoid 函數，也是機器學習中常用的非線性啟動函數，可以將實值對映到 0~1 區間上，用於描述資訊透過的多少。當門的輸出值為 0 時，表示沒有資訊透過；當輸出值為 1 時，則表示所有資訊都能透過。

這裡分別使用$\boldsymbol{i}$、$\boldsymbol{f}$、$\boldsymbol{o}$來表示輸入門、遺忘門和輸出門，⊙表示對應元素相乘，$\boldsymbol{W}$和$\boldsymbol{b}$分別表示網路的權重矩陣與偏置向量。在時間步為t時，LSTM 隱藏層的輸入與輸出向量分別為$\boldsymbol{x}_t$和$\boldsymbol{h}_t$，記憶單元為$\boldsymbol{c}_t$，輸入門用於控制網路目前輸入資料$\boldsymbol{x}_t$流入記憶單元的多少，即有多少可以儲存到$\boldsymbol{c}_t$，其值為：

$$\boldsymbol{i}_t = \sigma(\boldsymbol{W}_{xi}\boldsymbol{x}_t + \boldsymbol{W}_{hi}\boldsymbol{h}_{t-1} + \boldsymbol{b}_i) = \sigma(\boldsymbol{W}_i\boldsymbol{V} + \boldsymbol{b}_i) \quad (8.5)$$

遺忘門是 LSTM 的關鍵組成部分，可以控制哪些資訊要保留哪些要遺忘，並且以某種方式避免當梯度隨時間反向傳播時引發的梯度消失和爆炸問題。遺忘門可以決定歷史資訊中的哪些資訊會被捨棄，即判斷上一時刻記憶單元$\boldsymbol{c}_{t-1}$中的資訊對目前記憶單元$\boldsymbol{c}_t$的影響程度。

$$\boldsymbol{f}_t = \sigma\left(\boldsymbol{W}_{xf}\boldsymbol{x}_t + \boldsymbol{W}_{hf}\boldsymbol{h}_{t-1} + \boldsymbol{b}_f\right) = \sigma\left(\boldsymbol{W}_f\boldsymbol{V} + \boldsymbol{b}_f\right) \quad (8.6)$$

$$\tilde{\boldsymbol{c}}_t = \tanh(\boldsymbol{W}_{xc}\boldsymbol{x}_t + \boldsymbol{W}_{hc}\boldsymbol{h}_{t-1} + \boldsymbol{b}_c) = \tanh(\boldsymbol{W}_c\boldsymbol{V} + \boldsymbol{b}_c) \quad (8.7)$$

$$\boldsymbol{c}_t = \boldsymbol{f}_t \odot \boldsymbol{c}_{t-1} + \boldsymbol{i}_i \odot \tilde{\boldsymbol{c}}_t \quad (8.8)$$

輸出門控制記憶單元$\boldsymbol{c}_t$對目前輸出值$\boldsymbol{h}_t$的影響，即記憶單元中的哪一部分會在時間步t輸出。輸出門的值及隱藏層的輸出值可表示為：

$$\boldsymbol{o}_t = \sigma(\boldsymbol{W}_{xo}\boldsymbol{x}_t + \boldsymbol{W}_{ho}\boldsymbol{h}_{t-1} + \boldsymbol{b}_o) = \sigma(\boldsymbol{W}_o\boldsymbol{V} + \boldsymbol{b}_o) \quad (8.9)$$

$$\boldsymbol{h}_t = \boldsymbol{o}_t \odot \tanh(\boldsymbol{c}_t) \quad (8.10)$$

LSTM 模型的訓練演算法仍然是誤差反向傳播演算法，主要有如下 3 個步驟。

(1)正向計算每個神經元的輸出值，對於 LSTM 來說，包含$\boldsymbol{f}_t$、$\boldsymbol{i}_t$、$\boldsymbol{c}_t$、$\boldsymbol{o}_t$、$\boldsymbol{h}_t$這 5 個方向的值。

(2) 反向計算每個神經元的誤差項δ。與循環神經網路一樣，LSTM 誤差項的反向傳播也是包含兩個方向：時間方向和層次方向。時間方向表示沿時間的反向傳播，即從目前 t 時刻開始，計算每個時刻的誤差項；層次方向表示將誤差項向上一層傳播。

（3）根據對應的誤差項計算每個權重的梯度，並進行更新。LSTM 需要學習的參數共 8 組，分別是遺忘門的權重矩陣$\boldsymbol{W}_f$和偏置項$\boldsymbol{b}_f$、輸入門的權重矩陣$\boldsymbol{W}_i$和偏置項$\boldsymbol{b}_i$、輸出門的權重矩陣$\boldsymbol{W}_o$和偏置項$\boldsymbol{b}_o$，以及計算單元狀態的權重矩陣$\boldsymbol{W}_c$和偏置項$\boldsymbol{b}_c$。因為權重矩陣的兩個部分在反向傳播中使用不同的公式，因此在後續的推導中，權重矩陣$\boldsymbol{W}_f$、$\boldsymbol{W}_i$、$\boldsymbol{W}_c$、$\boldsymbol{W}_o$都將被寫為分開的兩個矩陣：$\boldsymbol{W}_{fh}$、$\boldsymbol{W}_{fx}$、$\boldsymbol{W}_{ih}$、$\boldsymbol{W}_{ix}$、$\boldsymbol{W}_{oh}$、$\boldsymbol{W}_{ox}$、$\boldsymbol{W}_{ch}$、$\boldsymbol{W}_{cx}$。在t時刻，LSTM 的輸出值為$\boldsymbol{h}_t$，我們定義t時刻的誤差項為$\boldsymbol{\delta}_t$，即：

$$\boldsymbol{\delta}_t = \frac{\partial \boldsymbol{E}}{\partial \boldsymbol{h}_t}$$

進一步定義 4 個加權輸入$\boldsymbol{f}_t$、$\boldsymbol{i}_t$、$\boldsymbol{c}_t$、$\boldsymbol{o}_t$，如下：

$$\text{net}_{f,t} = \boldsymbol{W}_f[\boldsymbol{h}_{t-1}, \boldsymbol{x}_t] + \boldsymbol{b}_f = \boldsymbol{W}_{fh}\boldsymbol{h}_{t-1} + \boldsymbol{W}_{fx}\boldsymbol{x}_t + \boldsymbol{b}_f \quad (8.11)$$

$$\text{net}_{i,t} = \boldsymbol{W}_i[\boldsymbol{h}_{t-1}, \boldsymbol{x}_t] + \boldsymbol{b}_i = \boldsymbol{W}_{ih}\boldsymbol{h}_{t-1} + \boldsymbol{W}_{ix}\boldsymbol{x}_t + \boldsymbol{b}_i \quad (8.12)$$

$$\text{net}_{\tilde{c},t} = \boldsymbol{W}_c[\boldsymbol{h}_{t-1}, \boldsymbol{x}_t] + \boldsymbol{b}_c = \boldsymbol{W}_{ch}\boldsymbol{h}_{t-1} + \boldsymbol{W}_{cx}\boldsymbol{x}_t + \boldsymbol{b}_c \quad (8.13)$$

$$\text{net}_{o,t} = \boldsymbol{W}_o[\boldsymbol{h}_{t-1}, \boldsymbol{x}_t] + \boldsymbol{b}_o = \boldsymbol{W}_{oh}\boldsymbol{h}_{t-1} + \boldsymbol{W}_{ox}\boldsymbol{x}_t + \boldsymbol{b}_o \quad (8.14)$$

其對應的誤差項，如下：

$$\boldsymbol{\delta}_{f,t} = \frac{\partial E}{\partial \text{net}_{f,t}}$$

$$\boldsymbol{\delta}_{i,t} = \frac{\partial E}{\partial \text{net}_{i,t}}$$

$$\boldsymbol{\delta}_{\tilde{c},t} = \frac{\partial E}{\partial \text{net}_{\tilde{c},t}}$$

$$\boldsymbol{\delta}_{o,t} = \frac{\partial E}{\partial \text{net}_{o,t}}$$

沿時間反向傳遞誤差項，就是要計算出$t-1$時刻的誤差項δ_{t-1}，即：

$$\boldsymbol{\delta}_{t-1}^{\mathrm{T}}=\frac{\partial E}{\partial \boldsymbol{h}_{t-1}}=\frac{\partial E}{\partial \boldsymbol{h}_t}\frac{\partial \boldsymbol{h}_t}{\partial \boldsymbol{h}_{t-1}}=\boldsymbol{\delta}_t^{\mathrm{T}}\frac{\partial \boldsymbol{h}_t}{\partial \boldsymbol{h}_{t-1}}$$

由圖 8-7-1 可知，o_t 、f_t 、i_t 、$\tilde{\mathrm{c}}_t$都是h_{t-1}的函數，那麼，利用全導數公式可得：

$$\begin{aligned}\boldsymbol{\delta}_t^{\mathrm{T}}\frac{\partial \boldsymbol{h}_t}{\partial \boldsymbol{h}_{t-1}}&=\boldsymbol{\delta}_t^{\mathrm{T}}\frac{\partial \boldsymbol{h}_t}{\partial \boldsymbol{o}_t}\frac{\partial \boldsymbol{o}_t}{\partial \mathrm{net}_{o,t}}\frac{\partial \mathrm{net}_{o,t}}{\partial \boldsymbol{h}_{t-1}}+\boldsymbol{\delta}_t^{\mathrm{T}}\frac{\partial \boldsymbol{h}_t}{\partial \boldsymbol{c}_t}\frac{\partial \boldsymbol{c}_t}{\partial \boldsymbol{f}_t}\frac{\partial \boldsymbol{f}_t}{\partial \mathrm{net}_{f,t}}\frac{\partial \mathrm{net}_{f,t}}{\partial \boldsymbol{h}_{t-1}}\\&\quad+\boldsymbol{\delta}_t^{\mathrm{T}}\frac{\partial \boldsymbol{h}_t}{\partial \boldsymbol{c}_t}\frac{\partial \boldsymbol{c}_t}{\partial \boldsymbol{i}_t}\frac{\partial \boldsymbol{i}_t}{\partial \mathrm{net}_{i,t}}\frac{\partial \mathrm{net}_{i,t}}{\partial \boldsymbol{h}_{t-1}}+\boldsymbol{\delta}_t^{\mathrm{T}}\frac{\partial \boldsymbol{h}_t}{\partial \boldsymbol{c}_t}\frac{\partial \boldsymbol{c}_t}{\partial \tilde{\boldsymbol{c}}_t}\frac{\partial \tilde{\boldsymbol{c}}_t}{\partial \mathrm{net}_{\tilde{c},t}}\frac{\partial \mathrm{net}_{\tilde{c},t}}{\partial \boldsymbol{h}_{t-1}}\\&=\boldsymbol{\delta}_{o,t}^{\mathrm{T}}\frac{\partial \mathrm{net}_{o,t}}{\partial \boldsymbol{h}_{t-1}}+\boldsymbol{\delta}_{f,t}^{\mathrm{T}}\frac{\partial \mathrm{net}_{f,t}}{\partial \boldsymbol{h}_{t-1}}+\boldsymbol{\delta}_{i,t}^{\mathrm{T}}\frac{\partial \mathrm{net}_{\tilde{c},t}}{\partial \boldsymbol{h}_{t-1}}\end{aligned} \tag{8.15}$$

根據式（8.10），我們可以求出：

$$\frac{\partial \boldsymbol{h}_t}{\partial \boldsymbol{o}_t}=\mathrm{diag}[\tanh(\boldsymbol{c}_t)]$$

$$\frac{\partial \boldsymbol{h}_t}{\partial \boldsymbol{c}_t}=\mathrm{diag}[\boldsymbol{o}_t\circ(1-\tanh(\boldsymbol{c}_t)^2)]$$

其中∘運算子表示向量或矩陣的簡單乘法，若$\boldsymbol{a}$、$\boldsymbol{b}$為兩個等長向量（長度為n)，則$\boldsymbol{a}\circ\boldsymbol{b}$表示對應元素相乘獲得的新向量。若$\boldsymbol{X}$為$n\times n$的方陣，則$\boldsymbol{a}\circ\boldsymbol{X}$表示 $\boldsymbol{X}$的每個列向量與$\boldsymbol{a}$進行∘運算獲得的新方陣。將$\boldsymbol{a}$轉為對角矩陣有$\mathrm{diag}[\boldsymbol{a}]\boldsymbol{X}=\boldsymbol{a}\circ\boldsymbol{X}$，將$\boldsymbol{b}$轉為對角矩陣有$\boldsymbol{a}^{\mathrm{T}}\mathrm{diag}[\boldsymbol{b}]=\boldsymbol{a}\circ\boldsymbol{b}$。

根據式（8.8），可以求出：

$$\frac{\partial \boldsymbol{c}_t}{\partial \boldsymbol{f}_t}=\mathrm{diag}[\boldsymbol{c}_{t-1}]$$

$$\frac{\partial \boldsymbol{c}_t}{\partial \boldsymbol{i}_t}=\mathrm{diag}[\tilde{\boldsymbol{c}}_t]$$

$$\frac{\partial \boldsymbol{c}_t}{\partial \tilde{\boldsymbol{c}}_t}=\mathrm{diag}[\boldsymbol{i}_t]$$

由式（8.5）~式（8.9）及式（8.11）~式（8.14），我們很容易得出：

$$\frac{\partial \boldsymbol{o}_t}{\partial \text{net}_{o,t}} = \text{diag}[\boldsymbol{o}_t \circ (1 - \boldsymbol{o}_t)]$$

$$\frac{\partial \text{net}_{o,t}}{\partial \boldsymbol{h}_{t-1}} = \boldsymbol{W}_{oh}$$

$$\frac{\partial \boldsymbol{f}_t}{\partial \text{net}_{f,t}} = \text{diag}[\boldsymbol{f}_t \circ (1 - \boldsymbol{f}_t)]$$

$$\frac{\partial \text{net}_{f,t}}{\partial \boldsymbol{h}_{t-1}} = \boldsymbol{W}_{fh}$$

$$\frac{\partial \boldsymbol{i}_t}{\partial \text{net}_{i,t}} = \text{diag}[\boldsymbol{i}_t \circ (1 - \boldsymbol{i}_t)]$$

$$\frac{\partial \text{net}_{i,t}}{\partial \boldsymbol{h}_{t-1}} = \boldsymbol{W}_{ih}$$

$$\frac{\partial \tilde{\boldsymbol{c}}_t}{\partial \text{net}_{\tilde{c},t}} = \text{diag}[1 - \tilde{\boldsymbol{c}}_t^2]$$

$$\frac{\partial \text{net}_{\tilde{c},t}}{\partial \boldsymbol{h}_{t-1}} = \boldsymbol{W}_{ch}$$

將其代入式（8.15），可以獲得：

$$\begin{aligned}\boldsymbol{\delta}_{t-1} &= \boldsymbol{\delta}_{o,t}^{\mathrm{T}} \frac{\partial \text{net}_{o,t}}{\partial \boldsymbol{h}_{t-1}} + \boldsymbol{\delta}_{f,t}^{\mathrm{T}} \frac{\partial \text{net}_{f,t}}{\partial \boldsymbol{h}_{t-1}} + \boldsymbol{\delta}_{i,t}^{\mathrm{T}} \frac{\partial \text{net}_{i,t}}{\partial \boldsymbol{h}_{t-1}} + \boldsymbol{\delta}_{\tilde{c},t}^{\mathrm{T}} \frac{\partial \text{net}_{\tilde{c},t}}{\partial \boldsymbol{h}_{t-1}} \\ &= \boldsymbol{\delta}_{o,t}^{\mathrm{T}} \boldsymbol{w}_{oh} + \boldsymbol{\delta}_{f,t}^{\mathrm{T}} \boldsymbol{w}_{fh} + \boldsymbol{\delta}_{i,t}^{\mathrm{T}} \boldsymbol{w}_{ih} + \boldsymbol{\delta}_{\tilde{c},t}^{\mathrm{T}} \boldsymbol{w}_{ch}\end{aligned}$$

根據$\delta_{o,t}$、$\delta_{f,t}$、$\delta_{i,t}$、$\delta_{\tilde{c},t}$的定義，可知：

$$\boldsymbol{\delta}_{o,t}^{\mathrm{T}} = \boldsymbol{\delta}_t^{\mathrm{T}} \circ \tanh(\boldsymbol{c}_t) \circ \boldsymbol{o}_t \circ (1 - \boldsymbol{o}_t)$$

$$\boldsymbol{\delta}_{f,t}^{\mathrm{T}} = \boldsymbol{\delta}_t^{\mathrm{T}} \circ \boldsymbol{o}_t \circ (1 - \tanh(\boldsymbol{c}_t)^2) \circ \boldsymbol{c}_{t-1} \circ \boldsymbol{f}_t \circ (1 - \boldsymbol{f}_t)$$

$$\boldsymbol{\delta}_{i,t}^{\mathrm{T}} = \boldsymbol{\delta}_t^{\mathrm{T}} \circ \boldsymbol{o}_t \circ (1 - \tanh(\boldsymbol{c}_t^2)) \circ \tilde{\boldsymbol{c}}_t \circ \boldsymbol{i}_t \circ (1 - \boldsymbol{i}_t)$$

$$\boldsymbol{\delta}_{\tilde{c},t}^{\mathrm{T}} = \boldsymbol{\delta}_t^{\mathrm{T}} \circ \boldsymbol{o}_t \circ (1 - \tanh(\boldsymbol{c}_t)^2) \circ \boldsymbol{i}_t \circ (1 - \tilde{\boldsymbol{c}}^2)$$

假設目前層為第L層，定義$L-1$層的誤差項是誤差函數對$L-1$層加權輸入的導數，即：

$$\boldsymbol{\delta}_t^{L-1}=\frac{\partial E}{\text{net}_t^{L-1}}$$

其中，LSTM 的輸入$\boldsymbol{x}_t$由以下公式計算：

$$\boldsymbol{x}_t^L=f^{L-1}(\text{net}^{L-1})$$

對於$\boldsymbol{W}_{fh}$、$\boldsymbol{W}_{ih}$、$\boldsymbol{W}_{ch}$、$\boldsymbol{W}_{oh}$的權重梯度，是指它們各自在每時刻的梯度之和。我們首先需要求出它們在t時刻的梯度，然後透過求和，求出他們最後的梯度。我們已經求得了誤差項$\boldsymbol{\delta}_{o,t}$、$\boldsymbol{\delta}_{f,t}$、$\boldsymbol{\delta}_{i,t}$、$\boldsymbol{\delta}_{\tilde{c},t}$，很容易求出$t$時刻的$\boldsymbol{W}_{fh}$、$\boldsymbol{W}_{ih}$、$\boldsymbol{W}_{ch}$、$\boldsymbol{W}_{oh}$的梯度，如下所示：

$$\frac{\partial E}{\partial \boldsymbol{W}_{oh,t}}=\frac{\partial E}{\partial \text{net}_{o,t}}\frac{\partial \text{net}_{o,t}}{\partial \boldsymbol{W}_{oh,t}}=\boldsymbol{\delta}_{o,t}\boldsymbol{h}_{t-1}^{\mathrm{T}}$$

$$\frac{\partial E}{\partial \boldsymbol{W}_{fh,t}}=\frac{\partial E}{\partial \text{net}_{f,t}}\frac{\partial \text{net}_{f,t}}{\partial \boldsymbol{W}_{fh,t}}=\boldsymbol{\delta}_{f,t}\boldsymbol{h}_{t-1}^{\mathrm{T}}$$

$$\frac{\partial E}{\partial \boldsymbol{W}_{ih,t}}=\frac{\partial E}{\partial \text{net}_{i,t}}\frac{\partial \text{net}_{i,t}}{\partial \boldsymbol{W}_{ih,t}}=\boldsymbol{\delta}_{i,t}\boldsymbol{h}_{t-1}^{\mathrm{T}}$$

$$\frac{\partial E}{\partial \boldsymbol{W}_{ch,t}}=\frac{\partial E}{\partial \text{net}_{\tilde{c},t}}\frac{\partial \text{net}_{\tilde{c},t}}{\partial \boldsymbol{W}_{ch,t}}=\boldsymbol{\delta}_{\tilde{c},t}\boldsymbol{h}_{t-1}^{\mathrm{T}}$$

將各個時刻的梯度加在一起，就獲得最後的梯度：

$$\frac{\partial E}{\partial \boldsymbol{W}_{oh}}=\sum_{j=1}^{t}\boldsymbol{\delta}_{o,j}\,\boldsymbol{h}_{j-1}^{\mathrm{T}}$$

$$\frac{\partial E}{\partial \boldsymbol{W}_{fh}}=\sum_{j=1}^{t}\boldsymbol{\delta}_{f,j}\,\boldsymbol{h}_{j-1}^{\mathrm{T}}$$

$$\frac{\partial E}{\partial \boldsymbol{W}_{ih}}=\sum_{j=1}^{t}\boldsymbol{\delta}_{i,j}\,\boldsymbol{h}_{j-1}^{\mathrm{T}}$$

$$\frac{\partial E}{\partial \boldsymbol{W}_{ch}}=\sum_{j=1}^{t}\boldsymbol{\delta}_{c,j}\,\boldsymbol{h}_{j-1}^{\mathrm{T}}$$

對於偏置項$\boldsymbol{b}_f$、$\boldsymbol{b}_i$、$\boldsymbol{b}_c$、$\boldsymbol{b}_o$的梯度，也是將各個時刻的梯度加在一起。如下為各個時刻的偏置項梯度：

$$\frac{\partial E}{\partial \boldsymbol{b}_{o,t}} = \frac{\partial E}{\partial \text{net}_{o,t}} \frac{\partial \text{net}_{o,t}}{\partial \boldsymbol{b}_{o,t}} = \boldsymbol{\delta}_{o,t}$$

$$\frac{\partial E}{\partial \boldsymbol{b}_{f,t}} = \frac{\partial E}{\partial \text{net}_{f,t}} \frac{\partial \text{net}_{f,t}}{\partial \boldsymbol{b}_{f,t}} = \boldsymbol{\delta}_{f,t}$$

$$\frac{\partial E}{\partial \boldsymbol{b}_{i,t}} = \frac{\partial E}{\partial \text{net}_{i,t}} \frac{\partial \text{net}_{i,t}}{\partial \boldsymbol{b}_{i,t}} = \boldsymbol{\delta}_{i,t}$$

$$\frac{\partial E}{\partial \boldsymbol{b}_{c,t}} = \frac{\partial E}{\partial \text{net}_{\tilde{c},t}} \frac{\partial \text{net}_{\tilde{c},t}}{\partial \boldsymbol{b}_{c,t}} = \boldsymbol{\delta}_{\tilde{c},t}$$

將各個時刻的偏置項梯度加在一起，可獲得最後的偏置項梯度，即：

$$\frac{\partial E}{\partial \boldsymbol{b}_o} = \sum_{j=1}^{t} \boldsymbol{\delta}_{o,j}$$

$$\frac{\partial E}{\partial \boldsymbol{b}_i} = \sum_{j=1}^{t} \boldsymbol{\delta}_{i,j}$$

$$\frac{\partial E}{\partial \boldsymbol{b}_f} = \sum_{j=1}^{t} \boldsymbol{\delta}_{f,j}$$

$$\frac{\partial E}{\partial \boldsymbol{b}_c} = \sum_{j=1}^{t} \boldsymbol{\delta}_{\tilde{c},j}$$

對於$\boldsymbol{W}_{fx}$、$\boldsymbol{W}_{ix}$、$\boldsymbol{W}_{cx}$、$\boldsymbol{W}_{ox}$的權重梯度，只需要根據對應的誤差項直接計算即可：

$$\frac{\partial E}{\partial \boldsymbol{W}_{ox}} = \frac{\partial E}{\partial \text{net}_{o,t}} \frac{\partial \text{net}_{o,t}}{\partial \boldsymbol{W}_{ox}} = \boldsymbol{\delta}_{o,t} \boldsymbol{x}_t^{\mathrm{T}}$$

$$\frac{\partial E}{\partial \boldsymbol{W}_{fx}} = \frac{\partial E}{\partial \text{net}_{f,t}} \frac{\partial \text{net}_{f,t}}{\partial \boldsymbol{W}_{fx}} = \boldsymbol{\delta}_{f,t} \boldsymbol{x}_t^{\mathrm{T}}$$

$$\frac{\partial E}{\partial \boldsymbol{W}_{ix}} = \frac{\partial E}{\partial \text{net}_{i,t}} \frac{\partial \text{net}_{i,t}}{\partial \boldsymbol{W}_{ix}} = \boldsymbol{\delta}_{i,t} \boldsymbol{x}_t^{\mathrm{T}}$$

$$\frac{\partial E}{\partial \boldsymbol{W}_{cx}} = \frac{\partial E}{\partial \mathrm{net}_{\tilde{c},t}} \frac{\partial \mathrm{net}_{\tilde{c},t}}{\partial \boldsymbol{W}_{cx}} = \boldsymbol{\delta}_{\tilde{c},t} \boldsymbol{x}_t^{\mathrm{T}}$$

計算出各權重梯度及偏置項梯度，進一步基於梯度下降的方法對權重矩陣和偏置項進行更新，透過多輪反覆運算直到收斂。以此來求解 LSTM 的最佳參數。

8.7.2 LSTM 演算法的 Python 實現

對於多元時間序列，可使用 LSTM 演算法進行建模預測，獲得對應多個時序指標的預測結果。為了說明 LSTM 演算法的建模過程，我們使用 canada 資料集作為基礎資料。該資料集包含 4 個指標（prod、e、U、rw），統計了 1980 年 Q1 到 2000 年 Q4 按季的指標值序列。其中，指標 prod 表示工作生產率，指標 e 反映了就業情況，指標 U 表示失業率，指標 rw 表示實際發的薪水。從這些資料中分析 1999 年 Q1 到 2000 年 Q4 的資料子集用於驗證模型效果，其他的資料用於建立 LSTM 模型。首先，載入 canada 資料集，建置 LSTM 建模的基礎資料集，提煉訓練集與測試集，Python 程式如下：

```
 1 import pandas as pd
 2 import numpy as np
 3 src_canada = pd.read_csv("canada.csv")
 4
 5 tmp = src_canada.drop(columns=['year','season'])
 6 vmean = tmp.apply(lambda x:np.mean(x))
 7 vstd = tmp.apply(lambda x:np.std(x))
 8 t0 = tmp.apply(lambda x:(x-np.mean(x))/np.std(x)).values
 9 SEQLEN = 15
10 dim_in = 4
11 dim_out = 4
12 X_train = np.zeros((t0.shape[0]-SEQLEN-8, SEQLEN, dim_in))
13 Y_train = np.zeros((t0.shape[0]-SEQLEN-8, dim_out),)
14 X_test = np.zeros((8, SEQLEN, dim_in))
15 Y_test = np.zeros((8, dim_out),)
16 for i in range(SEQLEN, t0.shape[0]-8):
17     Y_train[i-SEQLEN] = t0[i]
18     X_train[i-SEQLEN] = t0[(i-SEQLEN):i]
19 for i in range(t0.shape[0]-8,t0.shape[0]):
```

```
20      Y_test[i-t0.shape[0]+8] = t0[i]
21      X_test[i-t0.shape[0]+8] = t0[(i-SEQLEN):i]
```

如上述第 12 行程式所示，用於 LSTM 建模的輸入資料需要整理成 3D 結構，第一個維度資料表示對應樣本，第二個維度資料表示該樣本所擷取的序列資料（指定序列長度），例如這裡使用近 6 筆資料作為該樣本的序列資料，第三個維度資料表示對應的特徵維度，例如這裡的輸入特徵包含 4 個，即設定為 4。第 13 行程式表示 LSTM 建模的輸出資料，這裡是二維的，第一個維度資料表示樣本，第二個維度資料表示預測指標。進一步，基於 Keras 建置 LSTM 的網路結構，Python 程式如下：

```
 1 from keras.layers import LSTM, Dense
 2 from keras.models import Sequential
 3 model = Sequential()
 4 model.add(LSTM(45, input_shape=(SEQLEN, dim_in),activation='relu',
   recurrent_dropout=0.01))
 5 model.add(Dense(dim_out,activation='linear'))
 6 model.compile(loss = 'mean_squared_error', optimizer = 'rmsprop')
 7 history = model.fit(X_train, Y_train, epochs=2000, batch_size=5,
   validation_split=0)
 8 # Epoch 1/2000
 9 # 61/61 [==============================] - 0s 6ms/step - loss: 0.4616
10 # Epoch 2/2000
11 # 61/61 [==============================] - 0s 886us/step - loss: 0.3107
12 # Epoch 3/2000
13 # 61/61 [==============================] - 0s 1ms/step - loss: 0.1842
14 # ......
15 # Epoch 2000/2000
16 # 61/61 [==============================] - 0s 768us/step - loss: 0.0011
```

如上述程式所示，第 4 行程式中的參數 45 表示隱藏層神經元數量，第 7 行程式設定反覆運算次數為 2000 次，每批次處理 5 筆樣本。根據訓練列印資訊可知 loss 從 0.4616 逐漸降到了 0.0011，越到後面降低得越慢，直到收斂。進一步，對後面 8 條測試資料進行預測，並繪製比較圖表，Python 程式如下：

```
1 import matplotlib.pyplot as plt
2 preddf=model.predict(X_test)*vstd.values+vmean.values
3 m = 16
```

```
 4 xts = src_canada[['year','season']].iloc[-m:].apply(lambda x:str(x[0])+'-'
   +x[1],axis=1).values
 5 cols = src_canada.drop(columns=['year','season']).columns
 6 fig, axes = plt.subplots(2,2,figsize=(10,7))
 7 index = 0
 8 for ax in axes.flatten():
 9     ax.plot(range(m),src_canada[cols].iloc[-m:,index],'-',c='lightgray',
       linewidth=2,label="real")
10     ax.plot(range(m-8,m),preddf[:,index],'o--',c='black',linewidth=2,
       label="predict")
11     ax.set_xticklabels(xts,rotation=50)
12     ax.set_ylabel("$"+cols[index]+"$",fontsize=14)
13     ax.legend()
14     index = index + 1
15 plt.tight_layout()
16 plt.show()
```

效果如圖 8-7-2 所示，前幾個預測點的效果較好，後面幾個預測點的預測效果較差一些。我們基於歷史資料建立的 LSTM 模型，並沒有根據新的資料更新。可以嘗試在預測之前重新根據最新的樣本建立模型來提升預測效果。

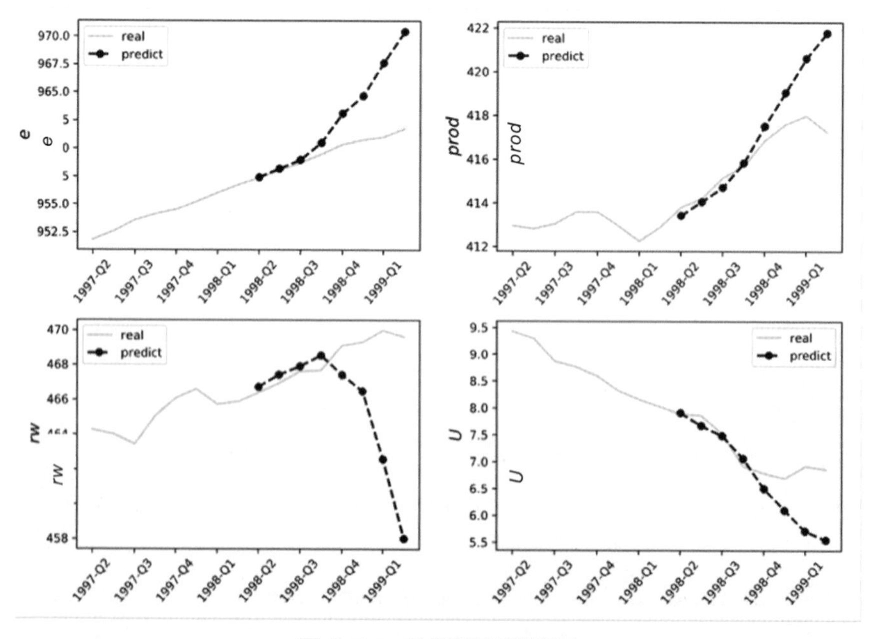

圖 8-7-2 各指標預測情況

09

短期日負荷曲線預測

在對常見的預測演算法進行學習之後，有必要對一些實際的案例進行操練，以增強分析和動手能力。本章主要介紹短期日負荷曲線預測的內容，首先介紹電力企業負荷預測的基本情況，以及開展短期負荷預測的必要性，特別是短期日負荷曲線的預測。接著，從收集的基礎資料出發，經過資料清洗，並對清洗後的資料進行潛在規律的採擷，以指導建置模型特徵集。我們使用 LS-SVMR 演算法和 DNN 等演算法對短期日負荷曲線進行預測，透過效果分析比較這些預測方法的特點。

9.1 電力企業負荷預測介紹

電力負荷預測是電力生產和發展的重要依據，通常是指在考慮一些重要的系統執行特性、增容決策和自然條件的情況下，利用一套處理過去和未來負荷的方法，在一定精度意義上，決定未來某特定時刻或某些特定時刻的負荷值。電力系統對未來預計要發生的負荷進行預測是非常有必要的，系統內可用發電容量，在正常執行條件下，應該在任何時候都能滿足系統內負荷的要求。如果負荷預測偏低，則電網實際不能滿足供電要求，甚至還可能缺電，應當採取必要的措施來增加發電容量；如果負荷預測偏高，則會導致安裝一些不能充分利用的發電裝置，進一步引起投資浪費。由此可見，負荷預測可用來確定經濟的、滿足安全要求和執行約束的執行方案，只有用即時的負荷預測資訊來實現發電容量與輸電方式的合理排程安排才能實現電力系統的經濟執行。電力負荷預測研究的核心問題是如何利用現有的歷史資料及相關的週邊資料建立預測模型，對未來時刻或時間段內的負荷值進行預測。

按預測週期的長短，可以分為超短期預測、短期預測、中長期預測、超長期預測等。由於受到各種社會、經濟、環境等不確定性因素的影響，再加上電力系統負荷本身具有的不可控性，因此進行完全準確的負荷預測是十分困難的。本章將對短期日負荷曲線預測的情形詳細討論，並從變壓器的日負荷曲線預測的角度進行分析建模。

9.2 短期日負荷曲線預測的基本要求

短期負荷預測是隨著電力系統 EMS（能源管理系統）的逐步發展而發展起來的，現已經成為 EMS 必不可少的一部分，並且是確保電力系統安全、經濟地執行所必需的方法之一。隨著電力市場的建立和發展，對短期負荷預測提出了更高的要求，短期負荷預測不再僅是 EMS 的關鍵部分，同時也是制訂電力市場交易計畫的基礎。短期負荷預測通常包含日負荷預測和周負荷預測，分別用於安排日排程計畫和周排程計畫，包含確定機組啟停、水火電協調、聯絡線交換功率、負荷經濟分配、水庫排程和裝置檢修等，對短期預測需充分研究電網負荷變化規律，分析負荷變化相關因數，特別是天氣因素、日類型等和短期負荷變化的關係。

通常日負荷預測又可分為日平均負荷預測、日最高負荷預測等，而短期日負荷曲線預測是日負荷預測中的一種，為了獲得更多的預報資訊，一般還會對未來一周的日負荷曲線進行預測。可以想到，由於日負荷曲線包含了一天很多時點的資訊，因此要對日負荷曲線進行預測，需要得出一天中各個時點的預測值，這個難度比單純地預測日平均負荷或日最高負荷要大很多。正常情況下，可以取到 15 分鐘擷取一次的時點負荷資料，也就是說日負荷曲線由 96 個點組成，也有 48 個點和 24 個點的，只是統計的時間間隔不一樣。典型的日負荷曲線如圖 9-2-1 所示。

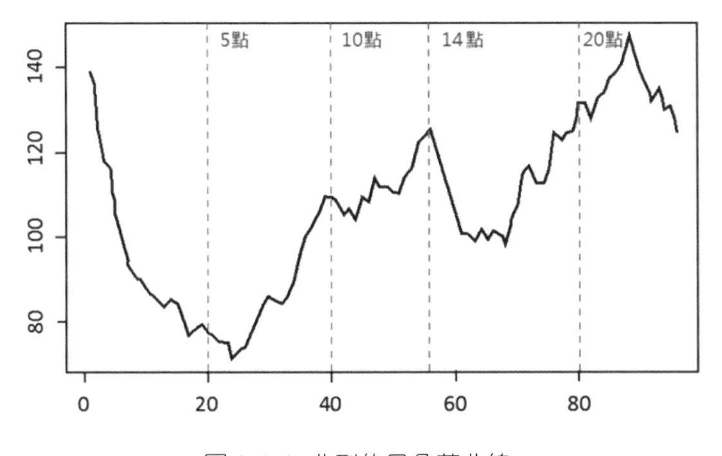

圖 9-2-1 典型的日負荷曲線

如圖 9-2-1 所示，橫軸表示時點，即從 0 點到 24 點每隔 15 分鐘的時點值，縱軸表示對應時點所擷取的負荷值。可以看到，5 點左右，負荷降到低谷，然後慢慢上升，在 10 點到 14 點，進入第一個高峰段，接著有一小段下降，然後從 20 點開始直到 24 點，進入第二個高峰段。我們可以透過類似的方式，了解一條日負荷曲線所對應的用電規律，並與相關的業務進行連結，進一步分析用電的規律性和合理性。

本章的研究物件是變壓器，它又可以分為公共變壓器（簡稱公變）和專用變壓器（簡稱專變），為居民社區、學校、政府機關、醫院等供電的通常是公變，而為一些工廠、製造企業等供電的通常是專變。由於公變的服務物件較混雜，所以它的變化規律主要表現在不同類別的使用者群眾上，但是其用電的基數較大，整體規律相對穩定；而專變的服務物件較為專一，所以它的變化規律主要表現在不同產業的工作計畫上，這容易受經濟環境、市場需求等外在因素的影響，亦即受外在干擾較大，因此它的用電基數波動大，整體規律相對不穩定。本章關注公變的日負荷曲線預測，主要考慮某公變的歷史負荷規律，結合工作日類型、天氣等因素，建立日負荷曲線預測模型，並對未來一天的日負荷曲線進行預測。

9.3 預測建模準備

在建立預測模型之前，我們需要搜集預測建模需要的基礎資料，並進行必要的處理，以及在此基礎上，進行必要的資料分析，為建置最後用於建模的輸入資料做準備。本節旨在說明預測建模準備的主要步驟，並基於公變的模擬資料進行 Python 實現。

9.3.1 基礎資料獲取

用於變壓器日負荷曲線預測的資料主要包含變壓器歷史時點負荷資料，對應天氣資料、工作日類型以及節假日資料。對於歷史時點負荷資料，由於手上沒有現成的資料，所以只能憑經驗使用 MCMC 的方法，輔助一些雜訊和隨機缺失的技巧，對變壓器的日負荷的時點數據進行模擬。天氣資料可以從中國氣象局網站上找到每天的氣象資料，由於預測時也要考慮天氣資料，所以在實施的過程中，要結合使用天氣預報的資料。工作日類型可以根據日期進行轉換，而節假日的資料按每年國務院辦公廳發佈的節假日安排為準。這裡我們模擬了某台公變從 2013 年 9 月 1 日到 2014 年 9 月 30 日的歷史時點負荷資料，如表 9-3-1 所示。

表 9-3-1 時點負荷資料範例

LOAD_DATE	C001	C002	C003	C004	…	C093	C094	C095	C096
2013/9/1	16.18	10.28	12.84	10.18	…	22	18.28	17.92	21.4
2013/9/2	18.38	17.76	16.74	14.3	…	27.82	21.56	22.98	24.68
2013/9/3	24.94	19.74	21.86	17.12	…	15.94	16.24	17.66	15.82
2013/9/4	17.06	13.28	13	15.12	…	20.36	18.76	19.86	16.86
…	…	…	…	…	…	…	…	…	…
2014/9/27	17.9	14.86	14.48	15.12	…	24.42	25.04	23.16	19.08
2014/9/28	18.94	18.62	16.4	18.38	…	27.16	21.3	17.36	16.68
2014/9/29	15.98	16.06	15.74	21.76	…	27.68	30.32	17.96	21.46
2014/9/30	18.58	17.44	18.14	17.66	…	18.46	17.4	19.68	18.12

其中，第 1 列為日期，第 2 列到第 97 列為對應日期的 96 個時點負荷值。另外，我們可以從氣象網上下載對應日期的天氣資料，如表 9-3-2 所示。

表 9-3-2 天氣資料範例

WETH_DATE	MEAN_TMP	MIN_TMP	MAX_TMP
2013/9/1	26.5	23.4	31.2
2013/9/2	28.1	25.5	32.2
2013/9/3	25.9	24.5	28.7
2013/9/4	24.7	22.9	26.1
…	…	…	…
2014/9/27	29.1	26	34
2014/9/28	28.8	25.3	33.5
2014/9/29	29.5	26.3	33.6
2014/9/30	29.1	26.3	35.1

表中第 1 列為日期，第 2 列 MAX_TMP 為最高氣溫，第 3 列 MIN_TMP 為最低氣溫，第 4 列 MEAN_TMP 為平均氣溫。由於節假日的規律比較獨特，加上資料又比較少，這裡我們主要討論正常執行日及週末的日負荷曲線預測，節假日的預測可透過另外的預測模型實現。為了資料的一致性，建議將主要節假日的資料置為遺漏值，從 2013 年 9 月 1 日到 2014 年 9 月 30 日，共有 24 天是節假日，即 2013 年 9 月 19 日至 21 日是中秋節假期，10 月 1 日至 7 日是國慶日假期，2014 年 1 月 1 日是元旦節假期，1 月 31 日到 2 月 6 日是春節假期，5 月 1 日到 3 日是工作節假期，5 月 31 日到 6 月 2 日是端午節假期。後面小節中，將首先會對節假日資料清空，再對該種情況進行插補。

9.3.2 缺失資料處理

時點負荷資料的缺失主要是由於擷取器發生故障或進行檢修時裝置暫停導致的資料缺失。通常可以根據類似區域或變壓器，以及該公變對應歷史近似日的時點負荷資料進行近鄰插補，這基於一個假設，即排除其他外在因素干擾的情況下，它們的用電規律應該是一致的。而資料的平滑主要是處理日負荷曲線的劇烈波動，在這種情況下，會給分析造成一定的困難，不僅不能提供可靠的基礎資料，還可能會帶入雜訊，因此需要謹慎對待波動劇烈的日負荷曲線樣本。首先，對我們用機器模擬的時點負荷資料做一個遺漏值統計，透過繪圖呈現負荷資料缺失的概貌，程式如下：

```
1 import missingno as msno
2 import pandas as pd
3 data = pd.read_csv("energy_out.csv")
4 msno.matrix(data, labels=True,figsize=(45,10))
```

效果如圖 9-3-1 所示，白色部分為遺漏值，黑色部分表示資料未缺失，從圖中可知，右側曲線表示對應行的缺失比例，缺失越多，則曲線越向左靠，缺失越少，則曲線越向右靠；左側部分，一整條白色的為節假日的負荷資料，這在之前的陳述中已經進行了清空處理，其他的間斷性白色段為局部性缺失。

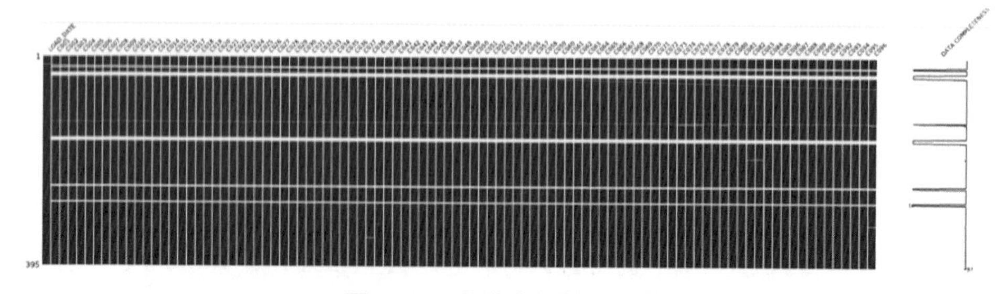

圖 9-3-1 負荷資料缺失概貌

為了對節假日缺失負荷進行有效處理，需要將日期轉換成月份、星期等這樣的值來計算近鄰記錄。經過遺漏值的插補，可以獲得無缺失的數值集。現撰寫 Python 程式基於 K 近鄰的想法對遺漏值進行插補，程式如下：

```
1 import datetime
2 import numpy as np
3 weth = pd.read_csv("weather.csv")
4 # 取得星期資料
5 data['weekday']=[datetime.datetime.strptime(x,'%Y/%m/%d').weekday() for x
  in data.LOAD_DATE]
6 # 取得月份資料
7 data['month']=[datetime.datetime.strptime(x,'%Y/%m/%d').month for x in
  data.LOAD_DATE]
```

```
 8 data['date']=[datetime.datetime.strptime(x,'%Y/%m/%d') for x in
   data.LOAD_DATE]
 9 # 將資料按日期昇冪排列
10 data = data.sort_values(by='date')
11 # 取得時間趨勢資料
12 data['trend'] = range(data.shape[0])
13 # 設定索引並按索引進行連結
14 data=data.set_index('LOAD_DATE')
15 weth=weth.set_index('WETH_DATE')
16 p = data.join(weth)
17 p = p.drop(columns='date')
18 # 宣告列表用於儲存位置及插補值資訊
19 out = list()
20 for index in np.where(p.apply(lambda x:np.sum(np.isnan(x)),axis=1)>0)[0]:
21     selcol = np.logical_not(np.isnan(p.iloc[index]))
22     usecol = np.where(selcol)[0]
23     cols = np.where(~selcol)[0]
24     for col in cols:
25         nbs = np.where(p.iloc[:,usecol].apply(lambda x:np.sum(np.isnan(x)),
           axis=1)==0)[0]
26         nbs = nbs[nbs != index]
27         nbs = (list(set(nbs).intersection(set(np.where(np.logical_not
           (np.isnan(p.iloc[:,col])))[0]))))
28         t0 = [np.sqrt(np.sum((p.iloc[index,usecol]-p.iloc[x,usecol])**2))
           for x in nbs]
29         t1 = 1/np.array(t0)
30         t_wts = t1/np.sum(t1)
31         out.append((index,col,np.sum(p.iloc[nbs,col].values*t_wts)))
```

如上述程式第 22~24 行所示，對於包含遺漏值的樣本，首先基於未缺失的特徵值尋找鄰居，然後使用該樣本離鄰居的距離量化為權重，對缺失部分的值進行加權平均的插補。圖 9-3-2 為遺漏值插補示意圖，圖中黑色方塊為插補的遺漏值，根據兩個鄰居的距離分別量化為權重 0.8 和 0.2，再進行加權平均計算出插補值為 9.8。

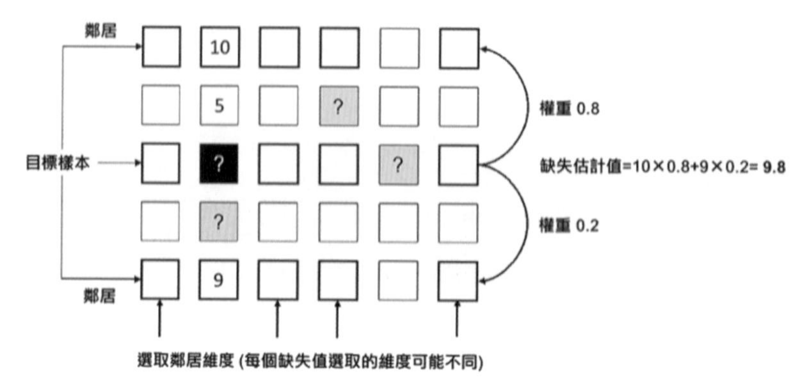

圖 9-3-2 遺漏值插補示意圖

我們可將變數 out 值列印出來，檢視其設定值的情況，程式如下：

```
1 out
2 # [(18, 0, 15.862533989395969),
3 #  (18, 1, 15.066161287502018),
4 #  (18, 2, 14.19980745932543),
5 #  (18, 3, 13.5834578226413),
6 #  (18, 4, 13.51538093937498),
7 #  ...
```

如上述程式所示，變數 out 中燒錄的是三元組的列表，元組中的第 1 個值為資料行索引，第 2 個值為資料列索引，第 3 個值為插補值。基於變數 out 可對資料 *p* 進行遺漏值插補，Python 程式如下：

```
1 for v in out:
2     p.iloc[v[0],v[1]]=v[2]
3
4 p.head()
```

輸出結果如圖 9-3-3 所示。

LOAD_DATE	C001	C002	C003	C004	C005	C006	C007	C008	C009	C010	...	C093	C094	C095	C096	weekday	month	trend	MEAN_TMP	MIN_TMP	MAX_TMP
2013/9/1	16.18	10.28	12.84	10.18	11.24	10.90	10.86	10.38	10.26	9.76	...	22.00	18.28	17.92	21.40	6	9	0	26.5	23.4	31.2
2013/9/2	18.38	17.76	16.74	14.30	15.46	15.86	14.48	14.00	14.88	14.38	...	27.82	21.56	22.98	24.68	0	9	1	28.1	25.5	32.2
2013/9/3	24.94	19.74	21.86	17.12	21.00	32.38	20.38	16.76	16.74	16.92	...	15.94	16.24	17.66	15.82	1	9	2	25.9	24.5	28.7
2013/9/4	17.06	13.28	13.00	15.12	13.88	13.10	13.38	14.22	13.44	12.54	...	20.36	18.76	19.86	16.86	2	9	3	24.7	22.9	26.1
2013/9/5	12.30	15.22	11.18	11.08	9.68	12.72	11.28	10.52	10.16	9.94	...	19.12	22.28	16.86	11.14	3	9	4	24.5	22.8	26.2

5 rows × 102 columns

圖 9-3-3 輸出結果

```
1 msno.matrix(p, labels=True,figsize=(45,10))
```

該輸出結果如圖 9-3-4 所示。

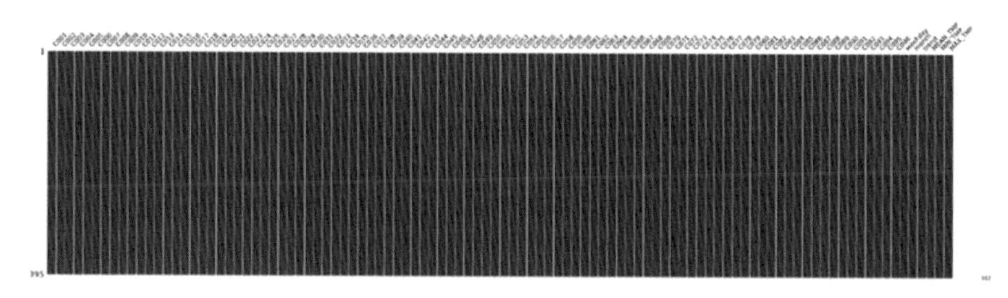

圖 9-3-4 輸出結果

由輸出結果可知，經過遺漏值插補，資料中已經沒有遺漏值了。

9.3.3 潛在規律分析

根據公變日負荷曲線的預測要求，我們從對應公變時點負荷的歷史資料出發探索對應規律，另外，工作日類型和天氣因素對時點負荷的影響也需要分析驗證。整體上可以分為 3 個分析工作，即歷史時點負荷資料對預測日時點負荷的影響程度、天氣因素對預測日時點負荷的影響程度、工作日類型對預測日時點負荷的影響程度。下面，分別對這 3 個分析工作展開潛在規律的分析，以確定最後用於建模的初始特徵集。

1. 歷史時點負荷因素分析

首先，我們分析了不同時點的自相關性，發現每個時點的自相關性差別很大，我們列出了第 10、40、60、80 個時點，對應的偏自相關分析圖，如圖 9-3-5 所示。

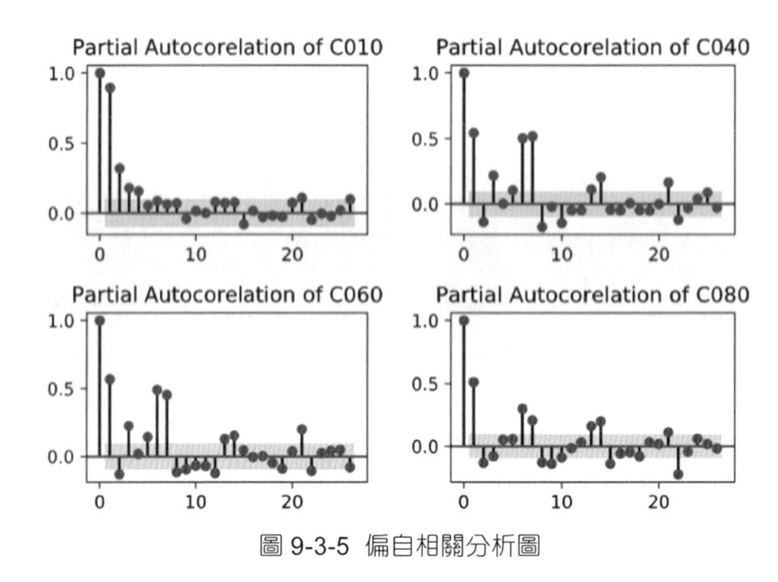

圖 9-3-5 偏自相關分析圖

從圖 9-3-6 中我們可以知道，這 4 個時點在不同的階數截尾，因此可以建立不同階數的自回歸模型，也就是說可以使用對應階數的歷史時點負荷建置預測特徵。繪圖的 Python 程式如下所示：

```
1 from statsmodels.graphics.tsaplots import plot_acf, plot_pacf
2 fig, axes = plt.subplots(nrows=2, ncols=2)
3 ax0, ax1, ax2, ax3 = axes.flatten()
4 plot_pacf(p.C010,ax=ax0,title="Partial Autocorelation of C010")
5 plot_pacf(p.C040,ax=ax1,title="Partial Autocorelation of C040")
6 plot_pacf(p.C060,ax=ax2,title="Partial Autocorelation of C060")
7 plot_pacf(p.C080,ax=ax3,title="Partial Autocorelation of C080")
```

2. 天氣因素分析

我們從整理的時點負荷資料與對應日期的天氣資料出發，透過計算兩兩指標的相關係數，我們獲得如圖 9-3-6 所示的相關性熱力圖。

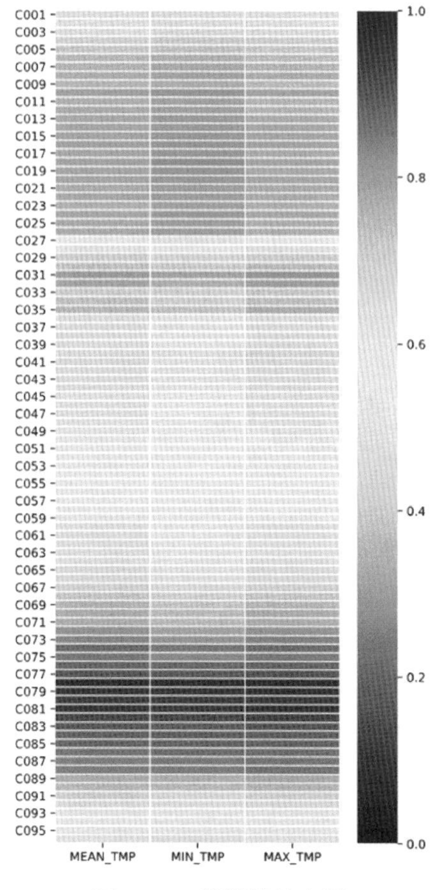

圖 9-3-6 相關性熱力圖

（掃描檢視彩色圖片）

如圖 9-3-6 所示，紅色越濃表示相關性越強，藍色越深表示相關性越弱，繪圖的 Python 程式如下所示：-

```
1 import seaborn as sns
2 import matplotlib.pyplot as pl
3 cols = p.columns[[x.startswith('C') for x in p.columns]]
4 temps = ['MEAN_TMP','MIN_TMP','MAX_TMP']
5 t0 = pd.DataFrame([[p[t].corr(p[x]) for x in temps] for t in cols])
6 t0.columns = temps
7 t0.index = cols
8 plt.figure(figsize=(5,10))
9 sns.heatmap(t0, linewidths = 0.05, vmax=1, vmin=0, cmap='rainbow')
```

為了更直觀地反映這種相關性，我們有針對性地選取第 10 個時點與平均氣溫在 2013 年 9 月 1 號到 2014 年 8 月 31 號之間的資料，並繪製二維圖表，如圖 9-3-7 所示。

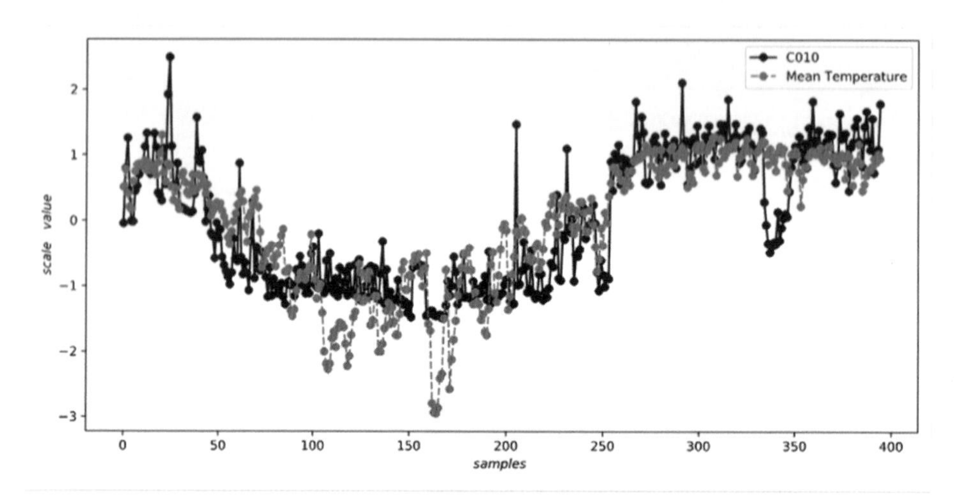

圖 9-3-7 平均氣溫與負荷的關係

圖 9-3-7 中灰色虛線表示平均氣溫，黑色實線表示第 10 個時點的負荷值，透過該曲線可以發現，整個圖表的平均氣溫和負荷值的變化趨勢比較同步，即隨著平均氣溫的上升，負荷值也跟著上升；隨著平均氣溫的下降，負荷值也跟著下降，該時點的負荷與平均氣溫存在較強的相關性。在建模時，可以加入這個特徵。透過這樣的方法，可以有選擇性地為不同時點選擇不同的氣象因素，用於建立預測模型。繪圖的 Python 程式如下所示：

```
1 plt.figure(figsize=(10,5))
2 def scale(x):
3       return (x - np.mean(x))/np.std(x)
4 plt.plot(range(p.shape[0]),scale(p.C010.values),'o-',c='black',label="C010")
5 plt.plot(range(p.shape[0]),scale(p.MEAN_TMP.values),'o--',c='gray',
  label="Mean Temperature")
6 plt.legend()
7 plt.ylabel("$scale \quad value$")
8 plt.xlabel("$samples$")
```

3. 工作日類型因素分析

工作日類型主要指週一到周日的這 7 天，一般來説週一到週五與週末的用電規律具有明顯的區別，另外，週一和週五由於鄰近週末，一般也會表現得與週二到週四的用電規律不一樣。這裡我們選擇第 40、60 個時點，按週一到周日的順序繪製每種工作日類型的平均負荷水準，獲得二維圖表，如圖 9-3-8 所示。

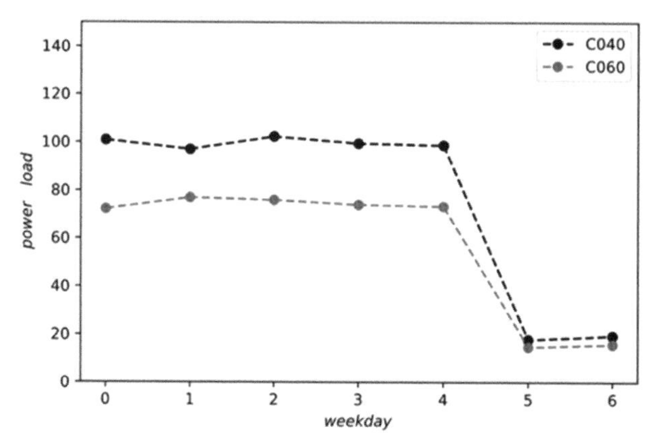

圖 9-3-8 繪製不同時點不同工作日類型的平均負荷水準

如圖 9-3-8 所示，黑色虛線表示第 40 個時點對應的工作日類型的平均負荷水準曲線，而灰色虛線表示第 60 個時點對應的工作日類型的平均負荷水準曲線。可以初步判斷這兩個時點在週末與週一至週五的用電水準具有明顯區別。因此工作日類型也是我們建模考慮的維度。對應的 Python 繪圖程式如下：

```
1 t0 = p.groupby('weekday').mean()[['C040','C060']]
2 plt.plot(range(7),t0.C040,'o--',c='black',label="C040")
3 plt.plot(range(7),t0.C060,'o--',c='gray',label="C060")
4 plt.ylim(0,150)
5 plt.xlabel("$weekday$")
6 plt.ylabel("$power\quad load$")
7 plt.legend()
```

根據這 3 個方面的分析，我們可以建置用於建模的基礎資料集，選取 2013 年 9 月 1 日到 2014 年 8 月 31 日的資料用於訓練預測模型，選取 2014 年 9 月 1 日至 2014 年 9 月 30 日的資料用於驗證預測模型效果，需要注意的是，此處建立的模型，只預測未來一天，這表示驗證模型效果時，將依次按驗證資料的每一天帶入，並對次日的日負荷曲線進行預測。

9.4 基於 DNN 演算法的預測

基於資料分析的結論，我們可以建置適合於建模的基礎資料集。使用該資料集，我們可以選用合適的資料採擷演算法建立預測模型，並基於驗證集檢驗模型的預測效果。本節主要介紹 DNN 深度神經網路的預測演算法，它比傳統神經網路更善於提煉資料中潛在的特徵和模式。此處從 DNN 建模的資料要求及網路結構設計講起，設定合理的參數，透過訓練獲得模型，並基於該模型進行預測，最後將結果與真實資料進行比較，評估預測效果。

9.4.1 資料要求

本節使用 DNN 演算法對短期負荷曲線進行預測，使用的是典型的監督學習範式。輸入特徵中包含有歷史負荷資料、氣溫資料、星期資料、趨勢資料以及預測日的氣溫、星期及趨勢資料，輸出資料則是預測日 96 個時點的負荷值。由於我們在建模時要考慮歷史資料及其週期性，因此不能簡單地將歷史樣本直接作為輸入，我們需要為模型建立特徵系統。此處，我們嘗試使用近兩周的資料作為輸入特徵來建立模型，資料要求如圖 9-4-1 所示。

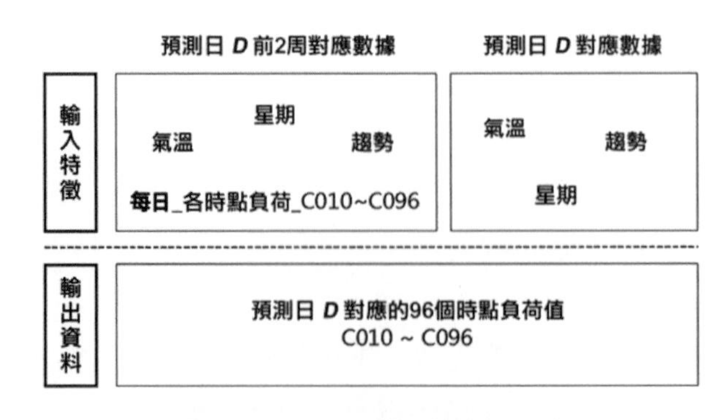

圖 9-4-1 DNN 模型的資料要求

9.4.2 資料前置處理

首先，需要將資料 *p* 轉為包含歷史兩周特徵資料的基礎資料，以預測日 96 個時點負荷值作為輸出資料。這裡我們使用 2013 年 9 月 1 日至 2014 年 8 月 31 日的資料作為訓練資料，使用 2014 年整個 9 月的資料作為測試資料，用來驗證模型效果。用 Python 將資料 p 的特徵進行轉換，並對全體資料進行標準化處理，程式如下：

```
1 import matplotlib.pyplot as plt
2 import pandas as pd
3 import numpy as np
4 import keras
5
6 data = p
7 parts = 14
8 this_one = data.iloc[parts:]
9 bak_index = this_one.index
10 for k in range(1, parts + 1):
11     last_one = data.iloc[(parts - k):(this_one.shape[0] - k + parts)]
12     this_one.set_index(last_one.index, drop=True, inplace=True)
13     this_one = this_one.join(last_one, lsuffix="", rsuffix="_p" + str(k))
14
15 this_one.set_index(bak_index, drop=True, inplace=True)
16 this_one = this_one.fillna(0)
17 t0 = this_one.iloc[:, 0:96]
18 t0_min = t0.apply(lambda x: np.min(x), axis=0).values
19 t0_ptp = t0.apply(lambda x: np.ptp(x), axis=0).values
20 this_one = this_one.apply(lambda x: (x - np.min(x)) / np.ptp(x), axis=0)
```

如上述程式第 18、19 行所示，這裡對負荷資料的標準化參數進行儲存，後續對預測資料進行量綱還原。進一步對資料進行分區，獲得訓練資料和測試資料，程式如下：

```
1 test_data = this_one.iloc[-30:]
2 train_data = this_one.iloc[:-30]
3 train_y_df = train_data.iloc[:, 0:96]
4 train_y = np.array(train_y_df)
```

```
 5 train_x_df = train_data.iloc[:, 96:]
 6 train_x = np.array(train_x_df)
 7
 8 test_y_df = test_data.iloc[:, 0:96]
 9 test_y = np.array(test_y_df)
10 test_x_df = test_data.iloc[:, 96:]
11 test_x = np.array(test_x_df)
12 test_y_real = t0.iloc[-30:]
```

訓練資料存在於 train_x 與 train_y 中，分別表示訓練的輸入與輸出。測試資料存在於 test_x 與 test_y 中分別表示測試的輸入與輸出，其中 test_y_real 表示真實資料，test_y 則表示標準化後的資料。

9.4.3 網路結構設計

經分析每樣本前兩周的歷史資料，最後獲得的訓練資料共有 1434 個特徵輸入，根據深度神經網路的建模經驗，這裡依次設定 512、256、128 共 3 個隱藏層，最後的目標輸出層共 96 個神經元。因此，我們可以將 DNN 網路按圖 9-4-2 的結構進行設計。

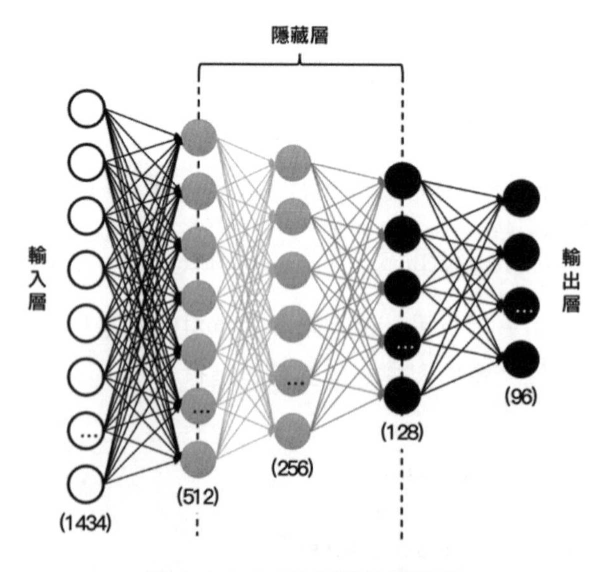

圖 9-4-2 DNN 網路結構設計

9.4.4 建立模型

現基於 Keras 架設 DNN 網路，並基於訓練集對模型進行訓練，Python 程式如下：

```
1 init = keras.initializers.glorot_uniform(seed=1)
2 simple_adam = keras.optimizers.Adam()
3 model = keras.models.Sequential()
4 model.add(keras.layers.Dense(units=512, input_dim=1434, kernel_initializer=
  init, activation='relu'))
5 model.add(keras.layers.Dense(units=256, kernel_initializer=init, activation
  ='relu'))
6 model.add(keras.layers.Dense(units=128, kernel_initializer=init, activation
  ='relu'))
7 model.add(keras.layers.Dropout(0.1))
8 model.add(keras.layers.Dense(units=96, kernel_initializer=init, activation
  ='tanh'))
9 model.compile(loss='mse', optimizer=simple_adam, metrics=['accuracy'])
10 model.fit(train_x, train_y, epochs=1000, batch_size=7, shuffle=True,
   verbose=True)
11 # Epoch 1/1000
12 # 351/351 [==============================] - 1s 3ms/step - loss: 0.0676 -
   accuracy: 0.0427
13 # Epoch 2/1000
14 # 351/351 [==============================] - 1s 2ms/step - loss: 0.0324 -
   accuracy: 0.0969
15 # Epoch 3/1000
16 # 351/351 [==============================] - 1s 3ms/step - loss: 0.0244 -
   accuracy: 0.0969
17 # ......
18 # Epoch 1000/1000
19 # 351/351 [==============================] - 1s 2ms/step - loss: 0.0028 -
   accuracy: 0.3476
```

如上述程式所示，我們使用 Adam 演算法來最佳化模型，在輸出層之前加入了 Dropout 層來避免過擬合。由於目前建模場景是數值預測的，因此使用 MSE（均方誤差）來定義損失函數。演算法經過 1000 次反覆運算，loss 從 0.676 降到了 0.0028，訓練精度從 0.0427 提升到 0.3476。進一步可以基於獲得的模型展開預測。

9.4.5 預測實現

基於 9.4.4 節獲得的模型，我們可進一步撰寫 Python 程式，對 test_x 對應的輸出資料進行預測。需要注意的是，直接獲得的預測結果處於標準化的資料空間中，需要將其還原成原始資料空間的值，結果才有意義。對應的 Python 程式如下：

```
1 pred_y = model.predict(test_x)
2 pred_y = (pred_y*t0_ptp)+t0_min
```

如上述程式所示，將模型的預測結果 pred_y 乘以 t0_ptp 再加上 t0_min，即可對資料進行還原。pred_y 即是最後獲得的預測資料，可列印其值，程式如下：

```
1 pred_y
2 # array([[17.21479217, 17.52549491, 16.23683023, ..., 25.44682934,
3 #          23.65845003, 22.57863959],
4 #         [17.59345908, 18.73412209, 18.32082916, ..., 23.52446484,
5 #          22.62423444, 24.00765746],
6 #         [19.46384419, 17.62775962, 17.64109587, ..., 21.56474039,
7 #          22.1913017 , 22.44140341],
8 #          ...,
9 #         [18.96772808, 18.04357132, 16.24276439, ..., 23.13698257,
10 #          21.4985556 , 20.17896615],
11 #         [16.42696796, 14.55372871, 15.53627254, ..., 24.87524011,
12 #          22.83212658, 21.91864435],
13 #         [20.92249679, 22.7960805 , 21.07372294, ..., 19.58472966,
14 #          18.82105861, 20.52733855]])
15
16 pred_y.shape
17 # (30, 96)
```

如上述程式所示，pred_y 是一個30×96的二維資料，包含了 2014 年 9 月整月的預測結果。

9.4.6 效果評估

對短期負荷預測的效果評估可以採用兩種方法。一種是對預測的結果與真實結果進行繪圖比較，透過直觀觀察可以知道預測效果。如果預測曲線與真實曲線完全重合或相當接近，則說明預測效果較好，反之則說明預測模型還需要改進。另一種是基於每天每時點負荷值預測的誤差累計值來計算一個誤差率，進一步獲得平均精度水準，該值越大說明整體預測效果也就越好，該值越小說明預測模型還會有最佳化空間。撰寫 Python 程式，同時實現預測結果與真實資料的比較圖，以及計算累計誤差，進一步全面地評估預測效果，程式如下：

```
1 base = 0
2 error = 0
3 predates = p.index[-30:p.shape[0]].values
4 plt.figure(figsize=(20, 10))
5 for k in range(30):
6     pred_array = pred_y[k]
7     real_array = test_y_real.iloc[k].values
8     plt.subplot(5,7,k+1)
9     plt.title(predates[k])
10    plt.plot(range(96), real_array, '-', label="real",c='black')
11    plt.plot(range(96), pred_array, '--', label="pred",c='gray')
12    base = base + np.sum(real_array)
13    error = error + np.sum(np.abs(real_array-pred_array))
14    plt.ylim(0, 250)
15 plt.show()
16 v = 100*(1-error/base)
17 print("Evaluation on test data: accuracy = %0.2f%% \n" % v)
18 # Evaluation on test data: accuracy = 79.66%
```

其預測評估比較圖如圖 9-4-3 所示，其中黑色實線為真實資料，灰色虛線為預測資料，水平座標為時點，垂直座標為時點對應的負荷值。

從預測評估比較圖可知，由於按歷史各天整理了資料，該模型能夠有效發現資料中存在的週期性和模式，對於週一到週五的資料，預測模型能夠比較好地進行預測，對於週末的資料，雖然和工作日模式不同，但預測模型也可極佳地進行辦識，並列出合理的預測結果。但也有幾天的曲線預測得不太理想，例如 2014 年 9 月 10 日的負荷曲線，該曲線中間部分真實資料缺少了一段，說明該變壓器對應的業務場景中可能發生了事故，導致大部分裝置停產；又如 2014 年 9 月 16 日的負荷曲線，真實資料會比預測資料小一大截，這可能是由於業務中的臨時調整導致的負荷沒跟上來。因此，在進行預測時，不能單純地看資料是否比對，還需要進一步分析未能正確預測的原因，以此可進一步對模型進行最佳化。此外，透過計算累計誤差率，我們獲得了整體精度水準為 79.66%。

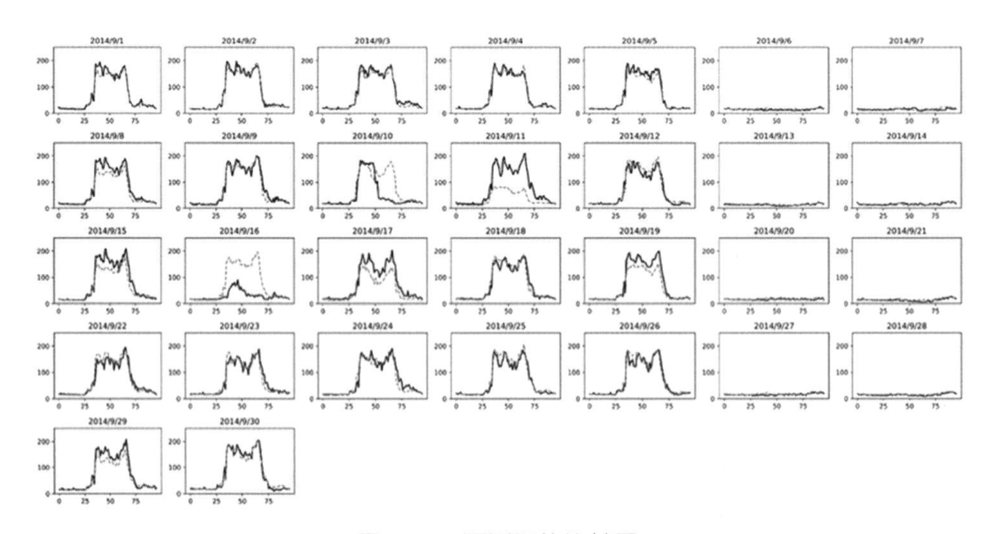

圖 9-4-3 預測評估比較圖

9.5 基於 LSTM 演算法的預測

本節主要基於 LSTM 演算法對短期負荷曲線進行預測，該演算法非常擅長序列資料的建模，由於引用了遺忘門等更為複雜的內部處理單元來處理上下文資訊的儲存與更新，這樣既可以消除梯度問題的困擾，也可以對存在短期或長期依賴的資料進行建模，該演算法在文字、語音等序列資料模型中廣泛使用。本節從 LSTM 建模的資料要求及網路結構設計講起，設定合理的參數，透過訓練獲得模型，並基於該模型進行預測，最後將結果與真實資料進行比較，評估預測效果。

9.5.1 資料要求

本節使用 LSTM 演算法對短期負荷曲線進行預測，可基於前 *N* 筆樣本對目前樣本進行預測，因此該模型不需要像 DNN 網路那樣，將歷史資料進行複雜轉換，可直接使用資料 p 稍加處理就能用於訓練模型。對資料 p 的處理，即是對該資料進行重新封裝，將樣本前 *N* 期的集合與目前樣本對應上，分別獲得訓練資料的輸入與輸出。資料對應關係如圖 9-5-1 所示。

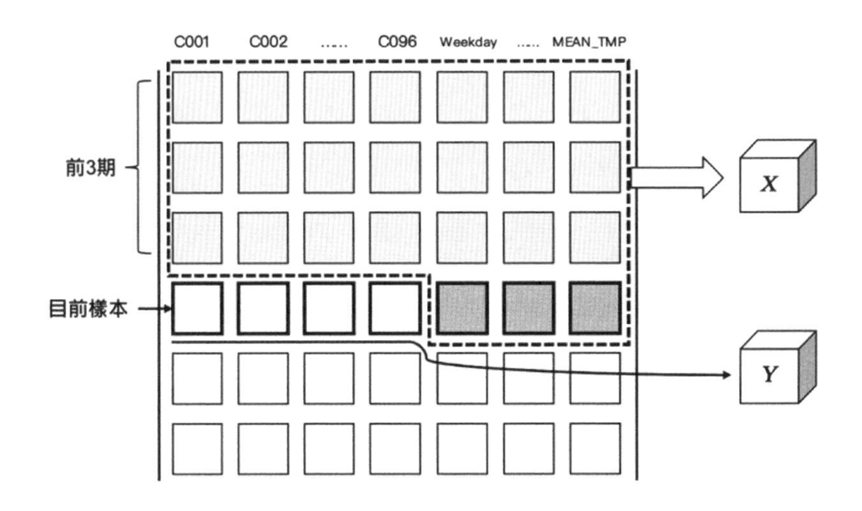

圖 9-5-1 資料對應關係（實際資料為示意）

9.5.2 資料前置處理

首先，需要將資料 p 重構為包含歷史兩周特徵資料的基礎資料，以預測日 96 個時點負荷值作為輸出資料。這裡我們使用 2013 年 9 月 1 日至 2014 年 8 月 31 日的資料作為訓練資料，使用 2014 年整個 9 月的資料作為測試資料用來驗證模型效果。用 Python 對全體資料進行標準化，並將資料 p 的特徵進行重構，程式如下：

```
1 tmp = p
2 t0_min = tmp.apply(lambda x: np.min(x), axis=0).values
3 t0_ptp = tmp.apply(lambda x: np.ptp(x), axis=0).values
4 t0 = tmp.apply(lambda x: (x - np.min(x)) / np.ptp(x), axis=0).values
```

```
5
6 SEQLEN = 14
7 dim_in = 108
8 dim_out = 96
9 pred_len = 30
10 X_train = np.zeros((t0.shape[0]-SEQLEN-pred_len, SEQLEN, dim_in))
11 Y_train = np.zeros((t0.shape[0]-SEQLEN-pred_len, dim_out),)
12 X_test = np.zeros((pred_len, SEQLEN, dim_in))
13 Y_test = np.zeros((pred_len, dim_out),)
14 for i in range(SEQLEN, t0.shape[0]-pred_len):
15     Y_train[i-SEQLEN] = t0[i][0:96]
16     X_train[i-SEQLEN] = np.c_[t0[(i-SEQLEN):i],t0[i+1][96:].repeat(SEQLEN).
       reshape((6,SEQLEN)).T]
17 for i in range(t0.shape[0]-pred_len, t0.shape[0]):
18     Y_test[i-t0.shape[0]+pred_len] = t0[i][0:96]
19     if i == t0.shape[0]-1:
20         # 這裡 weekday、trend、month 和氣溫資料做了近似處理，正式使用時，需要使用
           天氣預報的資料
21         X_test[i-t0.shape[0]+pred_len] = np.c_[t0[(i-SEQLEN):i],t0[i][96:].
           repeat(SEQLEN). reshape((6,SEQLEN)).T]
22     else:
23         X_test[i-t0.shape[0]+pred_len]=np.c_[t0[(i-SEQLEN):i],t0[i+1][96:].
           repeat(SEQLEN).reshape((6,SEQLEN)).T]
```

如上述程式所示，SEQLEN 表示使用前期資料的長度，dim_in 表示輸入資料的維度，dim_out 表示輸出資料的維度，pred_len 表示預測資料的長度。第 2~4 行程式對資料進行極差標準化，將資料精簡到 0~1 之間。第 10~21 行程式對基礎資料進行重構，分別獲得訓練資料 X_train、Y_train，以及測試資料 X_test、Y_test。

9.5.3 網路結構設計

經嘗試，我們使用近兩周的歷史資料來訓練 LSTM 模型，同時，設定隱藏層神經元數量為 128。因此，可以將 LSTM 神經網路按圖 9-5-2 的結構進行設計（圖 9-5-2 中的 N 可取 14，即兩周對應的天數）。

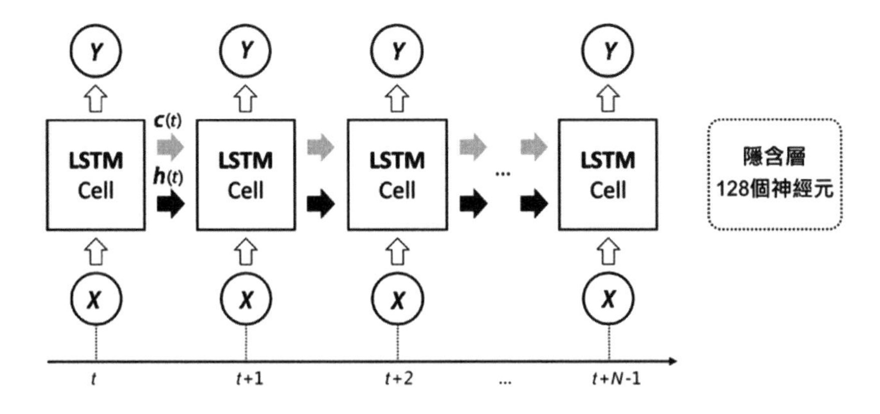

圖 9-5-2 LSTM 神經網路結構

9.5.4 建立模型

現基於 Keras 架設 LSTM 神經網路，並基於訓練集對模型進行訓練，Python 程式如下：

```
 1 from keras.layers import LSTM, Dense
 2 from keras.models import Sequential
 3 import keras
 4 model = Sequential()
 5 init = keras.initializers.glorot_uniform(seed=90)
 6 model.add(LSTM(128, input_shape=(SEQLEN, dim_in), activation='relu',
   kernel_initializer=init, recurrent_dropout=0.01))
 7 model.add(Dense(dim_out, activation='linear'))
 8 model.compile(loss='mse', optimizer='rmsprop')
 9 history = model.fit(X_train, Y_train, epochs=2000, batch_size=7,
   validation_split=0)
10 # Epoch 1/2000
11 # 351/351 [==============================] - 1s 4ms/step - loss: 0.0549
12 # Epoch 2/2000
13 # 351/351 [==============================] - 1s 2ms/step - loss: 0.0336
14 # Epoch 3/2000
15 # 351/351 [==============================] - 1s 1ms/step - loss: 0.0293
16 # ...
17 # Epoch 2000/2000
18 # 351/351 [==============================] - 1s 2ms/step - loss: 6.9224e-04
```

如上述程式所示，我們使用 rmsprop 演算法來最佳化模型。由於目前建模場景是數值預測的，因此使用 MSE（均方誤差）來定義損失函數。演算法經過 2000 次反覆運算，loss 從 0.0549 降到了 6.9224e-04。我們可以基於獲得的模型進一步展開預測。

9.5.5 預測實現

基於 9.5.4 節獲得的模型，我們可以進一步撰寫 Python 程式，對 X_test 對應的輸出資料進行預測。需要注意的是，直接獲得的預測結果處於標準化的資料空間中，需要將其還原成原始資料空間的值，結果才有意義。對應的 Python 程式如下：

```
1 pred_y = model.predict(X_test)
2 preddf = pred_y*t0_ptp[0:96]+t0_min[0:96]
```

如上述程式所示，將模型的預測結果 pred_y 乘以 t0_ptp 再加上 t0_min，即可對資料進行還原。preddf 即是最後獲得的預測資料，可列印其值，程式如下：

```
 1 preddf
 2 # array([[15.38415141, 16.00260305, 18.73421875, ..., 26.73801819,
 3 #          21.77837609, 23.18869093],
 4 #         [16.06377707, 16.4213548 , 20.20301449, ..., 21.35637292,
 5 #          23.28361729, 23.69081441],
 6 #         [16.99017648, 17.00997578, 19.17132048, ..., 23.23738699,
 7 #          19.08706516, 16.54340419],
 8 #         ...,
 9 #         [15.82022316, 18.33014316, 17.44376823, ..., 23.52037691,
10 #          21.772848  , 17.89651412],
11 #         [15.07703572, 15.00410491, 19.98956045, ..., 24.61383956,
12 #          22.06024055, 19.6154434 ],
13 #         [13.23139953, 19.16844683, 17.36724287, ..., 22.46061762,
14 #          23.24737013, 22.35341081]])
15
16 preddf.shape
17 # (30, 96)
```

如上述程式所示，preddf 是一個30×96的二維資料，包含了 2014 年 9 月整月的預測結果。

9.5.6 效果評估

對短期負荷預測的效果評估可以採用兩種方法。一種方法是對預測的結果與真實結果進行繪圖比較，透過直觀觀察可以知道預測效果，如果預測曲線與真實曲線完全重合或相當接近，則説明預測效果較好；反之，則説明預測模型還需要改進。另一種方法是基於每天每時點負荷值預測的誤差累計值來計算誤差率，進一步獲得平均精度水準，該值越大説明整體預測效果越好，該值越小説明預測模型還會有最佳化空間。撰寫 Python 程式，同時實現預測結果與真實資料的比較圖，並計算累計誤差，進一步全面地評估預測效果，程式如下：

```
1 realdf = Y_test*t0_ptp[0:96]+t0_min[0:96]
2 base = 0
3 error = 0
4 plt.figure(figsize=(20, 10))
5 for index in range(0, 30):
6     real_array = realdf[index][0:96]
7     pred_array = preddf[index][0:96]
8     pred_array[np.where(pred_array < 0)] = 0
9     plt.subplot(5, 7, index + 1)
10    plt.plot(range(96), real_array, '-', label="real",c='black')
11    plt.plot(range(96), pred_array, '--', label="pred",c='gray')
12    plt.ylim(0, 250)
13    base = base + np.sum(real_array)
14    error = error + np.sum(np.abs(real_array-pred_array))
15 plt.show()
16 v = 100*(1-error/base)
17 print("Evaluation on test data: accuracy = %0.2f%% \n" % v)
18 # Evaluation on test data: accuracy = 74.95%
```

預測評估比較圖如圖 9-5-3 所示，其中黑色實線為真實資料，灰色虛線為預測資料，水平座標為時點，垂直座標為時點對應的負荷值。

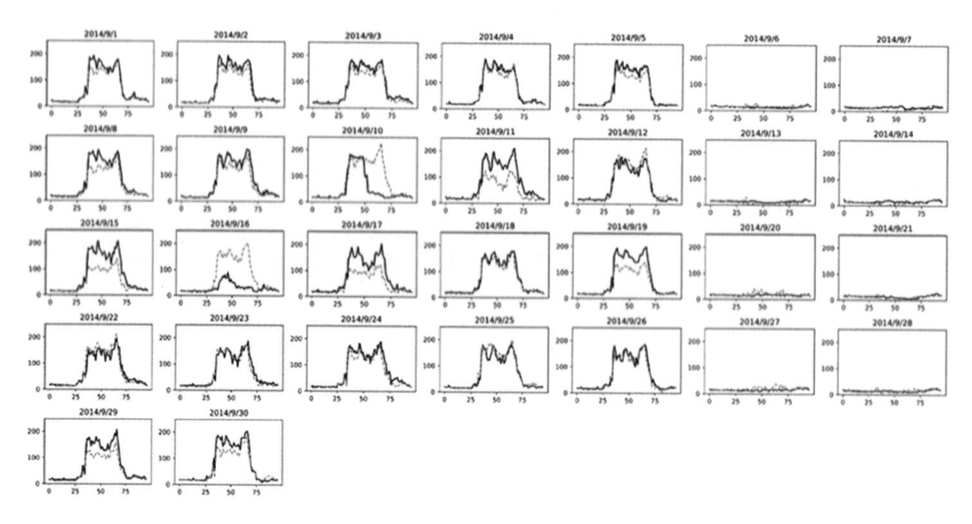

圖 9-5-3 預測評估比較圖

從預測評估比較圖可知，由於按歷史各天整理了資料，該模型能夠有效地發現資料中存在的週期性和模式，對於週一到週五的資料，預測模型能夠比較好地進行預測，對於週末的資料，雖然和工作日模式不同，但預測模型也可極佳地進行辨識，並列出合理的預測結果。但也有幾天的曲線預測得不太理想，例如 2014 年 9 月 10 日的負荷曲線，該曲線中間部分的真實資料缺少了一段，說明該變壓器對應的業務場景可能發生了事故，導致大部分裝置停產；又如 2014 年 9 月 16 日的負荷曲線，真實資料會比預測資料小一大截，這可能是由於業務中的臨時調整導致的負荷沒跟上來。因此，在進行預測時，不能單純地看資料是否比對上，還需要進一步分析未能正確預測的原因，以此可進一步對模型進行最佳化。此外，透過計算累計誤差率，我們獲得了整體精度水準為 74.95%。

10 股票價格預測

身為技術方法，預測在金融、證券領域的應用非常廣泛，尤其是對股票價格的預測。本章首先介紹股票市場的基礎知識，然後介紹獲得股票資料的方法，並基於此對資料進行前置處理，接著使用資料分析方法，建立基礎特徵，進一步建置預測模型，且基於新資料驗證模型效果。本章擬使用 VAR 及 LSTM 演算法建立預測模型。

10.1 股票市場簡介

股票市場是已經發行的股票轉讓、買賣和流通的場所，包含交易所市場和場外交易市場兩大類別。由於它是建立在發行市場基礎上的，因此又稱作二級市場。股票市場的結構和交易活動比發行市場（一級市場）更複雜，其作用和影響力也更大。

股票市場的前身起源於 1602 年荷蘭人在阿姆斯特河大橋上進行荷屬東印度公司股票的買賣，而正規的股票市場最早出現在美國。股票市場是投機者和投資者雙雙活躍的地方，是一個國家或地區經濟和金融活動的寒暑表，股票市場的不良現象，例如無貨沽空等，可以導致股災等各種危害的產生。股票市場唯一不變的就是：時時刻刻都在變化。中國大陸有上海證券交易所和深圳證券交易所兩個交易市場。

10.2 取得股票資料

股票資料通常可從新浪股票、雅虎股票等網頁上取得，此外還有一些炒股軟體，如同花順、通達信等都提供了非常清楚的股票資料展示和圖表呈現。如果要獲得即時的股票資料，可以考慮使用新浪股票提供的介面取得資料。以大秦鐵路（股票程式：601006）為例，如果要取得它的最新行情，只需存取新浪的股票資料介面（實際可以百度），該介面會傳回一串文字，例如：

```
1 var hq_str_sh601006="大秦鐵路,6.980,6.960,7.010,7.070,6.950,7.010,7.020,
121033256,847861533.000,18900, 7.010,214867,7.000,66500,6.990,386166,6.980,
336728,6.970,273750,7.020,836066,7.030,630800,7.040,936306,7.050,579400,
7.060,2016-03-18,15:00:00,00";
```

這個字串由許多資料連接在一起，不同含義的資料用逗點隔開了，按照程式設計師的想法，順序號從 0 開始。

```
0：<大秦鐵路>，股票名字
1：<6.980>，今日開盤價
2：<6.960>，昨日收盤價
3：<7.010>，目前價格
4：<7.070>，今日最高價
5：<6.950>，今日最低價
6：<7.010>，競買價，即"買一"報價
7：<7.020>，競賣價，即"賣一"報價
8：<121033256>，成交的股票數，由於股票交易以一百股為基本單位，所以在使用時，
  通常把該值除以一百
9：<847861533.000>，成交金額，單位為"元"，為了一目了然，通常以"萬元"為成交金額的單位，
  所以通常把該值除以一萬
10：<18900>，"買一"申請 4695 股，即 47 手
11：<7.010>，"買一"報價
12：<214867>，"買二"
13：<7.000>，"買二"
14：<66500>，"買三"
15：<6.990>，"買三"
16：<386166>，"買四"
17：<6.980>，"買四"
18：<336728>，"買五"
19：<6.970>，"買五"
20：<273750>，"賣一"申報 3100 股，即 31 手
```

21：<7.020>，"賣一"報價(22,23),(24,25),(26,27),(28,29)分別為"賣二"至"賣四的情況"
30：<2016-03-18>，日期
31：<15:00:00>，時間

這個介面對於 JavaScript 程式非常方便，如果要檢視該股票的日 K 線圖，可存取新浪股票的 K 線圖介面（實際可百度），便可獲得日 K 線圖，如圖 10-2-1 所示。

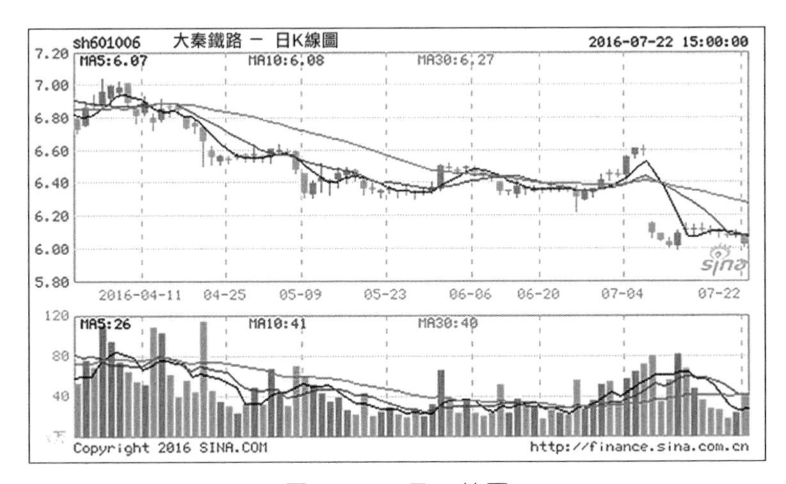

圖 10-2-1 日 K 線圖

如果要檢視該股票的分時線，可存取連結新浪股票的分時線圖介面（實際可百度），便可獲得分時線圖，如圖 10-2-2 所示。

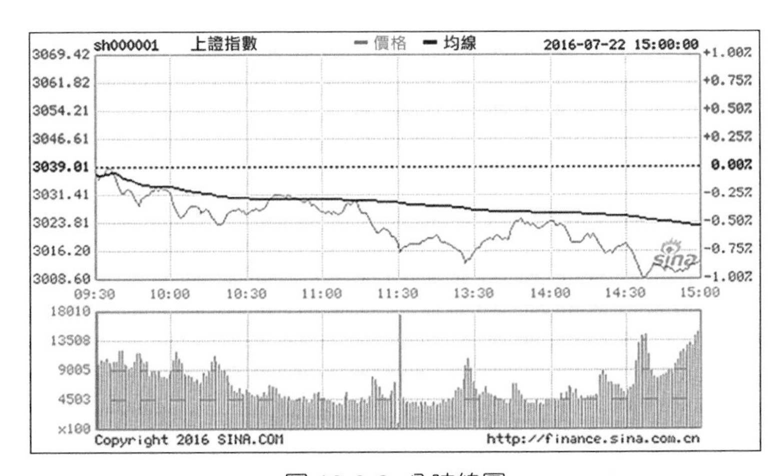

圖 10-2-2 分時線圖

對於周 K 線和月 K 線的查詢，可分別存取新浪股票的周 K 線圖和月 K 線圖的介面（實際可百度）。Python 中我們可以使用 pandas_datareader 函數庫來取得股票資料，預設是存取 yahoofinance 的資料，其中包含上證和深證的股票資料，還有港股資料，該函數庫只能取得股票的歷史交易記錄資訊：如最高價、最低價、開盤價、收盤價以及成交量，無法取得個股的分筆交易明細歷史記錄。上證程式是 ss，深證程式是 sz，港股程式是 hk，例如茅台：6000519.ss，萬科 000002.sz，長江實業 0001.hk。這裡以貴州茅台股票為例，說明 pandas_datareader 函數庫中股票資料的取得方法及簡單的視覺化，程式如下：

```
 1 import pandas as pd
 2 import pandas_datareader.data as web
 3 import datetime as dt
 4 data = web.DataReader('600519.ss','yahoo', dt.datetime(2019,8,1),
   dt.datetime(2019,8,31))
 5 data.head()
 6 #               High        Low        Open        Close     Volume   Adj Close
 7 # Date
 8 # 2019-08-01  977.000000  953.020020  976.51001  959.299988  3508952  959.299988
 9 # 2019-08-02  957.979980  943.000000  944.00000  954.450012  3971940  954.450012
10 # 2019-08-05  954.000000  940.000000  945.00000  942.429993  3677431  942.429993
11 # 2019-08-06  948.000000  923.799988  931.00000  946.299988  4399116  946.299988
12 # 2019-08-07  955.530029  945.000000  949.50000  945.000000  2686998  945.000000
13
14 kldata=data.values[:,[2,3,1,0]] # 分別對應開盤價、收盤價、最低價和最高價
15 from pyecharts import options as opts
16 from pyecharts.charts import Kline
17
18 kobj = Kline().add_xaxis(data.index.strftime("%Y-%m-%d").tolist())
  .add_yaxis("貴州茅台-日 K 線圖",kldata.tolist()).set_global_opts(
19             yaxis_opts=opts.AxisOpts(is_scale=True),
20             xaxis_opts=opts.AxisOpts(is_scale=True),
21             title_opts=opts.TitleOpts(title=""))
22 kobj.render()
```

貴州茅台股票日 K 線圖如圖 10-2-3 所示。為指定時間序列的財務圖表，程式中物件 Data 封包含 6 個屬性，依次為 Open（開盤價）、High（最高價）、

Low（最低價）、Close（收盤價）、Volume（成交量）、Adjusted（複權收盤價）。基於收盤價的重要性，可從收盤價的歷史資料中分割訓練集、驗證集、測試集，使用適當的特徵，建立預測模型，並實施預測。

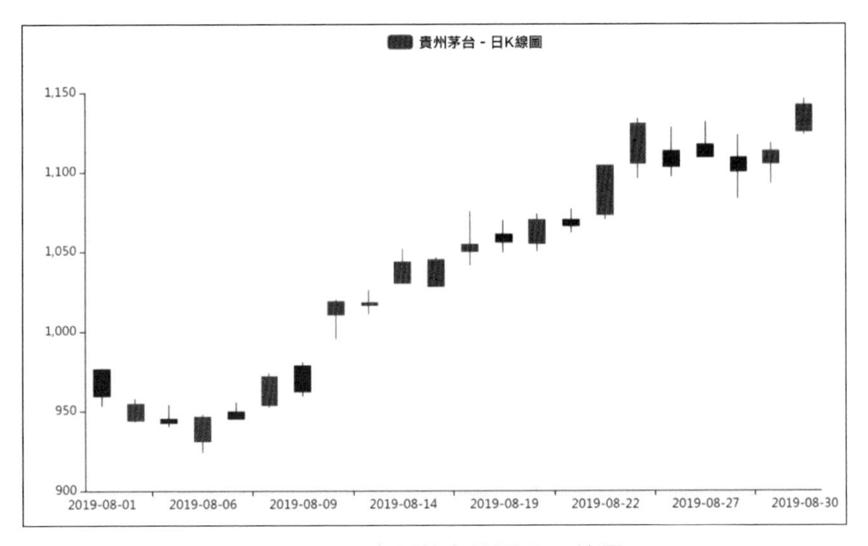

圖 10-2-3 貴州茅台股票日 K 線圖

10.3 基於 VAR 演算法的預測

向量自回歸（VAR）模型就是非結構化的多方程式模型，它的核心思想不考慮經濟理論，而直接考慮經濟變數時間時序之間的關係，避開了結建置模方法中需要對系統中每個內生變數關於所有內生變數落後值函數建模的問題，通常用來預測相關時間序列系統和研究隨機擾動項對變數系統的動態影響。VAR 模型類似聯立方程，將多個變數包含在一個統一的模型中，共同利用多個變數資訊，比起僅使用單一時間序列的 ARIMA 等模型，其涵蓋的資訊更加豐富，能更進一步地模擬現實經濟體，因而用於預測時能夠提供更加接近現實的預測值。此處擬基於貴州茅台股票資料，建立 VAR 的預測模型。使用後 30 天的資料作為驗證集，剩餘的資料用於建立預測模型。本節從 VAR 模型的平穩性檢驗出發，依次完成 VAR 模型的定階及建模預測，最後透過分析驗證集上的準確率來評估預測效果。

10.3.1 平穩性檢驗

只有平穩的時間序列才能夠直接建立 VAR 模型，因此在建立 VAR 模型之前，首先要對變數進行平穩性檢驗。通常可利用序列的自相關分析圖來判斷時間序列的平穩性，如果序列的自相關係數隨著落後階數的增加很快趨於 0，即落入隨機區間，則序列是平穩的；反之，序列是不平穩的。另外，也可以對序列進行 ADF 檢驗來判斷平穩性。對於不平穩的序列，需要進行差分運算，直到差分後的序列平穩後，才能建立 VAR 模型。此處首先分析用於建立預測模型的基礎資料，並進行單位根檢驗，對應的 Python 程式如下：

```
1 import statsmodels.tsa.stattools as stat
2 import pandas_datareader.data as web
3 import datetime as dt
4 import pandas as pd
5 import numpy as np
6
7 data = web.DataReader('600519.ss','yahoo', dt.datetime(2014,1,1),
  dt.datetime(2019,9,30))
8 subdata = data.iloc[:-30,:4]
9 for i in range(4):
10     pvalue = stat.adfuller(subdata.values[:,i], 1)[1]
11     print("指標 ",data.columns[i]," 單位根檢驗的p值為：",pvalue)
12 # 指標  High  單位根檢驗的p值為： 0.9955202280850401
13 # 指標  Low  單位根檢驗的p值為： 0.9942509439755689
14 # 指標  Open  單位根檢驗的p值為： 0.9938548193990323
15 # 指標  Close  單位根檢驗的p值為： 0.9950049124079876
```

可以看到，p 值都大於 0.01，因此都是不平穩序列。現對 subdata 進行 1 階差分運算，並再次進行單位根檢驗，對應的 Python 程式如下：

```
1 subdata_diff1 = subdata.iloc[1:,:].values - subdata.iloc[:-1,:].values
2 for i in range(4):
3     pvalue = stat.adfuller(subdata_diff1[:,i], 1)[1]
4     print("指標 ",data.columns[i]," 單位根檢驗的p值為：",pvalue)
5 # 指標  High  單位根檢驗的p值為： 0.0
6 # 指標  Low  單位根檢驗的p值為： 0.0
7 # 指標  Open  單位根檢驗的p值為： 0.0
8 # 指標  Close  單位根檢驗的p值為： 0.0
```

如結果所示，對這 4 個指標的 1 階差分單獨進行單位根檢驗，其 p 值都不超過 0.01，因此可以認為是平穩的。

10.3.2 VAR 模型定階

接下來就是為 VAR 模型定階，可以讓階數從 1 逐漸增加，當 AIC 值儘量小時，可以確定最大落後期。我們使用最小平方法，求解每個方程式的係數，並透過逐漸增加階數，為模型定階，Python 程式如下：

```
1 # 模型階數從 1 開始逐一增加
2 rows, cols = subdata_diff1.shape
3 aicList = []
4 lmList = []
5
6 for p in range(1,11):
7     baseData = None
8     for i in range(p,rows):
9         tmp_list = list(subdata_diff1[i,:]) + list(subdata_diff1[i-p:i]
          .flatten())
10        if baseData is None:
11            baseData = [tmp_list]
12        else:
13            baseData = np.r_[baseData, [tmp_list]]
14     X = np.c_[[1]*baseData.shape[0],baseData[:,cols:]]
15     Y = baseData[:,0:cols]
16     coefMatrix = np.matmul(np.matmul(np.linalg.inv(np.matmul(X.T,X)),X.T),Y)
17     aic = np.log(np.linalg.det(np.cov(Y - np.matmul(X,coefMatrix),rowvar=
       False))) + 2*(coefMatrix.shape[0]-1)**2*p/baseData.shape[0]
18     aicList.append(aic)
19     lmList.append(coefMatrix)
20
21 # 比較檢視階數和 AIC
22 pd.DataFrame({"P":range(1,11),"AIC":aicList})
23 #    P    AIC
24 # 0 1    13.580156
25 # 1 2    13.312225
26 # 2 3    13.543633
27 # 3 4    14.266087
28 # 4 5    15.512437
```

```
29 # 5 6   17.539047
30 # 6 7   20.457337
31 # 7 8   24.385459
32 # 8 9   29.438091
33 # 9 10  35.785909
```

如上述程式所示，當 p=2 時，AIC 值最小為 13.312225。因此 VAR 模型定階為 2，並可從物件 lmList[1]中取得各指標對應的線性模型。

10.3.3 預測及效果驗證

基於 lmList[1]中取得各指標對應的線性模型，對未來 30 期的資料進行預測，並與驗證資料集進行比較分析，Python 程式如下：

```
 1 p = np.argmin(aicList)+1
 2 n = rows
 3 preddf = None
 4 for i in range(30):
 5     predData = list(subdata_diff1[n+i-p:n+i].flatten())
 6     predVals = np.matmul([1]+predData,lmList[p-1])
 7     # 使用逆差分運算，還原預測值
 8     predVals=data.iloc[n+i,:].values[:4]+predVals
 9     if preddf is None:
10         preddf = [predVals]
11     else:
12         preddf = np.r_[preddf, [predVals]]
13     # 為 subdata_diff1 增加一筆新記錄
14     subdata_diff1 = np.r_[subdata_diff1, [data.iloc[n+i+1,:].values[:4] -
       data.iloc[n+i,:].values[:4]]]
15
16 # 分析預測殘差情況
17 (np.abs(preddf - data.iloc[-30:data.shape[0],:4])/data.iloc[-30:data.shape
[0],:4]).describe()
18 #            High        Low         Open        Close
19 # count 30.000000   30.000000   30.000000   30.000000
20 # mean   0.010060    0.009380    0.005661    0.013739
21 # std    0.008562    0.009968    0.006515    0.013674
22 # min    0.001458    0.000115    0.000114    0.000130
23 # 25%    0.004146    0.001950    0.001653    0.002785
24 # 50%    0.007166    0.007118    0.002913    0.010414
```

```
25 # 75%     0.014652     0.012999     0.006933     0.022305
26 # max     0.039191     0.045802     0.024576     0.052800
```

從上述程式第17行可以看出這4個指標的最大百分誤差率分別為3.9191%、4.5802%、2.4576%、5.28%，最小百分誤差率分別為 0.1458%、0.0115%、0.0114%、0.013%，進一步，繪製二維圖表觀察預測資料與真實資料的逼近情況，Python 程式如下：

```
1 import matplotlib.pyplot as plt
2 plt.figure(figsize=(10,7))
3 for i in range(4):
4     plt.subplot(2,2,i+1)
5     plt.plot(range(30),data.iloc[-30:data.shape[0],i].values,'o-',c='black')
6     plt.plot(range(30),preddf[:,i],'o--',c='gray')
7     plt.ylim(1000,1200)
8     plt.ylabel("$"+data.columns[i]+"$")
9 plt.show()
10 v = 100*(1 - np.sum(np.abs(preddf - data.iloc[-30:data.shape[0],:4]).values)
   /np.sum(data.iloc[-30:data. shape[0],:4].values))
11 print("Evaluation on test data: accuracy = %0.2f%% \n" % v)
12 # Evaluation on test data: accuracy = 99.03%
```

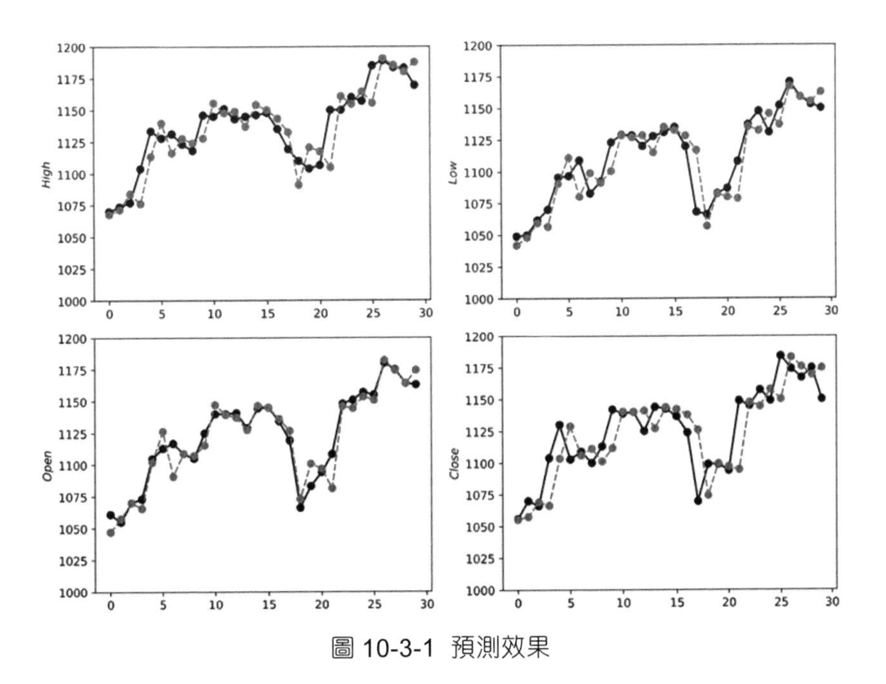

圖 10-3-1 預測效果

該預測效果如圖 10-3-1 所示，其中黑色實線為真實資料，灰色虛線為預測資料，使用 VAR 模型進行預測的效果整體還是不錯的，平均準確率為 99.03%。針對多元時間序列的情況，VAR 模型不僅考慮了其他指標的落後影響，計算效率還比較高，從以上程式可以看到，對於模型的擬合，直接使用的最小平方法，這增加了該模型的適應性。

10.4 基於 LSTM 演算法的預測

本節主要基於 LSTM 演算法對貴州茅台股票資料進行預測，該演算法非常擅長序列資料的建模，由於引用了遺忘門等更為複雜的內部處理單元來處理上下文資訊的儲存與更新，這樣既可以消除梯度問題的困擾，也可以對存在短期或長期依賴的資料建模，該演算法在文字、語音等序列資料模型中廣泛使用。本節從 LSTM 建模的資料要求及網路結構設計講起，透過設定合理的參數，透過訓練獲得模型，並基於該模型進行預測，最後將結果與真實資料進行比較，評估預測效果。

10.4.1 資料要求

本節使用 LSTM 演算法對貴州茅台股票資料進行預測，可基於前 N 筆樣本對目前樣本進行預測，因此該模型不需要像 DNN 那樣，將歷史資料進行複雜轉換，將基礎資料稍加處理就能用於訓練模型。對基礎資料的處理即為對該資料進行重新封裝，將樣本前 N 期的集合與目前樣本對應上，分別獲得訓練資料的輸入與輸出。資料對應關係如圖 10-4-1 所示。

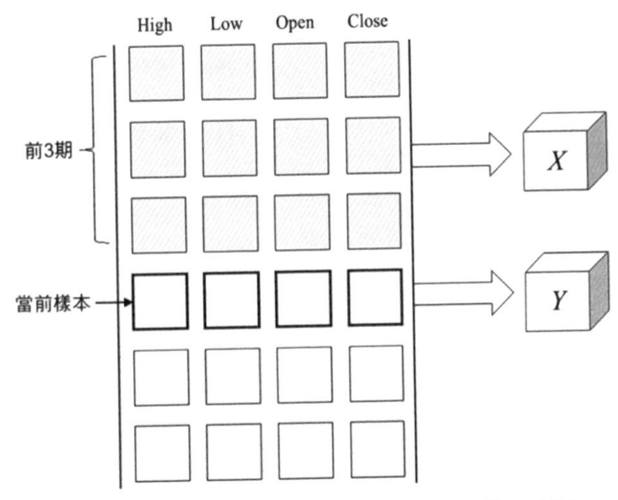

圖 10-4-1 所示資料對應關係（實際資料為示意）

10.4.2 資料前置處理

首先，需要將基礎資料重建為包含歷史 3 周特徵資料的基礎資料，以預測日的 High（最高價）、Low（最低價）、Open（開盤價）、Close（收盤價）4 個指標作為輸出資料。這裡我們使用 2014 年 1 月 1 日至 2019 年 8 月 31 日的貴州茅台股票資料作為訓練資料，使用 2019 年整個 9 月的資料作為測試資料，來驗證模型效果。用 Python 將對全體資料進行標準化，並將基礎資料的特徵進行重構，程式如下：

```
1 SEQLEN = 21
2 dim_in = 4
3 dim_out = 4
4 pred_len = 30
5 vmean = data.iloc[:,:4].apply(lambda x:np.mean(x))
6 vstd = data.iloc[:,:4].apply(lambda x:np.std(x))
7 t0 = data.iloc[:,:4].apply(lambda x:(x-np.mean(x))/np.std(x)).values
8 X_train = np.zeros((t0.shape[0]-SEQLEN-pred_len, SEQLEN, dim_in))
9 Y_train = np.zeros((t0.shape[0]-SEQLEN-pred_len, dim_out),)
10 X_test = np.zeros((pred_len, SEQLEN, dim_in))
11 Y_test = np.zeros((pred_len, dim_out),)
12 for i in range(SEQLEN, t0.shape[0]-pred_len):
13     Y_train[i-SEQLEN] = t0[i]
```

```
14     X_train[i-SEQLEN] = t0[(i-SEQLEN):i]
15 for i in range(t0.shape[0]-pred_len,t0.shape[0]):
16     Y_test[i-t0.shape[0]+pred_len] = t0[i]
17     X_test[i-t0.shape[0]+pred_len] = t0[(i-SEQLEN):i]
```

如上述程式所示，SEQLEN 表示使用前期資料的長度，dim_in 表示輸入資料的維度，dim_out 表示輸出資料的維度，pred_len 表示預測資料的長度。第 5~7 行程式對資料進行 zscore 標準化，將資料對映到標準正態分佈。第 12~17 行程式對基礎資料進行重構，分別獲得訓練資料 X_train、Y_train 以及測試資料 X_test、Y_test。

10.4.3 網路結構設計

經嘗試，我們使用近 3 周的歷史資料來訓練 LSTM 模型，同時，設定隱藏層神經元的數量為 64。因此，我們可以將 LSTM 神經網路按圖 10-4-2 的結構進行設計（圖中 *N* 可取 21，即 3 周對應的天數）。

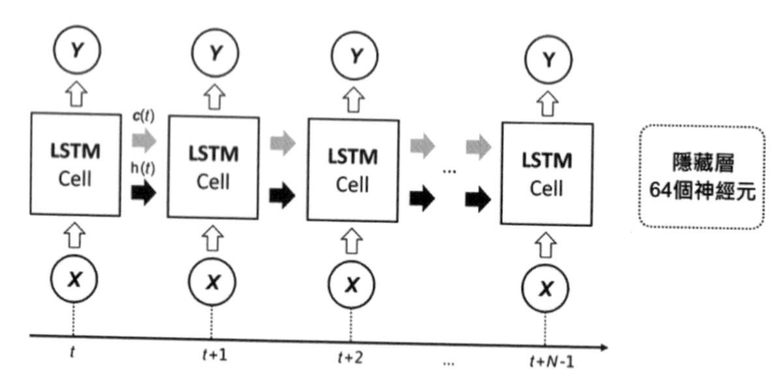

圖 10-4-2 LSTM 神經網路結構

10.4.4 建立模型

現基於 Keras 架設 LSTM 神經網路，並基於訓練集對模型進行訓練，Python 程式如下：

```
1 from keras.layers import LSTM, Dense
2 from keras.models import Sequential
3 model = Sequential()
```

```
 4 model.add(LSTM(64, input_shape=(SEQLEN, dim_in),activation='relu',
   recurrent_dropout=0.01))
 5 model.add(Dense(dim_out,activation='linear'))
 6 model.compile(loss = 'mean_squared_error', optimizer = 'rmsprop')
 7 history = model.fit(X_train, Y_train, epochs=200, batch_size=10,
   validation_split=0)
 8 # Epoch 1/200
 9 # 1350/1350 [==============================] - 1s 1ms/step - loss: 0.0447
10 # Epoch 2/200
11 # 1350/1350 [==============================] - 1s 737us/step - loss: 0.0059
12 # Epoch 3/200
13 # 1350/1350 [==============================] - 1s 743us/step - loss: 0.0043
14 # ......
15 # Epoch 200/200
16 # 1350/1350 [==============================] - 1s 821us/step - loss: 9.2794
e-04
```

如上述程式所示，我們使用 rmsprop 演算法來最佳化模型。由於目前的建模場景是數值預測，因此使用 MSE（均方誤差）來定義損失函數。演算法經過 200 次反覆運算，loss 從 0.0447 降到了 9.2794e-04。我們可以基於獲得的模型進行進一步預測。

10.4.5 預測實現

基於 10.4.4 節獲得的模型，進一步撰寫 Python 程式，對 X_test 對應的輸出資料進行預測。需要注意的是，直接獲得的預測結果是處於標準化的資料空間中的，需要將其還原成原始資料空間的值，結果才有意義。對應的 Python 程式如下：

```
1 preddf=model.predict(X_test)*vstd.values+vmean.values
```

如上述程式所示，將模型的預測結果 pred_y 乘以 vstd 再加上 vmean，即可對資料進行還原。preddf 即是最後獲得的預測資料，可列印其值，程式如下：

```
1 preddf
2 # array([[1069.35781887, 1038.57915742, 1056.77147186, 1053.83827734],
3 #        [1070.65142282, 1039.58533719, 1057.34561875, 1054.85567074],
4 #        [1083.58529328, 1052.70457308, 1070.78824637, 1067.49741882],
```

```
 5 #
 6 #        [1186.19297789, 1161.52758381, 1172.33666591, 1170.44623263],
 7 #        [1181.42680223, 1155.14778501, 1166.5726204 , 1165.00336968],
 8 #        [1186.75600881, 1160.84733425, 1172.37636963, 1170.09819923]])
 9
10 preddf.shape
11 # (30, 4)
```

如上述程式所示，preddf是一個30 × 4的二維資料，包含了 2019 年 9 月整月的預測結果。

10.4.6 效果評估

對貴州茅台股票資料預測的效果評估可以採用兩種方法。一種方法是對預測的結果與真實結果進行繪圖比較，透過直觀觀察可以知道預測效果，如果預測曲線與真實曲線完全重合或相當接近，則說明預測效果較好；反之，則說明預測模型還需要改進。另一種方法是基於貴州茅台股票資料預測的誤差累計值來計算一個誤差率，進一步獲得平均精度水準，該值越大說明整體預測效果也就越好，該值越小說明預測模型還會有最佳化空間。撰寫Python程式，同時實現預測結果與真實資料的比較圖，以及計算累計誤差，進一步全面地評估預測效果，程式如下：

```
 1 import matplotlib.pyplot as plt
 2 plt.figure(figsize=(10,7))
 3 for i in range(4):
 4     plt.subplot(2,2,i+1)
 5     plt.plot(range(30),data.iloc[-30:data.shape[0],i].values,'o-',c='black')
 6     plt.plot(range(30),preddf[:,i],'o--',c='gray')
 7     plt.ylim(1000,1200)
 8     plt.ylabel("$"+data.columns[i]+"$")
 9 plt.show()
10 v = 100*(1 - np.sum(np.abs(preddf - data.iloc[-30:data.shape[0],:4]).values)
   /np.sum (data.iloc[-30:data.shape[0],: 4].values))
11 print("Evaluation on test data: accuracy = %0.2f%% \n" % v)
12 # Evaluation on test data: accuracy = 99.01%
```

預測評估比較圖如圖 10-4-3 所示。

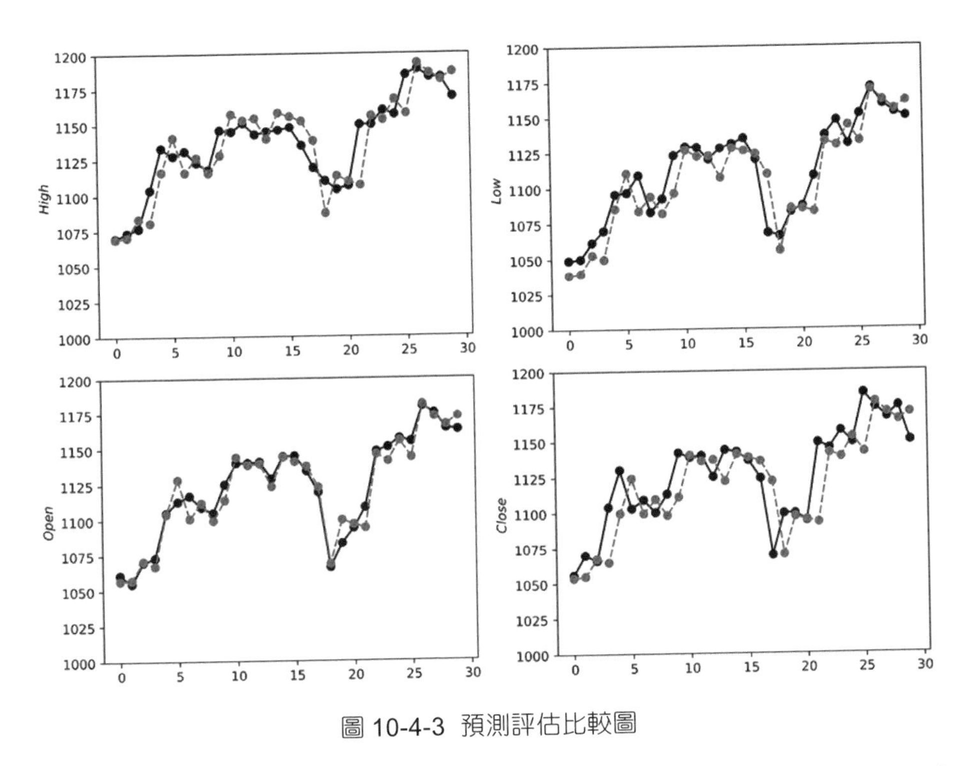

圖 10-4-3 預測評估比較圖

如圖 10-4-3 所示，黑色實線為真實資料，灰色虛線為預測資料，水平座標為日期索引，垂直座標為對應的股票價格。使用 LSTM 模型進行預測的效果整體還是不錯的，平均準確率為 99.01%。對於多元時間序列資料，可嘗試使用 LSTM 模型，該模型能夠記憶歷史較長的重要資訊，可有效辨識歷史資料中存在的規律和模式，如今廣泛應用於包含大量序列資料的場景中。

參考文獻

[1] 教育部高等學校管理科學與工程類別學科教學指導委員會 組編 劉思峰 黨耀國 主編. 預測方法與技術. 北京：高等教育出版社，2005.

[2] 郎茂祥 主編 傅選義 朱廣宇 副主編. 預測理論與方法. 北京：清華大學出版社. 北京交通大學出版社，2011.

[3] J. Scott Armstrong The Wharton School, Standards and Practices for Forecasting，University of Pennsylvania，2001.

[4] 王斌會 編著. 多元統計分析及R語言建模. 第2版. 廣州：暨南大學出版社，2011.

[5] SPADE: An Efficient Algorithm for Mining Frequent Sequences. MOHAMMED J. ZAKI. Computer Science Department, Rensselaer Polytechnic Institute. 2001.

[6] Sequential Pattern Mining: A Comparison between GSP, SPADE and Prefix SPAN 1Manika Verma, 2Dr. Devarshi Mehta 1Assistant Professor, 2Associate Professor 1Department of Computer Science, Kadi Sarva Vishwavidyalaya, 2GLS Institute of Computer Technology, Ahmedabad, India. 2014.

[7] 陳培恩. 連結規則 Eclat 演算法改進研究. 重慶大學電腦學院，2010.4.

[8] 范明 孟小峰 譯. 資料採擷概念與技術. 北京：機械工業出版社，2012.8.

[9] Genetic Programming-based Construction of Features for Machine Learning and Knowledge Discovery Tasks KRZYSZTOF KRAWIEC.Institute of Computing Science, Pozna´n University of Technology,Piotrowo 3A, 60965 Pozna´n, Poland Submitted February 5, 2002; Revised September 3, 2002.

[10] Feature Construction Methods: A Survey.Parikshit Sondhi. Univeristy of Illinois at Urbana Champaign. Department of Computer Science.201 North Goodwin Avenue Urbana, IL 61801-2302.

[11] 薛薇 陳歡歌 編著. 基於 Clementine 的資料採擷. 北京：中國人民大學出版社，2012.

[12] 王小平 曹立明著. 遺傳演算法-理論、應用與軟體實現. 西安：西安交通大學出版社，2002.

[13] 盧輝著. 資料採擷與資料化營運實戰 想法、方法、技巧與應用. 北京：機械工業出版社，2013.

[14] Regression Shrinkage and Selection via the Lasso.By ROBERT TIBSHIRANI University of Toronto, Canada [Received January 1994. Revised January 1995].

[15] 謝宇 著. 回歸分析. 北京：社會科學文獻出版社，2010.

[16] 何曉群 著. 實用回歸分析. 北京：高等教育出版社. 2008.

[17] 方開泰 全輝 陳慶雲 著. 實用回歸分析. 北京：科學出版社，1988.

[18] 何志昆, 劉光斌, 趙曦晶, 王明昊. 高斯過程回歸方法整體說明. 第二炮兵工程大學控制工程系.

[19] 魏國 劉劍 孫金偉 孫聖和. 基於 LS-SVM 的非線性多功能感測器訊號重構方法研究，2008.8.

[20] 李航 著. 統計學習方法. 北京：清華大學出版社，2012.

[21] 魏海坤 著. 神經網路結構設計的理論與方法. 北京：國防工業出版社，2005.

[22] 韓旭明. Elman 神經網路的應用研究. 天津大學電腦科學與技術學院，2006.

[23] 吳喜之 劉苗 編著. 應用時間序列分析R軟體陪同. 北京：機械工業出版社，2014.

[24] 王燕 編著. 應用時間序列分析. 北京：中國人民大學出版社，2005.7

[25] 詹姆斯. D. 漢密爾頓（James D.Hamilton）著. 時間序列分析. 北京：中國人民大學出版社. 上下冊，2015.

[26] 馬向前 萬幗榮. 影響中國大陸股票市場價格波動的基本因素. 山西統計，2001 年第 1 期.

[27] 苗旺 劉春辰 耿直. 因果推斷的統計方法，2018.11.